Der Eurocode 5 für Deutschland

Eurocode 5: Bemessung und Konstruktion von Holzbauten

Teil 1-1: Allgemeines – Allgemeine Regeln und Regeln für den Hochbau

Karin Lißner
Wolfgang Rug

Der Eurocode 5 für Deutschland Eurocode 5: Bemessung und Konstruktion von Holzbauten Teil 1-1: Allgemeines – Allgemeine Regeln und Regeln für den Hochbau

Kommentierte Fassung

1. Auflage 2016

Herausgeber:
DIN Deutsches Institut für Normung e. V.

Herausgeber: DIN Deutsches Institut für Normung e. V.

© 2016 Beuth Verlag GmbH
Berlin · Wien · Zürich
Am DIN-Platz
Burggrafenstraße 6
10787 Berlin

Telefon: +49 30 2601-0
Telefax: +49 30 2601-1260
Internet: www.beuth.de
E-Mail: kundenservice@beuth.de

© 2016 Wilhelm Ernst & Sohn
Verlag für Architektur und technische Wissenschaften GmbH & Co. KG
Rotherstraße 21
10245 Berlin

Telefon: +49 30 47031-200
Telefax: +49 30 47031-270
Internet: www.ernst-und-sohn.de
E-Mail: info@ernst-und-sohn.de

Titelbild: © norinori303, Benutzung unter Lizenz von shutterstock.com
Satz: Ingenieurbüro Rug
Druck: Print Group Sp. z o.o, Stettin

Gedruckt auf säurefreiem, alterungsbeständigem Papier nach DIN EN ISO 9706.

ISBN 978-3-410-24838-5 (Beuth)
ISBN (E-Book) 978-3-410-24839-2 (Beuth)
ISBN 978-3-433-03102-5 (Ernst & Sohn)
ISBN (E-Book) 978-3-433-60474-8 (Ernst & Sohn)

Vorwort

Die DIN EN 1995-1-1:2010-12 enthält europäisch vereinheitlichte Regeln für die Bemessung und Konstruktion im Holzbau.

Wie alle Eurocodes enthält auch DIN EN 1995-1-1:2010-12 Regeln für die Ermittlung der Tragsicherheit, Gebrauchstauglichkeit und Dauerhaftigkeit von Tragwerken. Bei den Regeln unterscheidet man nach **Prinzipien,** die hinsichtlich ihrer Begrifflichkeit, Festlegung, der Anforderungen und Rechenmodelle grundsätzlich gelten, und **Anwendungsregeln,** die als allgemein anerkannte Regeln den Prinzipien folgend deren Anforderungen erfüllen. Abweichungen von den Anwendungsregeln sind zulässig, wenn vom Tragwerksplaner nachgewiesen wird, dass sie mit den Prinzipien übereinstimmen und im Hinblick auf die Bemessungsergebnisse bei der Tragsicherheit, Gebrauchstauglichkeit und Dauerhaftigkeit gleichwertig sind.

Die Prinzipien sind deutlich mit dem Buchstaben P gekennzeichnet. Von ihnen darf nicht abgewichen werden.

Jeder Eurocode enthält datierte und undatierte Verweise auf andere Normen. Bei datierten Verweisen ist zu beachten, dass spätere Änderungen nur diese Ausgabe der Norm betreffen. Bei undatierten Verweisungen hat der Tragwerksplaner immer die letzte Ausgabe der im Verweis genannten Norm seinen Planungen zugrunde zu legen.

An bestimmten Stellen regelt der EC5 die Zulässigkeit für Nationale Festlegungen. Diese sind im Nationalen Anhang für Deutschland als sogenannte NDP-Regeln (Nationally Determined Parameter) enthalten.

Die DIN 1052:2008-12 enthielt sehr viel mehr Regelungen zum Holzbau, als in der jetzigen Fassung der DIN EN 1995-1-1:2010-12 enthalten sind. Um das Niveau der DIN 1052:2008-12 für die deutsche Holzbaupraxis zu erhalten, wurden die nicht in der DIN EN 1995-1-1:2010-12 enthaltenen Regelungen in den Nationalen Anhang als NCI-Regeln (Non-conflicting information) integriert.

Gegenwärtig sind wichtige Begleitnormen noch nicht bauaufsichtlich eingeführt. Hier sind die Kommentare der jeweils aktuellen Musterliste der Technischen Baubestimmungen und eventuell weitere Informationen der Bauaufsicht zu beachten. An passender Stelle wird durch kurze Kommentare der aktuelle Stand vermerkt.

Die vorliegende Fassung der DIN EN 1995-1-1:2010-12 und der DIN EN 1995-1-1/NA:2013-08 (Nationaler Anhang) soll die Einarbeitung in die Grundlagen der Bemessung und Konstruktion von Holzbauteilen erleichtern, wozu auch kurze Kommentierungen beitragen sollen.

Hinweise, Anregungen und Vorschläge zur Verbesserung des Inhalts nehmen die Autoren dankbar entgegen.

Die Autoren — Dresden, Berlin im Dezember 2015

Benutzerhinweise

Die Grundlage des vorliegenden Kommentars bildet der Text des Normen-Handbuchs zu DIN EN 1995-1-1 und DIN EN 1995-1-1/NA. Für die Kommentierung wird in der linken Spalte der Text des Eurocode 5, DIN EN 1995-1-1:2010-12, und des Nationalen Anhangs DIN EN 1995-1-1/NA:2013-08 wiedergegeben; in der rechten Spalte werden als Kommentar Hinweise, Erläuterungen und zusätzliche erklärende Bilder und Tabellen aufgeführt. Die zusätzlichen Bilder des Kommentars sind durch ein „K." gekennzeichnet und unabhängig vom Eurocode und Nationalen Anhang nummeriert.

Inhalte aus dem Nationalen Anhang DIN EN 1995-1-1/NA:2013-08 sind in der linken Spalte durch eine graue Hinterlegung hervorgehoben.

Tabellen aus dem Nationalen Anhang sind ebenfalls grau hinterlegt und, wie die Tabellen des Eurocode 5, links ausgerichtet.

Gegenüber den einzelnen Normen DIN EN 1995-1-1 und DIN EN 1995-1-1/NA wurden beim Zusammenfügen dieser Dokumente folgende Änderungen vorgenommen:

a) Die Änderungs- und Berichtigungsmarkierungen ⟦A1⟩ ⟨A1⟧ und ⟦AC⟩ ⟨AC⟧ wurden entfernt.

b) Rechtschreibkorrekturen wurden ausgeführt.

c) In Anmerkungen, in denen im Eurocode die Möglichkeit einer nationalen Wahl im Nationalen Anhang besteht, wurden, soweit abweichende nationale Festlegungen getroffen wurden, diese nationalen Festlegungen als NDP aufgenommen. Die Empfehlungen der DIN EN 1995-1-1 sind in diesen Fällen durchgestrichen aufgeführt.

d) Ergänzend zu den in der DIN EN 1995-1-1:2010-12 enthaltenen Regelungen wurden in den Nationalen Anhang neben den NDP-Regeln zusätzlich NCI-Regeln aufgenommen, die ebenfalls grau hinterlegt sind.

e) Ergänzend zu den in der DIN EN 1995-1-1/NA:2010 enthaltenen Regelungen wurden mit DIN EN 1995-1-1/NA/A1:2012-02 Änderungen vorgenommen, die im Kommentar blau markiert sind.

f) Ergänzend zu den in der DIN EN 1995-1-1:2010-12 enthaltenen Regelungen wurden mit DIN EN 1995-1-1/A2:2014-07 Änderungen vorgenommen, die im Kommentar grün markiert sind.

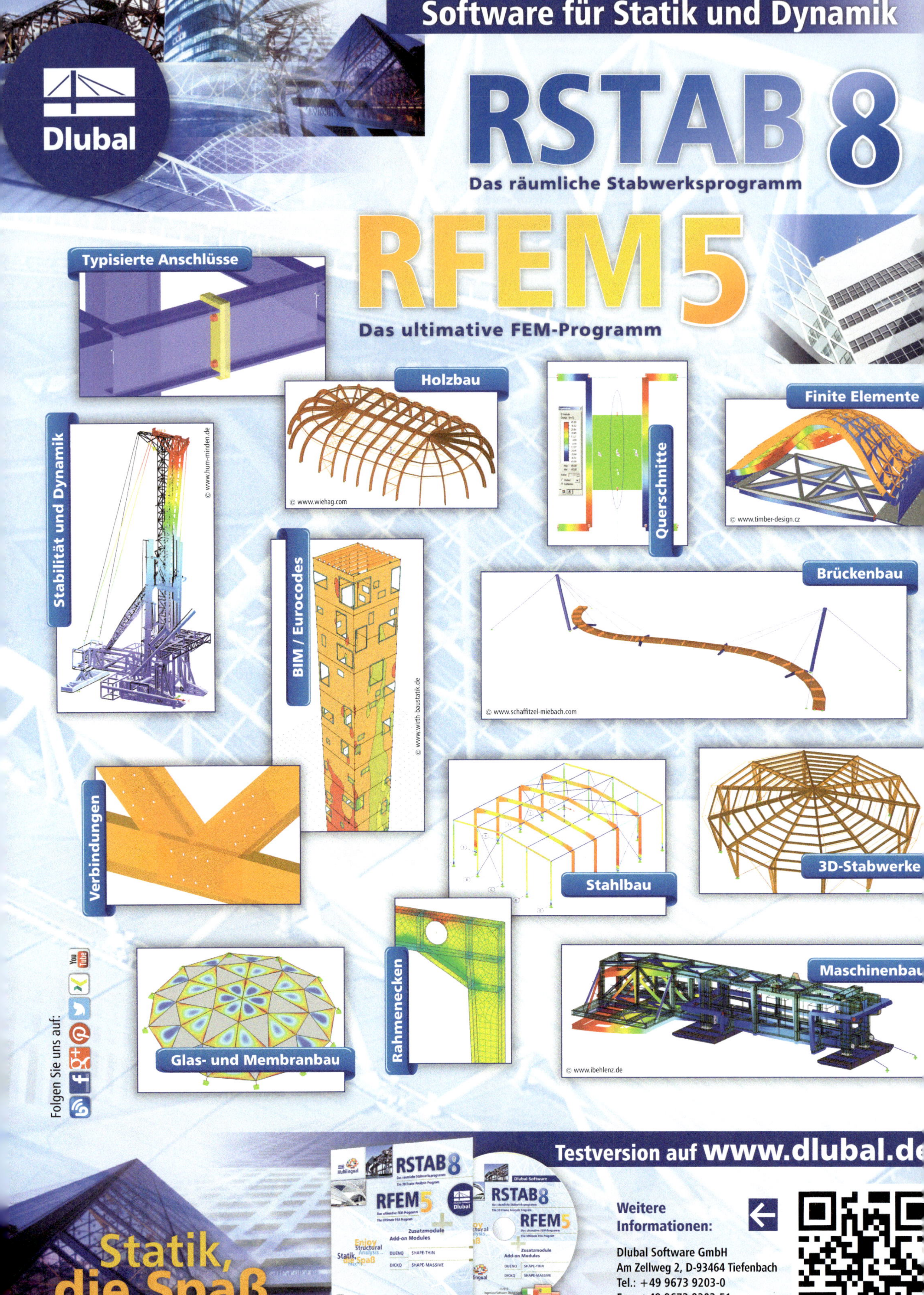
Software für Statik und Dynamik
Dlubal
RSTAB 8
Das räumliche Stabwerksprogramm
RFEM 5
Das ultimative FEM-Programm
Typisierte Anschlüsse
Holzbau
© www.wiehag.com
Querschnitte
Finite Elemente
© www.timber-design.cz
Stabilität und Dynamik
© www.hum-minden.de
BIM / Eurocodes
© www.with-baustatik.de
Brückenbau
© www.schaffitzel-miebach.com
Verbindungen
Stahlbau
3D-Stabwerke
Rahmenecken
Maschinenbau
© www.ibehlenz.de
Glas- und Membranbau
Folgen Sie uns auf:

Inhalt

1 Allgemeines

1.1 Anwendungsbereich

1.1.1 Anwendungsbereich der DIN EN 1995

(1)P DIN EN 1995 gilt für die Bemessung und Konstruktion von Hochbauten und Ingenieurbauwerken aus Holz (Vollholz, gesägt, gehobelt oder als Rundholz, Brettschichtholz oder andere Bauprodukte aus Holz für tragende Zwecke, wie z. B. Furnierschichtholz) oder Holzwerkstoffen, die mit Klebstoffen oder mechanischen Verbindungsmitteln zusammengefügt sind. Sie erfüllt die Grundsätze und Anforderungen nach DIN EN 1990:2002 an die Sicherheit und die Gebrauchstauglichkeit der Bauwerke und die Bemessungs- und Nachweisverfahren.

(2)P DIN EN 1995 behandelt nur die Anforderungen an die Tragfähigkeit, die Gebrauchstauglichkeit, die Dauerhaftigkeit und den Feuerwiderstand von Holzbauten. Andere Anforderungen, z. B. hinsichtlich des Wärme- und Schallschutzes, werden nicht behandelt.

(3) DIN EN 1995 ist vorgesehen für die Verwendung in Verbindung mit den folgenden Normen:

DIN EN 1990:2002, *Grundlagen der Tragwerksplanung*

DIN EN 1991, *Einwirkungen auf Tragwerke*

DIN ENs für Bauprodukte für Holzbauten

DIN EN 1998, *Auslegung von Bauwerken gegen Erdbeben*, wenn die Bauten in Erdbebengebieten liegen

(4) DIN EN 1995 ist in mehrere Teile gegliedert:

DIN EN 1995-1, *Allgemeine Regeln*

DIN EN 1995-2, *Brücken*

(5) DIN EN 1995-1, *Allgemeine Regeln* umfasst:

DIN EN 1995-1-1, *Allgemeines — Allgemeine Regeln und Regeln für den Hochbau*

DIN EN 1995-1-2, *Allgemeine Regeln — Tragwerkbemessung für den Brandfall*

(6) DIN EN 1995-2 nimmt Bezug auf die Allgemeinen Regeln in DIN EN 1995-1-1. Die Abschnitte in DIN EN 1995-2 ergänzen die Abschnitte in DIN EN 1995-1-1.

Bild K.1 — Bauen in Vollholz – Wiedererrichtung eines Kirchturmes in Vollholz (Kiefer, Kernholz)

Bild K.2 — Bauen in Rundholz – Blockbauweise – Neubau einer Russisch-orthodoxen Kirche

Bild K.3 — Bauen in Brettschichtholz – Kuppel für ein Sohlebad

Bild K.4 — Bauen in Brettsperrholz – Fünfgeschossige Passivhäuser aus Brettsperrholz-Elementen

1.1.2 Anwendungsbereich der DIN EN 1995-1-1

(1) DIN EN 1995-1-1 enthält allgemeine Grundlagen für die Bemessung und Konstruktion von Holzbauten mit besonderen Regeln für Hochbauten.

(2) Die folgenden Themen werden in DIN EN 1995-1-1 behandelt:

Abschnitt 1: Allgemeines

Abschnitt 2: Grundlagen für Bemessung und Konstruktion

Abschnitt 3: Baustoffeigenschaften

Abschnitt 4: Dauerhaftigkeit

Abschnitt 5: Grundlagen der Berechnung

Abschnitt 6: Grenzzustände der Tragfähigkeit

Abschnitt 7: Grenzzustände der Gebrauchstauglichkeit

Abschnitt 8: Verbindungen mit metallischen Verbindungsmitteln

Abschnitt 9: Zusammengesetzte Bauteile und Tragwerke

Abschnitt 10: Ausführung und Überwachung

(3)P DIN EN 1995-1-1 gilt nicht für die Bemessung und Konstruktion von Bauwerken, die über längere Zeit Temperaturen von mehr als 60 °C ausgesetzt sind.

Bild K.5 — Bauen im Bestand – Sanierung und Instandsetzung eines Fachwerkhauses

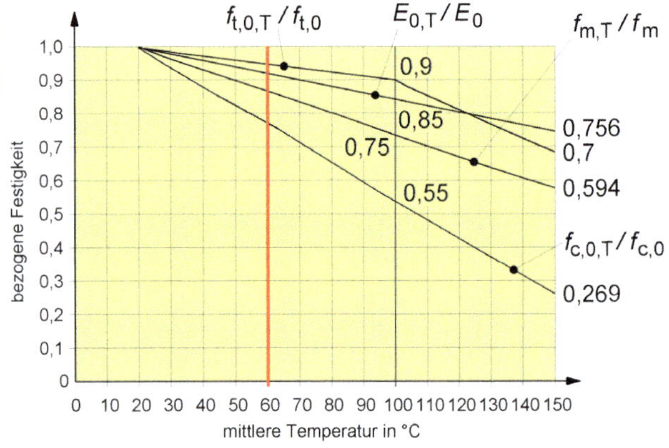

Bild K.6 — Einfluss der Temperatur auf die Festigkeitseigenschaften von Fichtenholz

Bis 60 °C wird der Einfluss nicht berücksichtigt. Allerdings ist eine Berücksichtigung im Brandfall erforderlich (aus [16]).

NCI Zu 1.1.2 „Anwendungsbereich der DIN EN 1995-1-1"

(NA.4) DIN EN 1995-1-1 gilt auch für Holzkonstruktionen in Bauwerken aus überwiegend anderen Baustoffen, z. B. Massivbauten, Stahlbauten oder Bauten aus Mauerwerk.

(NA.5) DIN EN 1995-1-1 gilt auch für Fliegende Bauten (siehe DIN EN 13782 und DIN EN 13814), Bau- und Lehrgerüste, Absteifungen und Schalungsunterstützungen (siehe DIN EN 12811-1, DIN 4420-1 und DIN 4420-2 sowie DIN EN 12812) und **sinngemäß für Bauten im Bestand,** soweit in den speziellen Normen nichts anderes bestimmt ist.

„Bei Umbaumaßnahmen sind zunächst nur die unmittelbar von der Änderung berührten Teile mit den Einwirkungen nach den aktuellen Technischen Baubestimmungen nachzuweisen ... [5].“ Zur sinngemäßen Anwendung bei Bauten im Bestand siehe im Einzelnen [2], [4], [5], [45].

(NA.6) Für den Entwurf, die Berechnung und die Bemessung von Holzbrücken und Hochbauten unter nicht vorwiegend ruhenden Einwirkungen sind gegebenenfalls zusätzliche Anforderungen zu berücksichtigen. Für Glockentürme wird auf die DIN 4178 verwiesen.

Zur Anwendung des EC5 beim Nachweis der Ermüdung s. auch [46].

„Vereinfachend dürfen die dynamischen Anteile aller Beanspruchungen aus den Glockenlasten für Holz und für Verbindungsmittel mit einem Ermüdungsbeiwert $\mu = 2{,}5$ multipliziert werden ...“ (DIN 4178, Abschnitt 6.3.4).

1.2 Normative Verweisungen

(1) Diese Europäische Norm enthält durch datierte oder undatierte Verweisungen Festlegungen aus anderen Publikationen. Diese normativen Verweisungen sind an den jeweiligen Stellen im Text zitiert, und die Publikationen sind nachstehend aufgeführt. Bei datierten Verweisungen gehören spätere Änderungen oder Überarbeitungen dieser Publikationen nur zu dieser Europäischen Norm, falls sie durch Änderung oder Überarbeitung eingearbeitet sind. Bei undatierten Verweisungen gilt die letzte Ausgabe der in Bezug genommenen Publikation (einschließlich Änderungen).

ISO-Normen:

DIN EN ISO 2081, *Metallic coatings — Electroplated coatings of zinc on iron or steel*

DIN EN ISO 2631-2:1989, *Evaluation of human exposure to whole-body vibration — Part 2: Continuous and shock-induced vibrations in buildings (1 bis 80 Hz)*

Europäische Normen:

DIN EN 300, *Platten aus langen, flachen, ausgerichteten Spänen (OSB) — Definitionen, Klassifizierungen und Anforderungen*

DIN EN 301, *Klebstoffe für tragende Holzbauteile — Phenoplaste und Aminoplaste — Klassifizierung und Leistungsanforderungen*

DIN EN 312, *Spanplatten — Anforderungen*

DIN EN 335-1, *Dauerhaftigkeit von Holz und Holzprodukten — Definition der Gebrauchsklassen — Teil 1: Allgemeines*

DIN EN 335-2, *Dauerhaftigkeit von Holz und Holzprodukten — Definition der Gebrauchsklassen — Teil 2: Anwendung bei Vollholz*

DIN EN 335-3, *Dauerhaftigkeit von Holz und Holzprodukten — Definition der Gefährdungsklassen für einen biologischen Befall — Teil 3: Anwendung bei Holzwerkstoffen*

DIN EN 350-2, *Dauerhaftigkeit von Holz und Holzprodukten — Natürliche Dauerhaftigkeit von Vollholz — Teil 2: Leitfaden für die natürliche Dauerhaftigkeit und Tränkbarkeit von ausgewählten Holzarten von besonderer Bedeutung in Europa*

DIN EN 351-1, *Dauerhaftigkeit von Holz und Holzprodukten — Mit Holzschutzmitteln behandeltes Vollholz — Teil 1: Klassifizierung der Schutzmitteleindringung und -aufnahme*

DIN EN 383, *Holzbauwerke — Prüfverfahren — Bestimmung der Lochleibungsfestigkeit und Bettungswerte für stiftförmige Verbindungsmittel*

DIN EN 385, *Keilzinkenverbindung im Bauholz — Leistungsanforderungen und Mindestanforderungen an die Herstellung*

DIN EN 387, *Brettschichtholz — Universal-Keilzinkenverbindung — Leistungsanforderungen und Mindestanforderungen an die Herstellung*

DIN EN 409, *Holzbauwerke — Prüfverfahren — Bestimmung des Fließmoments von stiftförmigen Verbindungsmitteln; Nägel*

DIN EN 460, *Dauerhaftigkeit von Holz und Holzprodukten — Natürliche Dauerhaftigkeit von Vollholz — Leitfaden für die Anforderungen an die Dauerhaftigkeit von Holz für die Anwendung in den Gefährdungsklassen*

DIN EN 594, *Holzbauwerke — Prüfverfahren — Wandscheiben-Tragfähigkeit und -Steifigkeit von Wänden in Holztafelbauart*

DIN EN 622-2, *Faserplatten — Anforderungen — Teil 2: Anforderungen an harte Platten*

DIN EN 622-3, *Faserplatten — Anforderungen — Teil 3: Anforderungen an mittelharte Platten*

DIN EN 622-4, *Faserplatten — Anforderungen — Teil 4: Anforderungen an poröse Platten*

DIN EN 622-5, *Faserplatten — Anforderungen — Teil 5: Anforderungen an Platten nach dem Trockenverfahren (MDF)*

DIN EN 636, *Sperrholz — Anforderungen*

DIN EN 912, *Holzverbindungsmittel — Spezifikationen für Dübel besonderer Bauart für Holz*

DIN EN 1075, *Holzbauwerke — Prüfverfahren — Verbindungen mit Nagelplatten*

DIN EN 1380, *Holzbauwerke — Prüfverfahren — Tragende Nagelverbindungen*

DIN EN 1381, *Holzbauwerke — Prüfverfahren — Tragende Klammerverbindungen*

DIN EN 1382, *Holzbauwerke — Prüfverfahren — Ausziehtragfähigkeit von Holzverbindungsmitteln*

DIN EN 1383, *Holzbauwerke — Prüfverfahren — Prüfung von Holzverbindungsmitteln auf Kopfdurchziehen*

DIN EN 1990:2002, *Eurocode: Grundlagen der Tragwerksplanung*

DIN EN 1991-1-1, *Eurocode 1: Einwirkungen auf Tragwerke — Teil 1-1: Allgemeine Einwirkungen auf Tragwerke; Wichten, Eigengewicht und Nutzlasten im Hochbau*

DIN EN 1991-1-3, *Eurocode 1: Einwirkungen auf Tragwerke — Teil 1-3: Allgemeine Einwirkungen, Schneelasten*

DIN EN 1991-1-4, *Eurocode 1: Einwirkungen auf Tragwerke — Teil 1-4: Allgemeine Einwirkungen, Windlasten*

DIN EN 1991-1-5, *Eurocode 1: Einwirkungen auf Tragwerke — Teil 1-5: Allgemeine Einwirkungen, Temperatureinwirkungen*

DIN EN 1991-1-6, *Eurocode 1: Einwirkungen auf Tragwerke — Teil 1-6: Allgemeine Einwirkungen, Einwirkungen während der Bauausführung*

DIN EN 1991-1-7, *Eurocode 1: Einwirkungen auf Tragwerke — Teil 1-7: Allgemeine Einwirkungen, Außergewöhnliche Einwirkungen*

DIN EN 13271, *Holzverbindungsmittel — Charakteristische Tragfähigkeiten und Verschiebungsmoduln für Verbindungen mit Dübeln besonderer Bauart*

DIN EN 13986, *Holzwerkstoffe zur Verwendung im Bauwesen — Eigenschaften, Bewertung der Konformität und Kennzeichnung*

DIN EN 14080, *Holzbauwerke — Brettschichtholz — Anforderungen*

EN 14081-1, *Holzbauwerke — Nach Festigkeit sortiertes Bauholz für tragende Zwecke mit rechteckigem Querschnitt — Teil 1: Allgemeine Anforderungen*

DIN EN 14250, *Holzbauwerke — Produktanforderungen an vorgefertigte Fachwerkträger mit Nagelplatten*

DIN EN 14279, *Furnierschichtholz (LVL) — Definitionen, Klassifizierung und Spezifikationen*

DIN EN 14358, *Holzbauwerke — Berechnung der 5 %-Quantile für charakteristische Werte und Annahmekriterien für Proben*

DIN EN 14374, *Holzbauwerke — Furnierschichtholz für tragende Zwecke — Anforderungen*

DIN EN 14545, *Holzbauwerke — Verbindungselemente — Anforderungen*

DIN EN 14592, *Holzbauwerke — Stiftförmige Verbindungsmittel — Anforderungen*

DIN EN 26891, *Holzbauwerke — Verbindungen mit mechanischen Verbindungsmitteln — Allgemeine Grundsätze für die Ermittlung der Tragfähigkeit und des Verformungsverhaltens*

DIN EN 28970, *Holzbauwerke — Prüfung von Verbindungen mit mechanischen Verbindungsmitteln — Anforderungen an die Rohdichte des Holzes*

ANMERKUNG Solange DIN EN 14545 und DIN EN 14592 als Europäische Normen nicht verfügbar sind, können weitere Informationen im Nationalen Anhang mitgeteilt werden.

~~DIN EN 10147, *Kontinuierlich feuerverzinktes Band und Blech aus Baustählen — Technische Lieferbedingungen*~~

DIN EN 10346, *Kontinuierlich schmelztauchveredelte Flacherzeugnisse aus Stahl — Technische Lieferbedingungen*

DIN EN ISO 1461, *Durch Feuerverzinken auf Stahl aufgebrachte Zinküberzüge (Stückverzinken) — Anforderungen und Prüfungen (ISO 1461)*

NCI Zu 1.2 „Normative Verweisungen“

NA DIN 488-1, *Betonstahl — Teil 1: Stahlsorten, Eigenschaften, Kennzeichnung*

NA DIN 976-1, *Gewindebolzen — Teil 1: Metrisches Gewinde*

NA DIN 1052, *Entwurf, Berechnung und Bemessung von Holzbauwerken — Allgemeine Bemessungsregeln und Bemessungsregeln für den Hochbau*

NA DIN 1052-10, *Herstellung und Ausführung von Holzbauwerken — Teil 10: Ergänzende Bestimmungen*

NA DIN 4178, *Glockentürme*

NA DIN 4420-1, *Arbeits- und Schutzgerüste — Teil 1: Schutzgerüste — Leistungsanforderungen, Entwurf, Konstruktion und Bemessung*

NA DIN 4420-2, *Arbeits- und Schutzgerüste — Leitergerüste; Sicherheitstechnische Anforderungen*

NA DIN 18180, *Gipsplatten — Arten und Anforderungen*

NA DIN 20000-1, *Anwendung von Bauprodukten in Bauwerken — Teil 1: Holzwerkstoffe*

NA DIN 20000-4, *Anwendung von Bauprodukten in Bauwerken — Teil 4: Vorgefertigte tragende Bauteile mit Nagelplattenverbindungen nach DIN EN 14250:2010-05*

NA DIN 20000-6, *Anwendung von Bauprodukten in Bauwerken — Teil 6: Verbindungsmittel nach DIN EN 14592:2009-02 und DIN EN 14545:2009-02*

NA DIN 68800, *Holzschutz (alle Teile)*

NA DIN EN 300, *Platten aus langen, flachen, ausgerichteten Spänen (OSB) — Definitionen, Klassifizierung und Anforderungen*

NA DIN EN 301:2006-09, *Klebstoffe für tragende Holzbauteile — Phenoplaste und Aminoplaste — Klassifizierung und Leistungsanforderungen; Deutsche Fassung DIN EN 301:2006*

NA DIN EN 312, *Spanplatten – Anforderungen*

NA DIN EN 387, *Brettschichtholz — Universal-Keilzinkenverbindungen — Leistungsanforderungen und Mindestanforderungen an die Herstellung*

NA DIN EN 622-2, *Faserplatten — Anforderungen — Teil 2: Anforderungen an harte Platten*

NA DIN EN 622-3, *Faserplatten — Anforderungen — Teil 3: Anforderungen an mittelharte Platten*

NA DIN EN 634-1, *Zementgebundene Spanplatten — Anforderungen — Teil 1: Allgemeine Anforderungen*

NA DIN EN 634-2, *Zementgebundene Spanplatten — Anforderungen — Teil 2: Anforderungen an Portlandzement (PZ) gebundene Spanplatten zur Verwendung im Trocken-, Feucht- und Außenbereich*

NA DIN EN 636, *Sperrholz — Anforderungen*

NA DIN EN 912, *Holzverbindungsmittel — Spezifikationen für Dübel besonderer Bauart für Holz*

NA DIN EN 1992-1-1, *Eurocode 2 — Bemessung und Konstruktion von Stahlbeton- und Spannbetontragwerken — Teil 1-1: Allgemeine Bemessungsregeln und Regeln für den Hochbau*

NA DIN EN 1992-1-1/NA, *Nationaler Anhang — National festgelegte Parameter — Eurocode 2 — Bemessung und Konstruktion von Stahlbeton- und Spannbetontragwerken — Teil 1-1: Allgemeine Bemessungsregeln und Regeln für den Hochbau*

NA DIN EN 1993, *Eurocode 3 — Bemessung und Konstruktion von Stahlbauten*

NA DIN EN 1995-1-1:2010-12, *Eurocode 5 — Bemessung und Konstruktion von Holzbauten — Teil 1-1: Allgemeines — Allgemeine Regeln und Regeln für den Hochbau; Deutsche Fassung DIN EN 1995-1-1:2004 + AC:2006 + A1:2008*

NA DIN EN 12811-1, *Temporäre Konstruktionen für Bauwerke — Teil 1: Arbeitsgerüste — Leistungsanforderungen, Entwurf, Konstruktion und Bemessung*

NA DIN EN 12812, *Traggerüste — Anforderungen, Bemessung und Entwurf*

NA DIN EN 13353, *Massivholzplatten (SWP) — Anforderungen*

NA DIN EN 13782, *Fliegende Bauten — Zelte — Sicherheit*

NA DIN EN 13814, *Fliegende Bauten und Anlagen für Veranstaltungsplätze und Vergnügungsparks — Sicherheit*

NA DIN EN 13986:2005-03, *Holzwerkstoffe zur Verwendung im Bauwesen — Eigenschaften, Bewertung der Konformität und Kennzeichnung; Deutsche Fassung DIN EN 13986:2004*

NA DIN EN 14080, *Holzbauwerke — Brettschichtholz und Balkenschichtholz — Anforderungen*

NA DIN EN 14279, *Furnierschichtholz (LVL) — Definitionen, Klassifizierung und Spezifikationen*

NA DIN EN 14374, *Holzbauwerke — Furnierschichtholz für tragende Zwecke — Anforderungen*

NA DIN EN 15283-2, *Faserverstärkte Gipsplatten — Begriffe, Anforderungen, Prüfverfahren — Teil 2: Gipsfaserplatten*

NA DIN EN ISO 12944-2:1998-07, *Beschichtungsstoffe — Korrosionsschutz von Stahlbauten durch Beschichtungssysteme — Teil 2: Einteilung der Umgebungsbedingungen (ISO 12944-2:1998); Deutsche Fassung DIN EN ISO 12944-2:1998*

1.3 Annahmen

(1)P Es gelten die allgemeinen Annahmen der DIN EN 1990:2002.

„Die allgemeinen Annahmen sind:

- Die Tragwerksplanung wird von dafür entsprechend qualifiziertem und erfahrenem Personal durchgeführt.
- Die Bauausführung erfolgt durch geschultes und erfahrenes Personal.
- Sachgerechte Aufsicht und Güteüberwachung während der Bauausführung sind sichergestellt.
- Die Verwendung von Baustoffen und Erzeugnissen erfolgt entsprechend den DIN EN 1990 bis 1999 oder den maßgebenden Ausführungsnormen, Werkstoff- und Produktnormen.
- Das Tragwerk wird sachgemäß instand gehalten.
- Das Tragwerk wird entsprechend den Planungsannahmen genutzt."

(s. DIN EN 1990, Abschnitt 1.3)

(2) Zusätzliche Anforderungen für die Ausführung und Überwachung enthält der Abschnitt 10.

Weitere Hinweise zur Herstellung und Ausführung sind nach DIN 1052-10 zu beachten, zum Beispiel zu geklebten Verbindungen und Bauteilen.

1.4 Unterscheidung zwischen Prinzipien und Anwendungsregeln

(1)P Es gelten die Regelungen in DIN EN 1990:2002, Abschnitt 1.4.

Prinzipien sind allgemeine Festlegungen, die einzuhalten sind.
Anwendungsregeln sind allgemein anerkannte Regeln. Abweichungen von den Anwendungsregeln sind gegen Nachweis der Gleichwertigkeit zulässig (s. DIN EN 1990, Abschnitt 1.4).

1.5 Begriffe

1.5.1 Allgemeines

(1)P Es gelten die in DIN EN 1990:2002, Abschnitt 1.5 angegebenen Begriffe.

1.5.2 Zusätzliche Begriffe in dieser Europäischen Norm

1.5.2.1
charakteristischer Wert
siehe DIN EN 1990:2002, Unterabschnitt 1.5.4.1

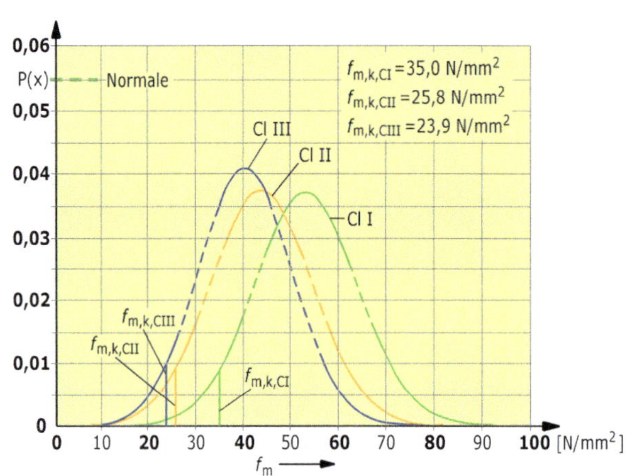

Bild K.7 — Charakteristische Biegefestigkeit (5 %-Quantilwert) von visuell sortiertem Holz nach [8]

1.5.2.2
Stabdübelverbindung
Verbindung, bestehend aus kreisrunden zylindrischen Stäben, meist aus Stahl, mit oder ohne Kopf, die passgenau in vorgebohrte Löcher eingebaut werden und für die Übertragung von Kräften rechtwinklig zur Stabdübelachse verwendet werden

Zugstoß mit Stabdübeln, Zugtragfähigkeit $F_{t,0,d}$ = 226 kN (Berechnung s. [1])

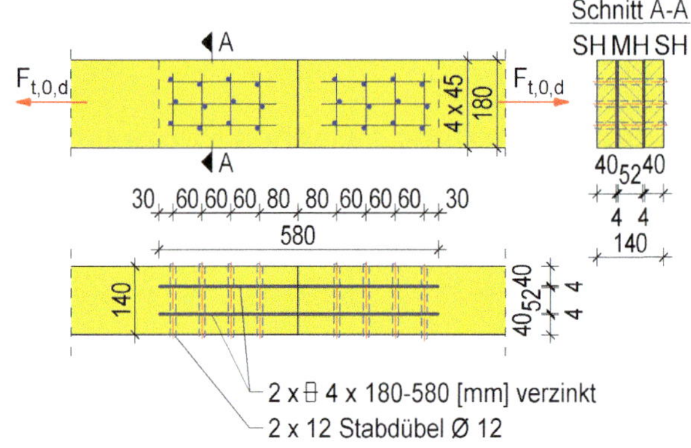

Bild K.8 — Zugstoß mit Stabdübeln

1.5.2.3
Gleichgewichtsfeuchte
Feuchtegehalt, bei dem das Holz Feuchtigkeit an die umgebende Luft weder abgibt noch aufnimmt

Holz ist ein hygroskopischer Stoff, der zwischen dem darrtrockenen Zustand und dem Fasersättigungspunkt mit dem ihn umgebenden Klima im Gleichgewicht steht. Nur bei konstantem Klima verändert sich die Gleichgewichtsfeuchte nicht.

1.5.2.4
Fasersättigungspunkt
Zustand eines Holzstückes, bei dem die Zellwände mit Wasser gesättigt sind

Bei Fasersättigung sind die Zellwände des Holzes vollständig mit Wasser gefüllt. Je nach Holzart liegt die Holzfeuchte dann zwischen 28 und 36 %. (Angaben zum Fasersättigungspunkt einheimischer Holzarten enthält Tabelle B.1 in DIN 68800-1.)

1.5.2.5
LVL
Furnierschichtholz, wie in DIN EN 14279 und DIN EN 14374 definiert

Verbund aus Furnieren, in dem die Furniere vorwiegend in derselben Faserrichtung ausgerichtet sind (Definition schließt Furnierschichtholz mit Querlagen nicht aus).

1.5.2.6
lamellierte Holzplatte
Platte aus aneinandergereihten parallel verlaufenden Vollholzlamellen, die durch Nägel oder Schrauben, durch Vorspannung oder durch Verklebung miteinander verbunden sind

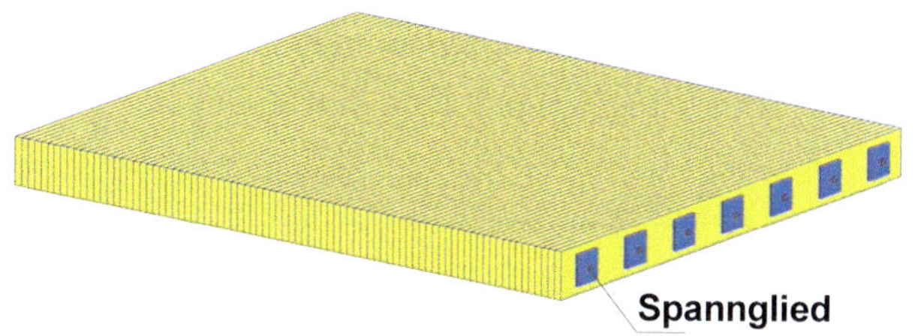

Bild K.9 — Lamellierte Holzplatte: Brettstapel mit Quervorspannung

1.5.2.7
Holzfeuchte
Masse des im Holz enthaltenen Wassers, ausgedrückt als Anteil der Trockenmasse des Holzes

Der Holzfeuchtegehalt wird nach DIN EN 13181-1 (Darrverfahren), DIN EN 13181-2 (elektrischer Widerstand) oder DIN EN 13181-3 (kapazitive Methode) bestimmt.

1.5.2.8
Scheibenbeanspruchung
Beanspruchung aus Einwirkungen in der Ebene einer Scheibe

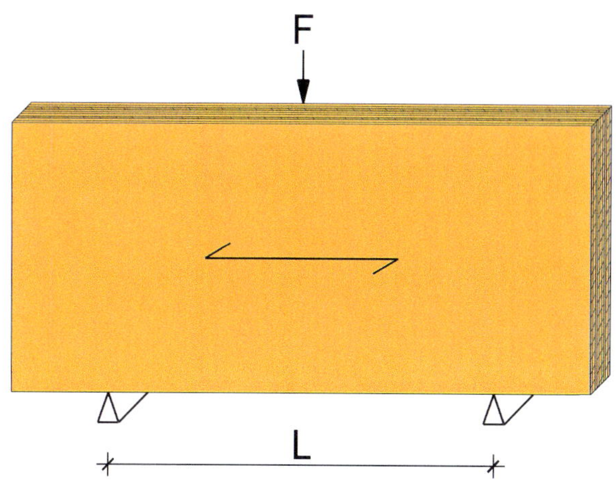

Bild K.10 — Scheibenbeanspruchung bei Furnierschichtholz

(s. jeweilige allgemeine bauaufsichtliche Zulassung oder Europäische technische Zulassung)

1.5.2.9
Steifigkeitseigenschaft
Eigenschaft, die bei der Berechnung von Verformungen einer Konstruktion verwendet wird, z. B. Elastizitätsmodul, Schubmodul, Verschiebungsmodul

z. B. $E_{0,\text{mean}}$, G_{mean}, $K_{\text{u,mean}}$

1.5.2.10
Verschiebungsmodul
Eigenschaft, die bei der Berechnung von Verformungen zwischen zwei Bauteilen einer Konstruktion verwendet wird

Der Verschiebungsmodul charakterisiert das Last-Verformungsverhalten einer Holzbauverbindung – experimentell ermittelt nach DIN EN 26891 (s. auch Bild K.23).

NCI Zu 1.5.2 „Zusätzliche Begriffe in dieser Europäischen Norm“

NA.1.5.2.11
Anschluss
Anschluss, bei dem ein Stab mit einem Stab oder ein Stab mit einem Verbindungselement durch mechanische Verbindungsmittel, Kontakt oder Klebung verbunden wird.

NA.1.5.2.12
Balkenschichtholz
besteht aus faserparallel miteinander verklebten Einzelhölzern gleicher Querschnittsmaße mit einer Einzeldicke > 45 mm.

Bild K.11 — Balkenschichtholz

NA.1.5.2.13
Bauteile aus Holz
bestehen aus Vollholz, Brettschichtholz, Balkenschichtholz oder Furnierschichtholz ohne Querlagen.

Bild K.12 — Bauteile aus Vollholz, Balkenschicht-, Brettschicht- und Furnierschichtholz

Brettschichtholz, Jahrringlage und Anordnung von Entlastungsnuten, bei Verwendung in Nutzungsklasse 3 muss auf beiden Seiten die Markröhre nach außen liegen (aus [1] – weitere Hinweise in DIN EN 14080).

NA.1.5.2.14
Brettschichtholz (BSH)
besteht aus flachseitig faserparallel miteinander verklebten Brettern oder Brettlagen (Lamellen) mit einer Einzeldicke ≤ 45 mm.

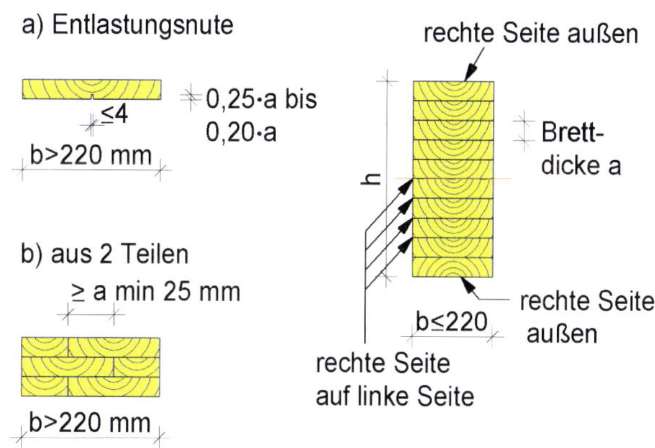

Bild K.13 — Brettschichtholz, Jahrringlage und Anordnung von Entlastungsnuten

NA 1.5.2.15
Brettsperrholz (BSP)
besteht aus mindestens drei rechtwinklig miteinander verklebten Lagen aus Vollholz, in denen Vollholzlamellen einer Lage ohne oder mit einem seitlichen Abstand nicht größer als der Nennbreite der Vollholzlamellen angeordnet sind.

Prinzipieller Aufbau von Brettsperrholz, t_{SL} = 17...45 mm, $h \leq$ 500 mm, max. Elementbreiten: 1,25...4,8 m, max. Elementlängen: 16...20 m (30 m)

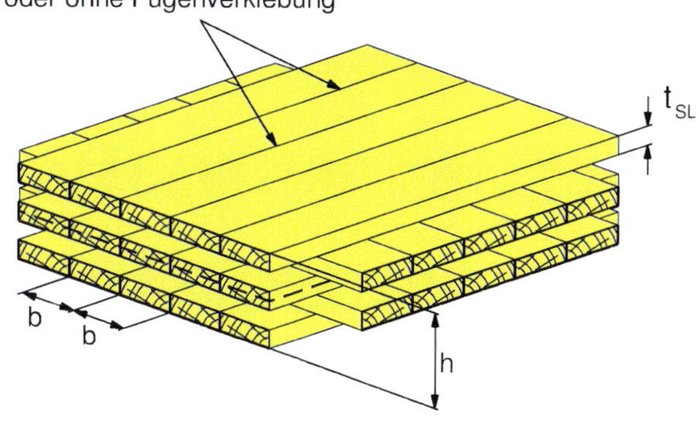

Bild K.14 — Prinzipieller Aufbau von Brettsperrholz [36]

NA.1.5.2.16
Faserverstärkte Gipsfaserplatten
Ebene, rechteckige Platten, die aus einem abgebundenen Gipskern bestehen, der mit im Kern verteilten anorganischen und/oder organischen Fasern verstärkt ist. Sie dürfen auch Zusatzmittel und/oder Füllstoffe enthalten, die der Platte zusätzliche Eigenschaften verleihen. Die Oberflächen können sich je nach der vorgesehenen Anwendung unterscheiden. Die Längs- und Querkanten können entsprechend dem Verwendungszweck ausgebildet sein. Faserverstärkte Gipsplatten werden in der Regel im kontinuierlichen Betrieb im Industriemaßstab hergestellt. Zu Kennzeichnungszwecken erhalten diese Platten die Bezeichnung GF.

[DIN EN 15283-2:2008 + A1:2009]

NA.1.5.2.17
Gipsplatten
Ebene, rechteckige Platte, die aus einem Gipskern und einer daran haftenden Ummantelung aus einem festen, widerstandsfähigen Karton besteht; die Kartonoberflächen können in Abhängigkeit vom Verwendungszweck der jeweiligen Plattenart variieren, und der Kern kann Zusätze enthalten, die der Platte zusätzliche Eigenschaften verleihen; die Längskanten sind kartonummantelt und dem Verwendungszweck entsprechend ausgebildet.

[DIN EN 520:2004 + A1:2009]

Bild K.15 — Gipsplatte

NA.1.5.2.18
Gipswerkstoffe
Gipsplatten und faserverstärkte Gipsplatten

NA.1.5.2.19
Hauptrichtung einer Nagelplatte
Richtung der größten Plattentragfähigkeit bei Zugbeanspruchung

NA.1.5.2.20
Holztafeln
Verbundkonstruktionen unter Verwendung von Rippen aus Bauschnittholz, Brettschichtholz, Balkenschichtholz, Holzwerkstoffen und mittragenden oder aussteifenden Beplankungen aus Vollholz, Holzwerkstoffen oder Gipswerkstoffen, die ein- oder beidseitig angeordnet sein können. Rippen und Beplankung werden durch mechanische Verbindungsmittel oder Klebung miteinander verbunden.

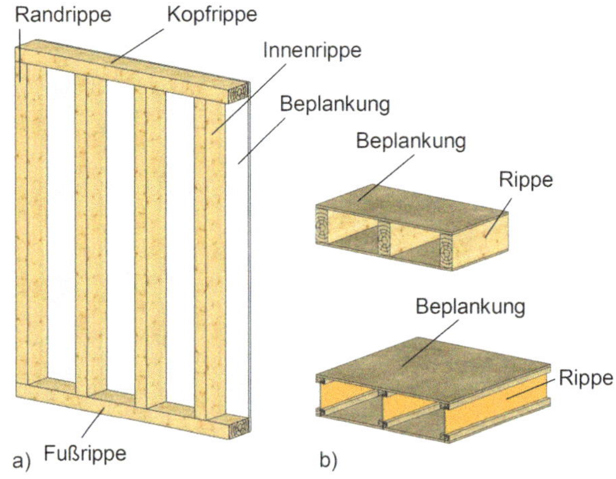

Bild K.16 — Holztafeln; a) Wand-, b) Dach- und Deckentafel

NA.1.5.2.21
Holzwerkstoffe
Massivholzplatte, Furnierschichtholz (LVL), Sperrholz, Platte aus langen, schlanken, ausgerichteten Spänen (OSB), kunstharzgebundene Spanplatte, zementgebundene Spanplatte oder Faserplatte

[DIN EN 13986:2008-03]

Bild K.17 — Holzwerkstoffplatte, z. B. OSB-Platte

NA1.5.2.22
Plattenwerkstoffe
Holzwerkstoffe und Gipswerkstoffe

NA.1.5.2.23
Rollschub
Schubspannung, die in einer Ebene rechtwinklig zur Faserrichtung zu Gleitungen führt

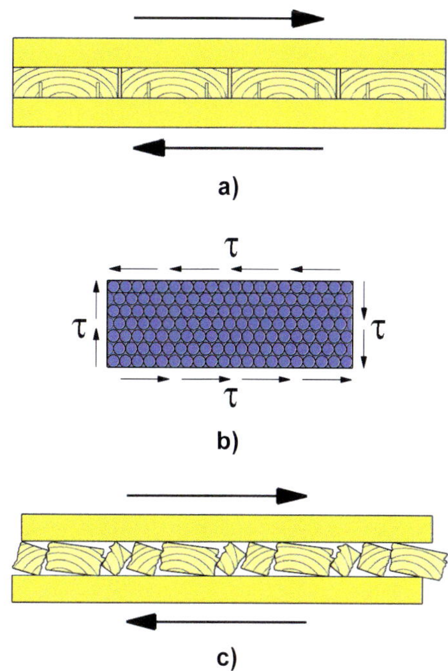

Bild K.18 — Rollschub bei Plattenbeanspruchung von Brettsperrholz (aus [36] und [37])

Rollschub bei Plattenbeanspruchung von Brettsperrholz führt zum frühzeitigen Bruch der quer liegenden Bretter.

NA.1.5.2.24
Stoß
Verbindung zweier Stäbe identischen Querschnitts mit gerade durchlaufender Stabachse

Beispiel: Zugstoß mit Laschen und Dübel besonderer Bauart; Verbindungseinheit: 2 Dübel und 1 Bolzen (zweischnittig)

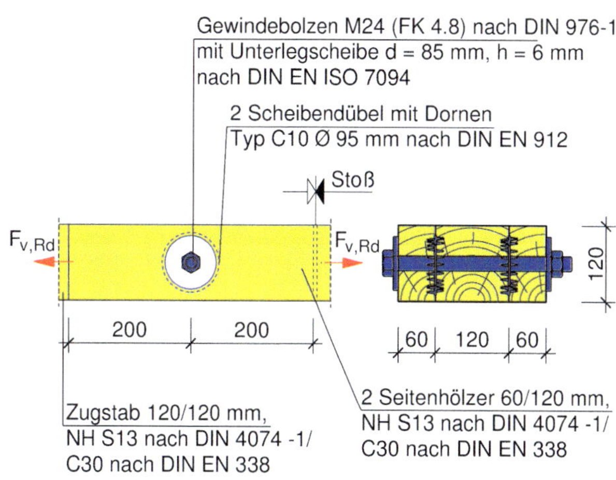

Bild K.19 — Zugstoß mit Laschen und Dübel besonderer Bauart, ΔA = Dübelfehlfläche s. Tabelle NA.17, zur Dübelfehlfläche ist dann noch die Querschnittsminderung durch den Bolzen hinzuzurechnen (aus [3])

NA.1.5.2.25
Verbindung
Verbindung, bei der mehrere Stäbe durch einen Anschluss (direkt) oder durch je einen Anschluss an mindestens ein Verbindungselement (indirekt) zusammengefügt werden

NA.1.5.2.26
Verbindungseinheit
Dübel besonderer Bauart und zugehöriger Bolzen

(s. Bild K.19)

NA.1.5.2.27
Vollholz (VH)
Bauschnitthölzer aus Nadel- und Laubholz. Bauschnitthölzer werden unterschieden nach Kanthölzern, Bohlen, Brettern und Latten. Bauschnitthölzer können keilgezinkt sein.

Bild K.20 — Vollholz

NA.1.5.2.28
bauaufsichtlicher Verwendbarkeitsnachweis
allgemeine bauaufsichtliche Zulassung, Europäische technische Zulassung oder Zustimmung im Einzelfall

Bild K.21 — CE-Kennzeichnung auf der Verpackung von bauaufsichtlich zugelassenen Schrauben (CE-Verwendbarkeitsnachweis)

1.6 Formelzeichen in DIN EN 1995-1-1

Für die Anwendung der DIN EN 1995-1-1 gelten die folgenden Formelzeichen:

Große lateinische Buchstaben

A Querschnittsfläche

A_{ef} effektive Kontaktfläche zwischen einer Nagelplatte und dem Holz; wirksame Kontaktfläche bei Druckbeanspruchung rechtwinklig zur Faserrichtung

A_{f} Querschnittsfläche eines Flansches

$A_{\mathrm{net,t}}$ Nettoquerschnittsfläche rechtwinklig zur Faserrichtung

$A_{\mathrm{net,v}}$ Nettoscherfläche in Faserrichtung

C Federsteifigkeit

$E_{0,05}$ 5 %-Quantilwert eines Elastizitätsmoduls

E_{d} Bemessungswert eines Elastizitätsmoduls, Bemessungswert der Beanspruchung

E_{mean} Mittelwert eines Elastizitätsmoduls

$E_{\mathrm{mean,fin}}$ Endwert des Mittelwertes eines Elastizitätsmoduls

F Kraft

$F_{\mathrm{A,Ed}}$ Bemessungswert der Kraft, die auf eine Nagelplatte im Schwerpunkt der wirksamen Kontaktfläche angreift

$F_{\mathrm{A,min,d}}$ kleinster Bemessungswert der Kraft, die auf eine Nagelplatte im Schwerpunkt der wirksamen Kontaktfläche angreift

$F_{\mathrm{ax,Ed}}$ Bemessungswert der Kraft in Achsrichtung des Verbindungsmittels

$F_{\mathrm{ax,Rd}}$ Bemessungswert der Tragfähigkeit auf Herausziehen des Verbindungsmittels

$F_{\mathrm{ax,Rk}}$ charakteristischer Wert der Tragfähigkeit auf Herausziehen des Verbindungsmittels

F_{c} Druckkraft

F_{d} Bemessungswert der Kraft

$F_{\mathrm{d,ser}}$ Bemessungswert der Kraft im Grenzzustand der Gebrauchstauglichkeit

$F_{\mathrm{f,Rd}}$ Bemessungswert der Tragfähigkeit eines Verbindungsmittels in Wandscheiben

$F_{\mathrm{i,c,Ed}}$ Bemessungswert der Druckreaktionskraft am Ende der Wandscheibe

$F_{\mathrm{i,t,Ed}}$ Bemessungswert der Zugreaktionskraft am Ende der Wandscheibe

$F_{\mathrm{i,vert,Ed}}$ lotrechte Lasteinwirkung auf die Wand

$F_{\mathrm{i,v,Rd}}$ Bemessungswert des Widerstandes der Platte i (in 9.2.4.2) [oder der Wand, Scheibe i (in 9.2.4.3)]

F_{la} Seitenlast

$F_{\mathrm{M,Ed}}$ Bemessungswert der Kraft infolge des Bemessungswertes des Momentes

F_{t} Zugkraft

$F_{\mathrm{t,Rk}}$ charakteristische Tragfähigkeit auf Zug der Verbindung

$F_{\mathrm{v,0,Rk}}$ charakteristische Tragfähigkeit eines Dübels besonderer Bauart in Faserrichtung

$F_{\mathrm{v,Ed}}$ Bemessungswert der Tragfähigkeit auf Abscheren pro Scherfuge des Verbindungsmittels

$F_{\mathrm{v,Rd}}$ Bemessungswert der Tragfähigkeit pro Scherfuge und Verbindungsmittel; Bemessungswert der Scheibentragfähigkeit

$F_{\mathrm{v,Rk}}$ charakteristischer Wert der Tragfähigkeit pro Scherfuge und Verbindungsmittel

$F_{\mathrm{v,w,Ed}}$ Bemessungswert der Scherkraft im Steg

$F_{\mathrm{x,Ed}}$ Bemessungswert einer Kraft in x-Richtung

$F_{y,Ed}$	Bemessungswert einer Kraft in y-Richtung
$F_{x,Rd}$	Bemessungswert der Plattentragfähigkeit in x-Richtung
$F_{y,Rd}$	Bemessungswert der Plattentragfähigkeit in y-Richtung
$F_{x,Rk}$	charakteristischer Wert der Plattentragfähigkeit in x-Richtung
$F_{y,Rk}$	charakteristischer Wert der Plattentragfähigkeit in y-Richtung
$G_{0,05}$	5 %-Quantile des Schubmoduls
G_d	Bemessungswert des Schubmoduls
G_{mean}	Mittelwert des Schubmoduls
H	Gesamthöhe eines Fachwerkträgers
I_f	Flächenmoment 2. Grades des Flansches
I_{tor}	Torsionsträgheitsmoment
I_z	Flächenmoment 2. Grades um die schwache Achse
K_{ser}	Verschiebungsmodul
$K_{ser,fin}$	Verschiebungsmodul zum Zeitpunkt $t = \infty$
K_u	Anfangsverschiebungsmodul im Grenzzustand der Tragfähigkeit
$L_{net,t}$	Nettobreite der Querschnittsfläche rechtwinklig zur Faserrichtung
$L_{net,v}$	Nettolänge der Bruchfläche bei Schub
$M_{A,Ed}$	Bemessungswert des Momentes bezogen auf eine Nagelplatte
$M_{ap,d}$	Bemessungswert des Momentes im Firstbereich
M_d	Bemessungswert des Momentes
$M_{y,Rk}$	charakteristischer Wert des Fließmomentes des Verbindungsmittels
N	Normalkraft
$R_{90,d}$	Bemessungswert der Tragfähigkeit senkrecht zur Faser
$R_{90,k}$	charakteristischer Wert der Tragfähigkeit senkrecht zur Faser
$R_{ax,d}$	Bemessungswert der Tragfähigkeit einer in Achsrichtung belasteten Verbindung
$R_{ax,k}$	charakteristischer Wert der Tragfähigkeit
$R_{ax,\alpha,k}$	charakteristischer Wert der Tragfähigkeit unter einem Winkel zur Faserrichtung
R_d	Bemessungswert einer Tragfähigkeit
$R_{ef,k}$	wirksame charakteristische Tragfähigkeit einer Verbindung
$R_{iv,d}$	Bemessungswert der seitlichen Tragfähigkeit einer Wandscheibe
R_k	charakteristischer Wert der Tragfähigkeit
$R_{sp,k}$	charakteristischer Wert der Spaltwiderstandes
$R_{to,k}$	charakteristischer Wert der Tragfähigkeit eines Scheibendübels mit Zähnen

$R_{v,d}$ — Bemessungswert der Tragfähigkeit einer Wandscheibe in Scheibenebene

V — Querkraft; Volumen

V_u, V_l — Querkräfte im oberen und unteren Teil eines Biegestabes mit Durchbruch

W_y — Widerstandsmoment um die Achse y

X_d — Bemessungswert einer Festigkeitseigenschaft

X_k — charakteristischer Wert einer Festigkeitseigenschaft

NCI Große lateinische Buchstaben

B_E — Anteil der Eigensteifigkeit an den für die Plattenwirkung von Flächentragwerken maßgebenden Biege- und Drillsteifigkeiten

B_S — Steineranteil der für die Plattenwirkung von Flächentragwerken maßgebenden Biege- und Drillsteifigkeiten

$F_{v,H,Rk}$ — charakteristischer Wert der Tragfähigkeit einer Verbindungseinheit in einem Hirnholzanschluss

D — für die Scheibenwirkung von Flächentragwerken maßgebende Steifigkeiten

$G_{R,mean}$ — Schubmodul für die Rollschub-Beanspruchung

S — Schubsteifigkeiten für die Verformungen infolge der Querkräfte q_x und q_y in z-Richtung

Kleine lateinische Buchstaben

a — Abstand

a_1 — Verbindungsmittelabstand innerhalb einer Reihe in Faserrichtung

a_2 — Abstand von Verbindungsmittelreihen rechtwinklig zur Faserrichtung

$a_{3,c}$ — Abstand zwischen Verbindungsmittel und unbeanspruchtem Hirnholzende

$a_{3,t}$ — Abstand zwischen Verbindungsmittel und beanspruchtem Hirnholzende

$a_{4,c}$ — Abstand zwischen Verbindungsmittel und unbeanspruchtem Holzrand

$a_{4,t}$ — Abstand zwischen Verbindungsmittel und beanspruchtem Holzrand

$a_{1,CG}$ — Mindestabstand der Hirnholzenden zum Schwerpunkt des Schraubengewindes im Bauteil

$a_{2,CG}$ — Mindestrandabstand des Schwerpunkts des Schraubengewindes im Bauteil

a_{bow} — Größtwert der seitlichen Auslenkung eines Fachwerkstabes

$a_{bow,perm}$ — zulässiger Größtwert der seitlichen Auslenkung eines Fachwerkstabes

a_{dev} — Größtwert der seitliche Schiefstellung des Fachwerkes

$a_{dev,perm}$ — zulässiger Größtwert der seitlichen Schiefstellung des Fachwerkes

b — Breite

b_i — Breite der Wandscheibe i (in 9.2.4.2) oder Wandlänge i (in 9.2.4.3)

b_{net} — lichter Stützenabstand

b_w — Stegdicke

d	Durchmesser; Gewindeaußendurchmesser von Schrauben
d_{h}	Kopfdurchmesser von Schrauben
d_1	Innendurchmesser des Gewindes
d_{c}	Dübeldurchmesser
d_{ef}	wirksamer Durchmesser
$f_{\mathrm{h,i,k}}$	charakteristischer Wert der Lochleibungsfestigkeit des Holzteils i
$f_{\mathrm{a,0,0}}$	Nageltragfähigkeit pro Flächeneinheit für α = 0° und β = 0°
$f_{\mathrm{a,90,90}}$	Nageltragfähigkeit pro Flächeneinheit für α = 90° und β = 90°
$f_{\mathrm{a,\alpha,\beta,k}}$	charakteristischer Wert der Nageltragfähigkeit pro Flächeneinheit für α und β
$f_{\mathrm{ax,k}}$	charakteristischer Wert der Ausziehfestigkeit auf der Seite der Nagelspitze; charakteristischer Wert der Ausziehfestigkeit
$f_{\mathrm{c,0,d}}$	Bemessungswert der Druckfestigkeit in Faserrichtung
$f_{\mathrm{c,w,d}}$	Bemessungswert der Druckfestigkeit des Steges
$f_{\mathrm{f,c,d}}$	Bemessungswert der Druckfestigkeit des Gurtes
$f_{\mathrm{c,90,k}}$	charakteristischer Wert der Druckfestigkeit quer zur Faser
$f_{\mathrm{f,t,d}}$	Bemessungswert der Zugfestigkeit des Gurtes
$f_{\mathrm{h,k}}$	charakteristischer Wert der Lochleibungsfestigkeit
$f_{\mathrm{head,k}}$	charakteristischer Wert des Kopfdurchziehparameter für Nägel
f_1	Eigenfrequenz
$f_{\mathrm{m,k}}$	charakteristischer Wert der Biegefestigkeit
$f_{\mathrm{m,y,d}}$	Bemessungswert der Biegefestigkeit um die Hauptachse y
$f_{\mathrm{m,z,d}}$	Bemessungswert der Biegefestigkeit um die Hauptachse z
$f_{\mathrm{m,\alpha,d}}$	Bemessungswert der Biegefestigkeit unter einem Winkel α zur Faserrichtung
$f_{\mathrm{t,0,d}}$	Bemessungswert der Zugfestigkeit in Faserrichtung
$f_{\mathrm{t,0,k}}$	charakteristischer Wert der Zugfestigkeit in Faserrichtung
$f_{\mathrm{t,90,d}}$	Bemessungswert der Zugfestigkeit rechtwinklig zur Faserrichtung
$f_{\mathrm{t,w,d}}$	Bemessungswert der Zugfestigkeit des Steges
$f_{\mathrm{u,k}}$	charakteristische Zugfestigkeit von Bolzen
$f_{\mathrm{v,0,d}}$	Bemessungswert der Scherfestigkeit bei Plattenbeanspruchung
$f_{\mathrm{v,ax,\alpha,k}}$	charakteristischer Wert der Ausziehfestigkeit unter einem Winkel zur Faserrichtung
$f_{\mathrm{v,ax,90,k}}$	charakteristischer Wert der Ausziehfestigkeit rechtwinklig zur Faserrichtung
$f_{\mathrm{v,d}}$	Bemessungswert der Schubfestigkeit
h	Höhe; Wandhöhe
h_{ap}	Höhe des Firstbereichs

h_d Durchbruchshöhe

h_e Einlasstiefe; Einpresstiefe (bei Dübeln besonderer Bauart)

h_e Abstand vom belasteten Rand

h_{ef} wirksame Höhe

$h_{f,c}$ Druckgurthöhe

$h_{f,t}$ Zuggurthöhe

~~h_{rl} unterer Randabstand eines Durchbruchs~~

~~h_{ru} oberer Randabstand eines Durchbruchs~~

h_w Steghöhe

i Ausklinkungsneigung

k_{cr} Rissfaktor für die Beanspruchbarkeit auf Schub

$k_{c,y}$, $k_{c,z}$ Knickbeiwerte

k_{crit} Kippbeiwert

k_d Dimensionsbeiwert für Platten

k_{def} Verformungsbeiwert

k_{dis} Verteilungsbeiwert für Spannungen in einem Firstbereich

$k_{f,1}$, $k_{f,2}$, $k_{f,3}$ Modifikationsbeiwerte für den Aussteifungswiderstand

k_h Höhenbeiwert

$k_{i,q}$ Lastbeiwert für gleichmäßige Lastverteilung

k_m Verteilungsbeiwert für Biegespannungen in einem Querschnitt

k_{mod} Modifikationsbeiwert für Lasteinwirkungsdauer und Feuchtegehalt

k_n Beiwert für Beplankungsmaterial

k_r Abminderungsbeiwert

$k_{R,red}$ Abminderungsbeiwert für die Tragfähigkeit

k_s Beiwert für Verbindungsmittelabstände; Modifikationsbeiwert für die Federsteifigkeit

$k_{s,red}$ Abminderungsbeiwert für Verbindungsmittelabstände

k_{shape} Beiwert abhängig von der Querschnittsform

k_{sys} Beiwert für die Systemfestigkeit

k_v Abminderungsbeiwert für ausgeklinkte Biegestäbe

k_{vol} Volumenbeiwert

k_y , k_z Knickbeiwerte

$\ell_{a,min}$ Mindesteinbindetiefe für eingeklebte Stahlstangen

ℓ Stützweite; Kontaktlänge

ℓ_A	Abstand eines Durchbruchs vom Auflager
ℓ_{ef}	wirksame Länge; wirksame Länge einer Verteilung
ℓ_V	Endabstand eines Durchbruchs
ℓ_Z	Abstand zwischen Durchbrüchen
m	Masse pro Flächeneinheit
n_{40}	Anzahl der Schwingungen unter 40 Hz
n_{ef}	wirksame Anzahl von Verbindungsmitteln
p_d	verteilte Last
q_i	äquivalente gleichmäßig verteilte Last
r	Krümmungsradius
s	Abstand
s_0	Grundwert des Verbindungsmittelabstands
r_{in}	Innenradius
t	Dicke
t_{pen}	Eindringtiefe
u_{creep}	Kriechverformung
u_{fin}	Endverformung
$u_{fin,G}$	Endverformung infolge einer ständigen Einwirkung G
$u_{fin,Q,1}$	Endverformung infolge der führenden veränderlichen Einwirkung Q_1
$u_{fin,Q,i}$	Endverformung infolge einer begleitenden veränderlichen Einwirkung Q
u_{inst}	Anfangsverformung
$u_{inst,G}$	Anfangsverformung infolge einer ständigen Einwirkung G
$u_{inst,Q,1}$	Anfangsverformung infolge der führenden veränderlichen Einwirkung Q_1
$u_{inst,Q,i}$	Anfangsverformung infolge einer begleitenden veränderlichen Einwirkung Q_i
w_c	Überhöhung
w_{creep}	Durchbiegung infolge Kriechen
w_{fin}	Enddurchbiegung
w_{inst}	Anfangsdurchbiegung
$w_{net,fin}$	Enddurchbiegung
v	Einheitsimpulsgeschwindigkeitsreaktion

NCI Kleine lateinische Buchstaben

b_{lam}	Lamellendicke
$f_{\text{c},\alpha,\text{d}}$	Bemessungswert der Druckfestigkeit unter dem Winkel α zur Holzfaser
$f_{\text{c},90,\text{d}}$	Bemessungswert der Druckfestigkeit rechtwinklig zur Faserrichtung
$f_{\text{ki,d}}$	Bemessungswert der Klebfugenfestigkeit
$f_{\text{R,d}}$	Bemessungswert der Rollschubfestigkeit
k_{H}	Beiwert zur Berücksichtigung des Einflusses des Hirnholzes des anzuschließenden Trägers
k_{k}	der Beiwert zur Berücksichtigung der ungleichmäßigen Spannungsverteilung
ℓ_{ad}	Einkleblänge des Stahlstabes
ℓ_{r}	Breite der Verstärkungsplatte
m	bezogenes Moment
n	Anzahl, bezogene Normalkraft
n_{r}	Anzahl der Verstärkungsplatten
q	bezogene Querkraft
t_{r}	Dicke einer Verstärkungsplatte
x,y,z	Koordinaten

Kleine griechische Buchstaben

α	Winkel zwischen der x-Richtung und der Kraft bei einer Nagelplatte; Winkel zwischen Kraft und Faserrichtung; Winkel zwischen der Kraftrichtung und dem beanspruchten Hirnholzende oder Rand
β	Winkel zwischen Faserrichtung und der Kraftrichtung bei einer Nagelplatte
β_{c}	Imperfektionsbeiwert
γ	Winkel zwischen der x-Richtung und der Fugenrichtung bei einer Nagelplatte
γ_{M}	Teilsicherheitsbeiwert für eine Baustoffeigenschaft, unter Berücksichtigung der Modellunsicherheiten und von geometrischen Abweichungen
λ_{y}	Schlankheitsgrad für Biegung um die y-Achse
λ_{z}	Schlankheitsgrad für Biegung um die z-Achse
$\lambda_{\text{rel,y}}$	bezogener Schlankheitsgrad für Biegung um die y-Achse
$\lambda_{\text{rel,z}}$	bezogener Schlankheitsgrad für Biegung um die z-Achse
ρ_{a}	zugehöriger Wert der Rohdichte
ρ_{k}	charakteristischer Wert der Rohdichte
ρ_{m}	Mittelwert der Rohdichte
$\sigma_{\text{c},0,\text{d}}$	Bemessungswert der Druckspannung in Faserrichtung
$\sigma_{\text{c},\alpha,\text{d}}$	Bemessungswert der Druckspannung unter einem Winkel α zur Faserrichtung

$\sigma_{f,c,d}$	Bemessungswert der mittleren Gurtdruckspannung
$\sigma_{f,c,max,d}$	Bemessungswert der Druckspannung am äußersten Rand des Druckgurtes
$\sigma_{f,t,d}$	Bemessungswert der mittleren Gurtzugspannung
$\sigma_{f,t,max,d}$	Bemessungswert der Zugspannung am äußersten Rand des Zuggurtes
$\sigma_{m,crit}$	kritische Biegespannung
$\sigma_{m,y,d}$	Bemessungswert der Biegespannung um die Hauptachse y
$\sigma_{m,z,d}$	Bemessungswert der Biegespannung um die Hauptachse z
$\sigma_{m,\alpha,d}$	Bemessungswert der Biegespannung unter einem Winkel α zur Faserrichtung
σ_N	Normalspannung
$\sigma_{t,0,d}$	Bemessungswert der Zugspannung in Faserrichtung
$\sigma_{t,90,d}$	Bemessungswert der Zugspannung rechtwinklig zur Faserrichtung
$\sigma_{w,c,d}$	Bemessungswert der Druckspannung des Steges
$\sigma_{w,t,d}$	Bemessungswert der Zugspannung des Steges
τ_d	Bemessungswert der Schubspannung
$\tau_{F,d}$	Bemessungswert der Verbundspannung aus Normalkraft
$\tau_{M,d}$	Bemessungswert der Verbundspannung aus Biegemoment
$\tau_{tor,d}$	Bemessungswert der Torsionsspannung
ψ_0	Kombinationsbeiwert für veränderliche Einwirkungen
ψ_2	Beiwert für den quasi-ständigen Wert einer veränderlichen Einwirkung
ζ	modaler Dämpfungsgrad

NCI Kleine griechische Buchstaben

$\tau_{drill,d}$	Bemessungswert der Drillspannung aus dem Drillmoment m_{xy}
$\tau_{R,d}$	Bemessungswert der Rollschubspannung
μ_d	Bemessungswert für den Reibungskoeffizienten

2 Grundlagen für Bemessung und Konstruktion

2.1 Anforderungen

2.1.1 Grundlegende Anforderungen

(1)P Die Berechnung und Bemessung von Holzbauten ist in Übereinstimmung mit DIN EN 1990:2002 durchzuführen.

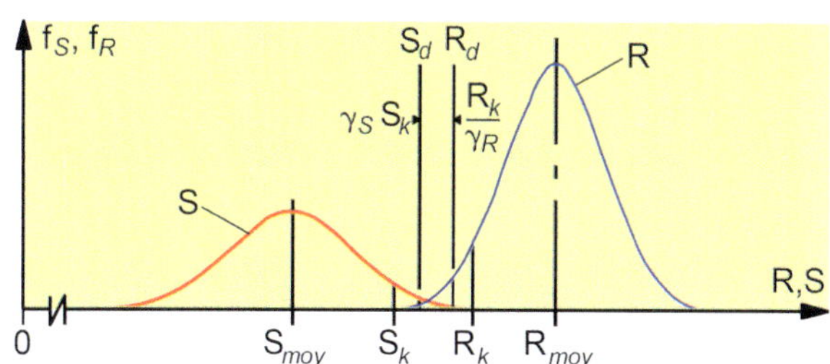

Bild K.22 — Bemessung nach dem semi-probabilistischen Verfahren der Grenzzustände mit Teilsicherheitsbeiwerten für die Einwirkungen und deren Kombination und für die Widerstände (aus [9])

(2)P Die zusätzlichen Vorschriften für Holzbauten, die im Abschnitt 2 angegeben sind, müssen ebenfalls angewendet werden.

(3) Die grundlegenden Anforderungen der DIN EN 1990:2002, Abschnitt 2 werden als erfüllt betrachtet, wenn die Bemessung nach dem Prinzip der Grenzzustände zusammen mit der verwendeten Methode der Teilsicherheitsbeiwerte nach DIN EN 1990:2002 und DIN EN 1991 für die Einwirkungen und deren Kombinationen und DIN EN 1995 für die Widerstände, die Regeln für die Gebrauchstauglichkeit und die Dauerhaftigkeit angewendet werden.

„Das Tragwerk ist so zu bemessen, dass zeitabhängige Veränderungen der Eigenschaften, das Verhalten des Tragwerks während der geplanten Nutzungsdauer nicht unvorhergesehen verändern …"
„Die Umweltbedingungen sind während der Planungsphase zu erfassen, um ihre Bedeutung für die Dauerhaftigkeit festzustellen und geeignete Maßnahmen für den Schutz von Baustoffen und Bauprodukten treffen zu können" [s. DIN EN 1990, Abschnitt 2.4(1) – z. B. im Holzbau die detaillierte Planung von Maßnahmen des baulichen Holzschutzes nach DIN 68800 bzw. zum Korrosionsschutz von Verbindungsmitteln].

2.1.2 Zuverlässigkeitsniveau

(1) Wenn unterschiedliche Zuverlässigkeitsniveaus gefordert werden, sollten die Niveaus bevorzugt durch eine geeignete Wahl der Qualitätsanforderung bei der Berechnung und Bemessung und der Ausführung entsprechend DIN EN 1990:2002, Anhang C sichergestellt werden.

2.1.3 Geplante Nutzungsdauer und Dauerhaftigkeit

(1) Es gilt DIN EN 1990:2002, Abschnitte 2.3 und 2.4.

Tabelle 2.1 in DIN EN 1990 gibt Planungsgrößen für die Nutzungsdauer an.

2.2 Grundsätze der Bemessung nach Grenzzuständen

2.2.1 Allgemeines

(1)P Die Rechenmodelle für die verschiedenen Grenzzustände müssen, sofern erforderlich, Folgendes berücksichtigen:

— unterschiedliche Baustoffeigenschaften (z. B. Festigkeit und Steifigkeit);

— unterschiedliches zeitabhängiges Baustoffverhalten (Lasteinwirkungsdauer, Kriechen);

— unterschiedliche Klimabedingungen für die Baustoffe (Temperatur, Feuchtewechsel);

— unterschiedliche Bemessungssituationen (Bauzustand, Änderungen der Lagerungsbedingungen).

2.2.2 Grenzzustände der Tragfähigkeit

(1)P Bei der Durchführung einer statischen Berechnung sind folgende Steifigkeitseigenschaften anzunehmen:

— die Mittelwerte für eine linear-elastische Spannungsberechnung nach Theorie I. Ordnung für ein Tragwerk, bei dem die Verteilung der inneren Kräfte nicht durch die Steifigkeitsverteilung im Tragwerk beeinflusst wird (z. B. für den Fall, dass alle Bauteile dieselben zeitabhängigen Eigenschaften besitzen);

— die Mittelwerte im Endzustand angepasst an den Lastanteil, der die größte Spannung im Verhältnis zu Festigkeit verursacht, für eine linear-elastische Spannungsberechnung nach Theorie I. Ordnung für ein Tragwerk, bei dem die Verteilung der inneren Kräfte durch die Steifigkeitsverteilung im Tragwerk beeinflusst wird (z. B. bei Bauteilen, die aus Materialien zusammengesetzt sind, die unterschiedliche zeitabhängige Eigenschaften besitzen);

— Bemessungswerte ohne Berücksichtigung der Einflüsse der Lasteinwirkungsdauer für eine linear-elastische Spannungsberechnung nach Theorie II. Ordnung.

ANMERKUNG 1 Für Mittelwerte im Endzustand, unter Berücksichtigung der Lasteinwirkungsdauer, siehe 2.3.2.2(2).

ANMERKUNG 2 Für Bemessungswerte der Steifigkeitseigenschaften siehe 2.4.1(2)P.

(2) Der Verschiebungsmodul einer Verbindung im Grenzzustand der Tragfähigkeit, K_u, ist in der Regel anzunehmen mit:

$$K_u = \frac{2}{3} K_{ser} \tag{2.1}$$

mit K_{ser} als Anfangsverschiebungsmodul, siehe 7.1(1).

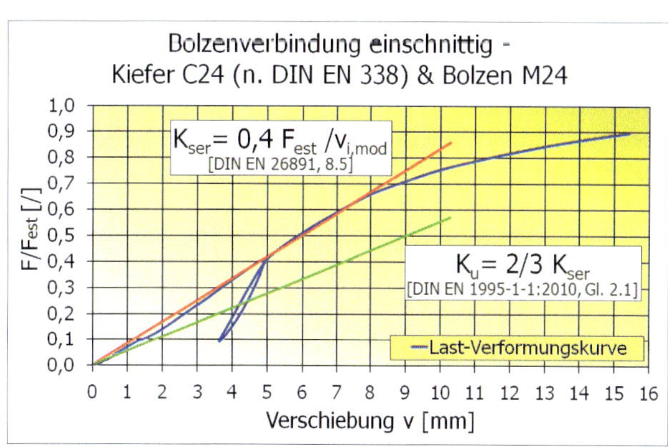

Bild K.23 — Last-Verformungskurve einer einschnittigen Holz-Holz-Verbindung mit Bolzen M24 (Last-Faser-Winkel = 0°) mit Ermittlung des Verschiebungsmoduls $K_{ser} = K_s$ nach DIN EN 26891 (Versuch HNE, Eberswalde)

Die Verschiebungsmoduln für stiftförmige Verbindungsmittel und Dübel besonderer Bauart können nach Tabelle 7.1 in DIN EN 1995-1-1 berechnet werden (s. Seite 157). Die rechnerischen Werte sind Mittelwerte. Diese werden für den Grenzzustand der Gebrauchstauglichkeit verwendet. Das nichtlineare Verhalten einer Holzbauverbindung im Grenzzustand der Tragfähigkeit wird durch eine Abminderung um 1/3 berücksichtigt [s. Gl. (2.1)].

2.2.3 Grenzzustände der Gebrauchstauglichkeit

(1)P Die Verformung einer Konstruktion infolge der Beanspruchungen (wie Normal- und Querkräfte, Biegemomente und der Nachgiebigkeit der Verbindungen) und der Feuchte muss in angemessenen Grenzen bleiben, wobei mögliche Schäden an nachgeordneten Bauteilen, Decken, Fußböden, Trennwänden und Oberflächen als auch die Anforderungen hinsichtlich der Benutzbarkeit und des Erscheinungsbildes zu berücksichtigen sind.

Nach DIN EN 1990/NA:2010, Gl. (6.14c) gilt beim GZ Gebrauchstauglichkeit für die charakteristische Lastkombination (für nicht umkehrbare Auswirkungen):

$$E_{d,char} = \sum_{j \geq 1} E_{Gk,j} + E_{Qk,1} + \sum_{i>1} \psi_{0,i} \cdot E_{Qk,i}$$

Nach DIN EN 1990/NA:2010, Gl. (6.16c) gilt beim GZ Gebrauchstauglichkeit für die häufige Lastkombination (umkehrbare Auswirkungen):

$$E_{d,frequ} = \sum_{j \geq 1} E_{Gk,j} + \Psi_{1,1} \cdot E_{Qk,l} + \sum_{i>1} \psi_{2,i} \cdot E_{Qk,i}$$

Nach DIN EN 1990/NA:2010, Gl. (6.16c) gilt beim GZ Gebrauchstauglichkeit für die quasi-ständige Lastkombination (für Langzeitauswirkungen):

$$E_{d,perm} = \sum_{j \geq 1} E_{Gk,j} + \sum_{i>1} \psi_{2,i} \cdot E_{Qk,i}$$

(2) Die Anfangsverformung u_{inst}, siehe Bild 7.1, sollte für die charakteristischen Kombinationen von Einwirkungen nach DIN EN 1990, 6.5.3(2)(a), unter Verwendung von Mittelwerten der entsprechenden Elastizitäts-, Schub- und Verschiebungsmoduln berechnet werden.

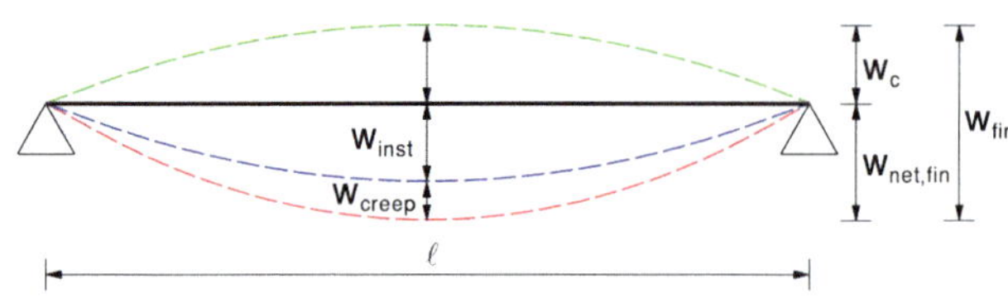

Legende

w_{c}	Überhöhung im lastfreien Zustand (falls vorhanden)
$u_{\text{inst}} = w_{\text{inst}}$	Anfangsdurchbiegung
$u_{\text{creep}} = w_{\text{creep}}$	Durchbiegung infolge Kriechens
$u_{\text{fin}} = w_{\text{fin}}$	Enddurchbiegung
$w_{\text{net,fin}}$	gesamte Enddurchbiegung (Enddurchbiegung abzüglich Überhöhung)
$w_{\text{net,fin}} = w_{\text{fin}} - w_{\text{c}}$	gesamte Enddurchbiegung bezogen auf eine die Auflager verbindende Gerade abzüglich Überhöhung [s. Gl. (7.2)]

Bild K.24 — Anteile der Durchbiegung (nach DIN EN 1995-1-1:2010, Abschnitt 7.2, Bild 7.1)

(3) Die Endverformung u_{fin}, siehe z. B. w_{fin} in Bild 7.1, sollte durch Überlagerung der Kriechverformung u_{creep} infolge der quasi-ständigen Kombination von Einwirkungen [siehe DIN EN 1990:2002, 6.5.3(2)(c)] mit der nach 2.2.3(2) berechneten Anfangsverformung u_{inst} ermittelt werden. Die Kriechverformung sollte unter Verwendung der Mittelwerte der entsprechenden Elastizitäts-, Schub- und Verschiebungsmoduln und der maßgebenden, in Tabelle 3.2 angegebenen Werte für k_{def} berechnet werden.

(4) Besteht ein Tragwerk aus Bauteilen oder Komponenten mit unterschiedlichen Kriecheigenschaften, so sollten die Langzeitverformungen aufgrund der quasi-ständigen Kombination von Einwirkungen mit den Endwerten der Mittelwerte der entsprechenden Elastizitäts-, Schub- und Verschiebungsmoduln nach 2.3.2.2(1) berechnet werden. Die Endverformung u_{fin} wird dann durch Überlagerung der Anfangsverformung infolge der Differenz der charakteristischen und der quasi-ständigen Kombinationen von Einwirkungen mit der Langzeitverformung berechnet.

(5) Für Tragwerke, die aus Bauteilen, Komponenten und Verbindungen bestehen, die das gleiche Kriechverhalten besitzen, darf unter Annahme eines linearen Zusammenhangs zwischen Einwirkungen und Verformungen als eine Vereinfachung von 2.2.3(3) die Endverformung u_{fin} berechnet werden zu:

$$u_{\text{fin}} = u_{\text{fin,G}} + u_{\text{fin,Q,1}} + \sum u_{\text{fin,Q,i}} \quad (2.2)$$

Dabei ist

$u_{fin,G} = u_{inst,G}\,(1 + k_{def})$ (2.3) für eine ständige Einwirkung, G;

$u_{fin,Q,1} = u_{inst,Q,1}\,(1 + \psi_{2,1}\,k_{def})$ (2.4) für eine führende veränderliche Einwirkung, Q_1;

$u_{fin,Q,i} = u_{inst,Q,i}\,(\psi_{0,i} + \psi_{2,i}\,k_{def})$ (2.5) für begleitende veränderliche Einwirkungen, Q_i ($i > 1$);

$u_{inst,G}$, $u_{inst,Q,1}$, $u_{inst,Q,i}$ die Anfangsverformungen infolge der Einwirkungen G, Q_1, Q_i;

$\psi_{2,1}$, $\psi_{2,i}$ Kombinationsbeiwerte für den quasi-ständigen Anteil veränderlicher Einwirkungen;

$\psi_{0,i}$ Kombinationsbeiwerte für veränderliche Einwirkungen;

k_{def} wie in Tabelle 3.2 für Holz und Holzwerkstoffe sowie in 2.3.2.2(3) und 2.3.2.2(4) für Verbindungen angegeben.

Wenn die Gleichungen (2.3) bis (2.5) angewendet werden, sollten die ψ_2-Beiwerte in den Gleichungen (6.16a) und (6.16b) aus DIN EN 1990:2002 nicht angesetzt werden.

ANMERKUNG In den meisten Fällen wird es angemessen sein, die vereinfachte Methode zu verwenden.

(6) Für den Grenzzustand der Gebrauchstauglichkeit infolge Schwingungen sollten die Mittelwerte der entsprechenden Steifigkeitseigenschaften verwendet werden.

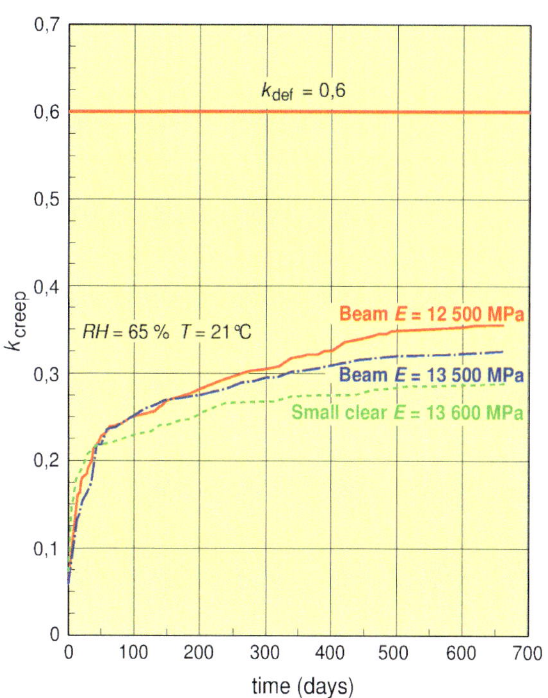

Bild K.25 — Kriechen von Biegeträgern (Vollholz 44/94 mm, Fichte mit einer Biegebeanspruchung von 10 N/mm² bei konstantem Raumklima (aus [7] – k_{def}-Wert = 0,6 für Vollholz nach Tabelle 3.1))

NCI Zu 2.2.3 „Grenzzustände der Gebrauchstauglichkeit"

(NA.7) Bei der Ermittlung der Endverformung ist immer die Anfangsverformung u_{inst} nach Absatz (2) und der Kriechanteil in der quasi-ständigen Kombination zu berücksichtigen.

(NA.8) Für Tragwerke, die aus Bauteilen, Komponenten und Verbindungen bestehen, die das gleiche Kriechverhalten besitzen, darf unter Annahme eines linearen Zusammenhangs zwischen Einwirkungen und Verformungen die Endverformung $u_{net,fin}$ berechnet werden zu:

$$u_{net,fin} = \left(u_{inst,G} + \sum_{i \geq 1} \psi_{2,i} \cdot u_{inst,Q,i} \right) \cdot (1 + k_{def}) - u_c \qquad \text{(NA.1)}$$

2.3 Basisvariable

2.3.1 Einwirkungen und Umgebungseinflüsse

2.3.1.1 Allgemeines

(1) Beim Nachweis zu berücksichtigende Einwirkungen dürfen aus den entsprechenden Teilen der DIN EN 1991 entnommen werden.

ANMERKUNG Die entsprechenden Teile der DIN EN 1991 für die Verwendung beim Nachweis umfassen:

DIN EN 1991-1-1, *Wichten, Eigengewicht und Nutzlasten im Hochbau*

DIN EN 1991-1-3, *Schneelasten*

DIN EN 1991-1-4, *Windlasten*

DIN EN 1991-1-5, *Temperatureinwirkungen*

DIN EN 1991-1-6, *Einwirkungen während der Bauausführung*

DIN EN 1991-1-7, *Außergewöhnliche Einwirkungen*

(2)P Die Lasteinwirkungsdauer und der Feuchtegehalt beeinflussen die Festigkeits- und Steifigkeitseigenschaften von Holz und Holzwerkstoffen und sind bei der Berechnung und Bemessung für den mechanischen Widerstand und die Gebrauchstauglichkeit zu berücksichtigen.

(3)P Einwirkungen, die durch Feuchtewechsel im Holz ausgelöst werden, sind zu berücksichtigen.

Für einige Baustoffe sind keine charakteristischen Einwirkungen in der DIN EN 1991-1-1 zu finden. Die Wichten zur Berechnung der Eigenlast dieser Baustoffe (z. B. Furnierschichtholz aus Buchenfurnieren) sind in den jeweiligen allgemeinen bauaufsichtlichen Zulassungen angegeben.

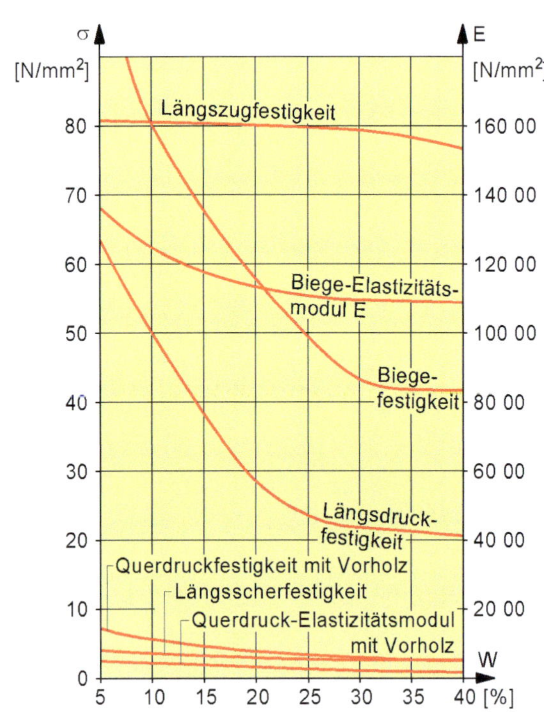

Bild K.26 — Einfluss der Holzfeuchte auf die Festigkeitseigenschaften von fehlerfreiem Fichtenholz [11]

2.3.1.2 Klassen der Lasteinwirkungsdauer

(1)P Die Klassen der Lasteinwirkungsdauer sind durch die Wirkung einer konstanten Last gekennzeichnet, die für eine bestimmte Zeitperiode innerhalb der Lebensdauer auf das Tragwerk einwirkt. Für eine veränderliche Lasteinwirkung muss die angemessene Klasse der Lasteinwirkungsdauer aufgrund einer Abschätzung der Variation der Last mit der Zeit bestimmt werden.

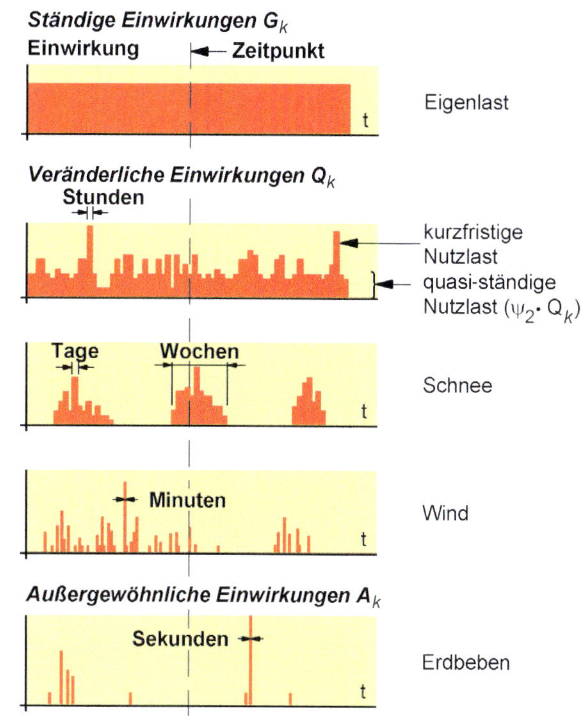

Bild K.27 — Zeitliches Auftreten verschiedener Einwirkungen (aus [24])

Die Festigkeit von Holz ist abhängig von der Dauer der Belastung. Sie fällt gegenüber der Kurzzeitfestigkeit auf ca. 60 %. Verschiedene Untersuchungen zeigen den Zeitfestigkeitsfaktor von Holz in Abhängigkeit von der Belastungsdauer (aus [32]). Mit dem k_{mod}-Wert wird neben dem Einfluss der Feuchtigkeit auch die Zeitfestigkeit berücksichtigt, hierbei folgt man annähernd der Kurve 1.

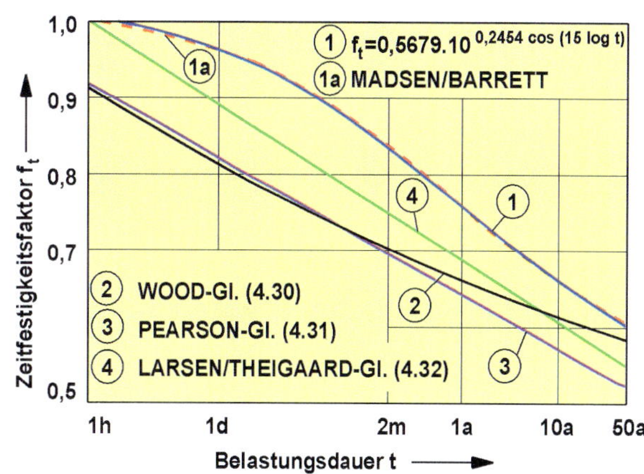

Bild K.28 — Zeitfestigkeitsfaktor von Holz in Abhängigkeit von der Dauer der Belastung (aus [32])

(2)P Für die Ermittlung von Festigkeits- und Steifigkeitseigenschaften sind die Einwirkungen einer der Klassen der Lasteinwirkungsdauer nach Tabelle 2.1 zuzuweisen.

Tabelle 2.1 — Klassen der Lasteinwirkungsdauer

Klasse der Lasteinwirkungsdauer	Größenordnung der akkumulierten Dauer der charakteristischen Lasteinwirkung
ständig	länger als 10 Jahre
lang	6 Monate – 10 Jahre
mittel	1 Woche – 6 Monate
kurz	kürzer als eine Woche
sehr kurz	

ANMERKUNG ~~Beispiele für die Zuweisung zur Klasse der Lasteinwirkungsdauer enthält die Tabelle 2.2.~~ Da klimabedingte Lasteinwirkungen (Schnee, Wind) in den Ländern in unterschiedlichen Größen auftreten, kann die Zuordnung zu den Klassen der Lasteinwirkungsdauer im Nationalen Anhang festgelegt werden.

Zur Zuordnung der Wind-, Schneelast- und Erdbebenzonen nach Verwaltungsgrenzen siehe www.is-argebau.de.

~~**Tabelle 2.2 — Beispiele für die Zuordnung zu Klassen der Lasteinwirkungsdauer**~~

~~Klasse der Lasteinwirkungsdauer~~	~~Beispiele für die Lasteinwirkung~~
~~ständig~~	~~Eigengewicht~~
~~lang~~	~~Lagerstoffe~~
~~mittel~~	~~Verkehrslasten, Schnee~~
~~kurz~~	~~Schnee, Wind~~
~~sehr kurz~~	~~Wind und außergewöhnliche Einwirkungen~~

NDP Zu 2.3.1.2(2)P Zuordnung von Einwirkungen zu „Klassen der Lasteinwirkungsdauer"

Tabelle NA.1 enthält für die wesentlichen Einwirkungen nach den Normen der Reihe DIN EN 1991 die Zuordnungen.

Einwirkungen aus Temperatur- und Feuchteänderungen sind der Klasse der Lasteinwirkungsdauer „mittel" zuzuordnen.

Einwirkungen aus ungleichmäßigen Setzungen sind der Klasse der Lasteinwirkungsdauer „ständig" zuzuordnen.

Bei Holzbauteilen darf der Einfluss von Temperaturänderungen vernachlässigt werden.

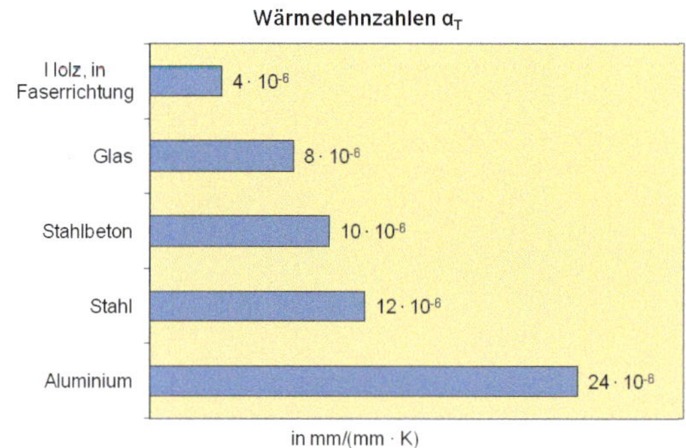

Bild K.29 — Wärmeausdehnungskoeffizient α_T von Holz im Vergleich zu anderen Baustoffen

Die Wärmedehnung ist im Vergleich zu anderen Baustoffen gering, so dass sie im Holzbau vernachlässigt werden kann. Allerdings ist sie u. U. bei großformatigen Stahlverbindungsteilen oder langen Zuggliedern zu berücksichtigen, insbesondere wenn Temperaturdehnungen Einfluss auf die Schnittkräfte haben.

Tabelle NA.1 — Einteilung der Einwirkungen nach DIN EN 1991-1-1, DIN EN 1991-1-3, DIN EN 1991-1-4, DIN EN 1991-1-7, DIN EN 1991-3 und den zugehörigen Nationalen Anhängen in Klassen der Lasteinwirkungsdauer (KLED)

	1	2
1	**Einwirkung**	**KLED**
2	**Wichten- und Flächenlasten nach** DIN EN 1991-1-1	ständig
3	**Lotrechte Nutzlasten nach** DIN EN 1991-1-1	
	A Spitzböden, Wohn- und Aufenthaltsräume	mittel
	B Büroflächen, Arbeitsflächen, Flure	mittel
	C Räume, Versammlungsräume und Flächen, die der Ansammlung von Personen dienen können (mit Ausnahme von unter A, B, D und E festgelegten Kategorien)	kurz
	D Verkaufsräume	mittel
	E1 Lager, Fabriken und Werkstätten, Ställe, Lagerräume und Zugänge	lang
	E2 Flächen für den Betrieb mit Gabelstaplern	mittel
	F Verkehrs- und Parkflächen für leichte Fahrzeuge (Gesamtlast ≤ 30 kN), Zufahrtsrampen zu diesen Flächen	mittel kurz
	G Flächen für den Betrieb mit Gegengewichtsstaplern	mittel
	H nicht begehbare Dächer, außer für übliche Erhaltungsmaßnahmen, Reparaturen	kurz
	K Hubschrauber-Regellasten	kurz
	T Treppen und Treppenpodeste	kurz
	Z Zugänge, Balkone und Ähnliches	kurz
4	**Horizontale Nutzlasten nach** DIN EN 1991-1-1	
	Horizontale Nutzlasten infolge von Personen auf Brüstungen, Geländern und anderen Konstruktionen, die als Absperrung dienen	kurz
	Horizontallasten zur Erzielung einer ausreichenden Längs- und Quersteifigkeit	a
	Horizontallasten für Hubschrauberlandeplätze auf Dachdecken — für horizontale Nutzlasten — für den Überrollschutz	 kurz sehr kurz
5	**Windlasten nach** DIN EN 1991-1-4	kurz / sehr kurz [b]
6	**Schneelast und Eislast nach** DIN EN 1991-1-3	
	Geländehöhe des Bauwerkstandortes über NN ≤ 1 000 m	kurz
	Geländehöhe des Bauwerkstandortes über NN > 1 000 m	mittel
7	**Anpralllasten nach** DIN EN 1991-1-7	sehr kurz
8	**Horizontallasten aus Kran- und Maschinenbetrieb nach** DIN EN 1991-3	kurz

a Entsprechend den zugehörigen Lasten.

b Bei Wind darf für k_{mod} das Mittel aus kurz und sehr kurz verwendet werden.

NCI Zu 2.3.1.2 „Klassen der Lasteinwirkungsdauer“

(NA.3) Einwirkungen der Klasse der Lasteinwirkungsdauer „sehr kurz“ wirken weniger als eine Minute auf die Bauteile und Verbindungen ein.

Ergänzung zu Tabelle 2.1 (s. Seite 38) — Klassen der Lasteinwirkungsdauer

Klasse der Lasteinwirkungsdauer	Größenordnung der akkumulierten Dauer der charakteristischen Lasteinwirkung
sehr kurz	weniger als 1 Minute

2.3.1.3 Nutzungsklassen

(1)P Tragwerke sind einer der nachstehend genannten Nutzungsklassen zuzuweisen:

ANMERKUNG 1 Das System der Nutzungsklassen dient im Wesentlichen der Zuordnung von Festigkeitskennwerten und der Berechnung von Verformungen unter definierten Umgebungsbedingungen.

ANMERKUNG 2 Einzelheiten über die Zuordnung von Tragwerken zu Nutzungsklassen nach 2(P), (3)P und (4)P können im Nationalen Anhang enthalten sein.

Schon im Entwurfsstadium sind die Umweltbedingungen, denen die Holzkonstruktion ausgesetzt ist, abzuschätzen und im Hinblick auf die Dauerhaftigkeit sind ausreichende Vorkehrungen (z. B. bauliche Holzschutzmaßnahmen nach DIN 68800-2, Korrosionsschutz) zum Schutz der Baustoffe zu treffen. Um nachteilige Auswirkungen aus Feuchteänderungen während der Nutzung (Klimaschwankungen) weitgehend zu vermeiden, sollte die Einbaufeuchte insbesondere bei Konstruktionen, deren Verformungs- und Tragverhalten durch Quellen und Schwinden nachteilig beeinflusst wird, möglichst der während der späteren Nutzung zu erwartenden Gleichgewichtsfeuchte entsprechen (Anhaltswerte für zu erwartende Gleichgewichtsfeuchten enthält Tabelle NA.6). Die Werte sind relativ weit gefasst. Gegebenenfalls sind genauere Untersuchungen notwendig. Beispielsweise kann es bei Einbau von Vollholz, welches ordnungsgemäß nach DIN 4074-1 trockensortiert wurde ($\omega \leq 20$ %), durch beheiztes Klima zum Trocknen auf ca. 8 … 10 % kommen.

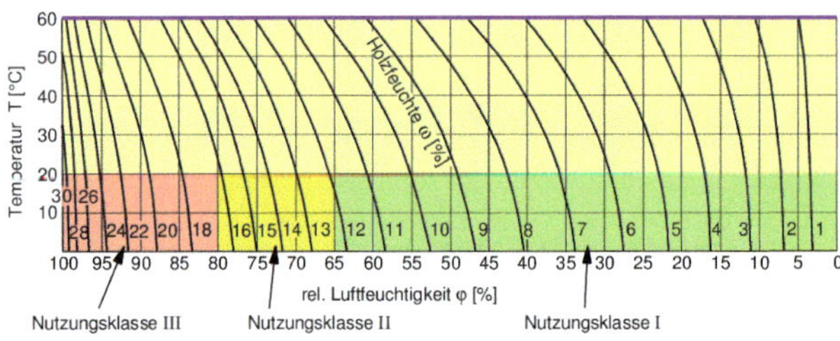

Bild K.30 — Ausschnitt aus den hygroskopischen Isothermen für Fichtenholz nach Loughborough/ Keylwerth (gilt mit hinreichender Genauigkeit für alle Hölzer; siehe [6])

(2)P Die Nutzungsklasse 1 ist gekennzeichnet durch einen Feuchtegehalt in den Baustoffen, der einer Temperatur von 20 °C und einer relativen Luftfeuchte der umgebenden Luft entspricht, die nur für einige Wochen je Jahr einen Wert von 65 % übersteigt.

ANMERKUNG In Nutzungsklasse 1 übersteigt der mittlere Feuchtegehalt der meisten Nadelhölzer nicht 12 %.

(3)P Die Nutzungsklasse 2 ist gekennzeichnet durch einen Feuchtegehalt in den Baustoffen, der einer Temperatur von 20 °C und einer relativen Luftfeuchte der umgebenden Luft entspricht, die nur für einige Wochen je Jahr einen Wert von 85 % übersteigt.

ANMERKUNG In Nutzungsklasse 2 übersteigt der mittlere Feuchtegehalt der meisten Nadelhölzer nicht 20 %.

Bild K.31 — Überdachung einer Freilichtbühne (NKL 2, im oberen Randbereichen auch teilweise NKL 3)

(4)P Die Nutzungsklasse 3 erfasst Klimabedingungen, die zu höheren Feuchtegehalten als in Nutzungsklasse 2 führen.

Andererseits kann es in Nutzungsklasse 3 durch entsprechende Klimabedingungen zu lang andauernden Auffeuchtungen kommen, die weit über dem in Tabelle NA.6 genannten Maximalwert von 24 % liegen. Erreichen die Feuchtewerte über längere Zeit Werte über der Fasersättigung, so sollten bei der Planung die Anforderungen an die geplante Holzkonstruktion unter Beachtung der DIN 68800 und der besonderen Umweltbedingungen kritisch analysiert werden. Dieser Bereich ist durch die k_{mod}- und k_{def}-Werte der Norm nicht abgedeckt. Gleichzeitig erhöht sich das Eigengewicht der Konstruktion wesentlich.

Bild K.32 — Aussichtsturm (NKL 3)

NDP Zu 2.3.1.3(1)P Zuordnung von Tragwerken zu „Nutzungsklassen“

Es gelten die Regelungen aus DIN EN 1995-1-1.

Zu entstehenden Holzfeuchte in Gebäuden verschiedener Nutzung s. auch [53].

2.3.2 Baustoffe und Produkteigenschaften

2.3.2.1 Einflüsse der Lasteinwirkungsdauer und der Feuchte auf die Festigkeit

(1) Modifikationsbeiwerte zur Berücksichtigung der Lasteinwirkungsdauer und des Feuchtegehalts auf die Festigkeit, siehe 2.4.1, werden in 3.1.3 angegeben.

(2) Besteht eine Verbindung aus Holzteilen mit unterschiedlichem zeitabhängigem Verhalten, dann ist in der Regel die Berechnung des Bemessungswertes der Tragfähigkeit mit dem folgenden Modifikationsbeiwert k_{mod} durchzuführen:

$$k_{mod} = \sqrt{k_{mod,1} \cdot k_{mod,2}} \tag{2.6}$$

Dabei sind

$k_{mod,1}$ und $k_{mod,2}$ die Modifikationsbeiwerte für die beiden Holzteile.

s. auch Gl. (NA.114)

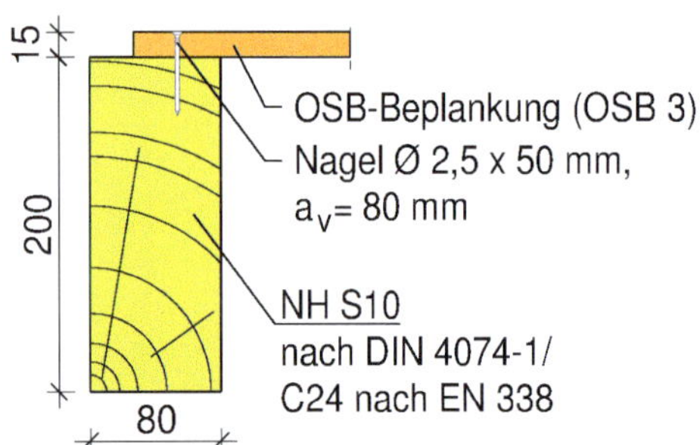

Bild K.33 — Verbindung Beplankung Holztafel

Beispiel: Verbindung einer äußeren Beplankung (OSB 3) einer Wandtafel mit Nägeln ∅ 2,5 × 50 mm, NKL2, KLED „kurz/sehr kurz“ nach DIN EN 1995-1-1:2010, Tabelle 3.1 ist k_{mod}:

für Vollholz $\quad k_{mod,1} = \dfrac{0,9+1,1}{2} = 1,0$

für OSB-Platte $\quad k_{mod,2} = \dfrac{0,7+0,9}{2} = 0,8$

$$k_{mod} = \sqrt{k_{mod,1} \cdot k_{mod,2}} = \sqrt{1,0 \cdot 0,8} = 0,89$$

2.3.2.2 Einflüsse der Lasteinwirkungsdauer und der Feuchte auf die Verformungen

(1) Wenn das Tragwerk aus Bauteilen oder Komponenten mit unterschiedlichen zeitabhängigen Eigenschaften besteht, sollten für Nachweise im Grenzzustand der Gebrauchstauglichkeit die Endwerte der Mittelwerte der entsprechenden Elastizitätsmoduln $E_{mean,fin}$, der Schubmoduln $G_{mean,fin}$ und der Verschiebungsmoduln $K_{ser,fin}$, die zur Ermittlung der Langzeitverformungen aufgrund der quasi-ständigen Kombination von Einwirkungen (siehe DIN EN 1990:2002, 6.5.3(2)(c)) benutzt werden, nach folgenden Gleichungen bestimmt werden:

Holz- bzw. Holzwerkwerkstoffe haben ein ausgeprägtes Kriechverhalten. Beim Nachweis des Grenzzustandes der Gebrauchstauglichkeit ist dies zu berücksichtigen. In Abhängigkeit von der Nutzungsklasse und der Klasse der Lastwirkungsdauer enthalten Tabelle 3.2 und Tabelle NA.5 k_{def}-Werte. Der Wert $(1 + k_{def})$ entspricht dem Kriechfaktor, mit dem vereinfachend die Steifigkeitswerte und der Verschiebungsmodul abgemindert werden.

$$E_{\text{mean,fin}} = \frac{E_{\text{mean}}}{(1+k_{\text{def}})} \tag{2.7}$$

$$G_{\text{mean,fin}} = \frac{G_{\text{mean}}}{(1+k_{\text{def}})} \tag{2.8}$$

$$K_{\text{ser,fin}} = \frac{K_{\text{ser}}}{(1+k_{\text{def}})} \tag{2.9}$$

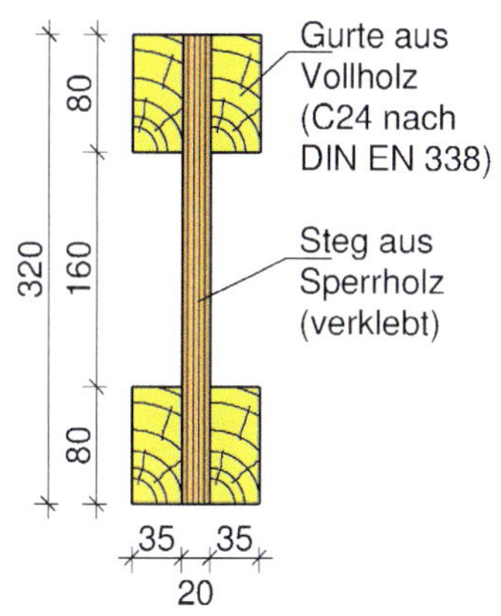

Bild K.34 — Holzwerkstoffträger als Deckenbalken mit Gurten aus Vollholz und einem Steg aus Sperrholz

Beispiel: Holzwerkstoffträger als Deckenbalken mit Gurten aus Vollholz (C24 nach DIN EN 338) und Steg aus Sperrholz (verklebt), Nutzungsklasse 2, nach DIN EN 1995-1-1:2010, Tab. 3.2, $k_{\text{def,C24}} = 0{,}8$ und $k_{\text{def,Sperrholz}} = 1{,}0$. Bei der Berechnung der Durchbiegung im Endzustand (inkl. Kriechen) werden die Durchbiegungen mit der wirksamen Steifigkeit aus den nach Gl. (2.7) errechenbaren abgeminderten E-Moduln berechnet (siehe in [1]).

$$E_{\text{mean,fin}} \cdot I_{\text{ef,y}} = 4 \cdot \frac{E_{\text{mean,f}}}{(1+k_{\text{def,1}})} \cdot \left(I_{\text{f}} + A_{\text{f}} \cdot a_1^2\right) + \frac{E_{\text{mean,w}}}{(1+k_{\text{def,2}})} \cdot I_{\text{w}}$$

(2) Wird die Verteilung der Schnittgrößen durch die Steifigkeitsverteilung im Tragwerk beeinflusst, sollten für Nachweise im Grenzzustand der Tragfähigkeit die Endwerte der Mittelwerte der entsprechenden Elastizitätsmoduln $E_{\text{mean,fin}}$, der Schubmoduln $G_{\text{mean,fin}}$ und der Verschiebungsmoduln $K_{\text{ser,fin}}$ nach folgenden Gleichungen bestimmt werden:

$$E_{\text{mean,fin}} = \frac{E_{\text{mean}}}{(1+\psi_2\, k_{\text{def}})} \tag{2.10}$$

$$G_{\text{mean,fin}} = \frac{G_{\text{mean}}}{(1+\psi_2\, k_{\text{def}})} \tag{2.11}$$

$$K_{\text{ser,fin}} = \frac{K_{\text{ser}}}{(1+\psi_2\, k_{\text{def}})} \tag{2.12}$$

Dabei ist

E_{mean} der Mittelwert des Elastizitätsmoduls;

G_{mean} der Mittelwert des Schubmoduls;

K_{ser} der Verschiebungsmodul;

k_{def} der Beiwert zur Bestimmung der Kriechverformung unter Berücksichtigung der maßgebenden Nutzungsklasse;

Die Steifigkeitswerte und der Verschiebungsmodul sind vorher nach Gl. (2.15) bis Gl. (2.17) durch γ_{M} zu dividieren [s. Abschnitt 2.4.1(2)P].
Zu nicht mehr vernachlässigbaren Schnittkraftanlagerungen kommt es z. B. bei Holzwerkstoffträgern (s. Bild K.34) oder Holz-Beton-Verbundträgern. Dann sind die Schnittkräfte und Nachweise im Anfangszustand und im Endzustand zu ermitteln.

ψ_2 der Beiwert für den quasi-ständigen Anteil der Einwirkung, die die größte Spannung im Verhältnis zur Festigkeit hervorruft (wenn diese Einwirkung eine ständige Einwirkung ist, sollte ψ_2 durch 1 ersetzt werden).

Bei Konstruktionen mit hoher Eigenlast im Vergleich zur Gesamtlast sollte $\psi_2 = 1{,}0$ angenommen werden.

ANMERKUNG 1 Werte für k_{def} werden in 3.1.4 angegeben.

ANMERKUNG 2 Werte für ψ_2 werden in DIN EN 1990:2002 angegeben.

(3) Wenn eine Verbindung aus Holzbauteilen mit dem gleichen zeitabhängigen Verhalten besteht, sollte der Wert für k_{def} verdoppelt werden.

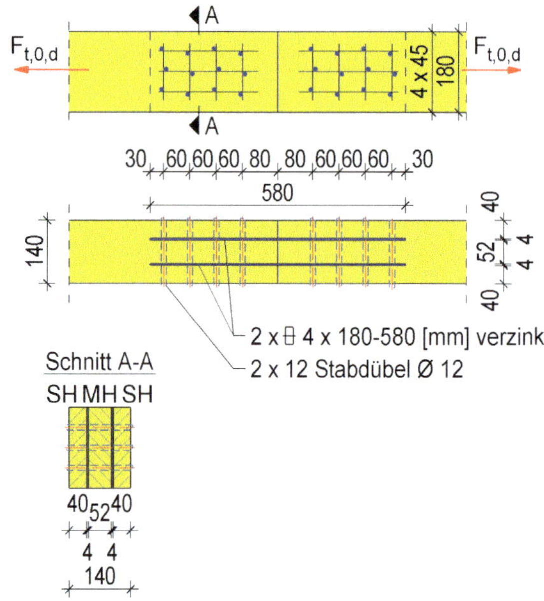

Bild K.35 — Verbindung mit gleichem zeitabhängigem Verhalten (aus [1])

Beispiel: Verbindung mit gleichem zeitabhängigem Verhalten: Zugstoß aus Vollholz mit Stabdübeln (s. [1]), C24 nach DIN EN 338, NKL 1, KLED ständig, $k_{\text{def,C24,ständig}} = 0{,}6$

$$k_{\text{def}} = 2 \cdot k_{\text{def}} = 2 \cdot 0{,}6 = 1{,}2$$

(4) Wenn eine Verbindung aus zwei holzhaltigen Baustoffen mit unterschiedlichem zeitabhängigem Verhalten besteht, dann sollte die Berechnung der Endverformung mit dem folgenden Verformungsbeiwert k_{def} durchgeführt werden:

$$k_{\text{def}} = 2\sqrt{k_{\text{def,1}} \cdot k_{\text{def,2}}} \tag{2.13}$$

Dabei sind

$k_{\text{def,1}}$ und $k_{\text{def,2}}$ die Verformungsbeiwerte für die beiden Holzteile.

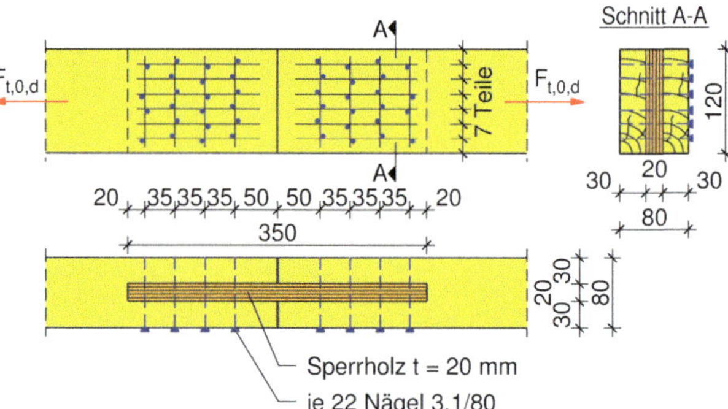

Bild K.36 — Verbindung mit unterschiedlichem zeitlichem Verhalten (aus [1])

Beispiel: Verbindung mit unterschiedlichem zeitlichem Verhalten: Zugstoß aus Vollholz (C24 nach DIN EN 338), Innenlasche aus Sperrholz (genagelt; s. [1]), Nutzungsklasse 2, nach DIN EN 1995-1-1:2010, Tabelle 3.2, $k_{\text{def,C24}} = 0{,}8$ und $k_{\text{def,Sperrholz}} = 1{,}0$

$$k_{\text{def}} = 2\sqrt{k_{\text{def},1} \cdot k_{\text{def},2}} = 2\sqrt{0{,}8 \cdot 1{,}0} = 1{,}79$$

2.4 Nachweis durch die Methode der Teilsicherheitsbeiwerte

2.4.1 Bemessungswert der Baustoffeigenschaft

(1)P Der Bemessungswert einer Festigkeitseigenschaft ist zu berechnen zu:

$$X_{\text{d}} = k_{\text{mod}} \frac{X_{\text{k}}}{\gamma_{\text{M}}} \qquad (2.14)$$

Dabei ist

X_{k} der charakteristische Wert einer Festigkeitseigenschaft;

γ_{M} der Teilsicherheitsbeiwert für eine Baustoffeigenschaft;

k_{mod} der Modifikationsbeiwert für Lasteinwirkungsdauer und Feuchtegehalt.

ANMERKUNG 1 Werte für k_{mod} enthält 3.1.3.

ANMERKUNG 2 ~~Die empfohlenen Teilsicherheitsbeiwerte für Baustoffeigenschaften (γ_{M}) enthält Tabelle 2.3.~~ Informationen zu nationalen Anforderungen können im Nationalen Anhang enthalten sein.

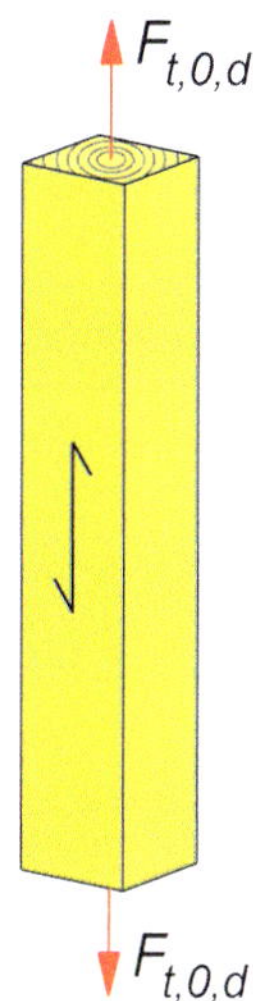

Bild K.37 — Zugstab

Beispiel: Zugstab, Holzart Eiche, D30 nach DIN EN 338, Nutzungsklasse 3, KLED ständig, nach DIN EN 338: Tabelle 1, $f_{\text{t,0,k}} = 18$ N/mm², nach DIN EN 1995-1-1:2010, Tabelle 3.1, $k_{\text{mod}} = 0{,}5$, nach DIN EN 1995-1-1/NA:2013, Tabelle NA.2, $\gamma_{\text{M}} = 1{,}3$

Bemessungswert der Zugfestigkeit

$$f_{\text{t,0,d}} = k_{\text{mod}} \cdot \frac{f_{\text{t,0,k}}}{\gamma_{\text{M}}} = 0{,}5 \cdot \frac{18}{1{,}3} = 6{,}92 \ \text{N/mm}^2$$

~~**Tabelle 2.3 — Empfohlene Teilsicherheitsbeiwerte γ_M für Baustoffeigenschaften und Beanspruchbarkeiten**~~

~~**Grundkombinationen:**~~	
~~Vollholz~~	~~1,3~~
~~Brettschichtholz~~	~~1,25~~
~~LVL, Sperrholz, OSB~~	~~1,2~~
~~Spanplatten~~	~~1,3~~
~~Harte Faserplatten~~	~~1,3~~
~~Mittelharte Faserplatten~~	~~1,3~~
~~MDF-Faserplatten~~	~~1,3~~
~~Weiche Faserplatten~~	~~1,3~~
~~Verbindungen~~	~~1,3~~
~~Nagelplatten (Stahleigenschaften)~~	~~1,25~~
~~Außergewöhnliche Kombinationen~~	~~1,0~~

NDP Zu 2.4.1(1)P „Teilsicherheitsbeiwerte für Baustoffeigenschaften“

Teilsicherheitsbeiwerte für die Festigkeits- und Steifigkeitseigenschaften in ständigen und vorübergehenden Bemessungssituationen sind Tabelle NA.2 und Tabelle NA.3 zu entnehmen.

Für den Nachweis von Stahlteilen sind die Teilsicherheitsbeiwerte DIN EN 1993 bzw. den jeweiligen Nationalen Anhängen zu entnehmen.

Für außergewöhnliche Bemessungssituationen sind die Teilsicherheitsbeiwerte γ_M zu 1,0 anzunehmen.

Der Einfluss der Feuchtigkeit auf die Festigkeitseigenschaften durch den k_{mod}-Wert wird erst ab der Nutzungsklasse 3 berücksichtigt. Für Vollholz, Brettschichtholz, Furnierschichtholz folgt man in etwa der DIN 1052:1988/1996 mit einer Abminderung der Festigkeitswerte um 1/6.

Tabelle NA.2 — Teilsicherheitsbeiwerte γ_M für Festigkeits- und Steifigkeitseigenschaften in ständigen und vorübergehenden Bemessungssituationen

	1	**2**
1	**Baustoff**	γ_M
2	Vollholz, Spanplatten, Harte Faserplatten, Mittelharte Faserplatten, MDF-Faserplatten, Weiche Faserplatten, Furnierschichtholz, Sperrholz, OSB, Brettschichtholz	1,3
3	Stahl in Verbindungen	
	— auf Biegung beanspruchte stiftförmige Verbindungsmittel	1,3
	— auf Zug oder Scheren beanspruchte Teile beim Nachweis gegen die Streckgrenze im Nettoquerschnitt	1,3
	— Plattennachweis auf Tragfähigkeit für Nagelplatten	1,25

NCI Zu 2.4.1(1)P „Teilsicherheitsbeiwerte für Baustoffeigenschaften“

Tabelle NA.3 — Teilsicherheitsbeiwerte γ_M für Festigkeits- und Steifigkeitseigenschaften in ständigen und vorübergehenden Bemessungssituationen

	1	2
1	**Baustoff**	γ_M
2	Balkenschichtholz, Brettsperrholz, Massivholzplatten, Faserverstärkte Gipsplatten, Gipsplatten, Zementgebundene Spanplatten	1,3

(2)P Der Bemessungswert der Steifigkeitseigenschaft des Bauteils E_d oder G_d ist zu berechnen zu:

$$E_d = \frac{E_{mean}}{\gamma_M} \quad (2.15)$$

$$G_d = \frac{G_{mean}}{\gamma_M} \quad (2.16)$$

Dabei ist

E_{mean} der Mittelwert des Elastizitätsmoduls;

G_{mean} der Mittelwert des Schubmoduls.

Für die Nachweise im Grenzzustand der Tragfähigkeit sind die Steifigkeiten und der Verschiebungsmodul durch den Teilsicherheitsbeiwert für die Baustoffeigenschaft γ_M zu dividieren. Bei Verbundquerschnitten aus unterschiedlichen Baustoffen mit unterschiedlich großen γ_M-Werten (z. B. Holz-Beton-Verbundbauteilen) sollte generell $\gamma_M = 1{,}3$ verwendet werden (s. [26]).

NCI Zu 2.4.1(1)P „Teilsicherheitsbeiwerte für Baustoffeigenschaften“

(NA.3) Der Bemessungswert des Verschiebungsmoduls einer Verbindung K_d ist zu berechnen zu:

$$K_d = \frac{K_u}{\gamma_M} \quad \text{(NA.2)}$$

Dabei ist

K_u Anfangsverschiebungsmodul im Grenzzustand der Tragfähigkeit.

K_u ermittelt nach Gl. (2.1)

2.4.2 Bemessungswert der geometrischen Abmessungen

(1) Geometrische Größen für Querschnitte und Systeme dürfen mit den Nennwerten aus den harmonisierten Produktnormen angenommen oder aus den Ausführungszeichnungen entnommen werden.

(2) Bemessungswerte für geometrische Imperfektionen in dieser Norm umfassen die Einflüsse der

— geometrischen Imperfektionen der Bauteile;

— der strukturellen Imperfektionen aus Herstellung und Errichtung;

— Inhomogenitäten der Baustoffe (z. B. infolge der Äste).

Bei den Berechnungen werden grundsätzlich die Querschnittswerte (Querschnittsfläche, Trägheits- und Widerstandsmoment) aus den Nennmaßen berechnet. Maßabweichungen aus Schwindverformungen bleiben unberücksichtigt.

2.4.3 Bemessungswerte der Beanspruchbarkeit

(1)P Der Bemessungswert R_d der Beanspruchbarkeit (Tragfähigkeit) ist zu berechnen zu:

$$R_d = k_{mod} \frac{R_k}{\gamma_M} \tag{2.17}$$

Dabei ist

R_k der charakteristische Wert einer Beanspruchbarkeit;

γ_M der Teilsicherheitsbeiwert für eine Baustoffeigenschaft;

k_{mod} der Modifikationsbeiwert für Lasteinwirkungsdauer und Feuchtegehalt.

ANMERKUNG 1 Werte für k_{mod} enthält 3.1.3.

ANMERKUNG 2 Für Teilsicherheitsbeiwerte siehe 2.4.1.

2.4.4 Nachweis des Gleichgewichts (EQU)

(1) Das Zuverlässigkeitsformat für den Nachweis des statischen Gleichgewichts in Tabelle A1.2 (A) in Anhang A1 der DIN EN 1990:2002 gilt, soweit zutreffend, für die Bemessung und Konstruktion von Holzbauwerken, z. B. für die Bemessung von Verankerungen oder den Nachweis gegen Abheben an Auflagern von Durchlaufträgern.

3 Baustoffeigenschaften

3.1 Allgemeines

NCI Zu 3.1 „Allgemeines“

ANMERKUNG Die in Deutschland mit DIN EN 1995-1-1:2010-12 anwendbaren europäischen oder nationalen Produktnormen sind den Bauregellisten zu entnehmen. Bei der Anwendung von Produkten nach europäischen Produktregeln sind zusätzliche Anwendungsregeln (Anwendungsnormen der Normenreihe DIN 20000 oder bauaufsichtliche Verwendbarkeitsnachweise) zu beachten. Diese sind der Anlage zur DIN EN 1995-1-1:2010-12 der jeweiligen Landesliste der technischen Baubestimmungen zu entnehmen. Diese Anwendungsregeln können die Anwendung für Deutschland auf bestimmte technische Klassen und Leistungsstufen beschränken. Die Anwendung von Produkten nach europäischen Produktnormen, in deren CE-Zeichen Bezug auf statische Nachweise genommen wird (sogenannte Verfahren 2 und 3b aus Leitpapier L zur BPR), kann in den Anwendungsregeln ebenfalls beschränkt werden. Nationale Anforderungen an die Herstellung von Verbindungen und geklebten Produkten, die europäisch noch nicht geregelt sind, enthält zudem DIN 1052-10.

Norm	Bezeichnung
DIN 20000-1	Anwendung von Bauprodukten in Bauwerken – **Teil 1: Holzwerkstoffe**
DIN 20000-2	Anwendung von Bauprodukten in Bauwerken – **Teil 2: Industriell gefertigte Schalungsträger aus Holz**
DIN 20000-3	Anwendung von Bauprodukten in Bauwerken – **Teil 3: Brettschichtholz und Balkenschichtholz nach DIN EN 14080**
DIN 20000-4	Anwendung von Bauprodukten in Bauwerken – **Teil 4: Vorgefertigte tragende Bauteile mit Nagelplattenverbindungen nach DIN EN 14250**
DIN 20000-5	Anwendung von Bauprodukten in Bauwerken – **Teil 5: Nach Festigkeit sortiertes Bauholz für tragende Zwecke mit rechteckigem Querschnitt**
DIN 20000-6	Anwendung von Bauprodukten in Bauwerken – **Teil 6: Stiftförmige und nicht stiftförmige Verbindungsmittel nach DIN EN 14592 und DIN EN 14545**
DIN 20000-7	Anwendung von Bauprodukten im Bauwesen – **Teil 7: Keilgezinktes Vollholz für tragende Zwecke nach DIN EN 15497**

Bild K.38 — Ergänzende Regelungen zu DIN EN 1995-1-1:2010 und DIN EN 1995-1-1/NA:2013

Weiteren Informationen zum aktuellen Regelungsstand von Holzbauprodukten s. [54].

3.1.1 Festigkeits- und Steifigkeitskennwerte

(1)P Festigkeits- und Steifigkeitskennwerte sind für diejenigen Beanspruchungsarten, denen der Baustoff in der Konstruktion ausgesetzt ist, aufgrund von Versuchen oder aber auf der Grundlage von Vergleichen mit ähnlichen Holzarten und Klassen oder Holzwerkstoffen oder aufgrund bekannter Beziehungen zwischen den verschiedenen Eigenschaften zu bestimmen.

Geregelte Festigkeits- und Steifigkeitswerte für Holz sind in DIN EN 338, für Brettschichtholz in DIN EN 14080, für Holzwerkstoffe in DIN EN 13986, in DIN EN 1995-1-1/NA:2013 und in den jeweiligen Produktnormen oder ergänzenden Normen (z. B. DIN 20000 – s. Bild K.38) oder allgemeinen bauaufsichtlichen Zulassungen bzw. Europäischen Technischen Zulassungen enthalten.

3.1.2 Spannungs-Dehnungs-Beziehungen

(1)P Da die charakteristischen Kennwerte unter der Annahme einer linearen Beziehung zwischen Spannung und Dehnung bis zum Bruch bestimmt werden, ist der Festigkeitsnachweis einzelner Bauteile auch unter Annahme einer solchen linearen Beziehung zu führen.

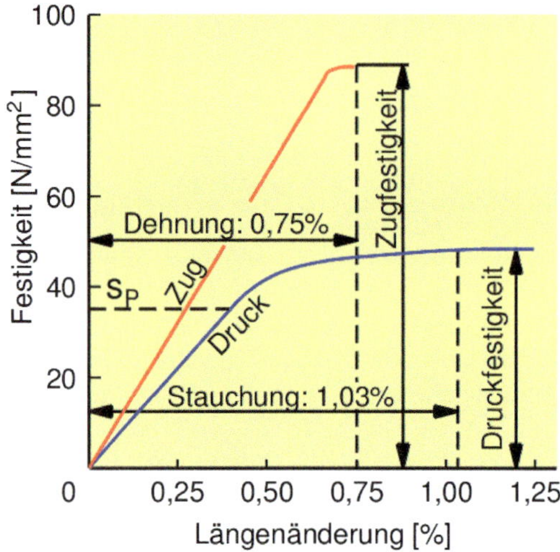

Bild K.39 — Spannungs-Dehnungs-Beziehung bei Holz mit Zug- oder Druckbeanspruchung parallel zur Faser (aus [10])

(2) Für Bauteile oder Teile von Bauteilen, die Druckbeanspruchungen ausgesetzt sind, darf eine nichtlineare Beziehung (elastisch-plastisch) verwendet werden.

3.1.3 Modifikationsbeiwerte der Festigkeiten zur Berücksichtigung der Nutzungsklassen und Klassen der Lasteinwirkungsdauer

(1) Es sind in der Regel die Werte für die Modifikationsbeiwerte k_{mod} nach Tabelle 3.1 zu verwenden.

Tabelle 3.1 — Werte für k_{mod}

Baustoff	Norm	Nutzungsklasse	Klasse der Lasteinwirkungsdauer				
			ständige Einwirkung	lange Einwirkung	mittlere Einwirkung	kurze Einwirkung	sehr kurze Einwirkung
Vollholz	DIN EN 14081-1	1	0,60	0,70	0,80	0,90	1,10
		2	0,60	0,70	0,80	0,90	1,10
		3	0,50	0,55	0,65	0,70	0,90
Brettschichtholz	DIN EN 14080	1	0,60	0,70	0,80	0,90	1,10
		2	0,60	0,70	0,80	0,90	1,10
		3	0,50	0,55	0,65	0,70	0,90
Furnierschichtholz (LVL)	DIN EN 14374, DIN EN 14279	1	0,60	0,70	0,80	0,90	1,10
		2	0,60	0,70	0,80	0,90	1,10
		3	0,50	0,55	0,65	0,70	0,90
Sperrholz	DIN EN 636						
	Typ DIN EN 636-1	1	0,60	0,70	0,80	0,90	1,10
	Typ DIN EN 636-2	2	0,60	0,70	0,80	0,90	1,10
	Typ DIN EN 636-3	3	0,50	0,55	0,65	0,70	0,90
OSB	DIN EN 300						
	OSB/2	1	0,30	0,45	0,65	0,85	1,10
	OSB/3, OSB/4	1	0,40	0,50	0,70	0,90	1,10
	OSB/3, OSB/4	2	0,30	0,40	0,55	0,70	0,90
Spanplatten	DIN EN 312						
	Typ P4, Typ P5	1	0,30	0,45	0,65	0,85	1,10
	Typ P5	2	0,20	0,30	0,45	0,60	0,80
	Typ P6, Typ P7	1	0,40	0,50	0,70	0,90	1,10
	Typ P7	2	0,30	0,40	0,55	0,70	0,90
Holzfaserplatten, hart	DIN EN 622-2						
	HB.LA, HB.HLA1 oder 2	1	0,30	0,45	0,65	0,85	1,10
	HB.HLA1 oder 2	2	0,20	0,30	0,45	0,60	0,80
Holzfaserplatten, mittelhart	DIN EN 622-3						
	MBH.LA1 oder 2 MBH.HLS1 oder 2	1 1	0,20 0,20	0,40 0,40	0,60 0,60	0,80 0,80	1,10 1,10
	MBH.HLS1 oder 2	2	–	–	–	0,45	0,80
Holzfaserplatten, MDF	DIN EN 622-5						
	MDF.LA, MDF.HLS	1	0,20	0,40	0,60	0,80	1,10
	MDF.HLS	2	–	–	–	0,45	0,80

(2) Besteht eine Lastkombination aus Einwirkungen, die zu verschiedenen Klassen der Lasteinwirkungsdauer gehören, dann ist in der Regel ein Wert von k_{mod} zu verwenden, der zu der Einwirkung mit der kürzesten Dauer gehört, z. B. ist für eine Kombination aus ständigen und kurzzeitigen Einwirkungen in der Regel ein Wert für k_{mod} zu verwenden, der einer kurzzeitigen Einwirkungsdauer entspricht.

NCI Zu 3.1.3 „Modifikationsbeiwerte der Festigkeiten"

(NA.3) Für Balkenschichtholz, Brettsperrholz, Massivholzplatten, Gipsplatten nach DIN 18180, Gipsfaserplatten nach DIN EN 15283-2, Kunstharzgebundene Spanplatten und Zementgebundene Spanplatten sind die Werte für die Modifikationsbeiwerte k_{mod} der Tabelle NA.4 zu entnehmen.

Tabelle NA.4 — Rechenwerte für die Modifikationsbeiwerte k_{mod} für Holz, Holz- und Gipswerkstoffe

	1	2	3	4				
				Klasse der Lasteinwirkungsdauer				
1	Baustoff	Norm	Nutzungsklasse	ständige Einwirkung	lange Einwirkung	mittlere Einwirkung	kurze Einwirkung	sehr kurze Einwirkung
2	Balkenschichtholz, Brettsperrholz, Massivholzplatten		1	0,60	0,70	0,80	0,90	1,10
			2	0,60	0,70	0,80	0,90	1,10
3	Gipsplatten (Typen GKB[a], GKF[a], GKBI und GKFI), Gipsfaserplatten	DIN 18180, DIN EN 15283-2	1	0,20	0,40	0,60	0,80	1,10
			2	0,15	0,30	0,45	0,60	0,80
4	Zementgebundene Spanplatten		1	0,30	0,45	0,65	0,85	1,10
			2	0,20	0,30	0,45	0,60	0,80
a	Nur Nutzungsklasse 1							

3.1.4 Verformungsbeiwerte in Abhängigkeit der Nutzungsklassen

(1) Es sind in der Regel die Werte für die Verformungsbeiwerte k_{def} nach Tabelle 3.2 zu verwenden.

Tabelle 3.2 — Werte für k_{def} für Holz und Holzwerkstoffe

Baustoff	Norm		Nutzungsklasse		
			1	2	3
Vollholz	DIN EN 14081-1		0,60	0,80	2,00
Brettschichtholz	DIN EN 14080		0,60	0,80	2,00
Furnierschichtholz (LVL)	DIN EN 14374, DIN EN 14279		0,60	0,80	2,00
Sperrholz	DIN EN 636	Typ DIN EN 636-1	0,80	–	–
		Typ DIN EN 636-2	0,80	1,00	–
		Typ DIN EN 636-3	0,80	1,00	2,50
OSB	DIN EN 300	OSB/2	2,25	–	–
		OSB/3, OSB/4	1,50	2,25	–
Spanplatten	DIN EN 312	Typ P4	2,25	–	–
		Typ P5	2,25	3,00	–
		Typ P6	1,50	–	–
		Typ P7	1,50	2,25	–
Holzfaserplatten, hart	DIN EN 622-2	HB.LA	2,25	–	–
		HB.HLA1, HB.HLA2	2,25	3,00	–
Holzfaserplatten, mittelhart	DIN EN 622-3	MBH.LA1, MBH.LA2	3,00	–	–
		MBH.HLS1, MBH.HLS2	3,00	4,00	–
Holzfaserplatten, MDF	DIN EN 622-5	MDF.LA	2,25	–	–
		MDF.HLS	2,25	3,00	–

NCI Zu 3.1.4 „Verformungsbeiwerte in Abhängigkeit der Nutzungsklassen“

(NA.2) Die Verformungsbeiwerte k_{def} für Brettsperrholz, Balkenschichtholz, Massivholzplatten, Gipsplatten, Gipsfaserplatten, Kunstharzgebundene Spanplatten und Zementgebundene Spanplatten sind Tabelle NA.5 zu entnehmen.

Tabelle NA.5 — Werte für k_{def} für Holz und Holz- und Gipswerkstoffe

	1	2	3	
1	Baustoff	Norm	Nutzungsklasse	
			1	2
2	Balkenschichtholz, Brettsperrholz, Massivholzplatten		0,60	0,80
3	Gipsplatten (Typen GKB[a], GKF[a], GKBI und GKFI), Gipsfaserplatten	DIN 18180, DIN EN 15283-2	3,00	4,00
4	Zementgebundene Spanplatten		2,25	3,00
[a] Nur Nutzungsklasse 1				

ANMERKUNG Furnierschichtholz mit Querlagen darf wie Sperrholz behandelt werden.

NCI NA.3.1.5 Gleichgewichtsfeuchten

(NA.1) Als Gleichsgewichtsfeuchte im Gebrauchszustand gilt die sich im Jahresmittel einstellende Feuchte im Bauwerk.

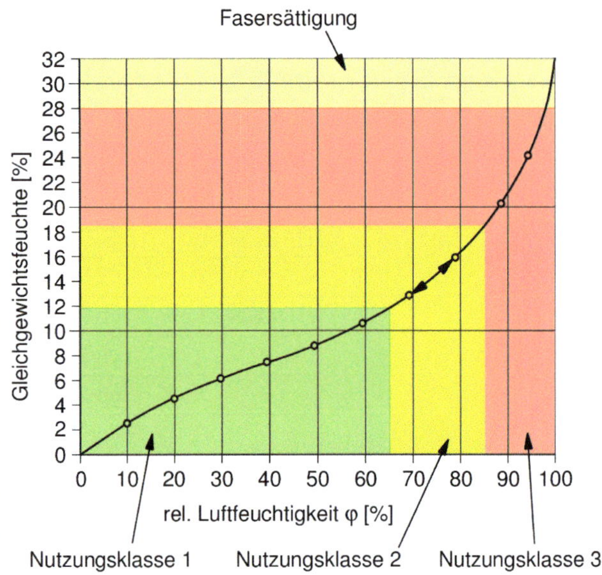

Bild K.40 — Sorptionstherme für Fichtenholz bei einer Temperatur von 20 °C (aus [12])

Sorptionstherme für Fichtenholz bei einer Temperatur von 20 °C, anwendbar mit hinreichender Genauigkeit auch für Tanne, Kiefer, Sperrholz und Spanplatten

(NA.2) Als Anhaltswerte für die Gleichgewichtsfeuchten der Holzbaustoffe können die in Tabelle NA.6 angegebenen Werte angenommen werden.

Tabelle NA.6 — Gleichgewichtsfeuchten von Holzbaustoffen

	1	2	3	4
1	**Nutzungsklasse**	**1**	**2**	**3**
2	Gleichgewichtsfeuchte	5 bis 15 %[a]	10 bis 20 %[b]	12 bis 24 %[c]

[a] In den meisten Nadelhölzern wird in der Nutzungsklasse 1 eine mittlere Gleichgewichtsfeuchte von 12 % nicht überschritten.

[b] In den meisten Nadelhölzern wird in der Nutzungsklasse 2 eine mittlere Gleichgewichtsfeuchte von 20 % nicht überschritten.

[c] Die Nutzungsklasse 3 schließt auch Bauwerke ein, in denen sich höhere Gleichgewichtsfeuchten einstellen können.

NCI NA.3.1.6 Schwind- und Quellmaße

(NA.1) Für die jeweiligen Holzbaustoffe sind die Rechenwerte für die Schwind- und Quellmaße je Prozent Feuchteänderung in Tabelle NA.7 angegeben. Sie gelten für unbehindertes Schwinden und Quellen.

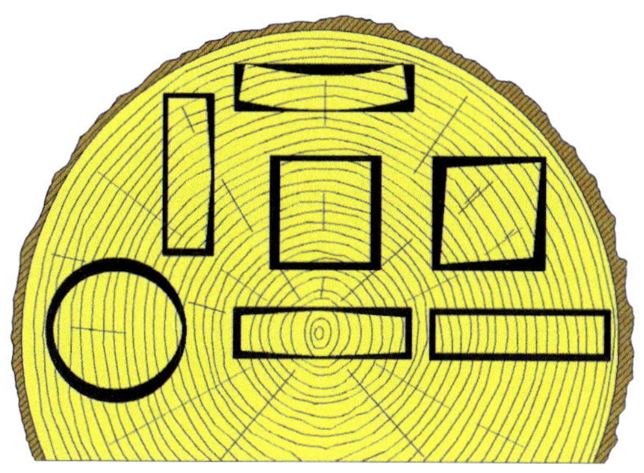

Bild K.41 — Verformungen von Schnittholz entsprechend seiner Lage im Stamm (übertrieben dargestellt, aus [3])

(NA.2) Bei behindertem Quellen können infolge von Zwang geringere Quellmaße als die angegebenen wirksam werden. Das gilt bei Holzwerkstoffen auch für behindertes Schwinden.

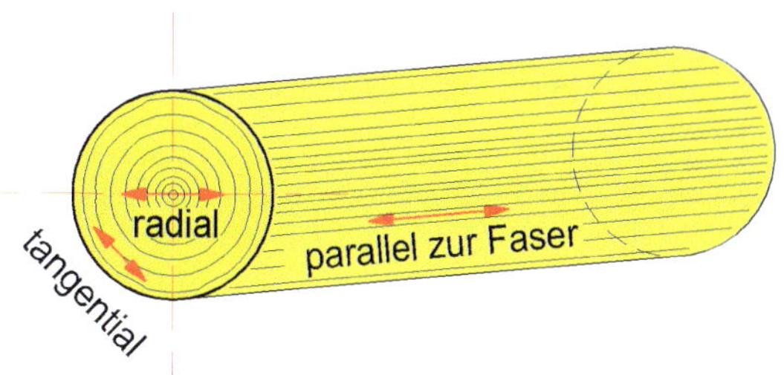

Bild K.42 — Faserrichtung bei Holz (aus [1])

Die Quell- und Schwindverformungen des Holzes sind je nach Faserrichtung sehr unterschiedlich, tangential zur Faser sind sie etwa doppelt so groß wie radial. Parallel zur Faser sind sie sehr gering. Die in Tabelle NA.7 angegebenen Schwind- und Quellverformungen sind Mittelwerte aus tangentialen und radialen Quell- und Schwindverformungen.

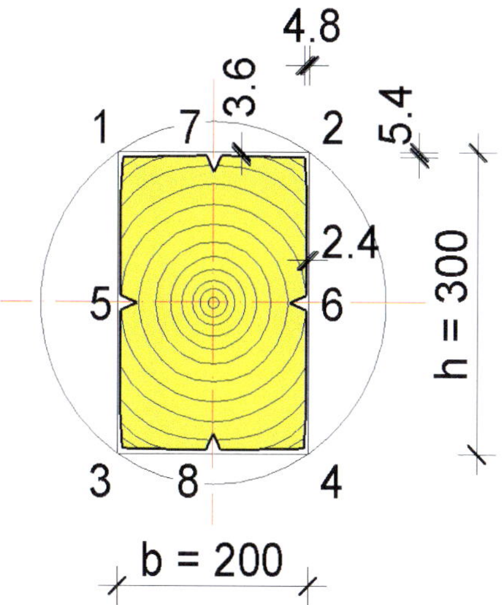

Bild K.43 — Schwindverformungen bei einem Balken (aus [1])

Beispiel für Schwindverformungen bei einem Balken nach einer Trocknung von einer Holzfeuchte $\omega = 30$ % auf $\omega = 15$ % (zur Berechnung siehe in [1])

Tabelle NA.7 — Rechenwerte für das mittlere Schwind- und Quellmaß rechtwinklig zur Faserrichtung des Holzes bzw. in Plattenebene[a,b] bei unbehindertem Quellen und Schwinden ~~in E DIN EN 1995-1-1/NA/A1:2012~~

	1	2
Zeile	**Baustoff**	**Schwind- und Quellmaß in % für Änderung der Materialfeuchte um 1 % unterhalb der Fasersättigung**
1	Nadelholz[c]	0,25
2	Laubholz[c]	0,35
3 a	Sperrholz in Plattenebene	0,02
3 b	Sperrholz rechtwinklig zur Plattenebene	0,32
3 c	Brettsperrholz, Massivholzplatten in Plattenebene	0,02
3 d	Brettsperrholz, Massivholzplatten rechtwinklig zur Plattenebene	0,25
4 a	Furnierschichtholz ohne Querfurniere in Faserrichtung der Deckfurniere rechtwinklig zur Faserrichtung der Deckfurniere (in Plattenebene)	 0,01 0,32
4 b	Furnierschichtholz mit Querfurnieren in Faserrichtung der Deckfurniere rechtwinklig zur Faserrichtung der Deckfurniere (in Plattenebene)	 0,01 0,03
5	Kunstharzgebundene Spanplatten; Faserplatten	0,035
6	Zementgebundene Spanplatten	0,03
7 a	OSB-Platten, Typen OSB/2 und OSB/3	0,03
7 b	OSB-Platten, Typ OSB/4	0,015

a Werte gelten für etwa gleichförmige Feuchteänderung über den Querschnitt.
b Für Hölzer nach den Zeilen 1 bis 4 gilt in Faserrichtung des Holzes ein Rechenwert von 0,01 %/%.
c Werte gelten auch für Balken- und Brettschichtholz aus diesen Holzarten.

3.2 Vollholz

(1)P Tragende Holzbauteile müssen der DIN EN 14081-1 entsprechen.

ANMERKUNG Festigkeitsklassen für Schnittholz sind in DIN EN 338 angegeben.

DIN EN 14081-1 regelt die Sortierung von Holz (visuell und maschinell) nach der Tragfähigkeit. Zur visuellen Sortierung enthält DIN EN 14081-1 nur generelle Anforderungen, so dass nach DIN 20000-5, Abschnitt 4.2 weiterhin DIN 4074-1 und DIN 4074-5 gelten. Die Zuordnung der visuell ermittelten Sortierklasse zu Festigkeitsklassen erfolgt über DIN EN 1912. Zusätzlich ist DIN 20000-5 zu beachten! Das Holz ist mit dem CE-Zeichen nach den Anforderungen der DIN EN 14081-1 zu kennzeichnen.

Nadelhölzer		
S7	C16	Douglasie, Tanne, Lärche
S7	C18	Fichte, Kiefer
S10	C24	Douglasie, Fichte, Kiefer, Tanne, Lärche
S13	C30	Fichte, Kiefer, Tanne, Lärche
S13	C35	Douglasie
Laubhölzer		
LS7	keine Zuordnung für einheimische Holzarten	
LS10	C22	Pappel
≥ LS10	D30	Eiche, Ahorn
≥ LS10	D35	Buche
≥ LS10	D40	Esche
LS13	C27	Pappel
LS13	D40	Buche

Bild K.44 — Zuordnung nach den Festlegungen in DIN EN 1912 der in Deutschland mit visuellen Methoden sortierten Sortierklassen zu den Festigkeitsklassen nach DIN EN 338

Nach DIN 20000-5, Abschnitt 4.2 dürfen in Deutschland, bezogen auf eine visuelle Festigkeitssortierung, ausschließlich Nadelhölzer und Laubhölzer nach Tabelle A.1 verwendet werden.

Holzart	Botanische Name	Herkunft
Buche	Fagus sylvatica	Europa
Eiche	Quercus petraea, Qu. robur	Europa
Afzelia	Afzelia spp	Westafrika
Angelique	Dicorynia guianensis Amsh	Südamerika
Azobé (Bongossi)	Lophira alata	Westafrika, Guyana
Ipe	Tabebuia spp	Mittel-, Südamerika
Keruing	Dipterocarpus spp	Südostasien
Merbau	Intsia spp	Südostasien
Teak	Shorea glauca	Südostasien

Bild K.45 — Verwendbare mit visuellen Methoden sortierte Laubholzarten (DIN 20000-5, Anhang A, Tabelle A.1)

Für andere Holzarten ist ein bauaufsichtlicher Verwendbarkeitsnachweis erforderlich. Es darf nur trocken sortiertes Bauholz verwendet werden.

(2) Der Einfluss der Bauteilgröße auf die Festigkeit darf berücksichtigt werden.

(3) Für Vollholz mit Rechteckquerschnitt und einer charakteristischen Rohdichte $\rho_k \leq 700$ kg/m³ beträgt die Bezugshöhe für den charakteristischen Wert der Biegefestigkeit bzw. der Zugfestigkeit 150 mm. Für Bauteile aus Vollholz mit Rechteckquerschnitten und Querschnittshöhen bei Biegung oder Querschnittsbreite bei Zug, die weniger als 150 mm betragen, dürfen die charakteristischen Werte für $f_{m,k}$ und $f_{t,0,k}$ mit dem Beiwert k_h erhöht werden, mit:

$$k_h = \min \begin{cases} \left(\frac{150}{h}\right)^{0,2} \\ 1,3 \end{cases} \tag{3.1}$$

Dabei ist

h die Querschnittshöhe bei Biegung bzw. Querschnittsdicke bei Zug des Bauteiles in mm.

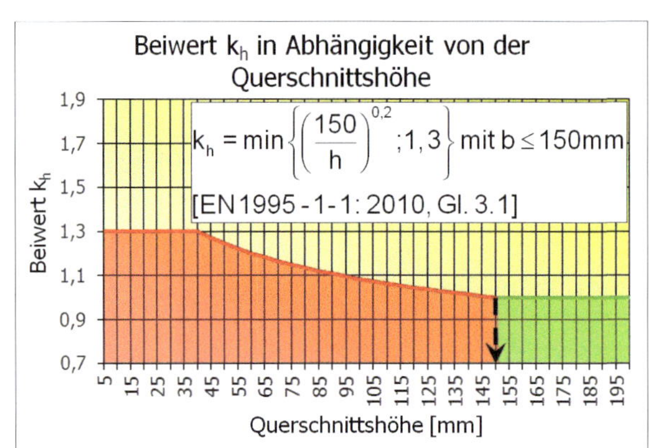

Bild K.46 — Beiwert k_h für Bauteile aus Vollholz mit Bauteilhöhen bzw. -dicken unter 150 mm bei Biege- und Zugbeanspruchung nach Gl. (3.1)

Die in der DIN EN 338 angegebenen und nach DIN EN 384 ermittelten charakteristischen Festigkeitskennwerte beziehen sich generell auf eine Referenzhöhe von 150 mm (s. DIN EN 338, Abschnitt 5.3.4.3). Bei Querschnittshöhe unter 150 mm dürfen die Festigkeiten erhöht werden.

NCI Zu 3.2(3)

ANMERKUNG 1 Bei auf Zug beanspruchten Bauteilen ist unter Querschnittsbreite die größte Querschnittsabmessung gemeint.

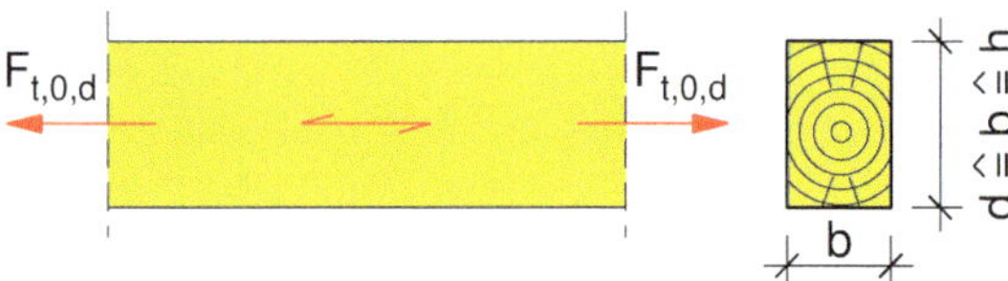

Bild K.47 — Zugbeanspruchtes Holzbauteil aus Vollholz mit Rechteckquerschnitt [es gilt in Gl. (3.1) $d \triangleq b \triangleq h$]

(4) Für Vollholz, das mit einer Feuchte gleich oder nahe dem Fasersättigungspunkt eingebaut wird und voraussichtlich unter Belastung austrocknet, sind in der Regel die Werte für k_{def} nach Tabelle 3.2 um 1,0 zu erhöhen.

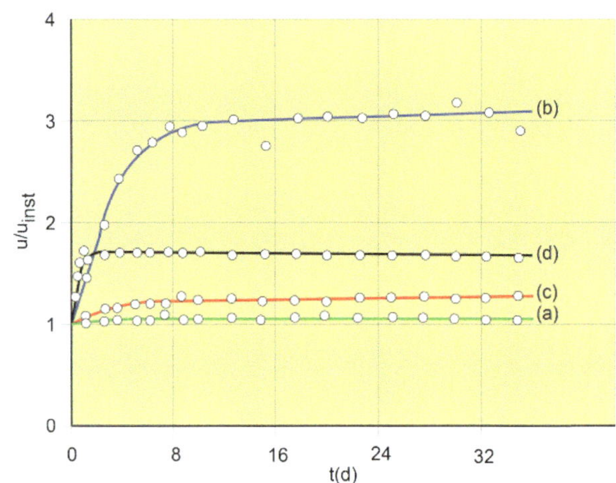

Bild K.48 — Abhängigkeit des Verhältnisses aus Durchbiegung zu Anfangsdurchbiegung von der Zeit für Balken bei unterschiedlichen Feuchtebedingungen

Frisches Holz belastet und auf 12 % getrocknet (Kurve b) zeigt beträchtliche Kriechverformungen, im Vergleich zu frischem Holz belastet ohne Trocknung (Kurve a), Holz mit konstant 12 % (Kurve c), Holz mit ursprünglich 12 % mit anschließender Feuchtigkeitsaufnahme (Kurve d), Alpine ash. Beanspruchung mit 24 % der mittleren Kurzzeitfestigkeit. $T = 25$ °C (aus [22]).

(5)P Keilzinkenverbindungen müssen die Anforderungen der DIN EN 385 erfüllen.

Nach bauaufsichtlicher Einführung der DIN EN 14080 entfällt diese Norm, da die Anforderungen für Keilzinkenverbindungen dann in DIN EN 14080 enthalten sind.

NCI Zu 3.2(5)P

ANMERKUNG 2 Bis zur Anwendbarkeit der europäischen Produktnorm DIN EN 15497 gilt für keilgezinktes Vollholz die aus dem deutschen Normenwerk zurückgezogene, aber bauaufsichtlich noch eingeführte DIN 1052:2008-12.

DIN 1052:2008 gilt so lange als Produktnorm, wie DIN EN 15497 nicht eingeführt ist [54].

NCI Zu 3.2 „Vollholz“

Es gilt zusätzlich DIN 20000-7.

(NA.6) Keilgezinktes Vollholz darf nur in den Nutzungsklassen 1 und 2 verwendet werden.

Siehe DIN 20000-7, Abschnitt 3.2.

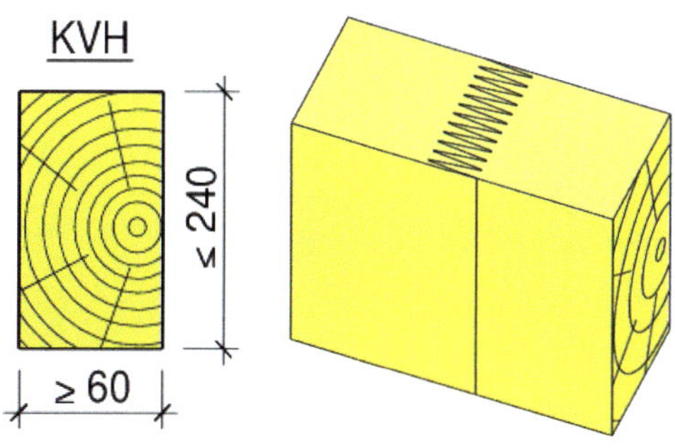

Bild K.49 — Konstruktionsvollholz (Fichte, Tanne, Kiefer, Lärche, Douglasie, Regellänge ≤ 13 m, s. [13])

Konstruktionsvollholz ist technisch getrocknet ($\omega = 15 \pm 3$ %) mit Regellängen von 13 m. Derartige Regellängen können nur mit Keilzinkenverbindungen hergestellt werden (weitere Angaben in [13]).
Nach DIN 20000-7, Abschnitt 3.2 darf keilgezinktes Vollholz nicht in ermüdungsbeanspruchten Konstruktionen verwendet werden.
Nach DIN 20000-7 dürfen in Deutschland nur keilgezinkte Vollhölzer, die mit Klebstoffen des Typs I nach DIN EN 301 hergestellt werden, eingesetzt werden.

(NA.7) Für den charakteristischen Steifigkeitskennwert G_{05} gilt der Rechenwert:

$$G_{05} = \frac{2}{3} \cdot G_{\text{mean}} \qquad \text{(NA.3)}$$

3.3 Brettschichtholz

(1)P Brettschichtholz muss die Anforderungen der DIN EN 14080 erfüllen.

ANMERKUNG Festigkeits- und Steifigkeitskennwerte für Brettschichtholz sind in DIN EN 1194 für verschiedene Festigkeitsklassen angegeben, siehe Anhang D (informativ).

DIN EN 14080 enthält die Regeln für die Leistungsanforderungen für geklebte Schichtholzprodukte wie Brettschichtholz, Balkenschichtholz, Brettschichtholz mit Universalkeilzinkenverbindungen und Verbundbauteilen aus Brettschichtholz. Die Festigkeitsklassen für Brettschichtholz regelt in Abhängigkeit vom Querschittsaufbau ebenfalls DIN EN 14080. Zusätzlich ist DIN 20000-3 zu beachten. Die Verwendung von Brettschichtholz nach DIN EN 14080 ist zurzeit in Deutschland noch nicht bauaufsichtlich geregelt. Deshalb kann Brettschichtholz nach DIN EN 14080 nur über eine allgemeine bauaufsichtliche Zulassung oder eine Zustimmung im Einzelfall angewendet werden. Ausschließlich nach DIN EN 14080 mit CE-Zeichen gekennzeichnetes Brettschichtholz ist deshalb gegenwärtig in Deutschland nicht anwendbar. Es gilt für Brettschichtholz als Produktnorm noch DIN 1052:2008 mit den in Tabelle F.9 angegebenen Festigkeitsklassen. Das Brettschichtholz ist wie bisher noch mit dem Ü-Zeichen gekennzeichnet (s. [33] und www.brettschichtholz.de).
Weitere bisher in bauaufsichtlichen Zulassungen geregelte Brettschichtholzarten:
BAZ: Z-9.1-679 (Buche-Hybridholz)
BAZ: Z-9.1-679 (Buche)
BAZ: Z-9.1-704 (Eiche)
BAZ: Z-9.1-837 (Buchen-Furnierschichtholz)

NCI Zu 3.3(1)P

ANMERKUNG 1 Zum Zeitpunkt der Drucklegung ist für die Anwendung von BSH nach DIN EN 14080 ein bauaufsichtlicher Verwendbarkeitsnachweis erforderlich. Bei Anwendung von Brettschichtholz nach DIN 1052:2008-12 gelten für die Bemessung die dort angegebenen Rechenwerte mit Ausnahme der Schubfestigkeit [siehe NCI Zu 3.3(NA.10)].

Nach bauaufsichtlicher Einführung der DIN EN 14080 entfällt dieser Punkt.

(2) Der Einfluss der Bauteilgröße auf die Festigkeit darf berücksichtigt werden.

(3) Für Brettschichtholz mit Rechteckquerschnitt beträgt die Bezugshöhe für den charakteristischen Wert der Biegefestigkeit und die Bezugsdicke für den charakteristischen Wert der Zugfestigkeit 600 mm. Bei einer Querschnittshöhe bei Biegung oder einer Querschnittsbreite bei Zug von Brettschichtholz, die weniger als 600 mm beträgt, dürfen die charakteristischen Werte für $f_{m,k}$ und $f_{t,0,k}$ mit dem Beiwert k_h erhöht in Ansatz gebracht werden, wobei:

Die charakteristischen Werte für die Biegefestigkeit und Zugfestigkeit von Brettschichtholz gelten generell für eine Höhe von 600 mm bzw. Höhe und Breite von 600 mm bei Zug. Bei Querschnittshöhen unter 600 mm können die Werte nach Gl. (3.2) erhöht werden. Zusätzlich gilt bei der Biegefestigkeit noch ein Bezug zur Lamellendicke (s. dazu DIN EN 14080, Abschnitt 5.1.3). Nach DIN 20000-3, Abschnitt 3.3 ist dieser Einfluss für die Bemessung von Brettschichtholz nicht anzuwenden.

$$k_h = \min\begin{cases}\left(\frac{600}{h}\right)^{0,1} \\ 1,1\end{cases} \qquad (3.2)$$

Dabei ist

h die Querschnittshöhe bei Biegung bzw. die Querschnittsdicke bei Zug des Bauteiles in mm.

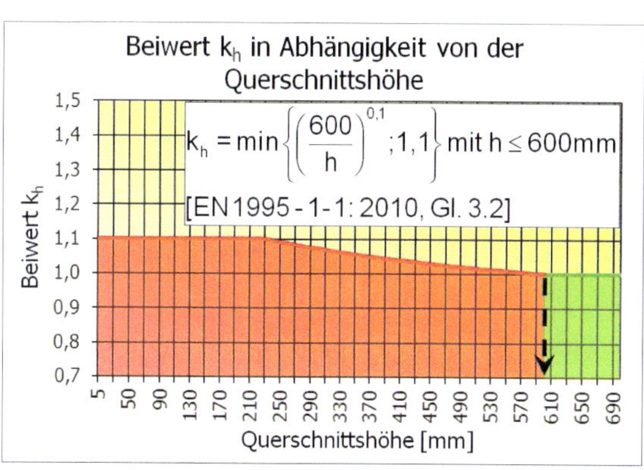

a) in Abhängigkeit von der Querschnittshöhe

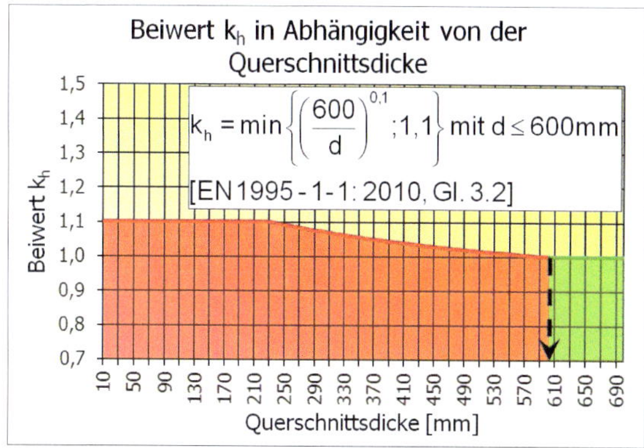

b) in Abhängigkeit von der Querschnittsdicke

Bild K.50 — Beiwert k_h für Bauteile aus Brettschichtholz mit Bauteilhöhen bzw. -dicken unter 600 mm bei Biege- und Zugbeanspruchung nach Gl. (3.2)

NCI Zu 3.3(3)

ANMERKUNG 2 Bei auf Zug beanspruchten Bauteilen ist unter Querschnittsbreite die größte Querschnittsabmessung gemeint.

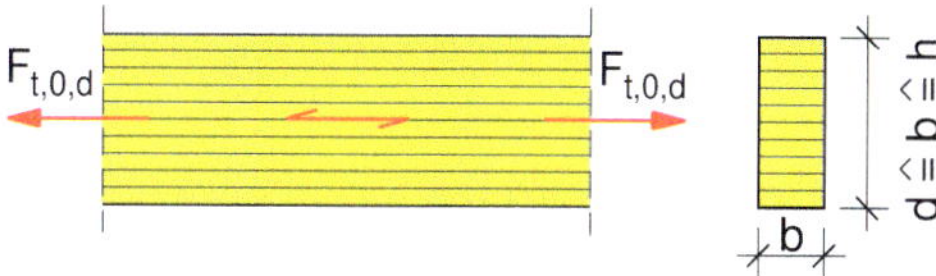

Bild K.51 — Zugbeanspruchtes Holzbauteil aus Brettschichtholz [es gilt in Gl. (3.2) $d \triangleq b \triangleq h$]

(4)P Universalkeilzinkenverbindungen nach DIN EN 387 dürfen nicht in Bauteilen ausgeführt werden, die für eine Verwendung in der Nutzungsklasse 3 vorgesehen sind und in denen sich die Faserrichtung des Holzes in der Verbindung ändert.

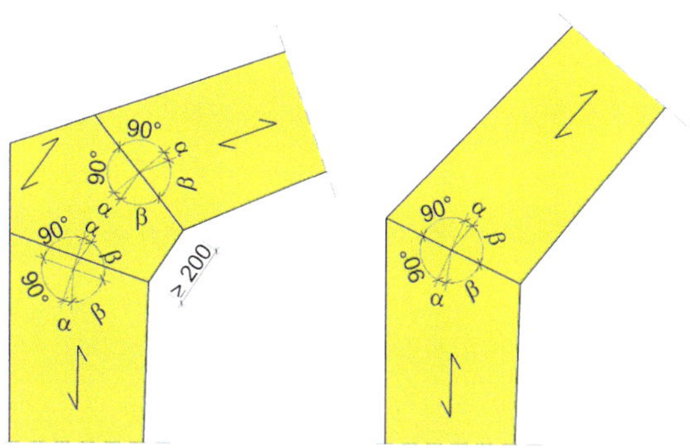

Bild K.52 — Universalkeilzinkenverbindungen nach DIN EN 387 für Rahmenecken

Die Eckstücke können auch aus Furnierschichtholz oder Furniersperrholz ausgeführt werden. Gerade Stöße sind ebenfalls möglich, zu den Anforderungen siehe DIN EN 387.

Nach bauaufsichtlicher Einführung der DIN EN 14080 entfällt DIN EN 387. Die Anforderungen an Universalkeilzinkenverbindungen enthält dann DIN EN 14080.

(5)P Der Einfluss der Bauteilabmessungen auf die Zugfestigkeit rechtwinklig zur Faserrichtung ist zu berücksichtigen.

Die in DIN EN 14080 für Brettschichtholz angegebenen charakteristischen Zugfestigkeiten gelten für ein beanspruchtes Volumen von 0,01 m³ (s. DIN EN 14080, Abschnitt 5.1.3).

NCI Zu 3.3 „Brettschichtholz"

(NA.6) Bei einer Hochkantbiegebeanspruchung der Lamellen (z. B. bei in Richtung der Klebefugen wirkenden Lasten) darf der charakteristische Wert der Biegefestigkeit von homogenem Brettschichtholz mit mindestens vier Lamellen um 20 % vergrößert werden.

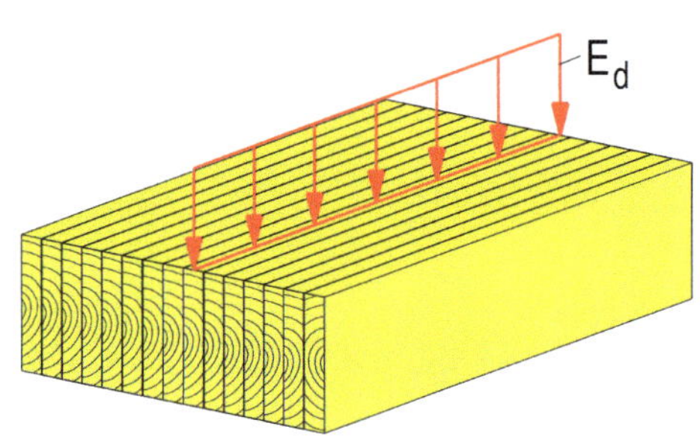

Bild K.53 — Hochkantbiegung bei Brettschichtholz [es gilt $f_{m,g,k} = 1{,}2 \cdot f_{m,g,k}$]

(NA.7) Wird die Anwendungsregel des Absatzes (NA.6) angewendet, darf der Systembeiwert k_{sys} nach DIN EN 1995-1-1:2010-12, 6.6 nicht in Ansatz gebracht werden.

Siehe auch DIN 20000-3, Abschnitt 3.3: Bei Hochkantbiegebeanspruchung der Lamellen eines kombinierten Brettschichtholzes oder eines ziegelförmig verklebten Brettschichtholzes nach DIN EN 14080: I.5.2 ist der Systembeiwert k_{sys} nach DIN EN 1995-1-1:2010, Abschnitt 6.6 nicht anzusetzen.

(NA.8) Für den charakteristischen Steifigkeitskennwert G_{05} gilt der Rechenwert:

$$G_{05} = \frac{5}{6} \cdot G_{mean} \qquad \text{(NA.4)}$$

(NA.9) Die Erhöhung der Biegefestigkeit mit dem Faktor k_h nach Gleichung (3.2) darf nur bei Flachkantbiegebeanspruchungen der Lamellen von Brettschichtholzquerschnitten angewandt werden.

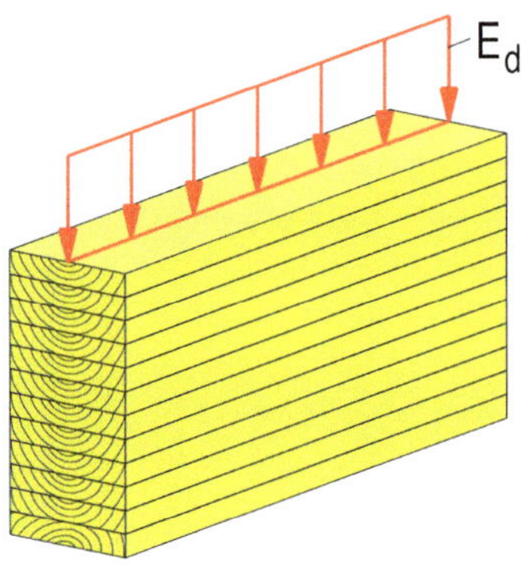

Bild K.54 — Flachkantbiegung

(NA.10) Bei Anwendung von Brettschichtholz aus Nadelholz darf für alle Festigkeitsklassen ein charakteristischer Wert der Schubfestigkeit $f_{v,k}$ = 3,5 N/mm² angesetzt werden. Die Regelungen zum Rissfaktor k_{cr} sind zu berücksichtigen.

$k_{cr} = \frac{2{,}5}{f_{v,k}} = \frac{2{,}5}{3{,}5} = 0{,}71$ [s. auch NDP Zu 6.1.7(2)]

3.4 Furnierschichtholz (LVL)

(1)P Furnierschichtholz (LVL) für tragende Bauteile muss die Anforderungen der DIN EN 14374 erfüllen.

Die Verwendung von Furnierschichtholz nach den Anforderungen der DIN EN 14374 ist zurzeit in Deutschland bauaufsichtlich nicht geregelt. Es kann daher nur Furnierschichtholz nach allgemeiner bauaufsichtlicher Zulassung verwendet werden (s. [34]).
Siehe die jeweiligen allgemeinen bauaufsichtlichen Zulassungen für Furnierschichtholz aus Nadelholz bzw. Furnierschichtholz aus Buchenholz.

(2)P Bei Furnierschichtholz mit Rechteckquerschnitt, bei dem im Wesentlichen alle Furniere in eine Richtung verlaufen, ist der Einfluss der Querschnittsgröße auf die Biege- und Zugfestigkeiten in dieser Richtung zu berücksichtigen.

Gilt nicht für Furnierschichtholz mit Querlagen.

(3) Die Bezugshöhe für den charakteristischen Wert der Biegefestigkeit beträgt 300 mm. Für biegebeanspruchte Bauteile und Querschnittshöhen, die nicht 300 mm betragen, ist in der Regel der charakteristische Wert für $f_{m,k}$ mit dem Beiwert k_h zu multiplizieren, wobei:

$$k_h = \min \begin{cases} \left(\frac{300}{h}\right)^s \\ 1{,}2 \end{cases} \tag{3.3}$$

Dabei ist

h die Bauteilhöhe in mm;

s der Exponent für den Größeneinfluss, siehe 3.4(5)P.

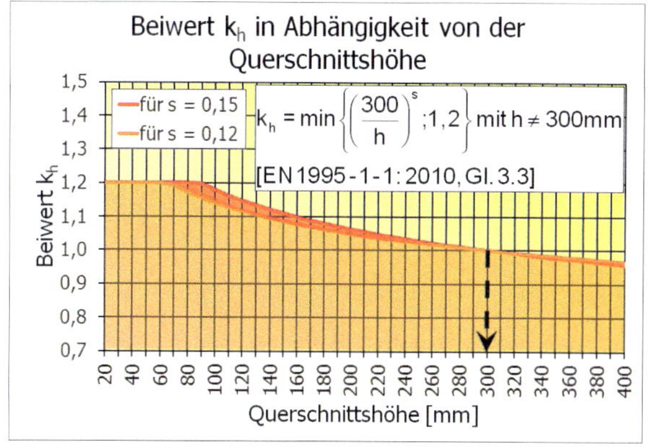

Bild K.55 — Beiwert k_h für Bauteile aus Furnierschichtholz (in allen Furnierlagen laufen die Fasern in eine Richtung) für Bauteilhöhen ungleich 300 mm bei Biegebeanspruchung nach Gl. (3.3)

(4) Die Bezugslänge bei Zug beträgt 3000 mm. Bei Längen, die nicht 3000 mm betragen, ist der charakteristische Werte in der Regel für $f_{t,0,k}$ mit dem Beiwert k_ℓ zu multiplizieren, wobei:

$$k_\ell = \min \begin{cases} \left(\dfrac{3\,000}{\ell}\right)^{s/2} \\ 1{,}1 \end{cases} \tag{3.4}$$

Dabei ist

ℓ die Länge in mm.

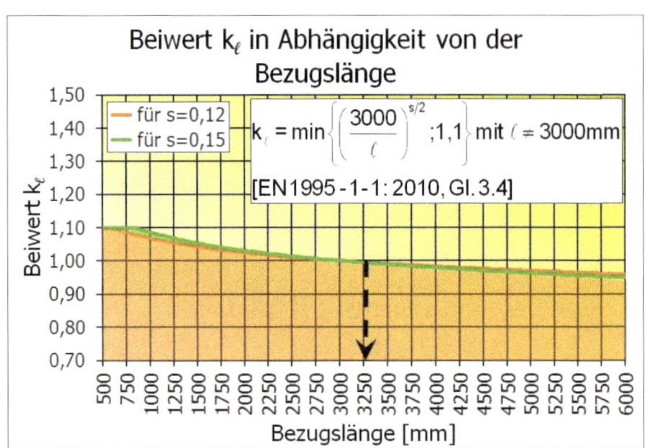

Bild K.56 — Beiwert k_ℓ für Bauteile aus Furnierschichtholz (in allen Furnierlagen laufen die Fasern in eine Richtung) für Bauteillängen ungleich 3000 mm bei Zugbeanspruchung nach Gl. (3.4)

(5)P Für den Exponenten s für den Größeneinfluss bei Furnierschichtholz ist der in Übereinstimmung mit DIN EN 14374 deklarierte Wert anzunehmen.

Bei s handelt es sich nach DIN EN 14374 um einen Streuungsparameter, der aus den jeweiligen bauaufsichtlichen Zulassungen zu entnehmen ist.

(6)P Universalkeilzinkenverbindungen nach DIN EN 387 dürfen nicht in Bauteilen ausgeführt werden, die für eine Verwendung in der Nutzungsklasse 3 vorgesehen sind und in denen sich die Faserrichtung des Holzes in der Verbindung ändert.

Nach bauaufsichtlicher Einführung der DIN EN 14080 entfällt DIN EN 387. Die Anforderungen an Universalkeilzinkenverbindungen enthält dann DIN EN 14080 und diese Regel gilt dann für Universalkeilzinkenverbindungen nach DIN EN 14080.

(7)P Bei Furnierschichtholz, bei dem im Wesentlichen alle Furniere in einer Richtung verlaufen, ist der Einfluss der Bauteilgröße auf die Zugfestigkeit rechtwinklig zur Faserrichtung zu berücksichtigen.

Gilt nicht für Furnierschichtholz mit Querlagen.

NCI Zu 3.4 „Furnierschichtholz (LVL)"

(NA.8) Furnierschichtholz muss die Anforderungen nach DIN EN 13986, DIN 20000-1 und nach DIN EN 14279 oder DIN EN 14374 erfüllen.

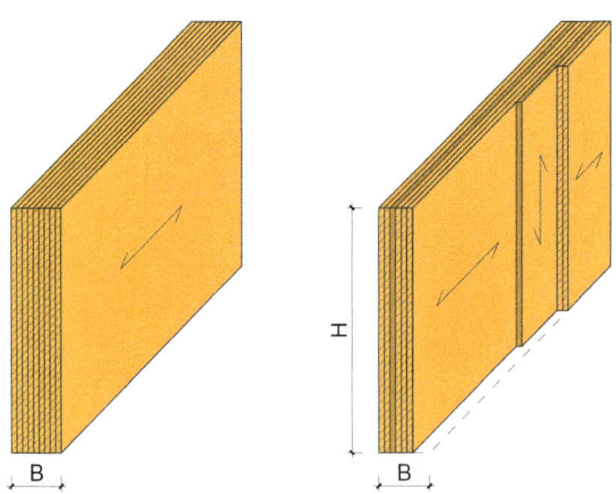

Bild K.57 — Lagen faserparallel (links) und Lagen mit Querlagen (rechts)

Furnierschichtholz nach allgemeiner bauaufsichtlicher Zulassung aus 3,0...3,2 mm dicken Fichtenholz- oder Kiefernfurnieren, B = 19...75 mm, $H \leq$ 1250...2500 mm, Lieferlängen ≤ 20,5...23 m, Standardlängen = 6 m, 12 m, 13,5 m

(NA.9) Furnierschichtholz der Klasse LVL/1 nach DIN EN 14279 darf nur in der Nutzungsklasse 1 verwendet werden.

(NA.10) Furnierschichtholz der Klasse LVL/2 nach DIN EN 14279 darf nur in den Nutzungsklassen 1 und 2 verwendet werden.

(NA.11) Furnierschichtholz der Klasse LVL/3 nach DIN EN 14279 darf in den Nutzungsklassen 1, 2 und 3 verwendet werden.

(NA.12) Furnierschichtholz nach DIN EN 14374 darf in den Nutzungsklassen 1 und 2 verwendet werden. Für die Verwendung in Nutzungsklasse 3 bedarf es eines bauaufsichtlichen Verwendbarkeitsnachweises.

NCI NA.3.4.1 Mindestdicken

(NA.1) Die Mindestdicke von Furnierschichtholz für tragende Bauteile beträgt 10 mm.

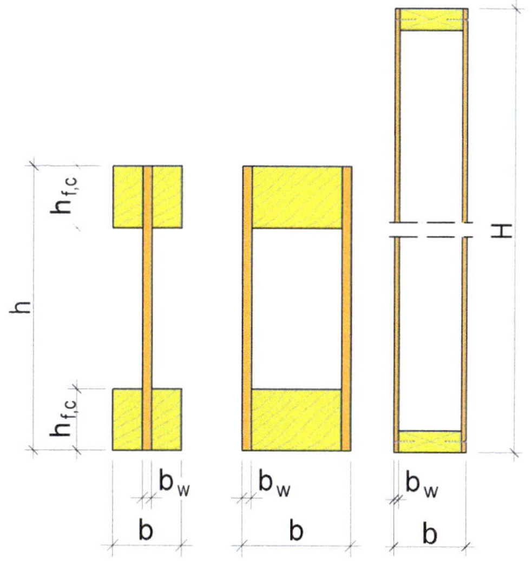

Bild K.58 — Furnierschichtholz für tragende Bauteile, $b_{w,req} \geq 10$ mm

NCI NA.3.4.2 Festigkeits-, Steifigkeits- und Rohdichtekennwerte

(NA.1) Für Furnierschichtholz sind die charakteristischen Festigkeits-, Steifigkeits- und Rohdichtekennwerte einer allgemeinen bauaufsichtlichen Zulassung zu entnehmen.

3.5 Holzwerkstoffe

(1)P Holzwerkstoffe müssen den Anforderungen von DIN EN 13986 entsprechen. LVL als Plattenbauteil muss den Anforderungen von DIN EN 14279 entsprechen.

DIN EN 13986 definiert die Holzwerkstoffe für eine Verwendung im Bauwesen, die Bestimmung der Leistungseigenschaften und der Konformität sowie die Kennzeichnung. Zusätzlich ist DIN 20000-1 zu beachten. DIN EN 14279 klassifiziert Furnierschichtholz für eine Verwendung im Bauwesen und definiert die Anforderungen an eine bauliche Verwendung.

(2) Die Verwendung von weichen Holzfaserplatten nach DIN EN 622-4 ist in der Regel auf Windaussteifungen zu beschränken; die Bemessung sollte auf der Basis von Versuchen erfolgen.

Weiche Holzfaserplatten nach DIN EN 622-4 haben eine geringe Rohdichte im Bereich von 230 bis 400 kg/m^3. Deshalb sind sie nur für geringe Lasten mit sehr kurzer bis kurzer Lastwirkungsdauer geeignet.

NCI Zu 3.5 „Holzwerkstoffe“

NCI NA.3.5.1 Sperrholz

NCI NA.3.5.1.1 Anforderungen

(NA.1) Sperrholz muss die Anforderungen nach DIN EN 636, DIN EN 13986 und DIN 20000-1 erfüllen.

(NA.2) Sperrholz der technischen Klasse „Trocken“ nach DIN EN 13986 darf nur in der Nutzungsklasse 1 verwendet werden.

(NA.3) Sperrholz der technischen Klasse „Feucht“ nach DIN EN 13986 darf nur in den Nutzungsklassen 1 und 2 verwendet werden.

(NA.4) Sperrholz der technischen Klasse „Außen“ nach DIN EN 13986 darf in den Nutzungsklassen 1, 2 und 3 verwendet werden.

(NA.5) Sperrholz muss, sofern es nur Aussteifungszwecken dient, aus mindestens drei Lagen, für alle sonstigen tragenden Bauteile aus mindestens fünf Lagen bestehen.

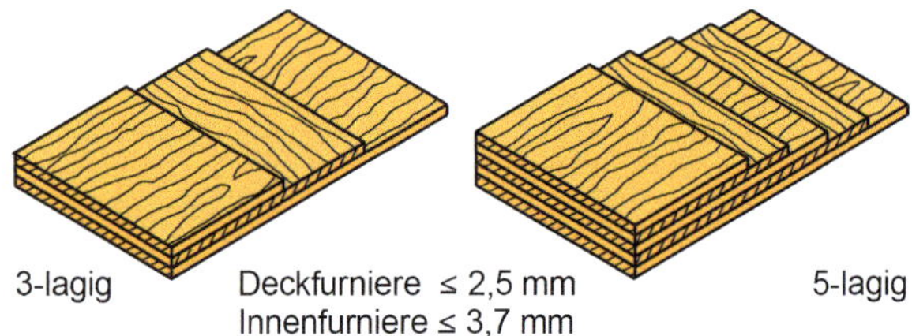

Bild K.59 — Aufbau von drei- bzw. fünflagigem Sperrholz

Ausschließlich nur für aussteifende Zwecke und mittragende Beplankung von Holztafeln mindestens dreilagig, als Holzwerkstoffplatte mit aussteifender statischer Funktion bei Decken und Dachscheiben mindestens fünflagig

(NA.6) Mittragende Beplankungen von Holztafeln für Holzhäuser in Tafelbauart dürfen auch aus drei Lagen bestehen, jedoch nicht bei Decken- und Dachscheiben, wenn deren Scheibenwirkung bei der Bemessung zu berücksichtigen ist.

NCI NA.3.5.1.2 Mindestdicken

(NA.1) Die Mindestdicke tragender Platten aus Sperrholz, auch die der Beplankungen von Holztafeln, beträgt 6 mm.

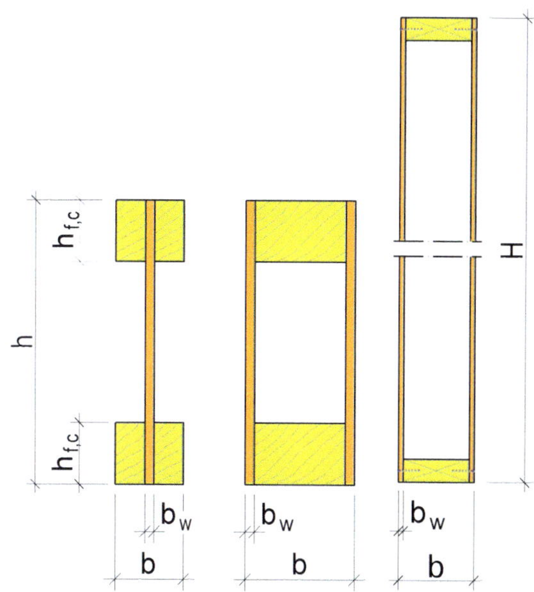

Bild K.60 — Sperrholz als tragende Platte oder aussteifende Beplankung von Holztafeln, $b_{w,req} \geq 6$ mm

NCI NA.3.5.2 OSB-Platten (Oriented Strand Board)

NCI NA.3.5.2.1 Anforderungen

(NA.1) OSB-Platten müssen die Anforderungen nach DIN EN 300, DIN EN 13986 und DIN 20000-1 erfüllen.

(NA.2) OSB-Platten der technischen Klasse OSB/2 nach DIN EN 13986 dürfen nur in der Nutzungsklasse 1 verwendet werden.

(NA.3) OSB-Platten der technischen Klassen OSB/3 und OSB/4 nach DIN EN 13986 dürfen nur in den Nutzungsklassen 1 und 2 verwendet werden.

NCI NA.3.5.2.2 Mindestdicken

(NA.1) Die Mindestdicke tragender OSB-Platten beträgt 8 mm, bei nur aussteifenden Beplankungen von Holztafeln für Holzhäuser in Tafelbauart 6 mm.

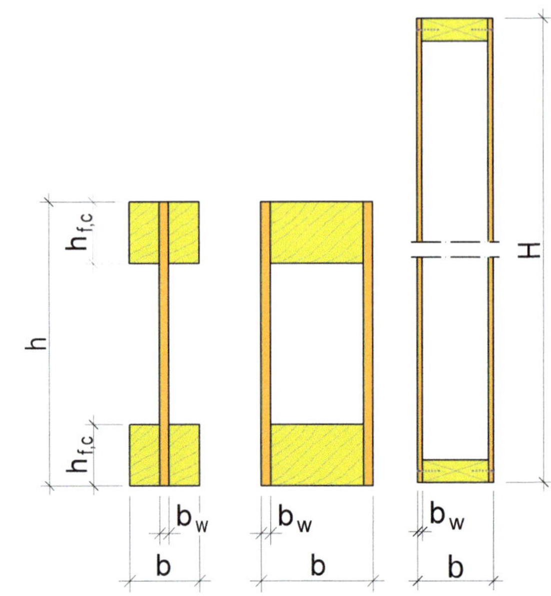

Bild K.61 — OSB als tragende Platte $b_{w,req} \geq 8$ mm oder nur aussteifende Beplankung von Holztafeln, $b_{w,req} \geq 6$ mm

NCI NA.3.5.3 Kunstharzgebundene Spanplatten

NCI NA.3.5.3.1 Anforderungen

(NA.1) Kunstharzgebundene Spanplatten müssen die Anforderungen nach DIN EN 312, DIN EN 13986 und DIN 20000-1 erfüllen.

(NA.2) Kunstharzgebundene Spanplatten der technischen Klassen P4 und P6 nach DIN EN 13986 dürfen nur in der Nutzungsklasse 1 verwendet werden.

(NA.3) Kunstharzgebundene Spanplatten der technischen Klassen P5 und P7 nach DIN EN 13986 dürfen nur in den Nutzungsklassen 1 und 2 verwendet werden.

NCI NA.3.5.3.2 Mindestdicken

(NA.1) Die Mindestdicke kunstharzgebundener Spanplatten für tragende Zwecke beträgt 8 mm, bei nur aussteifenden Beplankungen von Holztafeln für Holzhäuser in Tafelbauart 6 mm.

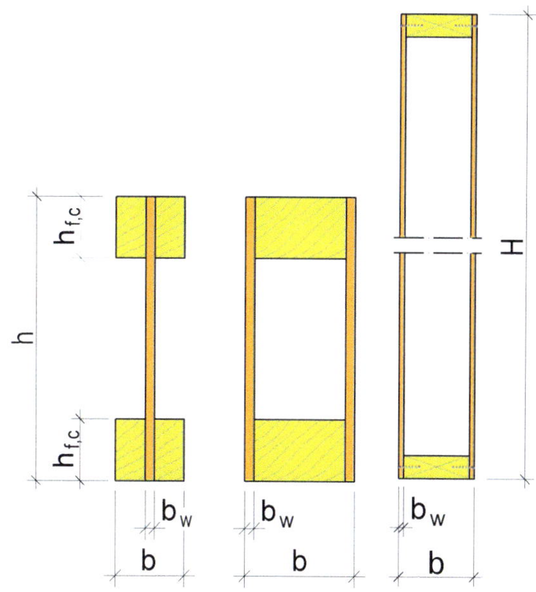

Bild K.62 — Kunstharzgebundene Spanplatten für tragende Zwecke $b_{w,req} \geq 8$ mm oder nur aussteifende Beplankung von Holztafeln, $b_{w,req} \geq 6$ mm

NCI NA.3.5.4 Zementgebundene Spanplatten

NCI NA.3.5.4.1 Anforderungen

(NA.1) Zementgebundene Spanplatten müssen die Anforderungen nach DIN EN 634-1, DIN EN 634-2, DIN EN 13986 und DIN 20000-1 erfüllen.

(NA.2) Sie dürfen in den Nutzungsklassen 1 und 2 verwendet werden.

NCI NA.3.5.4.2 Mindestdicken

(NA.1) Die Mindestdicke zementgebundener Spanplatten für tragende Zwecke beträgt 8 mm.

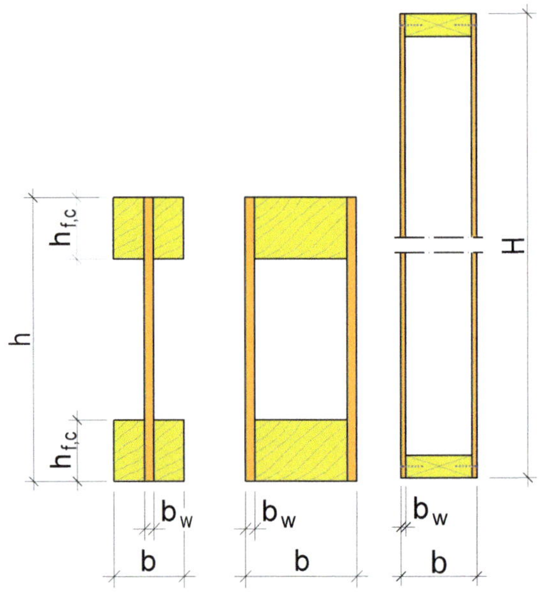

(NA.2) Bei Verwendung ungeschliffener Platten sind die Grenzabmaße und Toleranzen nach DIN EN 634-1 zu beachten.

Bild K.63 — Zementgebundene Spanplatten für tragende Zwecke – Stegmaterial – $b_{w,req} \geq 8$ mm

NCI NA.3.5.4.3 Festigkeits-, Steifigkeits- und Rohdichtekennwerte

(NA.1) Für zementgebundene Spanplatten sind die Kennwerte für die Festigkeit, Steifigkeit und Rohdichte in Tabelle NA.8 angegeben.

Tabelle NA.8 — Rechenwerte für die charakteristischen Festigkeits-, Steifigkeits- und Rohdichtekennwerte für zementgebundene Spanplatten der technischen Klassen 1 und 2 nach DIN EN 13986:2005-03

	1	2
1	**Nenndicke der Platten** in mm	**Alle Dicken** von 8 mm bis 40 mm
	Festigkeitskennwerte in N/mm²	
Plattenbeanspruchung		
2	Biegung $f_{m,k}$	9
3	Druck $f_{c,90,k}$	12
4	Schub $f_{v,k}$	2
Scheibenbeanspruchung		
5	Biegung $f_{m,k}$	8
6	Zug $f_{t,k}$	2,5
7	Druck $f_{c,k}$	11,5
8	Schub $f_{v,k}$	6,5
	Steifigkeitskennwerte in N/mm²	
Plattenbeanspruchung		
9	Elastizitätsmodul E_{mean}[a]	Klasse 1: 4 500 Klasse 2: 4 000
Scheibenbeanspruchung		
10	Elastizitätsmodul E_{mean}[a]	4 500
11	Schubmodul G_{mean}[a]	1 500
	Rohdichtekennwerte in kg/m³	
12	Rohdichte ρ_k	1 000

[a] Für die charakteristischen Steifigkeitskennwerte E_{05} und G_{05} gelten die Rechenwerte: $E_{05} = 0{,}8 \cdot E_{mean}$, $G_{05} = 0{,}8 \cdot G_{mean}$.

NCI NA.3.5.5 Faserplatten

NCI NA.3.5.5.1 Anforderungen

(NA.1) Faserplatten müssen die Anforderungen nach DIN EN 622-2 und DIN EN 622-3, DIN EN 13986 und DIN 20000-1 erfüllen.

Es dürfen nur hochbelastbare harte (HB.LA2) bzw. mittelharte (MHB.LA2) Faserplatten nach DIN EN 13986 für tragende oder aussteifende Zwecke eingesetzt werden.

(NA.2) Faserplatten der technischen Klasse MBH.LA2 nach DIN EN 13986 dürfen für tragende und aussteifende Zwecke nur in der Nutzungsklasse 1 verwendet werden.

(NA.3) Faserplatten der technischen Klasse HB.HLA2 nach DIN EN 13986 dürfen für tragende und aussteifende Zwecke nur in den Nutzungsklassen 1 und 2 verwendet werden.

NCI NA.3.5.5.2 Mindestdicken

(NA.1) Die Mindestdicke von Faserplatten der technischen Klasse HB.HLA2 nach DIN EN 13986 für tragende und aussteifende Zwecke beträgt 4 mm.

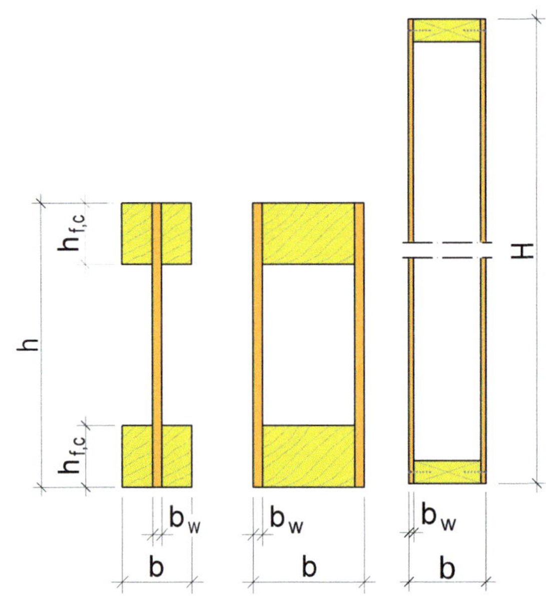

Bild K.64 — Faserplatten der technischen Klasse HB.HLA2 nach DIN EN 13986 für tragende und aussteifende Zwecke, $b_{w,req} \geq 4$ mm

(NA.2) Die Mindestdicke von Faserplatten der technischen Klasse MBH.LA2 nach DIN EN 13986 für tragende und aussteifende Zwecke beträgt 6 mm.

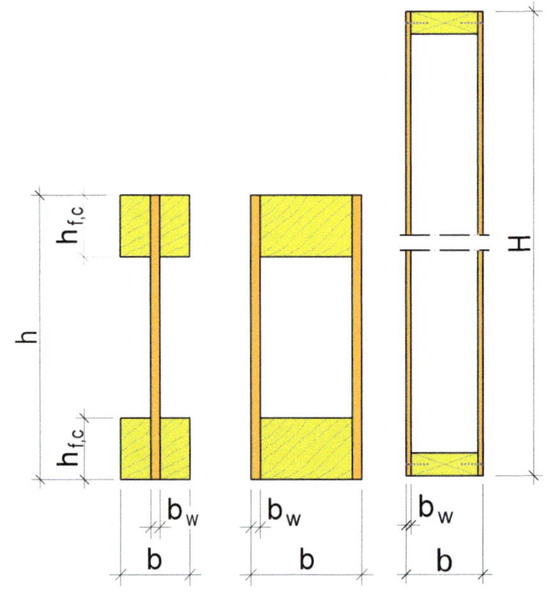

Bild K.65 — Faserplatten der technischen Klasse MBH.LA2 nach DIN EN 13986 für tragende und aussteifende Zwecke, $b_{w,req} \geq 6$ mm

NCI NA.3.5.5.3 Festigkeits-, Steifigkeits- und Rohdichtekennwerte

(NA.1) Für Faserplatten sind die charakteristischen Festigkeits-, Steifigkeits- und Rohdichtekennwerte der Tabelle NA.9 zu entnehmen.

Tabelle NA.9 — Rechenwerte für die charakteristischen Festigkeits-, Steifigkeits- und Rohdichtekennwerte für Faserplatten der technischen Klassen HB.HLA2 und MBH.LA2 nach DIN EN 13986:2005-03

	1	2	3	4	5
1	**Technische Klasse**	**HB.HLA2 (harte Platten)**		**MBH.LA2 (mittelharte Platten)**	
2	**Nenndicke der Platten** in mm	> 3,5 bis 5,5	> 5,5	≤ 10	> 10
	Festigkeitskennwerte in N/mm²				
Plattenbeanspruchung					
3	Biegung $f_{m,k}$	35,0	32,0	17,0	15,0
4	Druck $f_{c,90,k}$	12,0	12,0	8,0	8,0
5	Schub $f_{v,k}$	3,0	2,5	0,3	0,25
Scheibenbeanspruchung					
6	Biegung $f_{m,k}$	26,0	23,0	9,0	8,0
7	Zug $f_{t,k}$	26,0	23,0	9,0	8,0
8	Druck $f_{c,k}$	27,0	24,0	9,0	8,0
9	Schub $f_{v,k}$	18	16	5,5	4,5
Steifigkeitskennwerte in N/mm²					
Plattenbeanspruchung					
10	Elastizitätsmodul E_{mean}[a]	4 800	4 600	3 100	2 900
11	Schubmodul G_{mean}[a]	200	200	100	100
Scheibenbeanspruchung					
12	Elastizitätsmodul E_{mean}[a]	4 800	4 600	3 100	2 900
13	Schubmodul G_{mean}[a]	2 000	1 900	1 300	1 200
Rohdichtekennwerte in kg/m³					
14	Rohdichte ρ_k	850	800	650	600

[a] Für die charakteristischen Steifigkeitskennwerte E_{05} und G_{05} gelten die Rechenwerte: $E_{05} = 0{,}8 \cdot E_{mean}$, $G_{05} = 0{,}8 \cdot G_{mean}$.

NCI NA.3.5.6 Gipsplatten

NCI NA.3.5.6.1 Anforderungen

(NA.1) Gipsplatten müssen die Anforderungen nach DIN 18180 erfüllen.

(NA.2) Gipsplatten der Plattentypen GKB und GKF nach DIN 18180 dürfen nur in der Nutzungsklasse 1, Gipsplatten der Plattentypen GKBI und GKFI dürfen nur in den Nutzungsklassen 1 und 2 verwendet werden.

NCI NA.3.5.6.2 Mindestdicken

(NA.1) Die Mindestdicke der Gipsplatten für Beplankungen für Dach-, Wand- und Deckentafeln beträgt 12,5 mm.

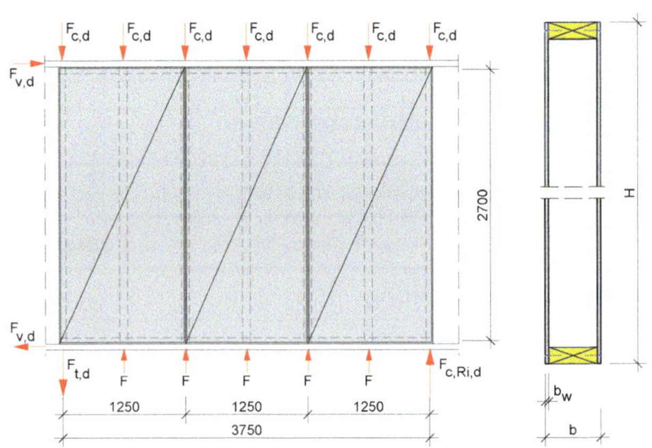

Bild K.66 — Gipsplatten der Plattentypen GKB und GKF nach DIN EN 18180 als aussteifende Beplankung für Dach-, Wand- und Deckentafeln, $b_{w,req} \geq$ 12,5 mm

NCI NA.3.5.6.3 Festigkeits-, Steifigkeits- und Rohdichtekennwerte

(NA.1) Für Gipsplatten sind die charakteristischen Festigkeits-, Steifigkeits- und Rohdichtekennwerte der Tabelle NA.10 zu entnehmen.

Tabelle NA.10 — Rechenwerte für die charakteristischen Festigkeits-, Steifigkeits- und Rohdichtekennwerte für Gipsplatten nach DIN 18180

	1	2	3	4	5	6	7
1	**Beanspruchung**	**Parallel zur Herstellrichtung**			**Rechtwinklig zur Herstellrichtung**		
2	**Nenndicke der Platten** in mm	12,5	15,0	18,0[c]	12,5	15,0	18,0[c]
	Festigkeitskennwerte in N/mm²						
Plattenbeanspruchung							
3	Biegung $f_{m,k}$	6,5	5,4	4,2	2,0	1,8	1,5
4	Druck $f_{c,90,k}$	3,5 (5,5)[b]					
Scheibenbeanspruchung							
5	Biegung $f_{m,k}$	4,0	3,8	3,6	2,0	1,7	1,4
6	Zug $f_{t,k}$	1,7	1,4	1,1	0,7		
7	Druck $f_{c,k}$	3,5 (5,5)[b]			4,2 (4,8)[b]		
8	Schub $f_{v,k}$	1,0					
	Steifigkeitskennwerte in N/mm²						
Plattenbeanspruchung							
9	Elastizitätsmodul E_{mean}[a]	2 800			2 200		
Scheibenbeanspruchung							
10	Elastizitätsmodul E_{mean}[a]	1 200			1 000		
11	Schubmodul G_{mean}[a]	700					
	Rohdichtekennwerte in kg/m³						
12	Rohdichte ρ_k	680 (800)[b]					

a Für die charakteristischen Steifigkeitskennwerte E_{05} und G_{05} gelten die Rechenwerte: $E_{05} = 0{,}9 \cdot E_{mean}$, $G_{05} = 0{,}9 \cdot G_{mean}$.

b Werte in Klammern gelten für GKF- und GKFI-Platten.

c Bei unter Verwendung einer Gipsplatte der Nenndicke 18 mm bemessenen Bauteilen können im Rahmen der Ausführung alternativ zu Gipsplatten der Nenndicke 18 mm auch Gipsplatten der Nenndicke 20 mm bzw. 25 mm eingesetzt werden.

NCI NA.3.5.7 Faserverstärkte Gipsplatten

NCI NA.3.5.7.1 Anforderungen

(NA.1) Faserverstärkte Gipsplatten müssen den Anforderungen nach DIN EN 15283-2 entsprechen.

(NA.2) Faserverstärkte Gipsplatten dürfen nur in den Nutzungsklassen 1 und 2 verwendet werden.

NCI NA.3.5.7.2 Mindestdicken

(NA.1) Die Mindestdicke der Gipsfaserplatten für Beplankungen für Dach-, Wand- und Deckentafeln beträgt 10 mm.

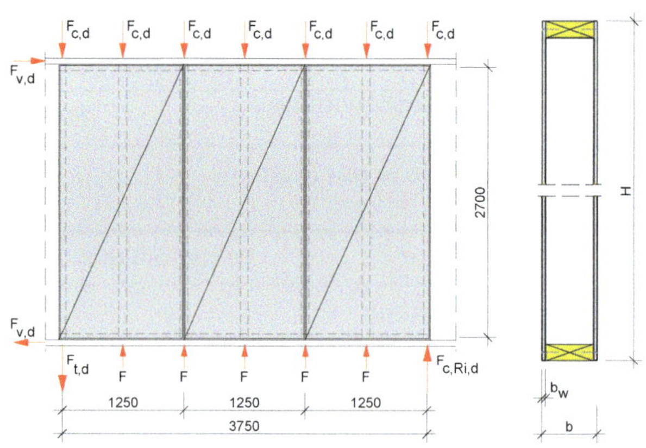

Bild K.67 — Gipsfaserplatten nach DIN EN 15283-2 als aussteifende Beplankung für Dach-, Wand- und Deckentafeln, $b_{w,req} \geq 10{,}0$ mm

NCI NA.3.5.7.3 Festigkeits-, Steifigkeits- und Rohdichtekennwerte

(NA.1) Faserverstärkte Gipsplatten bedürfen eines bauaufsichtlichen Verwendbarkeitsnachweises, in dem der Plattenaufbau sowie die charakteristischen Festigkeits-, Steifigkeits- und Rohdichtekennwerte (einschließlich der Lochleibungsfestigkeitskennwerte) festgelegt sind.

NCI NA.3.5.8 Brettsperrholz

(NA.1) Brettsperrholz bedarf eines bauaufsichtlichen Verwendbarkeitsnachweises.

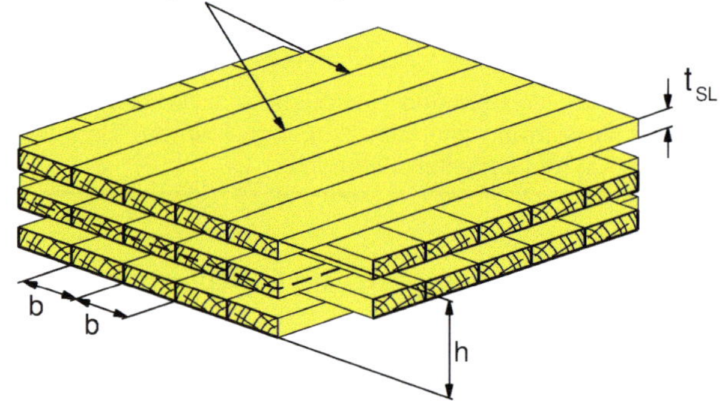

Bild K.68 — Prinzipieller Aufbau von Brettsperrholz [36]

t_{SL} = 17 bis 45 mm, $h \leq 500$ mm, Elementbreiten: 1,25 bis 4,8 m, Elementlängen: 16 bis 20 m (30 m)

(NA.2) Brettsperrholz darf nur in den Nutzungsklassen 1 und 2 verwendet werden.

NCI NA.3.5.9 Massivholzplatten (SWP)

NCI NA.3.5.9.1 Anforderungen

(NA.1) Massivholzplatten müssen die Anforderungen nach DIN EN 13353, DIN EN 13986 und DIN 20000-1 erfüllen.

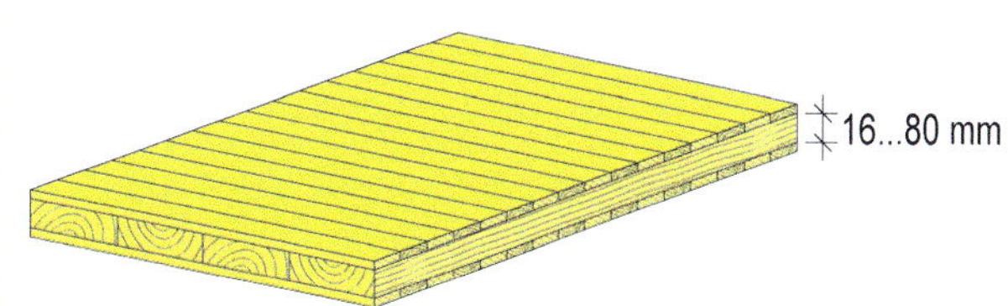

Bild K.69 — Massivholzplatten bestehen aus drei oder fünf kreuzweise verklebten Nadelholzbrettlagen

Decklagen mit Dicken von 3,5 bis 13,5 mm

(NA.2) Massivholzplatten der technischen Klasse SWP/1 tragend nach DIN EN 13986 dürfen nur in der Nutzungsklasse 1 verwendet werden.

(NA.3) Massivholzplatten der technischen Klassen SWP/2 tragend und SWP/3 tragend nach DIN EN 13986 dürfen nur in den Nutzungsklassen 1 und 2 verwendet werden.

NCI NA.3.5.9.2 Mindestdicken

(NA.1) Die Mindestdicke tragender Massivholzplatten beträgt 12 mm.

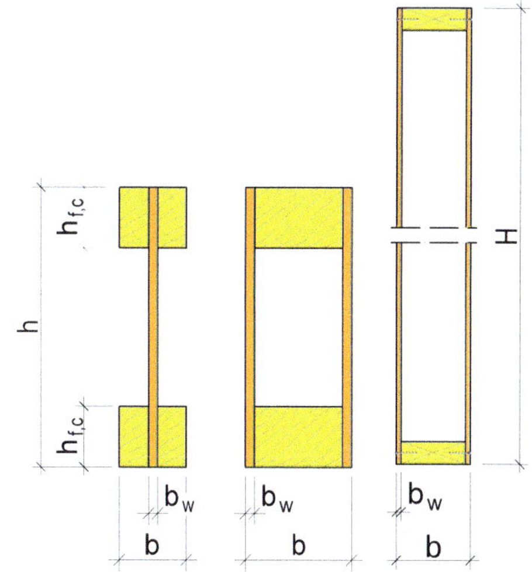

Bild K.70 — Massivholzplatten der Klassen SWP/2 und SWP/3 nach DIN EN 13986 als tragende Platte, $b_{w,req} \geq 12,0$ mm

(NA.2) Die maximale Dicke tragender Massivholzplatten beträgt 80 mm.

3.6 Klebstoffe

(1)P Klebstoffe für tragende Zwecke müssen so beschaffen sein, dass die mit ihnen hergestellten Verbindungen eine Festigkeit und Dauerhaftigkeit besitzen, die in der vorgesehenen Nutzungsklasse während der gesamten zu erwartenden Lebensdauer des Bauwerks voll erhalten bleibt.

Zu Klebstoffen, die zur Verklebung von Brettschichtholz nach DIN EN 14080 oder zum Verkleben tragender Holzbauteile geeignet sind, siehe Liste unter www.mpa-stuttgart.de.

Nach DIN 1052-10:2012-05, Abschnitt 5 ist für die Ausführung von Klebearbeiten zur Herstellung und Instandsetzung tragender Holzbauteile eine besondere Sachkunde und Ausstattung erforderlich. Die besondere Eignung ist gegenüber einer anerkannten Prüfstelle nachzuweisen.

(2) Klebstoffe, die den Anforderungen des Typs I nach DIN EN 301 entsprechen, dürfen in allen Nutzungsklassen verwendet werden.

In Deutschland dürfen für Brettschichtholz, geklebte tragende Verbindungen und Verstärkungen nur noch Klebstoffe des Typs I nach DIN EN 301 verwendet werden. Ausgenommen hiervon sind Klebstoffe für Holzwerkstoffe (s. [34]).

(3) Klebstoffe, die den Anforderungen des Typs II nach DIN EN 301 entsprechen, dürfen nur in den Nutzungsklassen 1 und 2 verwendet werden und auch nur dann, wenn sie nicht über längere Zeit Temperaturen von über 50 °C ausgesetzt sind.

Klebstoffe des Typs II nach DIN EN 301 dürfen in Deutschland nicht mehr verwendet werden.

NCI Zu 3.6 „Klebstoffe“

(NA.4) Es können auch Klebstoffe mit einem bauaufsichtlichen Verwendbarkeitsnachweis für den vorgesehenen Verwendungszweck eingesetzt werden.

Klebstoffe für spezielle Anwendungen, wie zum Einkleben von Stahlstäben nach Z-9.1-705 bzw. Z-9.1-707 und zur Instandsetzung von tragenden Holzbauteilen Z-9.1-750

ANMERKUNG Weitere Regelungen zu Klebstoffen enthält DIN 1052-10.

Siehe DIN 1052-10, Abschnitt 6.

(NA.5) Klebstoffe müssen dem Klebstofftyp I nach DIN EN 301:2006-09 zugeordnet werden können.

Siehe Bemerkung zu Absatz (3). Klebstoffe des Typs I sind zur Verwendung in den Nutzungsklassen 1, 2 und 3 geeignet. Klebstoffe des Typs II sind nur zur Verwendung in Nutzungsklasse 1 geeignet.

3.7 Metallische Verbindungsmittel

(1)P Stiftförmige Verbindungsmittel aus Metall müssen DIN EN 14592 und Verbindungselemente aus Metall DIN EN 14545 entsprechen.

DIN EN 14592 regelt die materialtechnischen Anforderungen an Nägel, Klammern, Schrauben, Stabdübel, Bolzen und Muttern. Materialtechnische Regelungen für Ringkeildübel und Scheibendübel (Dübel besonderer Bauart) mit Zähnen enthält DIN EN 14545. Die geregelten Abmessungen für Dübel besonderer Bauart sind DIN EN 912 zu entnehmen.

DIN EN 14592 und DIN EN 14545 gelten in Verbindung mit DIN 20000-6. Mit Bezug auf DIN EN 14592 gilt DIN 20000-6 auch für gehärtete Schrauben und unabhängig von der Überzugsart (s. [34]).

NCI NA.3.8 Balkenschichtholz

(NA.1) Balkenschichtholz bedarf eines bauaufsichtlichen Verwendbarkeitsnachweises.

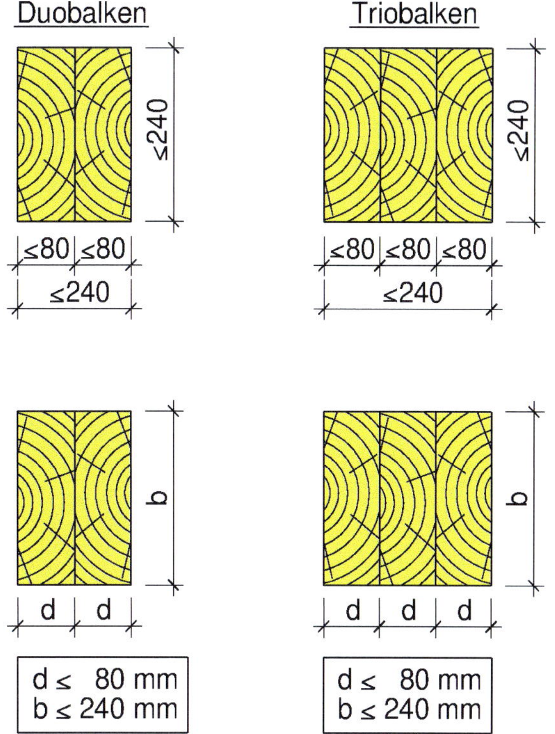

Bild K.71 — Balkenschichtholz (Fichte, Tanne, Kiefer, Lärche, Douglasie, Regellänge ≤ 13 m) nach Z9.1-440 (weitere Angaben in [13] und [39])

(NA.2) Balkenschichtholz darf nur in den Nutzungsklassen 1 und 2 verwendet werden.

(NA.3) Soweit im Folgenden nichts anderes bestimmt ist, gelten für Balkenschichtholz, mit Ausnahme der Festigkeits-, Steifigkeits- und Rohdichtekennwerte, die Kennwerte und Beiwerte von Vollholz.

Nach Z-9.1-440 wird für Duo- und Triobalken die Festigkeitsklasse C24 nach DIN EN 338 angenommen. Für $E_{0,\mathrm{mean}}$ gilt abweichend zu DIN EN 338 $E_{0,\mathrm{mean}} = 11600$ N/mm^2.

4 Dauerhaftigkeit

4.1 Dauerhaftigkeit gegenüber biologischen Organismen

(1)P Holz und Holzwerkstoffe müssen entweder eine natürliche Dauerhaftigkeit im Sinne der DIN EN 350-2 für die jeweilige Gefährdungsklasse entsprechend den Definitionen in DIN EN 335-1, DIN EN 335-2 und DIN EN 335-3 besitzen oder mit einem nach DIN EN 351-1 und DIN EN 460 auszuwählenden Holzschutzmittel behandelt sein.

Natürliche Dauerhaftigkeit einheimischer Holzarten (Kernholz) gegen Pilze nach DIN EN 350-2

Holzart (Kernholz)	**Natürliche Dauerhaftigkeit gegen Pilze nach DIN EN 350-1**	
Fichte/Tanne	4	wenig dauerhaft
Kiefer	3 bis 4	mäßig bis wenig dauerhaft
Lärche	3 bis 4	mäßig bis wenig dauerhaft
Douglasie	3 bis 4	mäßig bis wenig dauerhaft
Eiche	2	dauerhaft
Buche	5	nicht dauerhaft
Robinie[1)]	1 bis 2	dauerhaft bis sehr dauerhaft

1) Zurzeit keine bauaufsichtlich geregelte Holzart

DIN EN 335-1 definiert 5 Gebrauchsklassen (die nicht mit den Nutzungsklassen in Abschnitt 2.3.1.3 übereinstimmen!), denen Holz und Holzwerkstoffe während des Gebrauchs ausgesetzt sein können. DIN EN 335-2 befasst sich mit der Gefährdung von Vollholz und DIN EN 335-3 mit der Gefährdung von Holzwerkstoffen in den Gebrauchsklassen. Die Norm DIN 68800 regelt detailliert in 4 Teilen die Maßnahmen zum vorbeugenden und bekämpfenden Schutz, wobei insbesondere Teil 2 den vorbeugenden **baulichen Holzschutz** regelt.

Nach DIN 68800-1, Tabelle 5 kann in einzelnen Gebrauchsklassen auf einen chemischen Holzschutz verzichtet werden, wenn die dort angegebenen splintfreien Farbkernhölzer verwendet werden, so zum Beispiel in Gefährdungsklasse 3.2 (häufig feucht mit $\omega > 20$ %, ohne ständigen Wasser- und Erdkontakt) – Grundschwelle eines Fachwerkhauses durch Einsatz von Eichenkernholz.

Nach [34] ersetzen zukünftig die gesetzlich vorgeschriebenen Zulassungen nach dem Chemikaliengesetz (Biozid-Zulassungen) die bisherigen bauaufsichtlichen Zulassungen für Holzschutzmittel. Bis zum Vorliegen der Biozid-Zulassungen ist für das jeweilige Holzschutzmittel für die Verwendung in tragenden Bauteilen eine allgemeine bauaufsichtliche Zulassung erforderlich.

ANMERKUNG 1 Ein vorbeugender chemischer Holzschutz kann die Festigkeits- und Steifigkeitseigenschaften beeinflussen.

Infolge einer Holzschutzmittelbehandlung in Verbindung mit einer wiederkehrenden Feuchteeinwirkung kann es zur Holzkorrosion kommen. Ein Effekt der Holzkorrosion ist die Reduzierung der Festigkeits- und Steifigkeitseigenschaften in den Randbereichen des Querschnittes (s. auch [40]).

ANMERKUNG 2 Regeln für die Festlegung eines vorbeugenden chemischen Holzschutzes sind in DIN EN 350-2 und DIN EN 335 enthalten.

NCI zu 4.1 „Dauerhaftigkeit gegenüber biologischen Organismen“

(NA.2) Für vorbeugende Maßnahmen zum Schutz des Holzes gilt DIN 68800.

DIN 68800 ergänzt die DIN EN 1995-1-1:2010 mit DIN EN 1995-1-1/NA:2013 in Bezug auf die Standsicherheit und Gebrauchstauglichkeit während der vorgesehenen Nutzungsdauer von Holzbauwerken (s. DIN 68800-1, Abschnitt 1). **Grundsätzliche bauliche Holzschutzmaßnahmen nach DIN 68800-2 sind bei der Planung und Ausführung stets zu berücksichtigen (s. DIN 68800-2, Abschnitt 8.1.3).**

4.2 Korrosionsschutz

(1)P Metallische Verbindungsmittel und andere tragende Verbindungen müssen, sofern erforderlich, entweder von Natur aus korrosionsbeständig sein oder gegen Korrosion geschützt werden.

(2) Beispiele für einen Mindestkorrosionsschutz oder Baustoffanforderungen für die verschiedenen Nutzungsklassen (siehe 2.3.1.3) enthält Tabelle 4.1.

Die Mindestanforderungen nach Tabelle 4.1 gelten nur für unbedeutende oder geringe Korrosionsbelastungen (Korrosionskategorien C1 und C2 nach DIN EN ISO 12944-2).

Tabelle 4.1 — Beispiele für Mindestanforderungen an Baustoffe oder Korrosionsschutz für Verbindungsmittel (in Anlehnung an DIN EN ISO 2081)

Verbindungsmittel	Nutzungsklasse[b]		
	1	2	3
Nägel und Schrauben mit $d \leq 4$ mm	keine	Fe/Zn 12c[a]	Fe/Zn 25c[a]
Bolzen, Stabdübel, Nägel und Holzschrauben mit $d > 4$ mm	keine	keine	Fe/Zn 25c[a]
Klammern	Fe/Zn 12c[a]	Fe/Zn 12c[a]	nichtrostender Stahl
Nagelplatten und Stahlbleche bis 3 mm Dicke	Fe/Zn 12c[a]	Fe/Zn 12c[a]	nichtrostender Stahl
Stahlbleche über 3 mm bis zu 5 mm Dicke	keine	Fe/Zn 12c[a]	Fe/Zn 25c[a]
Stahlbleche über 5 mm Dicke	keine	keine	Fe/Zn 25c[a]

[a] Wenn Stahlbleche feuerverzinkt werden, ist Fe/Zn 12C durch Z275 und Fe/Zn 25C durch Z350 nach DIN EN 10346 zu ersetzen. Wenn das Schmelztauchverfahren bei stiftförmigen Verbindungsmitteln verwendet wird, ist Fe/Zn 12C durch eine Zinkschicht von mindestens 39 µm und Fe/Zn 25C durch eine Zinkschicht von mindestens 49 µm nach DIN EN ISO 1461 zu ersetzen.

[b] Bei besonderen korrosiven Bedingungen sollten dickere Feuerverzinkungen oder nichtrostender Stahl in Betracht gezogen werden.

Zu Tabelle 4.1:
Die in Tabelle 4.1 angegebene Zahl ist die Schichtdicke der Verzinkung in µm.

NCI Zu 4.2 „Korrosionsschutz“

Zum Korrosionsverhalten von Baumetallen bei Kontakt mit Holz siehe weitere Hinweise in [15].

(NA.3) Die Mindestanforderungen an die Baustoffe oder den Korrosionsschutz von Verbindungsmitteln nach Tabelle 4.1 gelten in den verschiedenen Nutzungsklassen entsprechend Fußnote b nur für unbedeutende oder geringe Korrosionsbelastungen (Korrosivitätskategorien C1 und C2 nach DIN EN ISO 12944-2:1998-07).

(NA.4) Für mäßige, starke oder sehr starke Korrosionsbelastungen (Korrosivitätskategorien C3, C4, C5 nach DIN EN ISO 12944-2:1998-07) können die Mindestanforderungen der DIN SPEC 1052-100 entnommen werden.

Siehe Tabelle 1 in DIN SPEC 1052-100.

Dübel besonderer Bauart, die zusammen mit Stahlbauteilen außen an Holzbauteilen angebracht sind, sollten bezogen auf den Korrosionsschutz wie Nagelplatten behandelt werden.

Die Korrosionsschutzmaßnahmen von Stahlverbindungen in holzschutzmittelbehandelten Hölzern sind auf die Aggressivität der Schutzmittel abzustimmen.

(NA.5) Für eingeklebte Stahlstäbe ist der Korrosionsschutz wie für Bolzen und Stabdübel nach Tabelle 4.1 und DIN SPEC 1052-100 auszuführen.

(NA.6) Korrosionsgefahr kann auch auftreten bei Kontakt mit gerbstoffreichen Hölzern (z. B. Bongossi, Eiche) und mit imprägnierten Hölzern. Bei imprägnierten Hölzern sollten die Mindestanforderungen nach DIN SPEC 1052-100 für sehr starke Korrosionsbelastung zugrunde gelegt werden; bei gerbstoffreichen Hölzern wird die Verwendung geeigneter nichtrostender Stähle empfohlen.

Wegen des hohen Gerbstoffanteils bei bestimmten Holzarten, wie z. B. Eiche, Edelkastanie, kann es bei Stahlverbindungen zu Korrosion kommen. Die Stahlteile sind dann in die Kategorie „starke Korrosion“ einzustufen.

Holz zeigt eine hohe Beständigkeit gegenüber den meisten Chemikalien in den drei Aggregatzuständen. Zum Einfluss korrosiverer Schädigungen bei Holz siehe [40].

5 Grundlagen der Berechnung

5.1 Allgemeines

(1)P Die Berechnungen sind unter Verwendung geeigneter Bemessungsmodelle (falls erforderlich, auch durch Versuche ergänzt) unter Berücksichtigung aller maßgebenden Parameter durchzuführen. Die Rechenmodelle müssen ausreichend genau sein, um das Tragverhalten im Einklang mit der erreichbaren Ausführungsgenauigkeit und der Zuverlässigkeit der Eingangsdaten, auf denen die Bemessung beruht, vorhersagen zu können.

(2) Das gesamte Verhalten der Konstruktion sollte durch eine Berechnung der Effekte der Einwirkungen mit Hilfe eines linearen Modells (lineares Baustoffverhalten) beurteilt werden.

(3) Bei Konstruktionen, die in der Lage sind, die inneren Kräfte über Verbindungen entsprechender Duktilität umzuverteilen, dürfen elastisch-plastische Methoden zur Berechnung der inneren Kräfte in den Bauteilen verwendet werden.

(4)P Das Rechenmodell zur Bestimmung der inneren Kräfte in der Konstruktion oder in Teilen derselben muss Einflüsse aus der Nachgiebigkeit von Verbindungen berücksichtigen.

(5) Im Allgemeinen sollte der Einfluss der Nachgiebigkeit von Verbindungen durch ihre Steifigkeit (beispielsweise der Verdreh- oder Verschiebungssteifigkeit) oder durch festgelegte Verschiebungsgrößen in Abhängigkeit von der Lasthöhe in der Verbindung berücksichtigt werden.

5.2 Bauteile

(1)P In der Berechnung muss Folgendes berücksichtigt werden:

- geometrische Imperfektionen,
- strukturelle Imperfektionen.

ANMERKUNG Geometrische und strukturelle Imperfektionen werden durch die in dieser Norm angegebenen Bemessungsmethoden erfasst.

(2)P Querschnittsschwächungen sind beim Tragfähigkeitsnachweis der Bauteile zu berücksichtigen.

(3) Folgende Querschnittsschwächungen dürfen vernachlässigt werden:

— Querschnittsschwächungen durch Nägel und Holzschrauben mit Durchmessern von höchstens 6 mm, die ohne Vorbohrung eingetrieben werden;

— Querschnittsschwächungen in der Druckzone von Bauteilen, wenn diese Querschnittsschwächungen mit einem Baustoff größerer Steifigkeit als die des Holzes ausgefüllt werden.

(4) Bei der Bestimmung des wirksamen Querschnitts im Bereich von Verbindungen mit mehreren Verbindungsmitteln sind in der Regel alle Querschnittsschwächungen als in diesem Querschnitt vorhanden zu betrachten, die um diesen Querschnitt in einem Abstand von weniger als dem halben Mindestabstand in Faserrichtung des Holzes liegen.

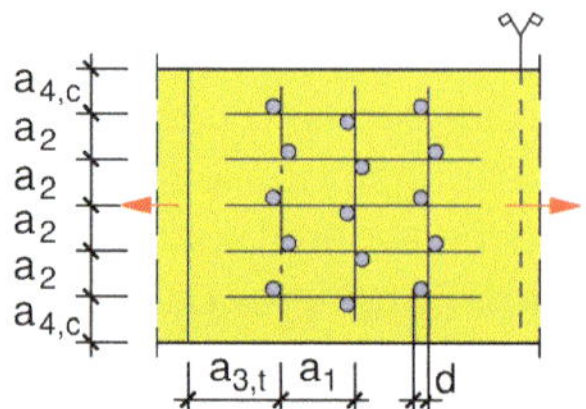

a) Nagellöcher und Holzschrauben in nicht vorgebohrten Löchern bis 6 mm werden als Querschnittsschwächung nicht berücksichtigt.

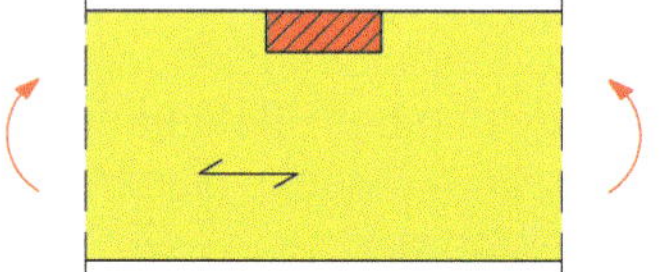

b) Passfähiges Füllstück mit größerer Steifigkeit ist keine Querschnittsschwächung.

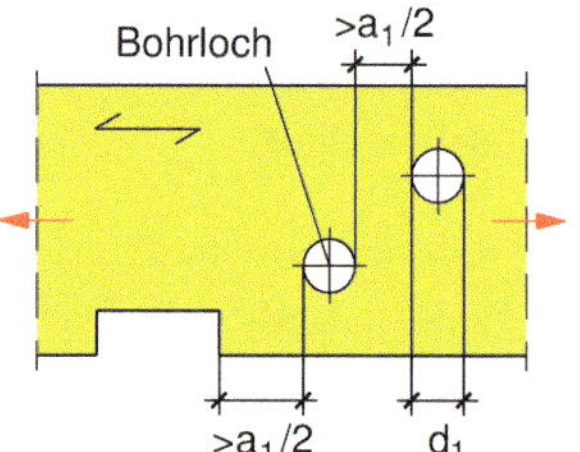

c) Beträgt der lichte Abstand zwischen den Schwächungen $> a_1/2$, ist keine Querschnittsschwächung zu berücksichtigen.

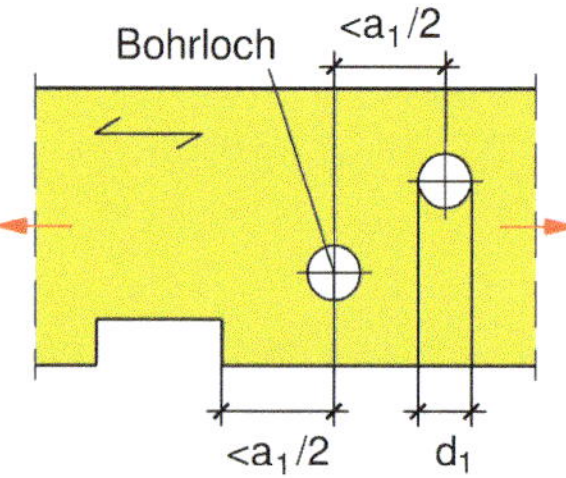

d) Beträgt der Abstand zwischen den Schwächungen $< a_1/2$, so muss die in diesem Bereich befindliche Querschnittsschwächung berücksichtigt werden.

Bild K.72 — Berücksichtigung von Querschnittsschwächungen in Faserrichtung

5.3 Verbindungen

(1)P Die Tragfähigkeit der Verbindungen ist unter Berücksichtigung der Kräfte und Momente nachzuweisen, die aufgrund der Berechnung für die gesamte Konstruktion zwischen den zu verbindenden Teilen herrschen.

(2)P Die Verformung der Verbindung muss mit der bei der Gesamtberechnung angenommenen Verformung im Einklang stehen.

(3)P Die Berechnung einer Verbindung muss das Verhalten aller Elemente berücksichtigen, die die Verbindung bilden.

Beispielhaft sind hier Verbindungen mit Ring- und Scheibendübeln mit Zähnen oder Dornen zu nennen. Diese Dübel bilden zusammen mit einem stiftförmigen Verbindungsmittel (Bolzen) eine sogenannte Verbindungseinheit. Die mittragende Wirkung des Bolzens wird bei der Berechnung der Tragfähigkeit berücksichtigt.

5.4 Zusammengesetzte Tragwerke

5.4.1 Allgemeines

(1)P Konstruktionen müssen mit Hilfe statischer Modelle berechnet werden, die mit akzeptabler Genauigkeit das Verhalten der Konstruktion und ihrer Lagerungen berücksichtigen.

(2) Die Berechnung sollte mit Hilfe von Modellen für Rahmentragwerke nach 5.4.2 oder mit vereinfachten Berechnungen für Fachwerke in Nagelplattenbauart nach 5.4.3 erfolgen.

(3) Berechnungen nach Theorie II. Ordnung für Rahmen und Bögen sind in der Regel unter Beachtung von 5.4.4 durchzuführen.

5.4.2 Rahmentragwerke

(1)P Rahmentragwerke sind bei der Bestimmung der Stabkräfte und -momente unter Berücksichtigung der Verformungen der Stäbe und Verbindungen, des Einflusses von Auflagerausmittigkeiten und der Steifigkeit der Unterkonstruktion zu berechnen; siehe Bild 5.1 für die Definitionen der Struktur und der Modellelemente.

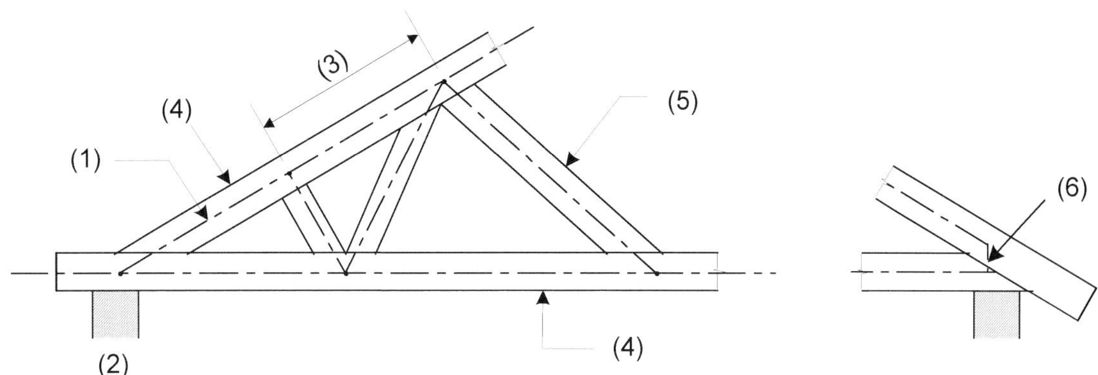

Legende

(1) Systemlinie
(2) Auflager
(3) Feld
(4) Gurte
(5) Füllstab
(6) Fiktives Balkenelement

Bild 5.1 — Beispiele für Modellelemente bei einer Rahmenberechnung

(2)P Bei einer Rahmenberechnung müssen die Systemlinien aller Stäbe innerhalb der Ansichtsflächen der jeweiligen Stäbe liegen. Für die wesentlichen Tragglieder, z. B. die Gurtstäbe eines Fachwerks, müssen die Systemlinien mit den Stabachsen übereinstimmen.

(3)P Falls die Stabachsen von Füllstäben nicht mit den Systemlinien übereinstimmen, muss der Einfluss der Ausmittigkeiten beim Tragfähigkeitsnachweis dieser Teile berücksichtigt werden.

(4) Fiktive Balkenelemente und Federelemente dürfen bei der Modellierung exzentrischer Verbindungen und Auflager verwendet werden. Die Richtung fiktiver Balkenelemente und die Anordnung von Federelementen sollten bestmöglich der tatsächlichen Verbindungsausbildung angepasst werden.

(5) Bei einer linear-elastischen Berechnung nach Theorie I. Ordnung dürfen die Effekte spannungsloser Vorverformungen und eingeprägter Verformungen vernachlässigt werden, wenn diese beim Tragfähigkeitsnachweis der Bauteile berücksichtigt werden.

(6) Die Berechnung der Rahmen sollte unter Verwendung der entsprechenden Steifigkeitskennwerte nach 2.2.2 erfolgen. Fiktive Balkenelemente sollten mit der gleichen Steifigkeit wie die betrachtete Verbindung in Ansatz gebracht werden.

(7) Verbindungen dürfen als rotationssteif angenommen werden, wenn ihre Verformungen keinen signifikanten Einfluss auf die Verteilung der Stabkräfte und -momente haben; andernfalls dürfen Verbindungen im Allgemeinen als vollgelenkig angenommen werden.

(8) Verschiebungen in den Verbindungen dürfen bei der Berechnung vernachlässigt werden, wenn sie nicht signifikant die Verteilung der inneren Kräfte und Momente beeinflussen.

(9) Stoßverbindungen in Fachwerkträgern dürfen als rotationssteif modelliert werden, wenn die tatsächliche Verdrehung unter Lasteinwirkung keinen signifikanten Einfluss auf die Schnittgrößen hat. Diese Anforderung gilt als erfüllt, wenn eine der folgenden Bedingungen eingehalten wird:

— die Stoßverbindung besitzt eine Tragfähigkeit, die mindestens dem 1,5-Fachen der Beanspruchung aus der Kombination der auftretenden Schnittgrößen entspricht;

— die Stoßverbindung hat eine Tragfähigkeit, die mindestens der Beanspruchung aus der Kombination der auftretenden Schnittgrößen entspricht, vorausgesetzt, dass die Holzbauteile nicht Bemessungswerten der Biegespannungen ausgesetzt sind, die größer sind als das 0,3-Fache des Bemessungswertes der Biegefestigkeit der Teile, und dass das Tragwerk stabil bleibt, wenn alle derartigen Verbindungen wie ein Gelenk wirken.

NCI Zu 5.4.2 „Rahmentragwerke"

(NA.1) Spezifizierte Angaben für Konstruktionen in Nagelplattenbauweise sind in [NA.1] angegeben.

Literaturhinweis siehe Seite 340.

5.4.3 Vereinfachte Berechnung für Fachwerke in Nagelplattenbauweise

(1) Eine vereinfachte Berechnung von vollständig aus Dreiecken aufgebauten Fachwerken sollte die folgenden Bedingungen berücksichtigen:

- die Außenwinkel des äußeren Trägerprofils betragen mind. 180°;
- die Auflagerbreite a_3 liegt innerhalb der Länge a_1, und der Abstand a_2 in Bild 5.2 ist nicht größer als $a_1/3$ oder 100 mm, der größere Wert ist maßgebend;
- die Höhe des Fachwerks ist größer als das 0,15-Fache der Stützweite und das 10-Fache der größten Gurthöhe.

(2) Die Normalkräfte in den Stäben sind in der Regel unter der Annahme zu berechnen, dass jeder Knotenpunkt gelenkig ist.

(3) Die Biegemomente in Einfeldstäben sollten unter der Annahme gelenkiger Lagerung ermittelt werden. Biegemomente von durchlaufenden Stäben sind in der Regel unter der Annahme zu ermitteln, dass der Stab in jedem Knoten gelenkig unterstützt ist. Der Einfluss der Durchbiegung an den Knotenpunkten und der teilweisen Einspannung an den Verbindungen sollte durch eine Abminderung der Stützmomente an den inneren Auflagerpunkten des Stabes um 10 % berücksichtigt werden. Mit den so bestimmten Stützmomenten sollten die Feldmomente berechnet werden.

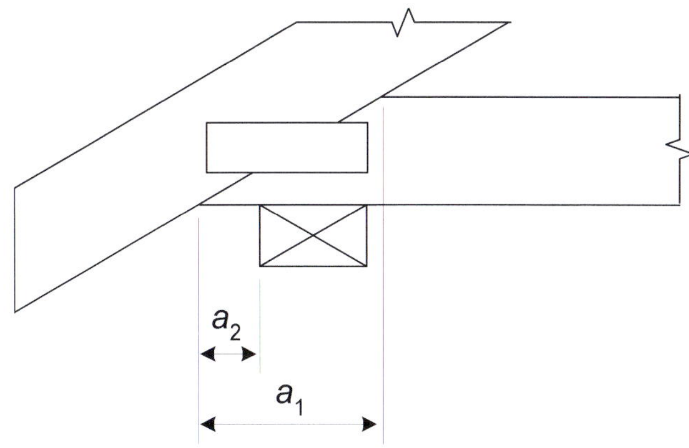

Bild 5.2 — Auflagergeometrie

5.4.4 Ebene Rahmen und Bögen

(1)P Es gelten die Anforderungen nach 5.2. Die Einflüsse eingeprägter Verformungen auf die Schnittgrößen sind zu berücksichtigen.

(2) Die Einflüsse eingeprägter Verformungen auf die Schnittgrößen dürfen durch eine linear-elastische Berechnung nach Theorie II. Ordnung mit den nachfolgenden Annahmen erfasst werden:

— eine spannungslose Vorverformung des Tragwerks ist in der Regel so anzunehmen, dass sie einer Anfangsverformung entspricht, die man durch Annahme einer Schiefstellung mit dem Winkel ϕ des Tragwerks oder entsprechender Teile, zusammen mit einer anfänglichen sinusförmigen Krümmung zwischen den Knotenpunkten des Tragwerks mit einer größten Ausmittigkeit e erhält.

— Der Wert für ϕ im Bogenmaß sollte mindestens angenommen werden zu:

$$\phi = 0{,}005 \quad \text{für } h \leq 5\text{ m}$$

$$\phi = 0{,}005\sqrt{5/h} \quad \text{für } h > 5\text{ m} \qquad (5.1)$$

Dabei ist

h die Höhe des Tragwerks oder Länge des Bauteils in m.

Der Wert für e sollte mindestens angenommen werden zu:

$$e = 0{,}0025\,\ell \qquad (5.2)$$

Beispiele für spannungslose Vorverformungen und die Definition von ℓ sind in Bild 5.3 dargestellt.

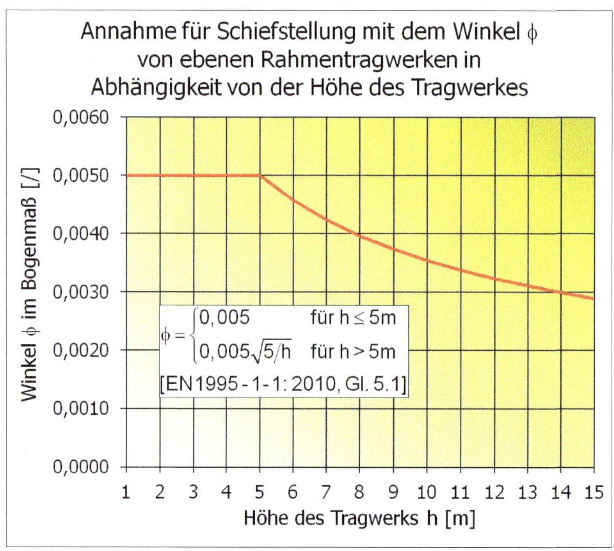

Bild K.73 — Annahme für die Schiefstellung von Rahmentragwerken in einem Winkel ϕ in Abhängigkeit von der Höhe des Tragwerkes nach DIN EN 1995-1-1:2010, Gl. (5.1)

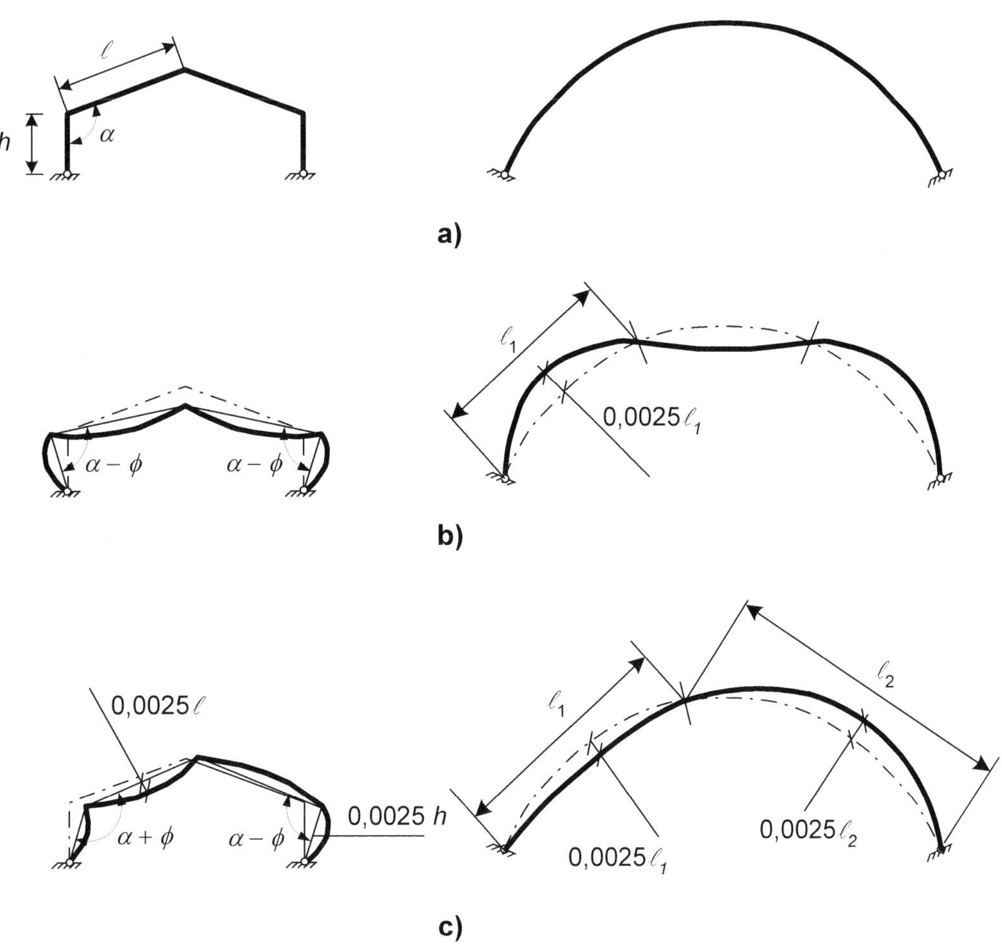

Legende

a) unverformte Rahmen

b) symmetrische Vorverformung

c) unsymmetrische Vorverformung

Bild 5.3 — Beispiele für angenommene spannungslose Vorverformungen der Geometrie

NCI NA.5.5 Flächentragwerke

NCI NA.5.5.1 Allgemeines

(NA.1) Die Schnittgrößen von Flächentragwerken oder von Flächen, die Teile von Stabwerken (z. B. Stege oder Druckplatten) sind, dürfen mit linear-elastischem Baustoffverhalten und den Steifigkeitswerten nach den Gleichungen (2.15) und (2.16) und den durch den Teilsicherheitsbeiwert γ_M dividierten Verschiebungsmoduln K_u nach Gleichung (2.1) berechnet werden. Die Steifigkeitswerte sind in Richtung der Hauptachsen unter Berücksichtigung des Querschnittsaufbaus zu ermitteln.

(NA.2) Ebene Flächen dürfen für Lasten in der Ebene als Scheiben und für Lasten rechtwinklig zur Ebene als Platten oder Trägerroste berechnet werden.

(NA.3) Die Scheiben- und Plattenschnittgrößen sowie die Normal- und Schubspannungen werden nach Bild NA.1 bezeichnet.

(NA.4) Beanspruchungen rechtwinklig zur Faserrichtung (Querdruck und Querzug) und Rollschub sind zu beachten. Wenn die x-Richtung mit der Faserrichtung übereinstimmt, ist $\tau_{yz} = \tau_{zy}$ der Rollschub.

NCI NA.5.5.2 Flächen aus miteinander verklebten Schichten

(NA.1) Für Flächentragwerke mit Querschnitten aus geklebten Schichten (z. B. Brettsperrholz und verklebte Schichten aus Holzwerkstoffplatten, Brettern oder Bohlen) sind die auf die Mittelfläche bezogenen Steifigkeitswerte nach der Verbundtheorie mit starrem Verbund zu berechnen. Dies gilt auch für die Spannungsberechnung.

(NA.2) Rechenregeln sind in NA.5.6.2 angegeben.

NCI NA.5.5.3 Flächen aus nachgiebig miteinander verbundenen Schichten

(NA.1) Bei Flächentragwerken mit Querschnitten aus nachgiebig miteinander verbundenen Schichten darf die Nachgiebigkeit durch Abminderung der Schubsteifigkeit berücksichtigt werden.

(NA.2) Rechenregeln für die Berechnung mit abgeminderten Schubsteifigkeiten sind in NA.5.6.3 angegeben.

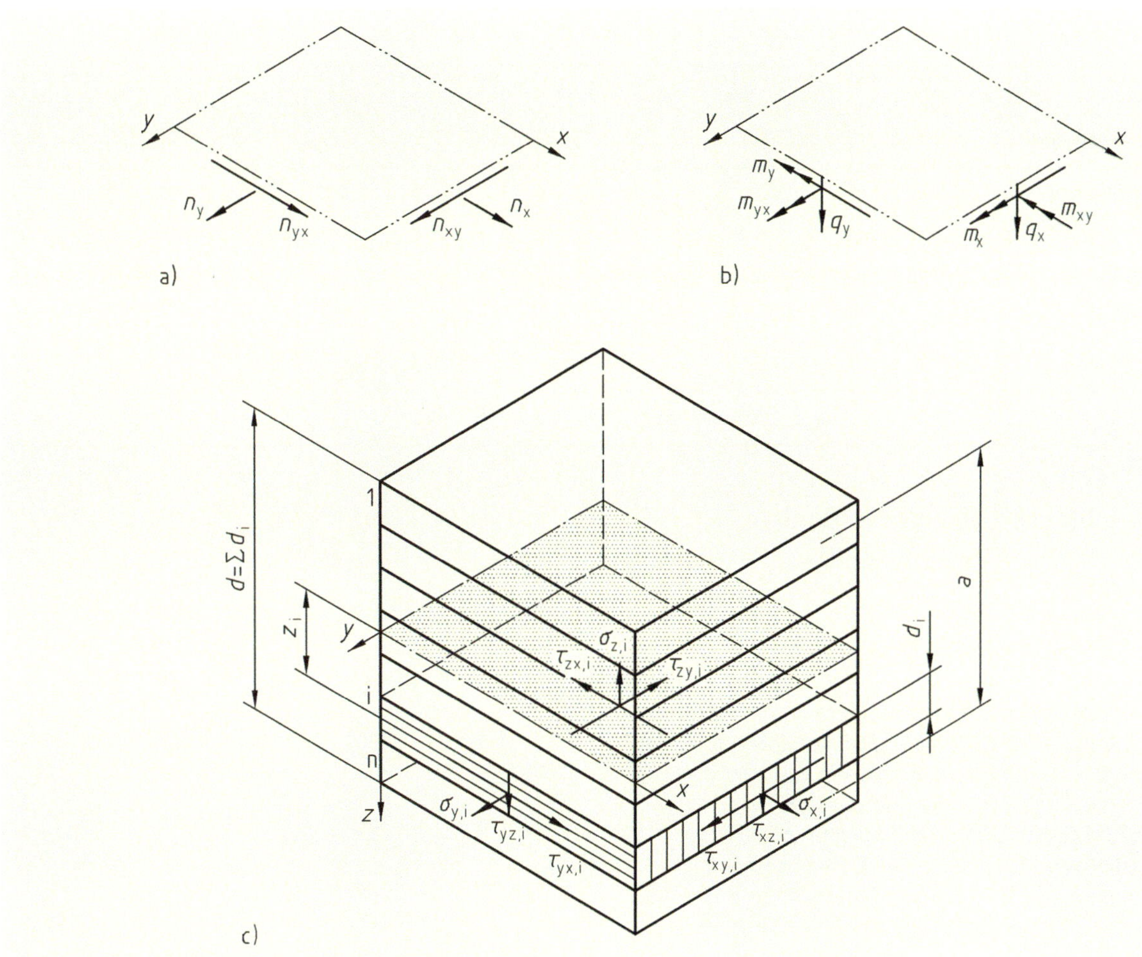

Bild NA.1 — Bezeichnungen

NCI NA.5.5.4 Flächen aus Nadelholzlamellen

(NA.1) Für Flächen aus Nadelholzlamellen nach Bild NA.2 dürfen je nach Art der Verbindung die Steifigkeitskennwerte nach Tabelle NA.11 angenommen werden.

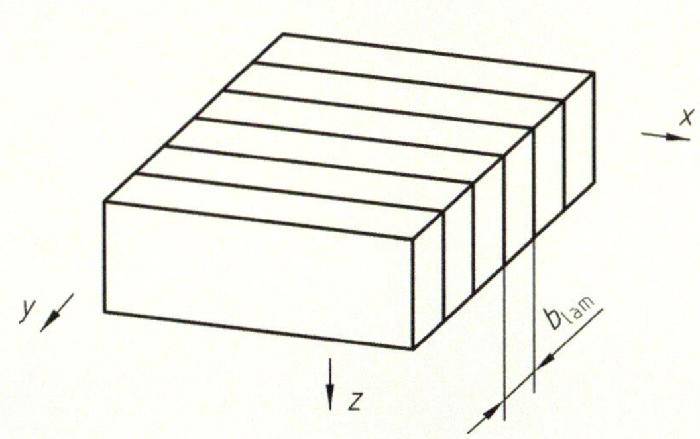

Bild NA.2 — Flächen aus Nadelholzlamellen

Tabelle NA.11 — Verhältnisse der mittleren Steifigkeitswerte von Flächen aus Nadelholzlamellen

	1	2	3	4	5
1	Lamellen[a]	E_y/E_x	G_{xz}/E_x	G_{xy}/G_{xz}	G_{yz}/G_{xz}
2	genagelt	0	0,06	0,10	0,05
	vorgespannt				
3	sägerau	0,015	0,06	0,30	0,08
4	gehobelt	0,02	0,06	0,50	0,09
5	geklebt	0,03	0,06	1,0	0,10

[a] Die Werte für E_y und G_{yz} und G_{xy} sind Systemwerte für Platten aus Lamellen.

NCI NA.5.6 Flächen aus Schichten — Steifigkeitswerte und Spannungsberechnung

NCI NA.5.6.1 Allgemeines

(NA.1) Für ebene Flächentragwerke mit einem Querschnittsaufbau aus Schichten werden Rechenregeln für Steifigkeitswerte angegeben. Mit diesen Steifigkeitswerten können Systemberechnungen mit EDV-Programmen durchgeführt oder Tabellenwerke verwendet werden. Bei großen Steifigkeitsunterschieden eignen sich Stabwerksprogramme gut. Schnittgrößen und Verformungen sind das Ergebnis.

(NA.2) Aus den Schnittgrößen werden für die einzelnen Schichten entsprechend der technischen Biegelehre Spannungen berechnet. Die Querdehnung wird dabei vernachlässigt.

(NA.3) Die Rechenregeln gelten für Flächentragwerke mit symmetrisch aufgebauten Querschnitten aus n Schichten, die zueinander parallel oder orthogonal ausgerichtet sind.

(NA.4) Bestehen die Schichten aus nebeneinanderliegenden Brettern, die an den Schmalseiten nicht miteinander verklebt sind, so ist der Elastizitätsmodul rechtwinklig zur Faserrichtung gleich null zu setzen. Der Schubmodul für die Rollschub-Beanspruchung darf für Nadelholz und für Brettschichtholz mit

$G_{R,mean} = 0{,}10 \cdot G_{mean}$ angenommen werden.

(NA.5) Für den Elastizitätsmodul, den Schubmodul und die Verbindungsmittelsteifigkeiten sind für den Nachweis der Tragsicherheit die durch den Sicherheitsbeiwert geteilten Mittelwerte zu verwenden.

$$E = \frac{E_{mean}}{\gamma_M};\ G = \frac{G_{mean}}{\gamma_M};\ K_u = \frac{\frac{2}{3} \cdot K_{ser}}{\gamma_M} \qquad \text{(NA.5)}$$

NCI NA.5.6.2 Flächen aus zusammengeklebten Schichten

NCI NA.5.6.2.1 Allgemeines

(NA.1) Die Schichten des Flächentragwerks sind miteinander verklebt. Es besteht keine Nachgiebigkeit zwischen benachbarten Schichten (starrer Verbund).

(NA.2) Die für die Plattenwirkung maßgebenden Steifigkeiten werden mit Biege- und Drillsteifigkeiten B bezeichnet. Sie setzen sich aus einem Steineranteil B_S und den Eigensteifigkeiten B_E der einzelnen Schichten zusammen. Die Schubsteifigkeiten für die Verformungen infolge der Querkräfte q_x und q_y in z-Richtung werden mit S bezeichnet.

(NA.3) Die für die Scheibenwirkung maßgebenden Steifigkeiten werden mit D bezeichnet.

(NA.4) Für die Bezeichnungen gilt Bild NA.1. Für die Schicht i sind die entsprechenden Elastizitäts- und Schubmoduln sowie die Koordinate z_i einzusetzen.

(NA.5) Grundlage ist die technische Biegelehre mit Berücksichtigung der Schubverformung.

NCI NA.5.6.2.2 Plattenbeanspruchung

(NA.1) Die Biegesteifigkeiten und die Drillsteifigkeit werden auf eine Breite 1 bezogen (Kraft · Länge^2/ Länge). z_i ist der Abstand der Mittelfläche der Schicht i von der Mittelfläche des Gesamtquerschnitts. Bei der Spannungsberechnung ist z der Abstand von der Mittelfläche des Gesamtquerschnitts. Für eine Schicht i gilt

$$z_i - d_i/2 \leq z \leq z_i + d_i/2.$$

Bei der Berechnung der Spannungen sind jeweils der zur Schicht i und zur Richtung gehörende Modul sowie die zur Richtung gehörende Steifigkeit einzusetzen. Für die Berechnung der Schubspannungen ist das gewichtete statische Moment $E \cdot S$ der mit dem Elastizitätsmodul multiplizierten Flächen notwendig.

(NA.2) Biegung um die y-Achse (Biegemoment m_x), Biegesteifigkeit B_x und Biegespannung in x-Richtung:

$$B_x = B_{xS} + B_{xE} = \sum B_{xS,i} + \sum B_{xE,i}$$

$$B_x = \sum E_{x,i} \cdot d_i \cdot z_i^2 + \sum E_{x,i} \cdot \frac{d_i^3}{12} \qquad \text{(NA.6)}$$

$$\sigma_{x,i} = E_{x,i} \cdot \frac{m_x}{B_x} \cdot z \qquad \text{(NA.7)}$$

(NA.3) Biegung um die x-Achse (Biegemoment m_y), Biegesteifigkeit B_y und Biegespannung in y-Richtung:

$$B_y = B_{yS} + B_{yE} = \sum B_{yS,i} + \sum B_{yE,i}$$

$$B_y = \sum E_{y,i} \cdot d_i \cdot z_i^2 + \sum E_{y,i} \cdot \frac{d_i^3}{12} \tag{NA.8}$$

$$\sigma_{y,i} = E_{y,i} \cdot \frac{m_y}{B_y} \cdot z \tag{NA.9}$$

(NA.4) Verwindung der xy-Ebene (Drillmoment $m_{xy} = m_{yx}$), Drillsteifigkeit B_{xy} und Schubspannung $\tau_{xy} = \tau_{yx}$ für auch an den Schmalseiten verklebte Brettlagen:

$$B_{xy} = B_{xyS} + B_{xyE} = \sum B_{xyS,i} + \sum B_{xyE,i}$$

$$B_{xy} = \sum 2 \cdot G_{xy,i} \cdot d_i \cdot z_i^2 + \sum G_{xy,i} \cdot \frac{d_i^3}{6} \tag{NA.10}$$

$$\tau_{xy,i} = G_{xy,i} \cdot \frac{m_{xy}}{B_{xy}} \cdot z \tag{NA.11}$$

(NA.5) Für an den Schmalseiten nicht verklebte Brettlagen ist die Drillsteifigkeit geringer. Näherungsweise darf sie null gesetzt werden.

(NA.6) Die Schubsteifigkeiten werden auf eine Breite 1 bezogen (Kraft/Länge). *a* ist der Schwerpunktabstand zwischen den Schichten 1 und n (siehe Bild NA.1).

(NA.7) Schubverformung in der xz-Ebene (Querkraft q_x), Schubsteifigkeit S_{xz} und Schubspannung τ_{xz}:

$$\frac{1}{S_{xz}} = \frac{1}{a^2} \cdot \left(\frac{d_1}{2 \cdot G_{xz,1}} + \sum_2^{n-1} \frac{d_i}{G_{xz,i}} + \frac{d_n}{2 \cdot G_{xz,n}} \right) \tag{NA.12}$$

$$\tau_{xz} = \frac{E \cdot S_x}{B_x} \cdot q_x \tag{NA.13}$$

$$E \cdot S_x = \int_z^{d/2} E_x \cdot \bar{z} \cdot d\bar{z} \tag{NA.14}$$

Für die Schubspannung in der Fuge $i/i + 1$ gilt:

$$\tau_{xz,i/i+1} = \frac{E \cdot S_{x,i/i+1}}{B_x} \cdot q_x \tag{NA.15}$$

$$E \cdot S_{x,i/i+1} = \sum_{j=i+1}^{n} E_{x,j} \cdot z_j \cdot d_j \tag{NA.16}$$

(NA.8) Schubverformung in der yz-Ebene (Querkraft q_y), Schubsteifigkeit S_{yz} und Schubspannung τ_{yz}:

$$\frac{1}{S_{yz}} = \frac{1}{a^2} \cdot \left(\frac{d_1}{2 \cdot G_{yz,1}} + \sum_{2}^{n-1} \frac{d_i}{G_{yz,1}} + \frac{d_n}{2 \cdot G_{yz,n}} \right) \quad \text{(NA.17)}$$

$$\tau_{yz} = \frac{E \cdot S_y}{B_y} \cdot q_y \quad \text{(NA.18)}$$

$$E \cdot S_y = \int_{z}^{d/2} E_y \cdot \bar{z} \cdot d\bar{z} \quad \text{(NA.19)}$$

Für die Schubspannung in der Fuge $i/i + 1$ gilt:

$$\tau_{yz,i/i+1} = \frac{E \cdot S_{y,i/i+1}}{B_y} \cdot q_y \quad \text{(NA.20)}$$

$$E \cdot S_{y,i/i+1} = \sum_{j=i+1}^{n} E_{y,i} \cdot z_j \cdot d_j \quad \text{(NA.21)}$$

NCI NA.5.6.2.3 Scheibenbeanspruchung

(NA.1) Die Steifigkeiten werden auf eine Breite 1 bezogen (Kraft/Länge).

(NA.2) Dehnung in x-Richtung (Normalkraft n_x), Dehnsteifigkeit D_x und Normalspannung in x-Richtung:

$$D_x = \sum E_{x,i} \cdot d_i \quad \text{(NA.22)}$$

$$\sigma_{x,i} = E_{x,i} \cdot \frac{n_x}{D_x} \quad \text{(NA.23)}$$

(NA.3) Dehnung in y-Richtung (Normalkraft n_y), Dehnsteifigkeit D_y und Normalspannung in y-Richtung:

$$D_y = \sum E_{y,i} \cdot d_i \quad \text{(NA.24)}$$

$$\sigma_{y,i} = E_{y,i} \cdot \frac{n_y}{D_y} \quad \text{(NA.25)}$$

(NA.4) Gleitung der xy-Ebene (Schubkraft n_{xy}), Schubsteifigkeit D_{xy} und Schubspannung $\tau_{xy} = \tau_{yx}$ für auch an den Schmalseiten verklebte Brettlagen:

$$D_{xy} = \sum G_{xy,i} \cdot d_i \quad \text{(NA.26)}$$

$$\tau_{xy,i} = G_{xy,i} \cdot \frac{n_{xy}}{D_{xy}} \quad \text{(NA.27)}$$

(NA.5) Gleitung der xy-Ebene (Schubkraft n_{xy}), Schubsteifigkeit D_{xy} und Schubspannung $\tau_{xy} = \tau_{yx}$ für an den Schmalseiten nicht verklebte Brettlagen:

$$D_{xy} = \frac{1}{4} \cdot \sum G_{xy,i} \cdot d_i \tag{NA.28}$$

$$\tau_{xy,i} = G_{xy,i} \cdot \frac{n_{xy}}{D_{xy}} \tag{NA.29}$$

(NA.6) Bei an den Schmalseiten nicht verklebten Brettlagen sind die Klebflächen der Brettlagen analog zu NA.5.6.3.4 für ein Torsionsmoment M_φ zu bemessen.

$$M_\varphi = \frac{e_x \cdot e_y \cdot n_{xy}}{n-1} \tag{NA.30}$$

Bezeichnungen siehe Bild NA.5.

NCI NA.5.6.3 Flächen aus nachgiebig miteinander verbundenen Schichten

NCI NA.5.6.3.1 Berechnungsmodell

(NA.1) Die Schichten des Flächentragwerks sind nachgiebig miteinander verbunden. Die Nachgiebigkeit mechanischer Verbindungsmittel ist mit den in Tabelle 7.1 angegebenen Verschiebungsmoduln zu bestimmen. Der Verschiebungsmodul eines Verbindungsmittels ist mit den Abständen auf die Fläche 1 zu beziehen (Kraft/Länge^3). Das Flächentragwerk wird nach Bild NA.3 zur Berechnung in drei Flächen A, B und C aufgeteilt. Die Flächen haben die gleichen Verformungen u, v und w. Den Flächen A, B und C werden unterschiedliche Steifigkeiten zugeordnet. Die Fläche A berücksichtigt nur die Eigensteifigkeit der einzelnen Schichten, die Fläche B deren Zusammenwirken und die Fläche C die Scheibensteifigkeit:

Fläche A: Biegesteifigkeit und Drillsteifigkeit der einzelnen Schichten (Plattentragwirkung)

Fläche B: Steineranteile und Schubsteifigkeiten mit Berücksichtigung der Nachgiebigkeit der Verbindungen (Plattentragwirkung)

Fläche C: Dehn- und Schubsteifigkeiten (Scheibentragwirkung)

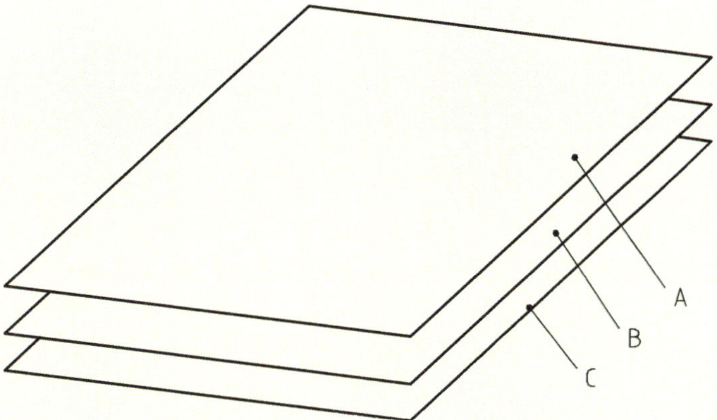

Legende

A, B, C Flächen mit gemeinsamen Verformungen u, v, w

Bild NA.3 — Aufteilung des Flächentragwerks in die Flächen A, B und C

Die Plattentragwirkung wird durch die Flächen A und B, die Scheibentragwirkung durch die Fläche C erfasst. Für die numerische Berechnung können die Flächen B und C zusammengenommen werden. Bei Berechnung als Stabwerk kann die Fläche C durch ein Gelenkstabwerk beschrieben werden.

ANMERKUNG Für aus zwei Schichten zusammengesetzte Träger oder Flächen stimmen die Differentialgleichungen des Trägers mit einem Querschnitt aus nachgiebig miteinander verbundenen Teilen und des Trägers mit Schubverformung und Eigenbiegesteifigkeit der Teile überein. Bei mehreren Schichten handelt es sich um eine Näherungslösung. Die Schwerpunktdehnungen der einzelnen Schichten werden dabei als über die Querschnittshöhe linear verlaufend angenommen.

Diese Berechnungsmethode eignet sich auch für Träger aus nachgiebig miteinander verbundenen Querschnittsteilen. Aus den Flächen A, B und C werden die Träger A, B und C mit gemeinsamer Verformung.

(NA.2) Die Berechnung der verbundenen Flächen liefert Schnittgrößen der Fläche A, der Fläche B und der Fläche C.

(NA.3) Aus den Schnittgrößen der Fläche A werden jeweils für die einzelnen Schichten die Biegespannungen und Schubspannungen berechnet.

(NA.4) Aus den Schnittgrößen der Fläche B werden für die einzelnen Schichten die über die jeweilige Schichtdicke konstanten Normalspannungen aus den Momenten sowie die Schubspannungen aus den Querkräften q_x und q_y berechnet.

(NA.5) Aus den Schnittgrößen der Fläche C werden die Scheibenspannungen berechnet.

NCI NA.5.6.3.2 Steifigkeiten und Beanspruchungen der Fläche A

(NA.1) Biegung um die y-Achse (Biegemoment m_{Ax}), Biegesteifigkeit B_{Ax} und Biegerandspannung der Schicht i in x-Richtung:

$$B_{Ax} = \sum E_{x,i} \cdot \frac{d_i^3}{12} \quad \text{(NA.31)}$$

$$\sigma_{x,i} = \pm E_{x,i} \cdot \frac{m_{Ax}}{B_{Ax}} \cdot \frac{d_i}{2} \quad \text{(NA.32)}$$

(NA.2) Biegung um die x-Achse (Biegemoment m_{Ay}), Biegesteifigkeit B_{Ay} und Biegerandspannung der Schicht i in y-Richtung:

$$B_{Ay} = \sum E_{y,i} \cdot \frac{d_i^3}{12} \quad \text{(NA.33)}$$

$$\sigma_{y,i} = \pm E_{y,i} \cdot \frac{m_{Ay}}{B_{Ay}} \cdot \frac{d_i}{2} \quad \text{(NA.34)}$$

(NA.3) Verwindung der xy-Ebene (Drillmoment $m_{Axy} = m_{Ayx}$), Drillsteifigkeit B_{Axy} und Schubrandspannung der Schicht i, $\tau_{xy,i} = \tau_{yx,i}$:

$$B_{Axy} = \sum G_{xy,i} \cdot \frac{d_i^3}{6} \quad \text{(NA.35)}$$

$$\tau_{xy,i} = \pm G_{xy,i} \cdot \frac{m_{Axy}}{B_{Axy}} \cdot \frac{d_i}{2} \quad \text{(NA.36)}$$

NCI NA.5.6.3.3 Steifigkeiten und Beanspruchungen der Fläche B

(NA.1) Biegung um die y-Achse (Biegemoment m_{Bx}), Biegesteifigkeit B_{Bx} und Normalspannung aus Biegung in der Schicht i in x-Richtung:

$$B_{Bx} = \sum E_{x,i} \cdot d_i \cdot z_i^2 \quad \text{(NA.37)}$$

$$\sigma_{x,i} = E_{x,i} \cdot \frac{m_{Bx}}{B_{Bx}} \cdot z_i \quad \text{(NA.38)}$$

(NA.2) Biegung um die x-Achse (Biegemoment m_{By}), Biegesteifigkeit B_{By} und Normalspannung aus Biegung in der Schicht i in y-Richtung:

$$B_{By} = \sum E_{y,i} \cdot d_i \cdot z_i^2 \quad \text{(NA.39)}$$

$$\sigma_{y,i} = E_{y,i} \cdot \frac{m_{By}}{B_{By}} \cdot z_i \quad \text{(NA.40)}$$

(NA.3) Verwindung der xy-Ebene (Drillmoment $m_{\mathrm{Bxy}} = m_{\mathrm{Byx}}$), Drillsteifigkeit B_{Bxy} und Schubspannung in der Schicht i, $\tau_{\mathrm{xy,i}} = \tau_{\mathrm{yx,i}}$:

Durch die Nachgiebigkeit der Verbindung der einzelnen Schichten wird der Anteil der Drillsteifigkeit der einzelnen Schichten infolge des Abstandes der Schichten vom Drehpunkt („Steineranteil") abgemindert. Näherungsweise darf die Drillsteifigkeit B_{Bxy} null gesetzt werden. Damit werden auch die zugehörigen Drillmomente und Schubspannungen zu null.

(NA.4) Schubverformung und Verformung infolge der Nachgiebigkeit der Verbindung in der xz-Ebene (Querkraft q_{Bx}), Schubsteifigkeit S_{xz} und Schubspannung τ_{xz}:

$$\frac{1}{S_{\mathrm{xz}}} = \frac{1}{\mathrm{a}^2} \cdot \left(\sum_{1}^{n-1} \frac{1}{k_{\mathrm{x,i}}} + \frac{d_1}{2 \cdot G_{\mathrm{xz,1}}} + \sum_{2}^{n-1} \frac{d_i}{G_{\mathrm{xz,i}}} + \frac{d_{\mathrm{n}}}{2 \cdot G_{\mathrm{xz,n}}} \right) \quad \text{(NA.41)}$$

$$\tau_{\mathrm{xz}} = \frac{q_{\mathrm{Bx}}}{\mathrm{a}} \quad \text{(NA.42)}$$

(NA.5) Schubverformung und Verformung infolge der Nachgiebigkeit der Verbindung in der yz-Ebene (Querkraft q_{By}), Schubsteifigkeit S_{yz} und Schubspannung τ_{yz}:

$$\frac{1}{S_{\mathrm{yz}}} = \frac{1}{\mathrm{a}^2} \cdot \left(\sum_{1}^{n-1} \frac{1}{k_{\mathrm{y,i}}} + \frac{d_1}{2 \cdot G_{\mathrm{yz,1}}} + \sum_{2}^{n-1} \frac{d_i}{G_{\mathrm{yz,i}}} + \frac{d_{\mathrm{n}}}{2 \cdot G_{\mathrm{yz,n}}} \right) \quad \text{(NA.43)}$$

$$\tau_{\mathrm{yz}} = \frac{q_{\mathrm{By}}}{\mathrm{a}} \quad \text{(NA.44)}$$

Beim Nachweis der Verbindungen zwischen den Schichten ist (NA.6) zu beachten.

ANMERKUNG Zur Schubverformung der einzelnen Schichten kommt noch die Verformung infolge Nachgiebigkeit der Verbindungen zwischen den Schichten hinzu. Nach Bild NA.4 wird die Verschiebung u aus einem über die Höhe konstanten Schubfluss t ermittelt und daraus die Steifigkeit S berechnet.

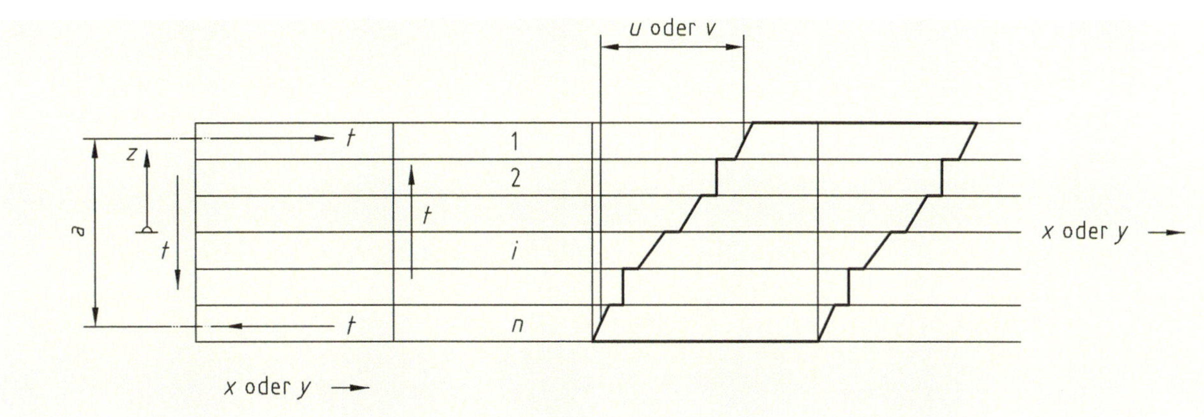

Bild NA.4 — Ersatzsteifigkeit S (S_{xz} oder S_{yz}) für nachgiebigen Verbund (Näherung)

$$u = \frac{t \cdot a^2}{S} = t \cdot \left\{ \sum_{1}^{n-1} \frac{1}{k_i} + \frac{d_1}{2 \cdot G_1} + \sum_{i=2}^{n-1} \frac{d_i}{G_i} + \frac{d_n}{2 \cdot G_n} \right\} \quad \text{(NA.45)}$$

$$\frac{1}{S} = \frac{1}{a^2} \cdot \left\{ \sum_{1}^{n-1} \frac{1}{k_i} + \frac{d_1}{2 \cdot G_1} + \sum_{i=2}^{n-1} \frac{d_i}{G_i} + \frac{d_n}{2 \cdot G_n} \right\} \quad \text{(NA.46)}$$

Dabei ist

n die Anzahl der Schichten;

k_i der Verschiebungsmodul infolge Nachgiebigkeit der Verbindungen zwischen der Schicht i und $i + 1$ (Kraft/Länge^3);

d_i die Dicke der Schicht i;

G_i der Schubmodul ($G_{xz,i}$ bzw. $G_{yz,i}$) der Schicht i.

(NA.6) Die berechnete Schubspannung ist über die Querschnittshöhe betrachtet ein Mittelwert. Eine der Änderung der Längskräfte in den Schichten entsprechende Verteilung liefert die Berechnung nach den Gleichungen (NA.15) oder (NA.20). Diese Gleichungen sind für den Nachweis der Verbindungen zwischen den Schichten heranzuziehen.

NCI NA.5.6.3.4 Steifigkeiten der Fläche C, Scheibenbeanspruchung

(NA.1) Dehnung in x-Richtung (Längskraft n_x), Dehnsteifigkeit D_x und Normalspannung der Schicht i in x-Richtung:

$$D_x = \sum E_{x,i} \cdot d_i \quad \text{(NA.47)}$$

$$\sigma_{x,i} = E_{x,i} \cdot \frac{n_x}{D_x} \quad \text{(NA.48)}$$

(NA.2) Dehnung in y-Richtung (Längskraft n_y), Dehnsteifigkeit D_y und Normalspannung der Schicht i in y-Richtung:

$$D_y = \sum E_{y,i} \cdot d_i \quad \text{(NA.49)}$$

$$\sigma_{y,i} = E_{y,i} \cdot \frac{n_y}{D_y} \quad \text{(NA.50)}$$

(NA.3) Gleitung in xy-Ebene (Schubkraft n_{xy}), Schubsteifigkeit D_{xy}:

$$\frac{1}{D_{xy}} = \frac{e_x \cdot e_y}{\sum K_{\varphi,i}} + \frac{e_x}{\sum(G_i \cdot d_{i,y}) \cdot b_x} + \frac{e_y}{\sum(G_i \cdot d_{i,x}) \cdot b_y} \quad \text{(NA.51)}$$

mit

Lamellen in x-Richtung:

$d_{i,x}$ Dicke

b_y Breite

Lamellen in y-Richtung

$d_{i,y}$ Dicke

b_x Breite

$K_{\varphi,i}$ Drehfedersteifigkeit in der Fuge (Kraft · Länge)

(NA.4) Gleitung in xy-Ebene (Schubkraft n_{xy}), Schubsteifigkeit D_{xy} bei gleich dicken Brettlagen:

$$\frac{1}{D_{xy}} = \frac{e_x \cdot e_y}{\sum K_{\varphi,i}} + \frac{e_x}{G \cdot d \cdot b_x \cdot \left(\frac{n+1}{2}\right)} + \frac{e_y}{G \cdot d \cdot b_y \cdot \left(\frac{n-1}{2}\right)} \quad \text{(NA.52)}$$

(NA.5) Gleitung in xy-Ebene (Schubkraft n_{xy}), Schubsteifigkeit D_{xy} bei Brettlagen aus identischen Brettern und bei Vernachlässigung des Einflusses der Fugenbreite (Näherung, $d_{ix} = d_{iy} = d$; $e = e_x = e_y \approx b_x = b_y$):

$$\frac{1}{D_{xy}} = \frac{e^2}{\sum K_{\varphi,i}} + \frac{4 \cdot n}{n^2 - 1} \cdot \left(\frac{1}{G \cdot d}\right) \quad \text{(NA.53)}$$

(NA.6) Die Verbindung in der Fuge ist für ein Moment M_φ zu bemessen.

$$M_\varphi = \frac{n_{xy} \cdot e_x \cdot e_y}{\sum K_{\varphi,i}} \cdot K_{\varphi,i} \quad \text{(NA.54)}$$

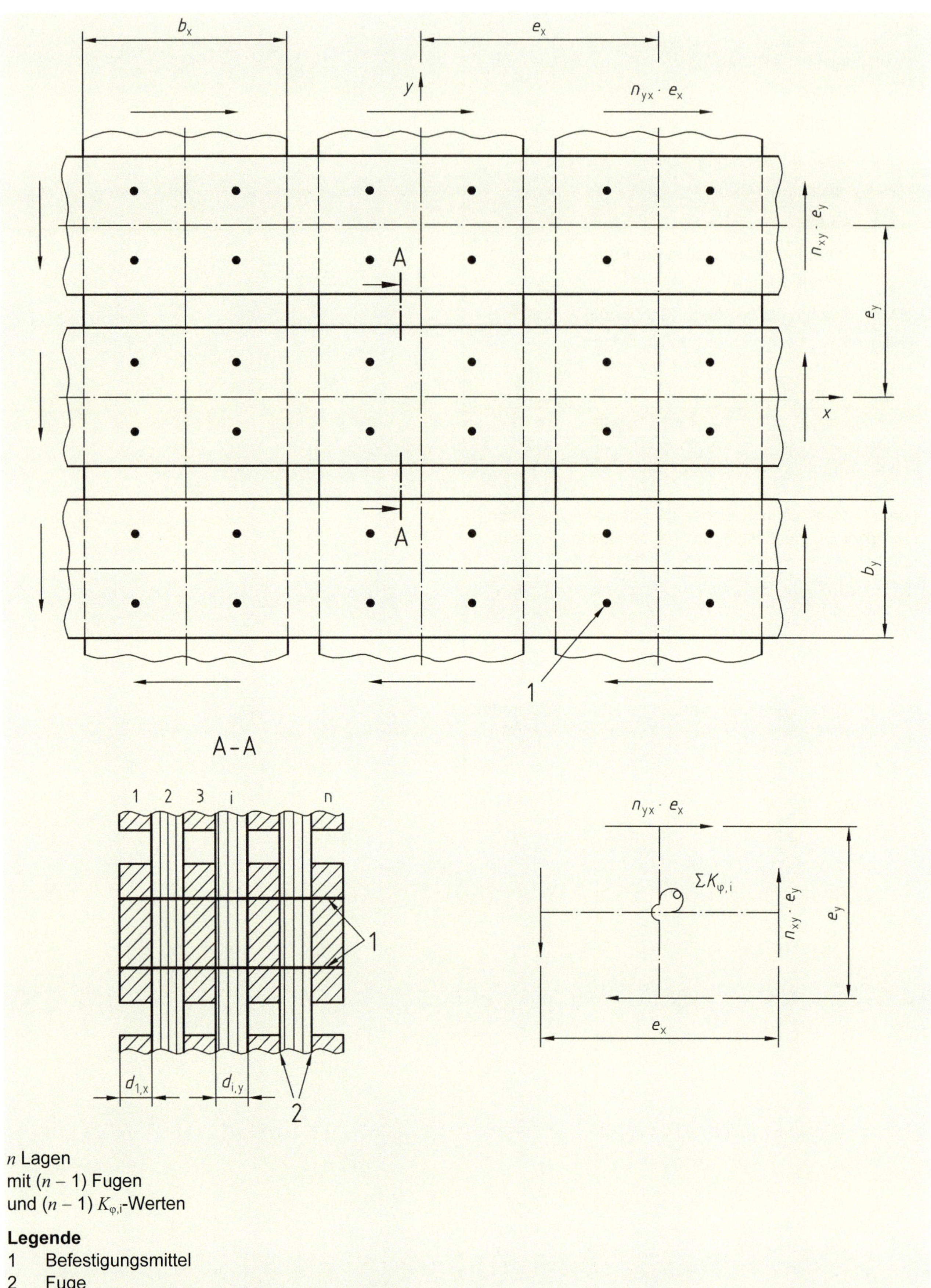

n Lagen
mit $(n-1)$ Fugen
und $(n-1)$ $K_{\varphi,i}$-Werten

Legende

1 Befestigungsmittel

2 Fuge

Bild NA.5 — Ersatzschubfestigkeit D_{xy} (Näherung)

NCI NA.5.7 Einfluss des geometrisch nichtlinearen Tragwerkverhaltens auf die Schnittgrößenverteilung

(NA.1) Schnittgrößen von Stabtragwerken dürfen nach Theorie I. Ordnung ermittelt werden, wenn sie sich durch Berücksichtigung des geometrisch nichtlinearen Verhaltens um nicht mehr als 10 % vergrößern würden.

Ein Vergrößerung der Schnittgrößen ist bei druckbeanspruchten Sytemen nicht zu erwarten, wenn die Bedingung

$$\ell_{ef} = \sqrt{\frac{N_d \cdot \gamma_M}{E_{mean} \cdot I}} \leq 1{,}0$$

erfüllt ist (N_d = Druckkraft im Stab; ℓ_{ef} = Ersatzstablänge).

Für Biegeträger mit Kippgefahr gilt die Bedingung

$$\ell_{ef} = \frac{M_{y,d} \cdot \gamma_M}{\sqrt{E_{mean} \cdot I \cdot G_{mean} \cdot I_T}} \leq 1{,}0$$

(s. [26]).

NCI NA.5.8 Einfluss der Baugrundverformungen auf die Schnittgrößenverteilung

(NA.1) Der Einfluss des Baugrundverhaltens auf das Tragverhalten eines Tragwerks muss nur dann beachtet werden, wenn er sich auf die Beanspruchungen im Grenzzustand der Tragfähigkeit wesentlich auswirkt (Richtwert 10 %).

Es ist die Nachgiebigkeit des Baugrundes und die Nachgiebigkeit vorhandener Verbindungen zu berücksichtigen, z. B. bei einer eingespannten Stütze mit

$$\frac{1}{K_\varphi} = \frac{1}{K_{\varphi,\text{Stütze}}} + \frac{1}{K_{\varphi,\text{Baugrund}}}$$

(s. [26]).

NCI NA.5.9 Zeitabhängiges Verhalten von Druckstützen mit großen Lastanteilen der KLED „ständig"

(NA.1) Bei druckbeanspruchten Bauteilen in den Nutzungsklassen 2 und 3 ist der Einfluss des Kriechens zu berücksichtigen, wenn der Bemessungswert des ständigen und des quasi-ständigen Lastanteiles 70 % des Bemessungswertes der Gesamtlast überschreitet. Die Berücksichtigung darf durch eine Abminderung der Steifigkeit um den Faktor $1/(1 + k_{def})$ erfolgen.

Gilt generell für druckbeanspruchte Bauteile (Stützen, Fachwerkstäbe usw.). Nach [26] gilt das auch für den Kriecheinfluss bei kippgefährdeten Biegestäben.

6 Grenzzustände der Tragfähigkeit

6.1 Querschnittsnachweise

6.1.1 Allgemeines

(1) 6.1 gilt für tragende, gerade Produkte konstanten Querschnitts und im Wesentlichen parallel zur Längsachse verlaufenden Holzfasern aus Vollholz, Brettschichtholz oder Holzwerkstoffen (siehe Bild 6.1). Es wird vorausgesetzt, dass das Bauteil Spannungen in nur einer der Hauptachsenrichtungen (außer Schubspannungen) ausgesetzt ist.

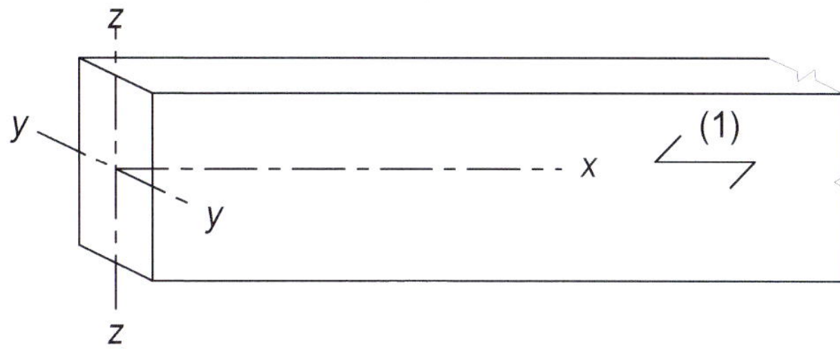

Legende

(1) Faserrichtung des Holzes

Bild 6.1 — Bauteilachsen

6.1.2 Zug in Faserrichtung

(1)P Die folgende Bedingung muss erfüllt sein:

$$\sigma_{t,0,d} \leq f_{t,0,d} \tag{6.1}$$

Dabei ist

$\sigma_{t,0,d}$ der Bemessungswert der Zugspannung in Faserrichtung;

$f_{t,0,d}$ der Bemessungswert der Zugfestigkeit in Faserrichtung.

$\sigma_{t,0,d} \leq \frac{N_d}{A_{netto}}$; A_{netto} = Nettoquerschnittsfläche unter Berücksichtigung von Querschnittsschwächungen

Zur Berücksichtigung von Querschnittsschwächungen siehe Abschnitte 5.2(2)P, 5.2(3) und 5.2(4).

6.1.3 Zug rechtwinklig zur Faserrichtung

(1)P Der Einfluss der Bauteilgröße ist zu berücksichtigen.

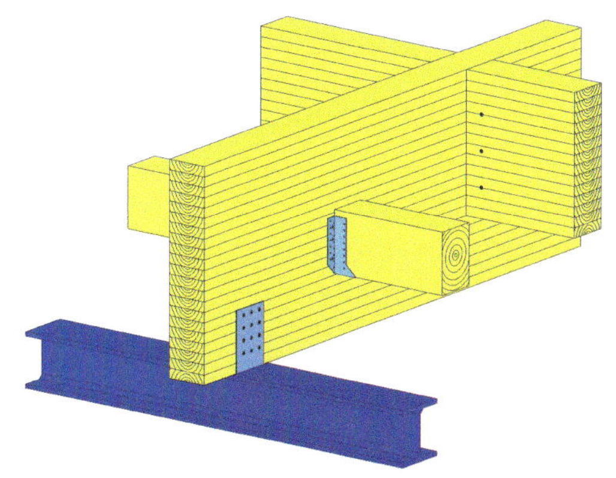

Bild K.74 — Beispiele für Querzugbeanspruchung durch verschiedene Bauteilanschlüsse (aus [1])

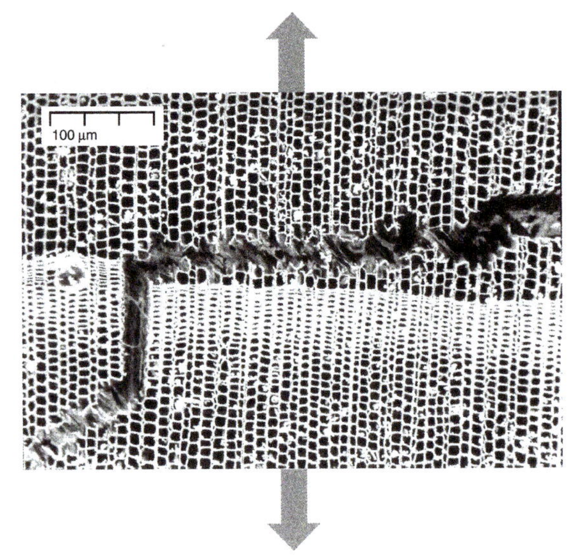

Bild K.75 — Querzugbruch Fichtenholz (aus [17])

Die charakteristische Querzugfestigkeit von Vollholz C24 beträgt nur 1/35 der Zugfestigkeit parallel zur Faser. Querzugbeanspruchungen sollten daher vermieden werden!

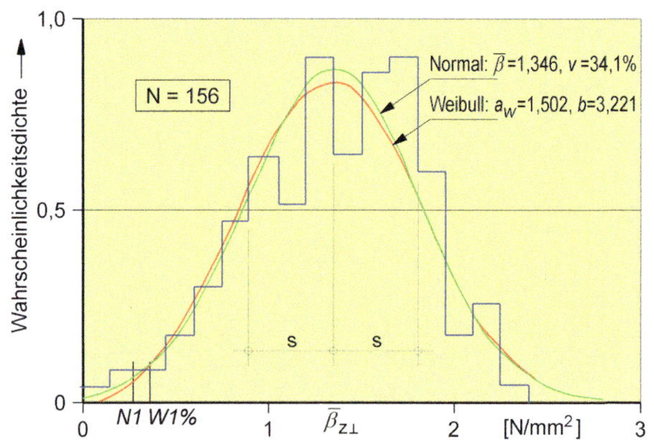

Bild K.76 — Histogramm der Querzugfestigkeit von Fichtenholz (aus [14])

6.1.4 Druck in Faserrichtung

(1)P Die folgende Bedingung muss erfüllt sein:

$$\sigma_{c,0,d} \leq f_{c,0,d} \tag{6.2}$$

Dabei ist

$\sigma_{c,0,d}$ der Bemessungswert der Druckspannung in Faserrichtung;

$f_{c,0,d}$ der Bemessungswert der Druckfestigkeit in Faserrichtung.

ANMERKUNG Regeln für stabilitätsgefährdete stabförmige Bauteile sind in 6.3 angegeben.

6.1.5 Druck rechtwinklig zur Faserrichtung

(1)P Die folgende Bedingung muss erfüllt sein:

$$\sigma_{c,90,d} \leq k_{c,90} f_{c,90,d} \tag{6.3}$$

mit

$$\sigma_{c,90,d} = \frac{F_{c,90,d}}{A_{ef}} \tag{6.4}$$

Dabei ist

$\sigma_{c,90,d}$ der Bemessungswert der Druckspannung in der wirksamen Kontaktfläche rechtwinklig zur Faserrichtung;

$F_{c,90,d}$ der Bemessungswert der Druckkraft rechtwinklig zur Faserrichtung;

A_{ef} die wirksame Kontaktfläche bei Druckbeanspruchung rechtwinklig zur Faserrichtung;

$f_{c,90,d}$ der Bemessungswert der Druckfestigkeit rechtwinklig zur Faserrichtung;

$k_{c,90}$ der Beiwert zur Berücksichtigung der Art der Einwirkung, der Spaltgefahr und des Grades der Druckverformung.

Die wirksame Kontaktfläche rechtwinklig zur Faserrichtung A_{ef} sollte unter Berücksichtigung einer wirksamen Kontaktlänge parallel zur Faserrichtung bestimmt werden, wobei die tatsächliche Kontaktlänge ℓ auf jeder Seite um 30 mm erhöht wird, jedoch nicht mehr als a, ℓ oder $\ell_1/2$, siehe Bild 6.2.

(2) Der Wert für $k_{c,90}$ ist in der Regel zu 1,0 anzunehmen, es sei denn, es gelten die Bedingungen der folgenden Absätze. In diesen Fällen darf ein höherer Wert für $k_{c,90}$ bis zu einem Höchstwert von $k_{c,90} = 1{,}75$ angenommen werden.

(3) Für Bauteile auf kontinuierlicher Unterstützung, bei denen $\ell_1 \geq 2h$ [siehe Bild 6.2(a)] ist in der Regel der Wert für $k_{c,90}$ anzunehmen zu:

— $k_{c,90} = 1{,}25$ bei Vollholz aus Nadelholz;

— $k_{c,90} = 1{,}5$ bei Brettschichtholz aus Nadelholz,

wobei h die Höhe des Bauteils und ℓ die Kontaktlänge ist.

Kann die Druckbeanspruchung senkrecht zur Faser nicht aufgenommen werden, so kann die zur Verfügung stehende Kontaktfläche mit selbstbohrenden Schrauben (Vollgewindeschrauben) oder eingeklebten Stählen verstärkt werden (siehe hierzu in den jeweiligen bauaufsichtlichen Zulassungen oder in [1] oder [3]).

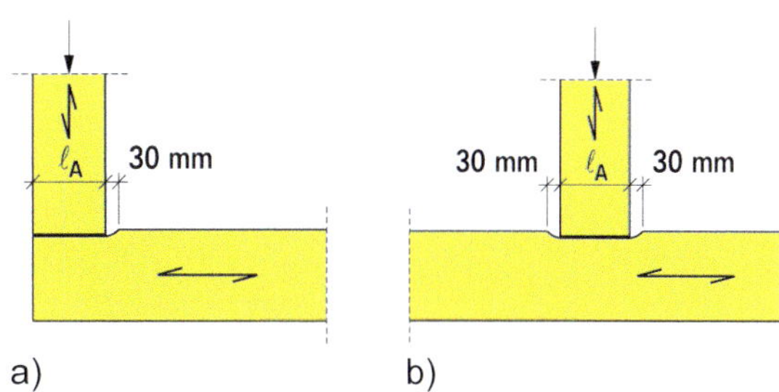

a) Schwellendruck am Rand: $A_{ef} = (\ell_A + 30) \cdot b$

b) Schwellendruck vom Rand entfernt:
$A_{ef} = (\ell_A + 2 \cdot 30) \cdot b$

Eine Zapfenverbindung zwischen Stiel und Schwelle vermindert A_{ef}.

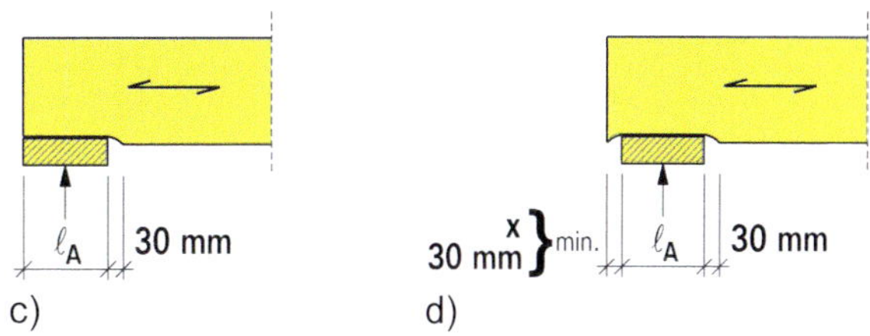

c) Auflagerdruck; Randlage: $A_{ef} = (\ell_A + 30) \cdot b$

d) Auflagerdruck mit Überstand:

$$A_{ef} = A_{ef} = \left(\ell_A + 30 + \min\begin{Bmatrix} x \\ 30 \end{Bmatrix} \right) \cdot b$$

Bild K.77 — Ermittlung der wirksamen Druckfläche (aus [3])

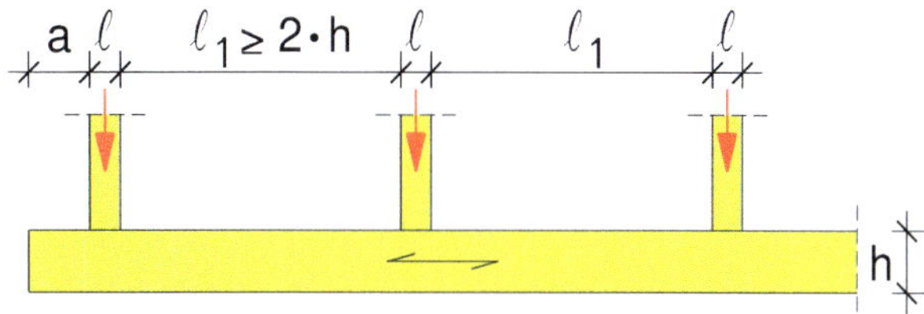

Bild K.78 — Bauteil auf kontinuierlicher Lagerung (Schwellendruck, z. B. Wandrippen auf Schwelle)

(4) Für Bauteile auf Einzelabstützungen, die durch verteilte Lasten und/oder Einzellasten, die weiter als $\ell_1 = 2\,h$ von der Abstützung entfernt sind, beansprucht werden [siehe Bild 6.2(b)], ist in der Regel der Wert für $k_{c,90}$ anzunehmen:

— $k_{c,90} = 1{,}5$ bei Vollholz aus Nadelholz;

— $k_{c,90} = 1{,}75$ bei Brettschichtholz aus Nadelholz, vorausgesetzt, es gilt: $\ell \leq 400$ mm;

wobei h die Höhe des Bauteils und ℓ die Kontaktlänge ist.

Eine Reihe von Einzellasten, die nahe beieinanderwirken (z. B. Rippen oder Querhölzer mit einem Abstand < 610 mm), darf als verteilte Last betrachtet werden.

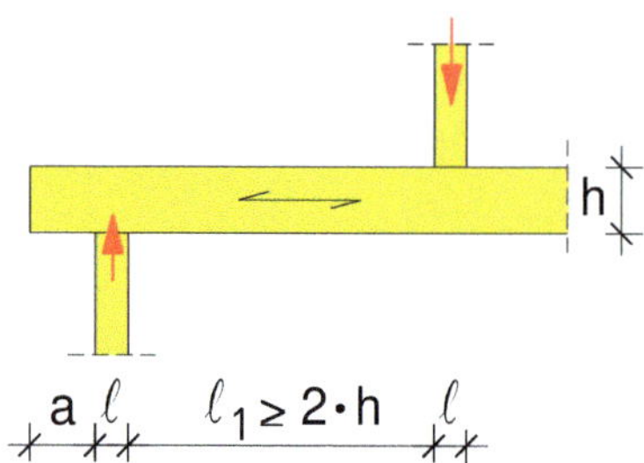

Bild K.79 — Bauteil auf Einzellagerung (Auflagerdruck, z. B. Unterzug mit Einzellast)

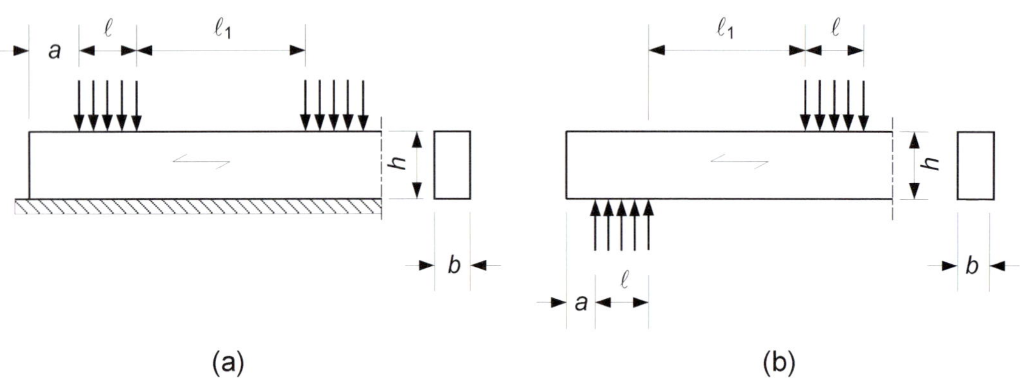

Bild 6.2 — Bauteil auf (a) kontinuierlicher Lagerung und (b) Einzellagerung

NCI Zu 6.1.5 „Druck rechtwinklig zur Faserrichtung“

ANMERKUNG zu Bild 6.2 „Kontinuierliche Lagerung“ entspricht Schwellendruck. „Einzellagerung“ ist gleichbedeutend mit Auflagerdruck.

(NA.5) Für Bauteile auf Einzellagerung mit $\ell_1 \geq 2$ h ist für Auflagerlängen $\ell > 400$ mm bei Brettschichtholz aus Nadelholz der Wert $k_{c,90} = 1{,}75$ anzunehmen.

(NA.6) Bei Auflagerknoten von Stabwerken mit indirekten Verbindungen gilt $k_{c,90} = 1{,}5$.

6.1.6 Biegung

(1)P Die folgenden Bedingungen müssen erfüllt sein:

$$\frac{\sigma_{m,y,d}}{f_{m,y,d}} + k_m \frac{\sigma_{m,z,d}}{f_{m,z,d}} \leq 1 \qquad (6.11)$$

$$k_m \frac{\sigma_{m,y,d}}{f_{m,y,d}} + \frac{\sigma_{m,z,d}}{f_{m,z,d}} \leq 1 \quad (6.12)$$

Dabei sind

$\sigma_{m,y,d}$ und $\sigma_{m,z,d}$ Bemessungswerte der Biegespannungen um die Hauptachsen wie in Bild 6.1 dargestellt;

$f_{m,y,d}$ und $f_{m,z,d}$ zugehörige Bemessungswerte der Biegefestigkeiten.

ANMERKUNG Der Beiwert k_m berücksichtigt die Spannungsverteilungen in Verbindung mit den Inhomogenitäten des Baustoffs in einem Querschnitt.

(2) Der Wert für den Beiwert k_m ist in der Regel anzunehmen zu:

— für Vollholz, Brettschichtholz und Furnierschichtholz:

  bei Rechteckquerschnitten: $k_m = 0{,}7$

  bei anderen Querschnitten: $k_m = 1{,}0$

— für andere tragende Holzwerkstoffe, bei allen Querschnitten: $k_m = 1{,}0$.

(3)P Zusätzlich sind Stabilitätsnachweise zu führen (siehe 6.3).

6.1.7 Schub

(1)P Bei Schub mit Spannungskomponenten in Faserrichtung [siehe Bild 6.5(a)] sowie für Schub mit beiden Spannungskomponenten rechtwinklig zur Faserrichtung [siehe Bild 6.5(b)] muss die folgende Bedingung erfüllt sein:

$$\tau_d \leq f_{v,d} \quad (6.13)$$

Dabei ist

τ_d der Bemessungswert der Schubspannung;

$f_{v,d}$ der Bemessungswert der Schubfestigkeit für die jeweilige Bedingung.

ANMERKUNG Die Rollschubfestigkeit beträgt näherungsweise das Doppelte der Zugfestigkeit rechtwinklig zur Faserrichtung.

(2) Für den Nachweis der Beanspruchbarkeit auf Schub von biegebeanspruchten Bauteilen sollte der Einfluss von Rissen berücksichtigt werden, indem eine wirksame Breite des Bauteils angewendet wird, die gegeben ist durch:

$$b_{ef} = k_{cr}\, b \qquad (6.13a)$$

wobei b die Breite des entsprechenden Abschnitts des Bauteils ist.

ANMERKUNG Der empfohlene Wert für k_{cr} ist gegeben durch:

$k_{cr} = 0{,}67$ für Vollholz (aus Laubholz);

~~$k_{cr} = 0{,}67$ für Brettschichtholz~~

$k_{cr} = 1{,}0$ für andere holzbasierte Produkte in Übereinstimmung mit DIN EN 13986 und DIN EN 14374.

Angaben hinsichtlich der nationalen Auswahl sind im Nationalen Anhang zu finden.

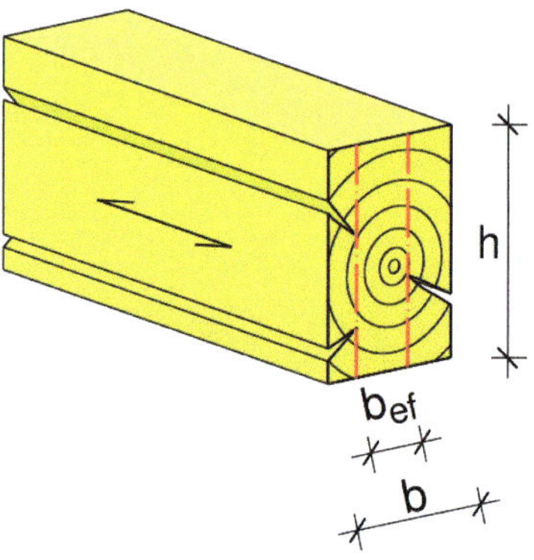

Bild K.80 — Wirksame Bauteilbreite $b_{ef} = k_{cr} \cdot b$

NDP Zu 6.1.7(2) Schub

Für Holzwerkstoffe nach DIN EN 13986 und DIN EN 14374 und für Vollholz aus Laubholz gelten die in DIN EN 1995-1-1 empfohlenen Werte.

Für Vollholz und Balkenschichtholz aus Nadelholz gilt $k_{cr} = \dfrac{2{,}0}{f_{v,k}}$ mit $f_{v,k}$ in N/mm².

Für Brettschichtholz gilt $k_{cr} = \dfrac{2{,}5}{f_{v,k}}$ mit $f_{v,k}$ in N/mm².

Für Brettsperrholz gilt $k_{cr} = 1{,}0$.

Bei Stäben aus Nadelschnittholz dürfen die Werte für k_{cr} in Bereichen, die mindestens 1,50 m vom Hirnholzende des Holzes entfernt liegen, um 30 % erhöht werden.

ANMERKUNG Der k_{cr}-Faktor berücksichtigt den Unterschied der Tragfähigkeit der Bauteile nach längerer Standdauer zu Bauteilen bei Auslieferung, z. B. infolge Rissbildung unter Berücksichtigung der statistischen Verteilung über die Bauteiloberfläche. Er kann nicht mit einer zulässigen Risstiefe im Endzustand gleichgesetzt werden.

Die charakteristischen Werte für die Schubfestigkeit in DIN EN 338 (für Vollholz) und DIN EN 14080 (für Brettschichtholz) gelten für Holz ohne Rissbildung. Das ist der Grund, warum die Werte in den europäischen Normen sehr viel höher liegen als in der früheren DIN 1052:2008. Vollholz wird in Deutschland nach DIN 4074-1 bis 4074-5 unter Berücksichtigung des Sortierkriteriums Risse sortiert. Für Nadelholz S10 (C24 nach DIN EN 338) sind nach DIN 4074-1, Tabelle 2 z. B. Risstiefen bis maximal zur halben Querschnittsbreite zulässig, was für Nadelhölzer in den niedrigeren Schubfestigkeiten nach DIN 1052:2008 berücksichtigt war. Deshalb ergibt sich jetzt der k_{cr}-Wert für Nadel- und Brettschichtholz aus dem Verhältnis der früheren Schubfestigkeit zu den in DIN EN 338 oder DIN EN 14080 festgelegten Schubfestigkeiten.
Für Brettschichtholz aus Nadelholz darf für alle Festigkeitsklassen eine charakteristische Schubfestigkeit von $f_{v,k} = 3{,}5$ N/mm² angesetzt werden [s. NCI Zu 3.3 (NA.10)].

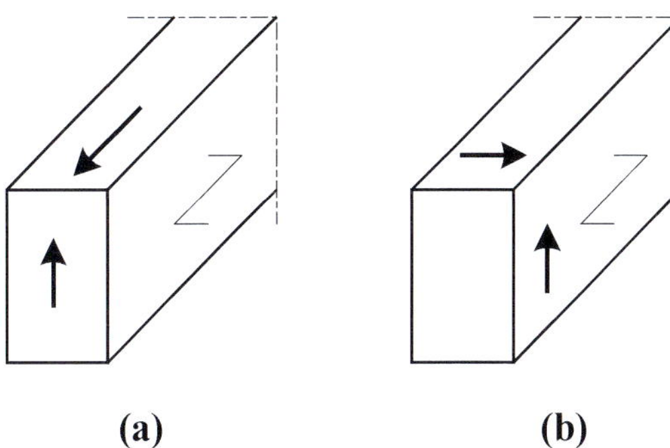

Bild 6.5 — (a) Bauteil mit einer Schubspannungskomponente in Faserrichtung, (b) Bauteil mit beiden Spannungskomponenten rechtwinklig zur Faserrichtung (Rollschub)

(3) Bei Auflagern darf der Anteil an der gesamten Querkraft einer Einzellast F, die auf der Oberseite des Biegestabes innerhalb eines Abstandes h oder h_{ef} vom Auflagerrand wirkt, unberücksichtigt bleiben (siehe Bild 6.6). Für Biegestäbe mit einer Ausklinkung am Auflager gilt diese Abminderung der Querkraft nur, wenn die Ausklinkung sich auf der Gegenseite des Auflagers befindet.

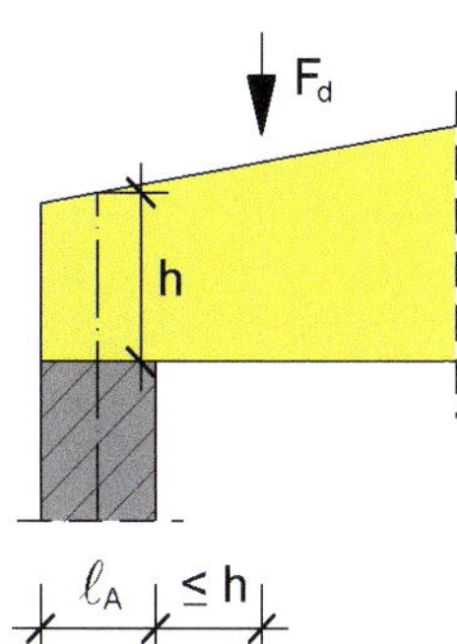

Bild K.81 — Biegeträger mit auflagernaher Einzellast im Abstand ≤ h

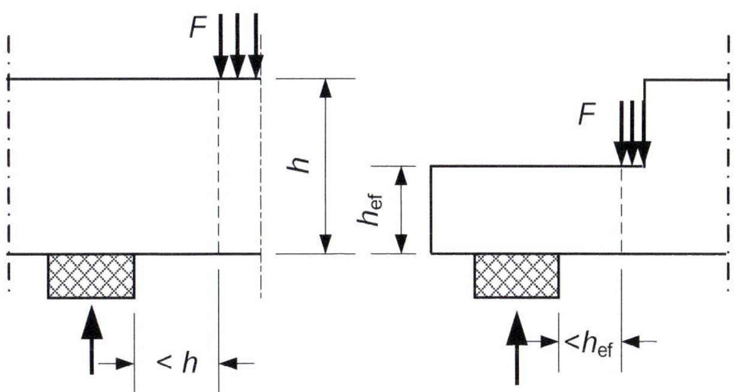

Bild 6.6 — Bedingungen am Auflager, bei denen die Einzellasten F bei der Berechnung der Schubkraft vernachlässigt werden dürfen

NCI Zu 6.1.7 „Schub"

(NA.4) Bei Doppelbiegung in Rechteckquerschnitten muss die folgende Bedingung erfüllt sein:

$$\left(\frac{\tau_{y,d}}{f_{v,d}}\right)^2 + \left(\frac{\tau_{z,d}}{f_{v,d}}\right)^2 \leq 1 \quad \text{(NA.55)}$$

ANMERKUNG Der Faktor k_{cr} ist für Einwirkungen rechtwinklig zu möglichen Rissebenen anzusetzen.

(NA.5) Für Biegeträger mit Auflagerung am unteren Trägerrand und Lastangriff am oberen Trägerrand darf der Nachweis der Schubspannungen und gegebenenfalls der Schubverbindungsmittel im Bereich von End- und Zwischenauflagern, wenn dort keine Ausklinkungen und Durchbrüche sind, mit der maßgebenden Querkraft geführt werden. Als maßgebend darf die Querkraft im Abstand h (h = Trägerhöhe über Auflagermitte) vom Auflagerrand angenommen werden. Bei Trägern mit geneigtem Rand kann die Bauteilhöhe über der Symmetrieachse des Auflagers angesetzt werden.

(NA.6) 6.1.7(3) gilt sinngemäß auch für Querkraft aus Linienlasten.

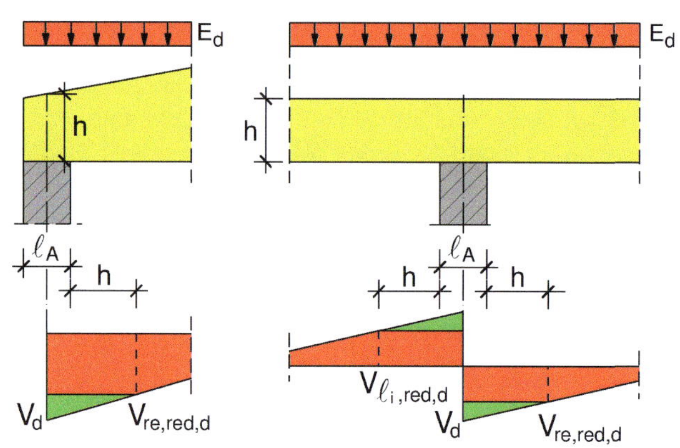

Bild K.82 — Schub mit reduzierten Querkräften/Linienlasten

6.1.8 Torsion

(1)P Die Torsionsspannungen müssen die folgende Bedingung erfüllen:

$$\tau_{tor,d} \leq k_{shape} f_{v,d} \tag{6.14}$$

mit

$$k_{shape} = \begin{cases} 1{,}2 & \text{für einen runden Querschnitt} \\ \min\begin{cases} 1+0{,}15\dfrac{h}{b} \\ 1{,}3 \end{cases} & \text{für einen rechteckigen Querschnitt} \end{cases} \tag{6.15}$$

Dabei ist

$\tau_{tor,d}$ der Bemessungswert der Torsionsspannung;

$f_{v,d}$ der Bemessungswert der Schubfestigkeit;

k_{shape} der Beiwert in Abhängigkeit von der Querschnittsform;

h die größere Querschnittsabmessung;

b die kleinere Querschnittsabmessung.

Torsion zur Erfüllung des Gleichgewichts sollte unbedingt wegen der damit verbundenen Querzugbeanspruchung und relativ hohen Kriechverformungen vermieden werden (s. Bild K.83 und in [18]).

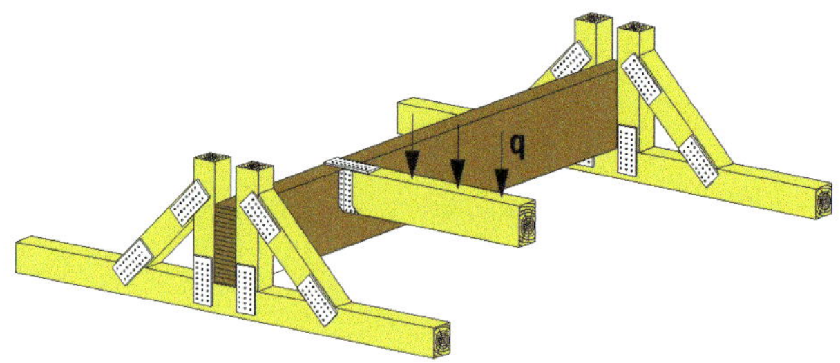

Bild K.83 — Torsion aus einseitiger Beanspruchung

Torsion, die aus der Verträglichkeit von Verformungen entsteht, ist bei symmetrischen Nebenträgern und gleichen Lasten gering und muss nicht nachgewiesen werden. Nur bei großen Lastunterschieden innerhalb der Lasteinflussfläche oder einseitigem Anschluss ist eine Untersuchung notwendig (s. Bild K.84 und in [18]).

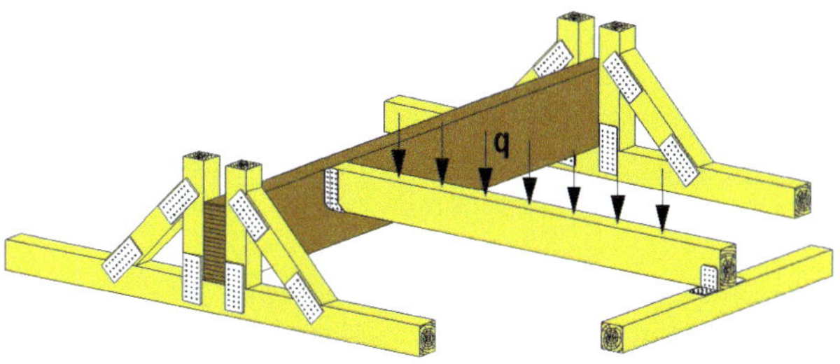

Bild K.84 — Torsion aus Nebenträgeranschluss

NCI Zu 6.1.8 „Torsion“

(NA.2) Bei der Bestimmung der Torsionsspannung braucht der Faktor k_{cr} nicht berücksichtigt zu werden.

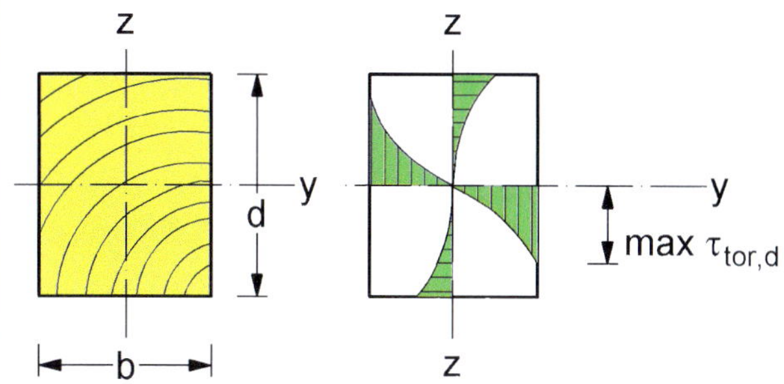

Bild K.85 — Maximale Torsionsspannung

NCI NA.6.1.9 Schub aus Querkraft und Torsion

(NA.1) Bei Kombination von Schub aus Querkraft und Torsion muss die folgende Bedingung erfüllt sein:

$$\left(\frac{\tau_{tor,d}}{k_{shape} \cdot f_{v,d}}\right) + \left(\frac{\tau_{y,d}}{f_{v,d}}\right)^2 + \left(\frac{\tau_{z,d}}{f_{v,d}}\right)^2 \leq 1 \quad \text{(NA.56)}$$

ANMERKUNG Der Faktor k_{cr} ist für Einwirkungen rechtwinklig zu möglichen Rissebenen anzusetzen.

Der Nachweis ist zum Beispiel bei gabelgelagerten Bindern vor der Gabel zu führen.

6.2 Nachweise für Querschnitte unter Spannungskombinationen

6.2.1 Allgemeines

(1)P 6.2 gilt für tragende, gerade Produkte konstanten Querschnitts und im Wesentlichen parallel zur Längsachse verlaufenden Holzfasern aus Vollholz, Brettschichtholz oder Holzwerkstoffen. Es wird angenommen, dass das Bauteil Spannungen aus kombinierten Einwirkungen oder Spannungen in Richtung zweier oder dreier Hauptachsen des Baustoffs ausgesetzt ist.

6.2.2 Druck unter einem Winkel zur Faserrichtung

(1)P Das Zusammenwirken von Druckspannungen in zwei oder mehr Richtungen ist zu berücksichtigen.

(2) Druckspannungen unter einem Winkel α zur Faserrichtung (siehe Bild 6.7) sollten die folgende Bedingung erfüllen:

$$\sigma_{c,\alpha,d} \leq \frac{f_{c,0,d}}{\frac{f_{c,0,d}}{k_{c,90}\, f_{c,90,d}} \sin^2\alpha + \cos^2\alpha} \tag{6.16}$$

Dabei ist

$\sigma_{c,\alpha,d}$ die Druckspannung unter einem Winkel α zur Faserrichtung;

$k_{c,90}$ der Beiwert nach 6.1.5, der den Einfluss der Spannungen rechtwinklig zur Faserrichtung berücksichtigt.

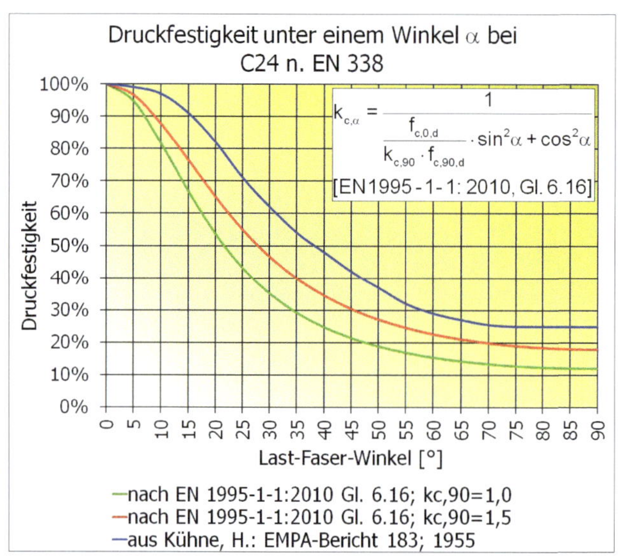

Bild K.86 — Einfluss des Last-Faser-Winkels auf die Druckfestigkeit von Nadelholz C24 nach DIN EN 338 im Vergleich zu Versuchen an fehlerfreien Hölzern [11]

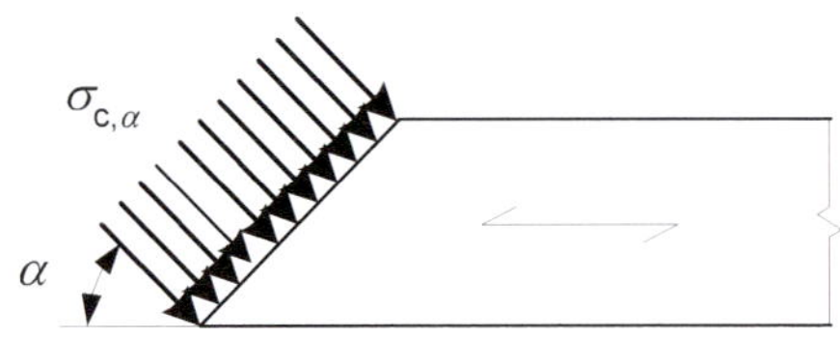

Bild 6.7 — Druckspannungen unter einem Winkel zur Faserrichtung

NCI Zu 6.2.2 „Druck unter einem Winkel zur Faserrichtung“

(NA.3) „Bei $\alpha < 90°$ darf die wirksame Querschnittsfläche A_{ef} wie in Bild NA.6 beispielhaft dargestellt ermittelt werden.

$$\sigma_{c,\alpha,d} = \frac{F_{c,\alpha,d}}{A_{ef}} \tag{NA.57}$$

Bild K.87 — Beanspruchung im Winkel zur Faserrichtung zwischen Sprengstrebe und Sprengriegel bei einem doppelten Sprengwerk (Krämerbrücke, Erfurt, 1486 errichtet)

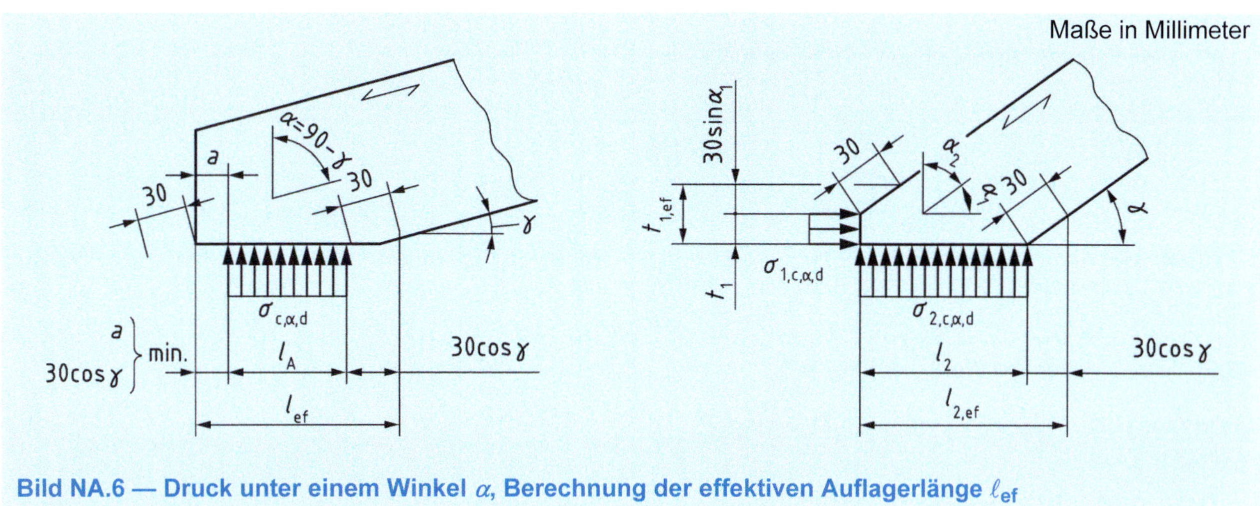

Bild NA.6 — Druck unter einem Winkel α, Berechnung der effektiven Auflagerlänge ℓ_{ef}

6.2.3 Biegung und Zug

(1)P Die folgenden Bedingungen müssen erfüllt sein:

$$\frac{\sigma_{t,0,d}}{f_{t,0,d}} + \frac{\sigma_{m,y,d}}{f_{m,y,d}} + k_m \frac{\sigma_{m,z,d}}{f_{m,z,d}} \leq 1 \tag{6.17}$$

$$\frac{\sigma_{t,0,d}}{f_{t,0,d}} + k_m \frac{\sigma_{m,y,d}}{f_{m,y,d}} + \frac{\sigma_{m,z,d}}{f_{m,z,d}} \leq 1 \tag{6.18}$$

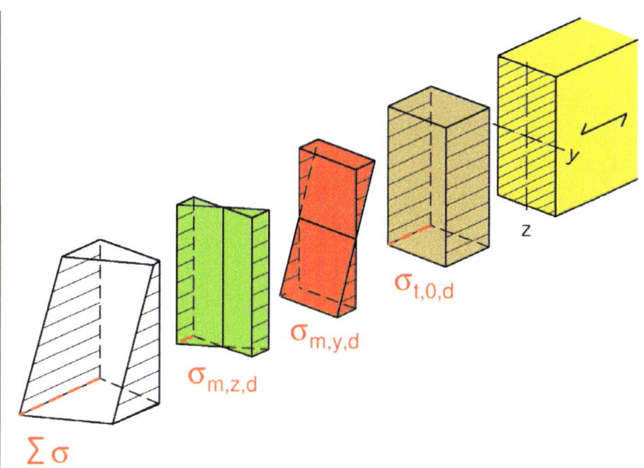

Bild K.88 — Überlagerung der Längsspannungen aus einer Zugkraft und Biegemomenten um die y- und z-Achse

(2) Für k_m gelten die Werte nach 6.1.6.

ANMERKUNG Zum Nachweis der Stabilität kann das Verfahren in 6.3 mit $\sigma_{t,0,d} = 0$ angewendet werden.

6.2.4 Biegung und Druck

(1)P Die folgenden Bedingungen müssen erfüllt sein:

$$\left(\frac{\sigma_{c,0,d}}{f_{c,0,d}}\right)^2 + \frac{\sigma_{m,y,d}}{f_{m,y,d}} + k_m \frac{\sigma_{m,z,d}}{f_{m,z,d}} \leq 1 \quad (6.19)$$

$$\left(\frac{\sigma_{c,0,d}}{f_{c,0,d}}\right)^2 + k_m \frac{\sigma_{m,y,d}}{f_{m,y,d}} + \frac{\sigma_{m,z,d}}{f_{m,z,d}} \leq 1 \quad (6.20)$$

(2)P Für k_m gelten die Werte nach 6.1.6.

ANMERKUNG Hinweise zu Stabilitätsnachweisen enthält 6.3.

NCI NA.6.2.5 Zug unter einem Winkel α

(NA.1) Für Sperrholz, Brettsperrholz, Massivholzplatten, OSB-Platten und Furnierschichtholz mit Querlagen mit einem Winkel α zwischen Beanspruchungsrichtung und Faserrichtung bzw. Spanrichtung der Decklagen von 0° < α < 90° muss die folgende Bedingung erfüllt sein:

$$\frac{\sigma_{t,\alpha,d}}{k_\alpha \cdot f_{t,0,d}} \leq 1 \quad (NA.58)$$

Dabei ist

$$k_\alpha = \frac{1}{\frac{f_{t,0,d}}{f_{t,90,d}} \sin^2\alpha + \frac{f_{t,0,d}}{f_{v,d}} \sin\alpha \cdot \cos\alpha + \cos^2\alpha} \quad (NA.59)$$

Auch bei Sperrholz, Brettsperrholz, Massivholz, OSB- und Furnierschichtholzplatten führen schon geringe Neigungen der Beanspruchung im Winkel zur Faser zu einer wesentlichen Herabsetzung der Tragfähigkeit! Zum Beispiel sinkt die Festigkeit bei Brettsperrholz um ca. 70 % bei einem Winkel von 12,5°.

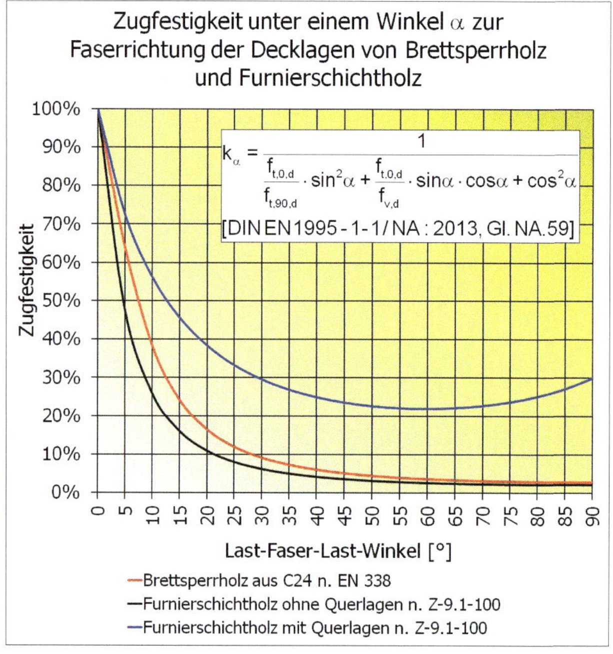

Bild K.89 — Einfluss des Last-Faser-Winkels auf die Zugfestigkeit von Brettsperrholz aus C24 und Furnierschichtholz nach DIN EN 1995-1-1/NA:2013, Gleichung (NA.59)

6.3 Stabilität von Bauteilen

6.3.1 Allgemeines

(1)P Die Biegespannungen infolge spannungsloser Vorverformungen und Anfangskrümmungen, Ausmittigkeiten und eingeprägter Durchbiegungen sind zusätzlich zu solchen infolge Querlasten zu berücksichtigen.

(2)P Knicknachweise und Biegedrillknicknachweise sind unter Verwendung der charakteristischen Eigenschaften, z. B. $E_{0,05}$, nachzuweisen.

(3) Die Stabilität von durch Druck oder Druck und Biegung beanspruchten Stützen sollte nach 6.3.2 nachgewiesen werden (Biegeknicken).

(4) Die Stabilität von durch Biegung oder Druck und Biegung beanspruchten Trägern sollte nach 6.3.3 nachgewiesen werden (Biegedrillknicken).

NCI Zu 6.3.1 „Allgemeines“

(NA.5) Druck- oder biegebeanspruchte Rippen in Wand-, Dach- und Deckentafeln gelten als in Scheibenebene ausreichend gegen Kippen und Knicken gesichert, wenn sie mit einer beidseitigen aussteifenden Beplankung kontinuierlich verbunden sind und der Rippenabstand nicht größer als das 50-Fache der Beplankungsdicke ist. Dieses gilt auch für Rippen mit einer einseitigen aussteifenden Beplankung, sofern sie mit Rechteckquerschnitt und einem Seitenverhältnis von $h/b \leq 4$ ausgeführt werden.

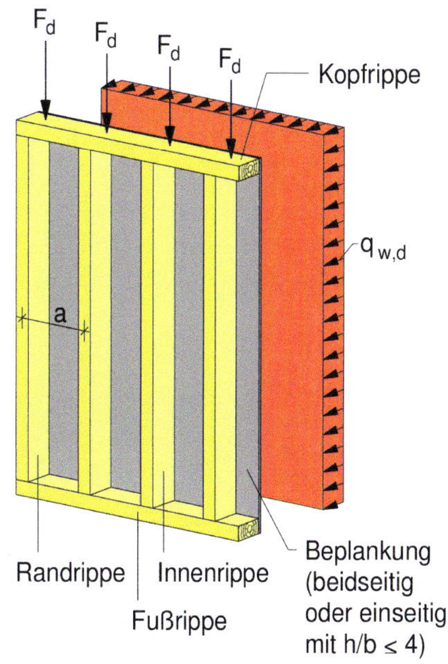

Bild K.90 — Wandtafel mit druck- und biegebeanspruchten Rippen, beidseitig beplankt oder einseitig beplankt mit $h/b \leq 4$ und $a \leq 50 \cdot t_{\text{Beplankung}}$ (für einen Abstand a von 625 mm ist mindestens eine Beplankungsdicke von 12,5 mm erforderlich)

6.3.2 Biegeknicken von Druckstäben

(1) Der bezogene Schlankheitsgrad sollte angenommen werden zu:

$$\lambda_{\text{rel,y}} = \frac{\lambda_y}{\pi} \sqrt{\frac{f_{c,0,k}}{E_{0,05}}} \qquad (6.21)$$

und

$$\lambda_{\text{rel,z}} = \frac{\lambda_z}{\pi}\sqrt{\frac{f_{\text{c,0,k}}}{E_{0,05}}} \qquad (6.22)$$

Dabei ist

λ_y und $\lambda_{\text{rel,y}}$ der Schlankheitsgrad für Biegung um die y-Achse (Ausbiegung in z-Richtung);

λ_z und $\lambda_{\text{rel,z}}$ der Schlankheitsgrad für Biegung um die z-Achse (Ausbiegung in y-Richtung);

$E_{0,05}$ 5 %-Quantil des Elastizitätsmoduls in Faserrichtung.

NCI Zu 6.3.2(1) „Biegeknicken von Druckstäben“

ANMERKUNG Angaben zu Knicklängenbeiwerten enthält Abschnitt NCI NA.13.

(2) Sind sowohl $\lambda_{\text{rel,z}} \le 0{,}3$ als auch $\lambda_{\text{rel,y}} \le 0{,}3$, dann sollten für die Spannungen die Bedingungen (6.19) und (6.20) in 6.2.4 erfüllt sein.

(3) In allen anderen Fällen sollten die Spannungen, die sich infolge von Durchbiegungen erhöhen, die folgende Bedingung erfüllen:

$$\frac{\sigma_{\text{c,0,d}}}{k_{\text{c,y}}\, f_{\text{c,0,d}}} + \frac{\sigma_{\text{m,y,d}}}{f_{\text{m,y,d}}} + k_{\text{m}}\frac{\sigma_{\text{m,z,d}}}{f_{\text{m,z,d}}} \le 1 \qquad (6.23)$$

$$\frac{\sigma_{\text{c,0,d}}}{k_{\text{c,z}}\, f_{\text{c,0,d}}} + k_{\text{m}}\frac{\sigma_{\text{m,y,d}}}{f_{\text{m,y,d}}} + \frac{\sigma_{\text{m,z,d}}}{f_{\text{m,z,d}}} \le 1 \qquad (6.24)$$

mit den Formelzeichen nach folgender Definition:

$$k_{\text{c,y}} = \frac{1}{k_y + \sqrt{k_y^2 - \lambda_{\text{rel,y}}^2}} \qquad (6.25)$$

$$k_{\text{c,z}} = \frac{1}{k_z + \sqrt{k_z^2 - \lambda_{\text{rel,z}}^2}} \qquad (6.26)$$

$$k_y = 0{,}5\left[1 + \beta_c\left(\lambda_{\text{rel,y}} - 0{,}3\right) + \lambda_{\text{rel,y}}^2\right] \qquad (6.27)$$

$$k_z = 0{,}5\left[1 + \beta_c\left(\lambda_{\text{rel,z}} - 0{,}3\right) + \lambda_{\text{rel,z}}^2\right] \qquad (6.28)$$

Dabei ist

β_c ein Imperfektionsbeiwert für Imperfektionen nach Abschnitt 10;

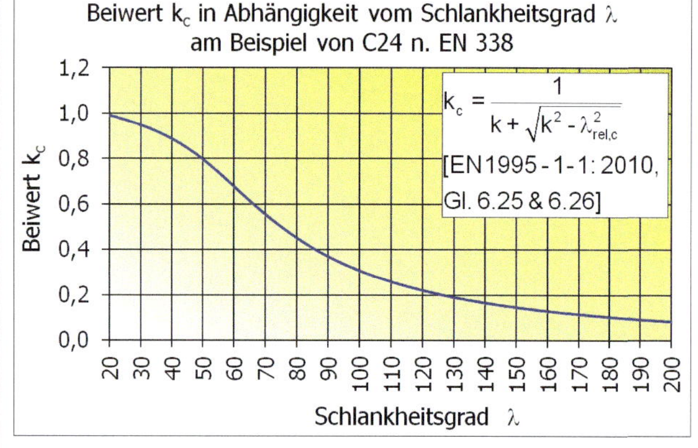

Bild K.91 — Knickbeiwert in Abhängigkeit vom Schlankheitsgrad λ für Nadelholz C24 nach DIN EN 338

$$\beta_c = \begin{cases} 0{,}2 & \text{für Vollholz,} \\ 0{,}1 & \text{für Brettschichtholz und Furnierholz;} \end{cases} \tag{6.29}$$

k_m nach 6.1.6.

6.3.3 Biegedrillknicken von Biegestäben

(1)P Biegedrillknicknachweise sind sowohl im Fall reiner Biegemomentenbeanspruchung um die starke Achse y als auch im Fall einer kombinierten Beanspruchung aus Biegemoment M_y und Drucknormalkraft N_c zu führen.

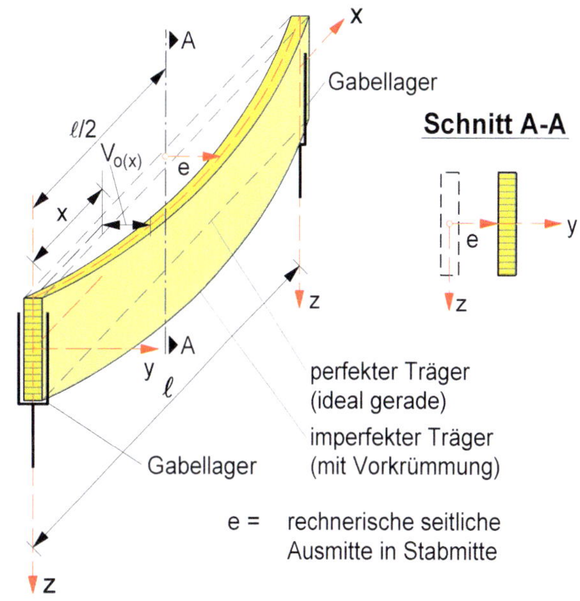

Bild K.92 — Seitliche sinusförmige Vorkrümmung eines BSH-Trägers (unbelastet und gabelgelagert nach [19])

(2) Der bezogene Kippschlankheitsgrad ist in der Regel anzunehmen zu:

$$\lambda_{rel,m} = \sqrt{\frac{f_{m,k}}{\sigma_{m,crit}}} \tag{6.30}$$

Dabei ist

$\sigma_{m,crit}$ die kritische Biegespannung nach der klassischen Stabilitätstheorie, berechnet mit den 5 %-Quantilwerten der Steifigkeiten.

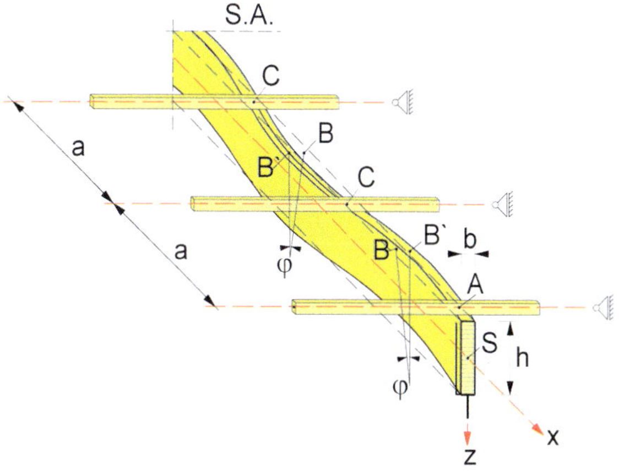

Bild K.93 — Verformung eines seitlich abgestützten Obergurtes infolge von Vorkrümmung und Lasteinfluss (aus [19])

Die kritische Biegespannung ist in der Regel anzunehmen zu:

$$\sigma_{\mathrm{m,crit}} = \frac{M_{\mathrm{y,crit}}}{W_{\mathrm{y}}} = \frac{\pi\sqrt{E_{0,05}\, I_{\mathrm{z}}\, G_{0,05}\, I_{\mathrm{tor}}}}{\ell_{\mathrm{ef}}\, W_{\mathrm{y}}} \tag{6.31}$$

Dabei ist

$E_{0,05}$ der 5 %-Quantilwert des Elastizitätsmoduls in Faserrichtung;

$G_{0,05}$ der 5 %-Quantilwert des Schubmoduls in Faserrichtung;

I_{z} das Flächenmoment 2. Grades um die schwache Achse z;

I_{tor} das Torsionsträgheitsmoment;

ℓ_{ef} die wirksame Länge des Biegestabes, abhängig von den Auflagerbedingungen und der Art der Lasteinwirkung nach Tabelle 6.1;

W_{y} das Widerstandsmoment um die starke Achse y.

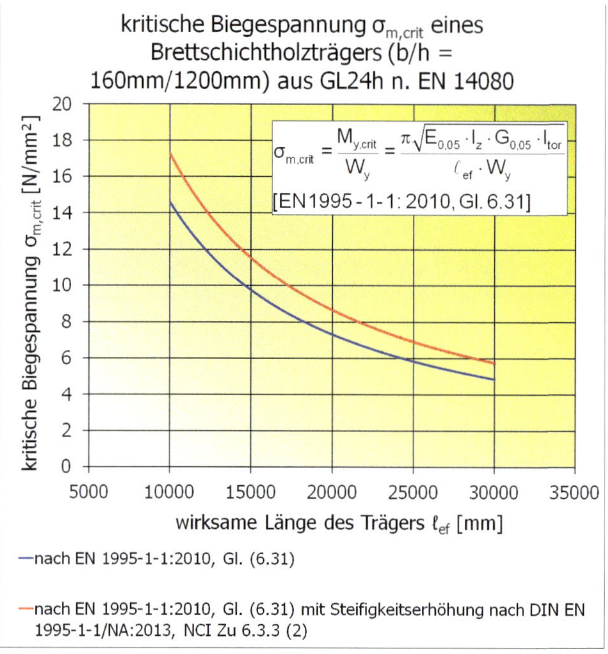

Bild K.94 — Vergleich der kritischen Biegespannungen für den Nachweis des Biegedrillknickens eines Brettschichtholzträgers nach DIN EN 1995-1-1:2010, Gl. (6.31) mit und ohne Steifigkeitserhöhung nach DIN EN 1995-1-1/NA:2013, NCI Zu 6.3.3(2)

Für Nadelholz mit vollem Rechteckquerschnitt sollte $\sigma_{\mathrm{m,crit}}$ angenommen werden zu:

$$\sigma_{\mathrm{m,crit}} = \frac{0{,}78\, b^2}{h\, \ell_{\mathrm{ef}}} E_{0,05} \tag{6.32}$$

Dabei ist

b die Querschnittsbreite;

h die Querschnittshöhe.

Gl. (6.32) gilt für ein Verhältnis $E_{0,05}$ / $G_{0,05} \approx 16$ [55].

NCI Zu 6.3.3(2) „Biegedrillknicken von Biegestäben“

ANMERKUNG 1 Bei Biegestäben aus Brettschichtholz darf zur Berechnung des bezogenen Kippschlankheitsgrades $\lambda_{\mathrm{rel,m}}$ bzw. der kritischen Biegedruckspannung $\sigma_{\mathrm{m,crit}}$ das Produkt der 5 %-Quantilen der Steifigkeitskennwerte mit dem Faktor 1,4 multipliziert werden.

ANMERKUNG 2 Angaben zu Kippbeiwerten enthält Abschnitt NCI NA.13.

(3) Im Fall, dass nur ein Biegemoment M_{y} um die starke Achse y vorhanden ist, sollten die Spannungen die folgende Bedingung erfüllen:

$$\sigma_{m,d} \le k_{crit} \cdot f_{m,d} \tag{6.33}$$

Dabei ist

$\sigma_{m,d}$ Bemessungswert der Biegebeanspruchung;

$f_{m,d}$ Bemessungswert der Biegefestigkeit;

k_{crit} Beiwert zur Berücksichtigung der zusätzlichen Spannungen infolge des seitlichen Ausweichens.

Tabelle 6.1 — Wirksame Länge als Quotient der Stützweite

Art des Biegestabes	Art der Belastung	ℓ_{ef}/ℓ [a]
Einfach unterstützt	Konstantes Biegemoment Gleichmäßig verteilte Belastung Einzellast in Feldmitte	1,0 0,9 0,8
Auskragend	Gleichmäßig verteilte Belastung Einzellast am freien Kragende	0,5 0,8

[a] Der Quotient aus wirksamer Länge ℓ_{ef} und der Stützweite ℓ gilt für einen Biegestab, der an den Auflagern ausreichend gegen Verdrehen gesichert ist, und Lasteintragung in der Schwerachse des Querschnitts. Greift die Last am Druckrand des Biegestabes an, dann sollte ℓ_{ef} um 2 h erhöht werden. ℓ_{ef} darf um 0,5 h verringert werden, wenn die Last am Zugrand des Biegestabes angreift.

(4) Bei Biegestäben mit spannungsloser seitlicher Vorkrümmung innerhalb der in Abschnitt 10 festgelegten Grenzen darf k_{crit} nach Gleichung (6.34) bestimmt werden.

$$k_{crit} = \begin{cases} 1 & \text{für } \lambda_{rel,m} \le 0{,}75 \\ 1{,}56 - 0{,}75\lambda_{rel,m} & \text{für } 0{,}75 < \lambda_{rel,m} \le 1{,}4 \\ \dfrac{1}{\lambda_{rel,m}^2} & \text{für } 1{,}4 < \lambda_{rel,m} \end{cases} \tag{6.34}$$

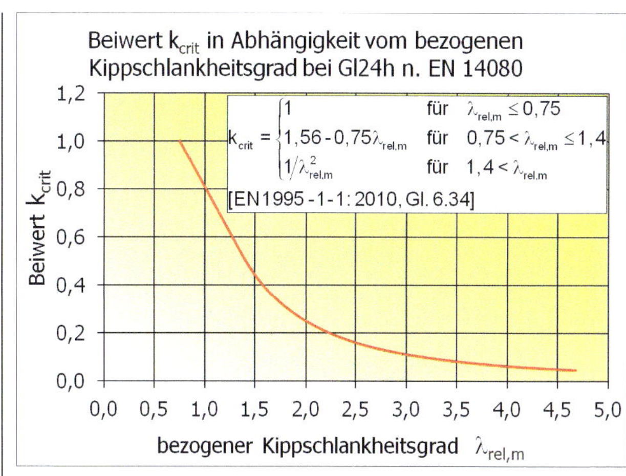

Bild K.95 — Kippbeiwert in Abhängigkeit vom bezogenen Kippschlankheitsgrad λ_{rel} für Brettschichtholz GL 24h nach DIN EN 14080

(5) Bei Biegestäben, bei denen ein seitliches Ausweichen des Druckgurtes über die gesamte Länge verhindert wird und an den Auflagern eine Gabellagerung besteht, darf der Beiwert k_{crit} zu 1,0 angenommen werden.

(6) Besteht eine Kombination eines Biegemomentes M_y um die starke Achse y mit einer Normalkraft N_c, dann sollten die Spannungen die folgende Bedingung erfüllen:

$$\left(\frac{\sigma_{m,d}}{k_{crit}\, f_{m,d}}\right)^2 + \frac{\sigma_{c,0,d}}{k_{c,z}\, f_{c,0,d}} \leq 1 \qquad (6.35)$$

Dabei ist

$\sigma_{m,d}$ der Bemessungswert der Biegebeanspruchung;

$\sigma_{c,0,d}$ der Bemessungswert der Druckbeanspruchung;

$f_{c,0,d}$ der Bemessungswert der Druckfestigkeit parallel zur Faser;

$k_{c,z}$ nach Gleichung (6.26).

NCI Zu 6.3.3 „Biegedrillknicken von Biegestäben"

(NA.7) Bei zweiachsiger Biegung und Querschnittsverhältnissen $h/b \leq 4$ darf der Nachweis wie folgt geführt werden:

$$\frac{\sigma_{c,0,d}}{k_{c,y} \cdot f_{c,0,d}} + \frac{\sigma_{m,y,d}}{k_{crit} \cdot f_{m,y,d}} + \left(\frac{\sigma_{m,z,d}}{f_{m,z,d}}\right)^2 \leq 1 \qquad (NA.60)$$

und

$$\frac{\sigma_{c,0,d}}{k_{c,z} \cdot f_{c,0,d}} + \left(\frac{\sigma_{m,y,d}}{k_{crit} \cdot f_{m,y,d}}\right)^2 + \frac{\sigma_{m,z,d}}{f_{m,z,d}} \leq 1 \qquad (NA.61)$$

Dabei ist

$k_{c,y}$ Knickbeiwert nach Gleichung (6.25) für Knicken um die y-Achse;

$k_{c,z}$ Knickbeiwert nach Gleichung (6.26) für Knicken um die z-Achse;

k_{crit} Kippbeiwert nach Gleichung (6.34).

6.4 Nachweise für Querschnitte in Bauteilen mit veränderlichem Querschnitt oder gekrümmter Form

6.4.1 Allgemeines

(1)P Die Wirkung einer Kombination von Normalkraft und Biegemoment ist zu berücksichtigen.

(2) Die relevanten Nachweise nach 6.2 und 6.3 sollten geführt werden.

Bei Stäben mit linear veränderlicher Querschnittshöhe dürfen beim Nachweis des Biegedrillknickens (Kippen) die Querschnittswerte im Abstand des 0,65-Fachen der Stablänge vom Stabende mit dem kleineren Stabquerschnitt und dem Größtwert des Biegemomentes im Stab zugrunde gelegt werden [DIN 1052:2008, Abschnitt 8.4.3(4)].

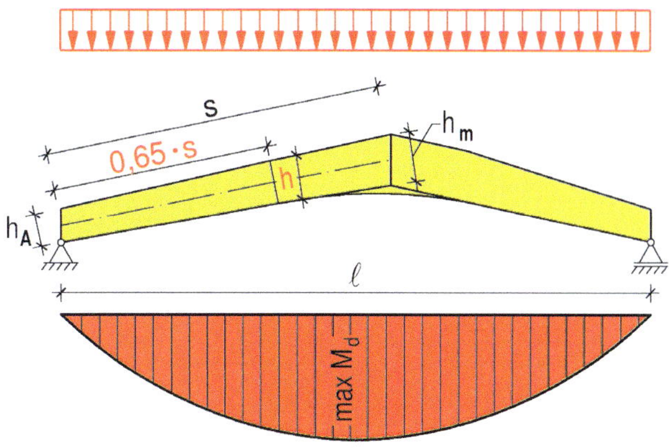

Bild K.96 — Maßgebende Binderhöhe für die Bestimmung des Kippbeiwertes k_{crit} an einem unsymmetrischen Satteldachträger (aus [31])

(3) Die Spannung in einem Querschnitt infolge einer Normalkraft darf berechnet werden zu:

$$\sigma_N = \frac{N}{A} \tag{6.36}$$

Dabei ist

σ_N die Normalspannung;

N die Normalkraft;

A die Querschnittsfläche.

6.4.2 Pultdachträger

(1)P Der Einfluss des Faseranschnittwinkels auf die Spannungen am angeschnittenen Rand ist zu berücksichtigen.

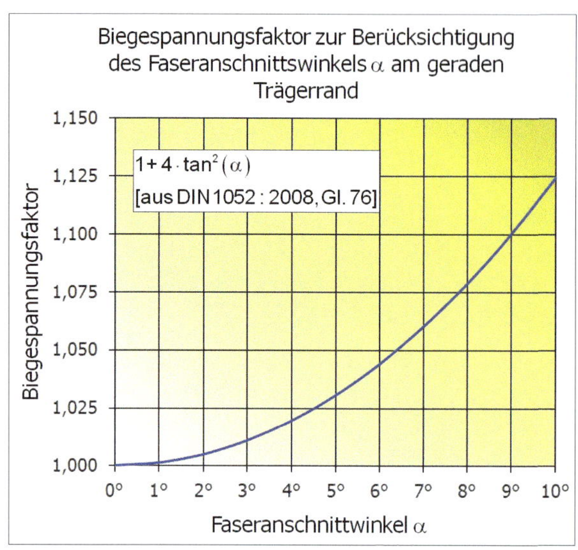

Bild K.97 — Eine Erhöhung der Spannungen am Zugrand, wie in DIN 1052:2008 noch gefordert, entfällt

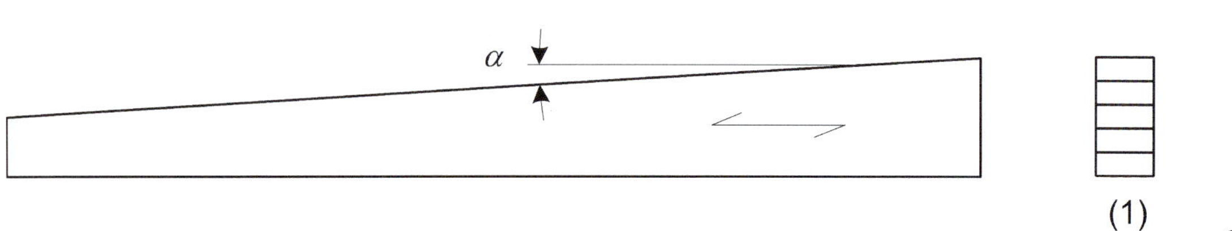

Legende

(1) Querschnitt

Bild 6.8 — Pultdachträger

(2) Die Bemessungswerte der Biegespannungen $\sigma_{m,\alpha,d}$ und $\sigma_{m,0,d}$ (siehe Bild 6.8) dürfen wie folgt bestimmt werden:

$$\sigma_{m,\alpha,d} = \sigma_{m,0,d} = \frac{6M_d}{b\,h^2} \qquad (6.37)$$

Am angeschnittenen Rand mit den angeschnittenen Holzfasern sollten die Spannungen die folgende Bedingung erfüllen:

$$\sigma_{m,\alpha,d} \le k_{m,\alpha}\, f_{m,d} \qquad (6.38)$$

Dabei ist

$\sigma_{m,\alpha,d}$ der Bemessungswert der Biegebeanspruchung unter Berücksichtigung des Trägeranschnittes;

$f_{m,d}$ der Bemessungswert der Biegefestigkeit;

$k_{m,\alpha}$ sollte wie folgt berechnet werden:

— für Zugspannungen entlang des angeschnittenen Randes:

$$k_{m,\alpha} = \frac{1}{\sqrt{1+\left(\frac{f_{m,d}}{0{,}75\,f_{v,d}}\tan\alpha\right)^2+\left(\frac{f_{m,d}}{f_{t,90,d}}\tan^2\alpha\right)^2}} \quad (6.39)$$

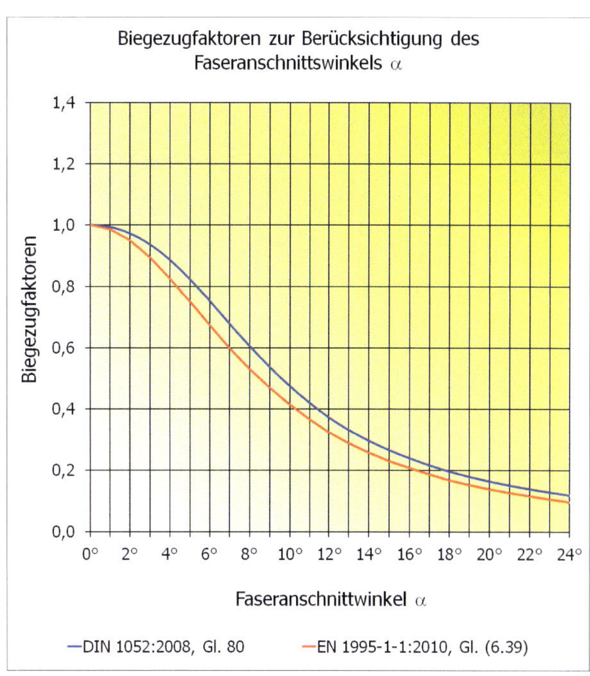

Bild K.98 — $k_{m,\alpha}$ für Zugbeanspruchung entlang des angeschnittenen Randes für Pult- und Satteldachträger aus Brettschichtholz GL24 h nach DIN EN 14080:2013, Tab. 5

— für Druckspannungen entlang des angeschnittenen Randes:

$$k_{m,\alpha} = \frac{1}{\sqrt{1+\left(\frac{f_{m,d}}{1{,}5\,f_{v,d}}\tan\alpha\right)^2+\left(\frac{f_{m,d}}{f_{c,90,d}}\tan^2\alpha\right)^2}} \quad (6.40)$$

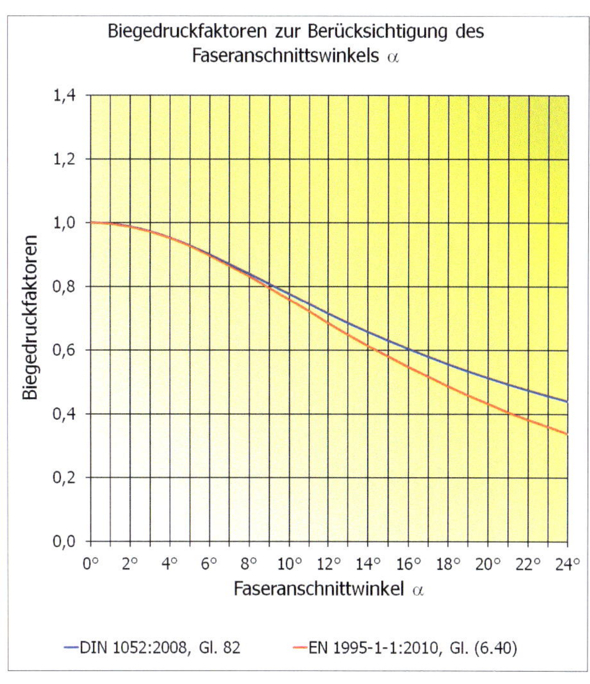

Bild K.99 — $k_{m,\alpha}$ für Druckbeanspruchung entlang des angeschnittenen Randes für Pult- und Satteldachträger aus Brettschichtholz GL24 h nach DIN EN 14080:2013, Tab. 5

NCI Zu 6.4.2 „Pultdachträger“

(NA.3) Der Faseranschnittswinkel ist auf 24° zu begrenzen.

Faseranschnittswinkel $\alpha \leq 24°$

6.4.3 Satteldachträger, gekrümmte Träger und Satteldachträger mit gekrümmtem Untergurt

(1) Dieser Abschnitt gilt nur für Brettschichtholz und Furnierschichtholz.

(2) Die Anforderungen nach 6.4.2 gelten für die geraden Bereiche des Biegestabes mit angeschnittenen Holzfasern.

(3) Im Firstbereich (siehe Bild 6.9) sollten die Biegespannungen die folgende Bedingung erfüllen:

$$\sigma_{m,d} \leq k_r \, f_{m,d} \tag{6.41}$$

Dabei ist

k_r der Beiwert zur Berücksichtigung der Spannungen infolge des Biegens der Lamellen während der Herstellung.

ANMERKUNG In gekrümmten Trägern und Satteldachträgern mit gekrümmtem Untergurt entspricht der Firstbereich dem gekrümmten Bereich der Träger.

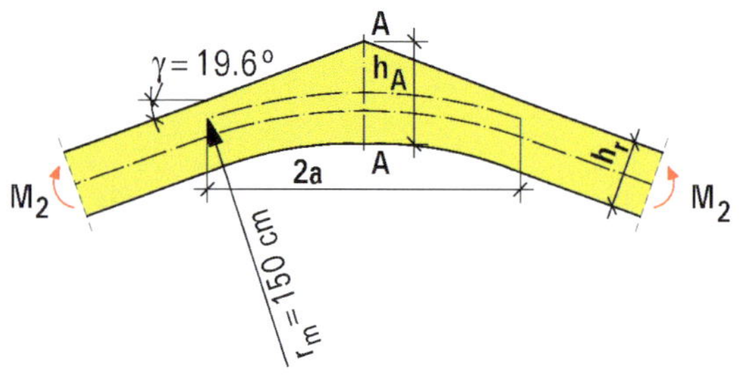

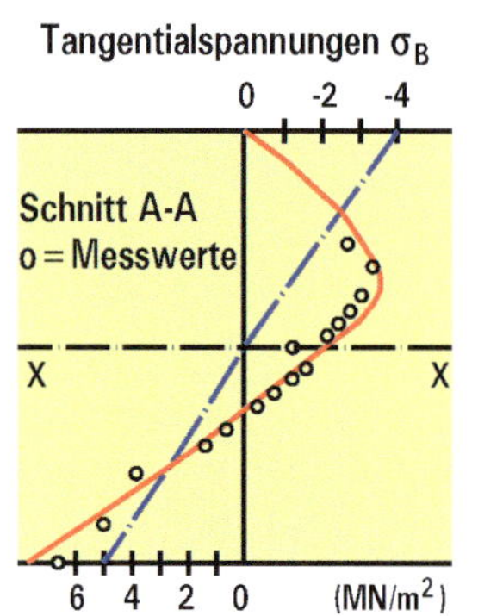

Rechnerische Spannungsverteilung nach der Theorie der orthotropen Scheibe

Näherungsberechnung ohne Berücksichtigung des geneigten Obergurtes

Bild K.100 — Längsspannungen im Firstbereich nach Versuchen (aus [20])

(4) Die Biegespannung im Firstquerschnitt ist in der Regel zu berechnen zu:

$$\sigma_{m,d} = k_\ell \frac{6 M_{ap,d}}{b\, h_{ap}^2} \qquad (6.42)$$

Dabei ist

$$k_\ell = k_1 + k_2\left(\frac{h_{ap}}{r}\right) + k_3\left(\frac{h_{ap}}{r}\right)^2 + k_4\left(\frac{h_{ap}}{r}\right)^3 \qquad (6.43)$$

mit

$$k_1 = 1 + 1{,}4\,\tan\alpha_{ap} + 5{,}4\,\tan^2\alpha_{ap} \qquad (6.44)$$

$$k_2 = 0{,}35 - 8\,\tan\alpha_{ap} \qquad (6.45)$$

$$k_3 = 0{,}6 + 8{,}3\,\tan\alpha_{ap} - 7{,}8\,\tan^2\alpha_{ap} \qquad (6.46)$$

$$k_4 = 6\,\tan^2\alpha_{ap} \qquad (6.47)$$

$$r = r_{in} + 0{,}5\, h_{ap} \qquad (6.48)$$

$M_{ap,d}$ der Bemessungsmoment im Firstquerschnitt;

h_{ap} die Höhe des Biegestabes im First, siehe Bild 6.9;

b die Trägerbreite;

r_{in} der Innenradius siehe Bild 6.9;

α_{ap} der Anschnittswinkel im Firstbereich, siehe Bild 6.9.

(5) Für Satteldachträger mit geradem Untergurt ist $k_r = 1{,}0$. Für gekrümmte Träger (mit konstantem Querschnitt) und für Satteldachträger mit gekrümmtem Untergurt sollte k_r angenommen werden zu:

$$k_r = \begin{cases} 1 & \text{für } \frac{r_{in}}{t} \geq 240 \\ 0{,}76 + 0{,}001\frac{r_{in}}{t} & \text{für } \frac{r_{in}}{t} < 240 \end{cases} \qquad (6.49)$$

Dabei ist

r_{in} der innere Radius, siehe Bild 6.9;

t die Lamellendicke.

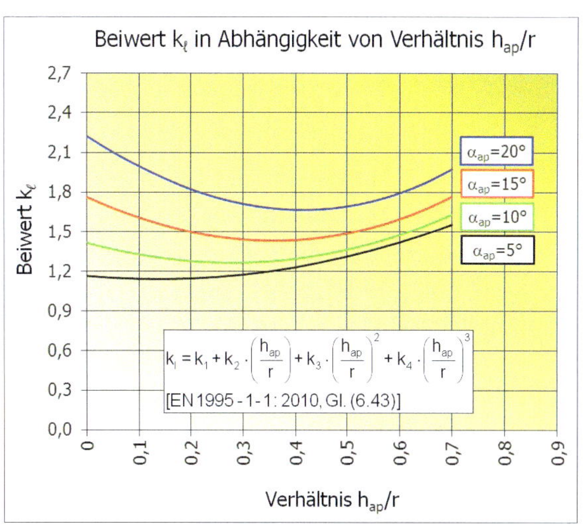

Bild K.101 — Beiwert k_ℓ in Abhängigkeit vom Verhältnis h_{ap}/r am Beispiel eines Satteldachträgers mit gekrümmtem Untergurt

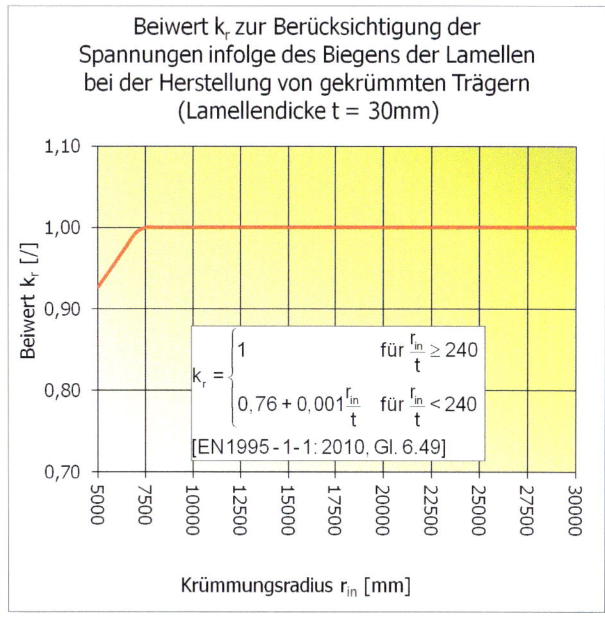

Bild K.102 — Beiwert k_r zur Berücksichtigung der Spannungen infolge des Biegens der Lamellen von gekrümmten Brettschichtholzträgern nach DIN EN 1995-1-1:2010, Gl. (6.49)

(6) Im Firstbereich sollte der Bemessungswert der größten Zugspannung rechtwinklig zur Faserrichtung, $\sigma_{t,90,d}$, die folgende Bedingung erfüllen:

$$\sigma_{t,90,d} \leq k_{dis}\, k_{vol}\, f_{t,90,d} \qquad (6.50)$$

mit

$$k_{vol} = \begin{cases} 1{,}0 & \text{für Vollholz} \\ \left(\dfrac{V_0}{V}\right)^{0{,}2} & \text{für Brettschichtholz und Furnierschichtholz mit allen Furnieren in Richtung der Stabachse} \end{cases} \qquad (6.51)$$

$$k_{dis} = \begin{cases} 1{,}4 & \text{für Satteldachträger mit geradem Untergurt und konzentrisch gekrümmte Träger mit gekrümmtem Untergurt} \\ 1{,}7 & \text{für Satteldachträger mit gekrümmtem Untergurt} \end{cases} \qquad (6.52)$$

Dabei ist

- k_{dis} ein Beiwert zur Berücksichtigung der Spannungsverteilung im Firstbereich;
- k_{vol} ein Volumenfaktor;
- $f_{t,90,d}$ ein Bemessungswert der Zugfestigkeit rechtwinklig zur Faserrichtung;
- V_0 das Bezugsvolumen von 0,01 m^3;
- V das querzugbeanspruchte Volumen im Firstbereich in m^3 (siehe Bild 6.9) sollte nicht größer als $2V_b/3$, mit V_b als Gesamtvolumen des Biegestabes, angenommen werden.

(7) Für eine kombinierte Beanspruchung aus Querzug und Schub muss in der Regel die folgende Bedingung erfüllt sein:

$$\frac{\tau_d}{f_{v,d}} + \frac{\sigma_{t,90,d}}{k_{dis}\, k_{vol}\, f_{t,90,d}} \leq 1 \qquad (6.53)$$

Dabei ist

- τ_d der Bemessungswert der Schubbeanspruchung;
- $f_{v,d}$ der Bemessungswert der Schubfestigkeit;
- $\sigma_{t,90,d}$ der Bemessungswert der Zugbeanspruchung rechtwinklig zur Faser;

k_{dis} und k_{vol} entsprechend (6).

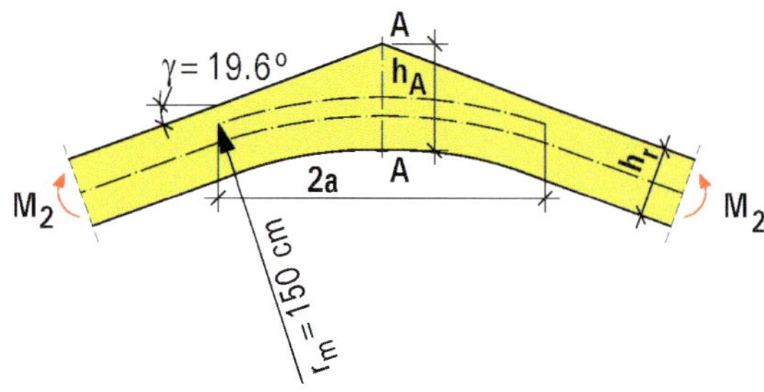

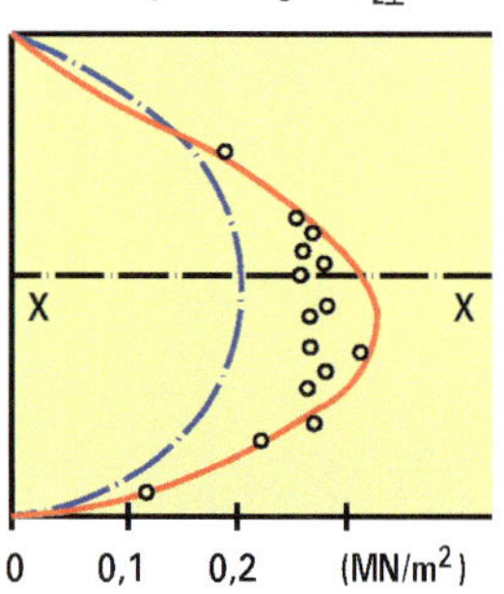

Rechnerische Spannungsverteilung nach der Theorie der orthotropen Scheibe

Näherungsberechnung ohne Berücksichtigung des geneigten Obergurtes

Bild K.103 — Querzugspannungen im Firstbereich nach Versuchen (aus [20])

(8) Die größte Zugspannung rechtwinklig zur Faserrichtung infolge der Momentenbeanspruchung ist in der Regel wie folgt zu berechnen:

In Deutschland gilt Gl. (6.54) – s. NDP Zu 6.4.3(8).

$$\sigma_{\mathrm{t,90,d}} = k_{\mathrm{p}} \frac{6 M_{\mathrm{ap,d}}}{b\, h_{\mathrm{ap}}^2} \tag{6.54}$$

oder alternativ zu (6.54)

$$\sigma_{\mathrm{t,90,d}} = k_{\mathrm{p}} \frac{6 M_{\mathrm{ap,d}}}{b\, h_{\mathrm{ap}}^2} - 0{,}6 \frac{p_{\mathrm{d}}}{b} \tag{6.55}$$

Dabei ist

p_{d} die gleichmäßig verteilte Auflast im Firstbereich;

b die Trägerbreite;

$M_{\mathrm{ap,d}}$ der Bemessungswert des Biegemomentes im First, das zu Querzugspannungen führt;

$$k_{\mathrm{p}} = k_5 + k_6 \left(\frac{h_{\mathrm{ap}}}{r} \right) + k_7 \left(\frac{h_{\mathrm{ap}}}{r} \right)^2 \tag{6.56}$$

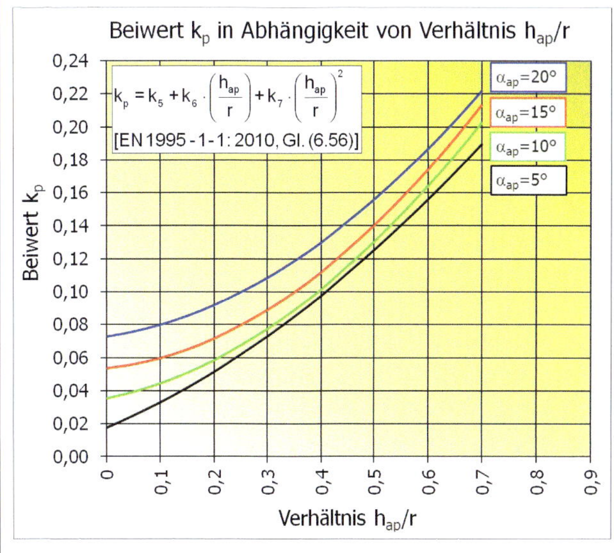

Bild K.104 — Beiwert k_{p} in Abhängigkeit zum Verhältnis h_{ap}/r am Beispiel eines Satteldachträgers mit gekrümmtem Untergurt

mit

$$k_5 = 0{,}2 \tan \alpha_{\mathrm{ap}} \tag{6.57}$$

$$k_6 = 0{,}25 - 1{,}5 \tan \alpha_{\mathrm{ap}} + 2{,}6 \tan^2 \alpha_{\mathrm{ap}} \tag{6.58}$$

$$k_7 = 2{,}1 \tan \alpha_{\mathrm{ap}} - 4 \tan^2 \alpha_{\mathrm{ap}} \tag{6.59}$$

ANMERKUNG Die empfohlene Gleichung ist (6.54). Informationen zu nationalen Anforderungen bezüglich der Gleichungen (6.54) und (6.55) können im Nationalen Anhang enthalten sein.

NDP Zu 6.4.3(8) Satteldachträger, gekrümmte Träger und Satteldachträger mit gekrümmtem Untergurt

Es gilt Gleichung (6.54).

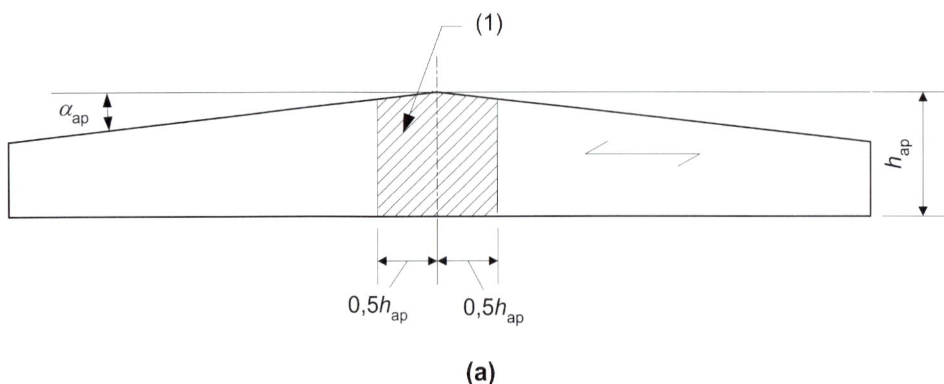

(a)

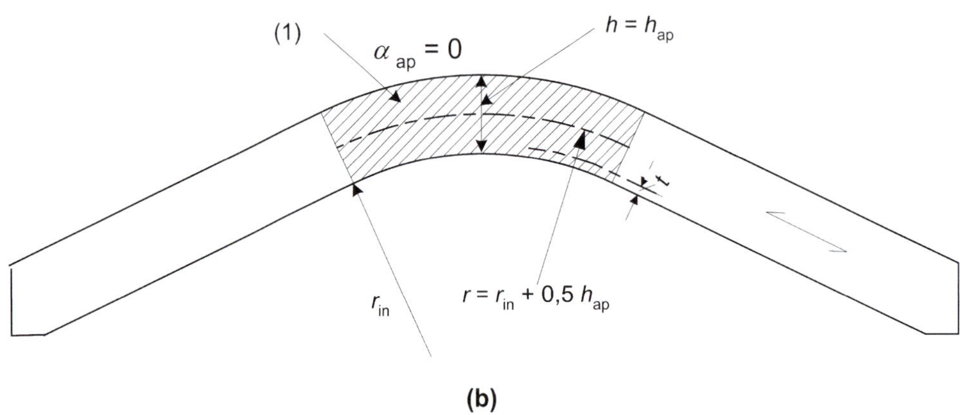

(b)

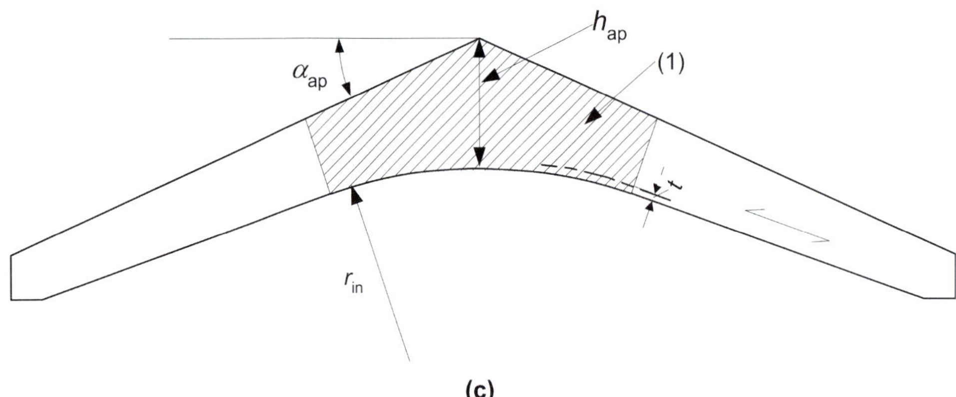

(c)

Legende

(1) Firstbereich

ANMERKUNG In gekrümmten Trägern und Satteldachträgern mit gekrümmtem Untergurt entspricht der Firstbereich dem gekrümmten Bereich der Träger.

Bild 6.9 — Satteldachträger mit geradem Untergurt (a), gekrümmter Träger (b) und Satteldachträger mit gekrümmtem Untergurt (c) mit Faserrichtung des Holzes in Richtung des unteren Randes des Biegestabes

NCI Zu 6.4.3 „Satteldachträger, gekrümmte Träger und Satteldachträger mit gekrümmtem Untergurt“

ANMERKUNG 1 DIN EN 1995-1-1 regelt nur Satteldachträger, gekrümmte Träger und Satteldachträger mit gekrümmtem Untergurt, die keine Querzugverstärkung enthalten. Bauteile, die Verstärkungen zur Aufnahme zusätzlicher klimatisch bedingter Querzugspannungen enthalten, sind in NCI NA.6.8.5 geregelt. Bauteile, die Verstärkungen zur vollständigen Aufnahme der Querzugspannungen enthalten, sind in NCI NA.6.8.6 geregelt.

ANMERKUNG 2 Im Hinblick auf zusätzliche klimabedingte Querzugspannungen werden für gekrümmte Biegeträger und Satteldachträger mit gekrümmtem Untergurt immer Verstärkungen nach NCI NA.6.8.5 empfohlen. Für Satteldachträger mit geradem Untergurt werden ab einem Ausnutzungsgrad $\eta \geq 0{,}8$ im Nachweis der Querzugspannungen nach Gleichungen (6.50) und (6.53) Verstärkungen nach NCI NA.6.8.5 empfohlen.

ANMERKUNG 3 Hinweise zu Trägern mit sogenannter „hochgesetzter Trockenfuge“ bzw. bei Trägern mit unterschiedlicher Neigung des Ober- und Untergurtes können [NA.2] entnommen werden.

Siehe Technische Mitteilung 06-011 der Bundesvereinigung der Prüfingenieure für Bautechnik e. V., Berlin (www.bvpi.de).

6.5 Ausgeklinkte Bauteile

6.5.1 Allgemeines

(1)P Der Einfluss der Spannungskonzentration in der Ausklinkung ist beim Tragfähigkeitsnachweis zu berücksichtigen.

(2) Der Einfluss der Spannungskonzentration darf in folgenden Fällen vernachlässigt werden:

— Zug oder Druck in Faserrichtung;

— Biegung mit Zugspannungen in der Ausklinkung, wenn der Faseranschnitt nicht steiler ist als $1 : i = 1 : 10$, d. h., $i \geq 10$, siehe Bild 6.10a;

— Biegung mit Druckspannungen in der Ausklinkung, siehe Bild 6.10b.

In der Ausklinkungsecke treten hohe Querzug- und Schubspannungen auf, die zur Rissbildung führen und die Tragfähigkeit an dieser Stelle sehr stark herabsetzen. Der Bruch ist spröde. Er tritt plötzlich und ohne Vorankündigung ein.

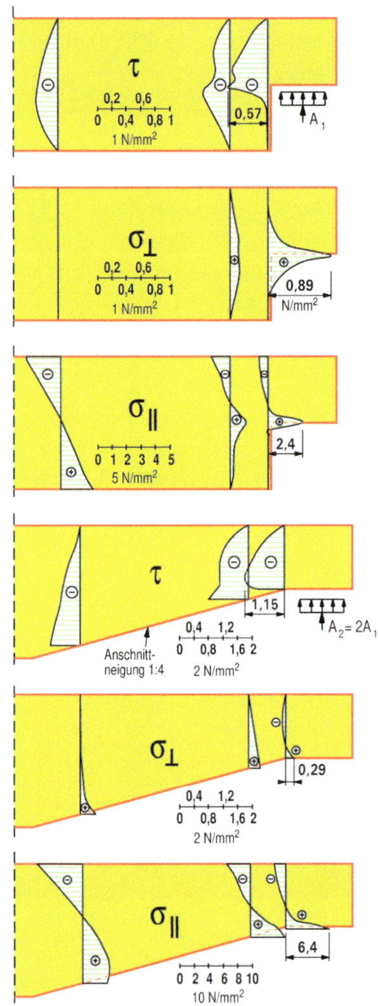

Bild K.105 — Untersuchungen zur Spannungsverteilung (Schub-, Querzug- und Längsspannungen) an ausgeklinkten Brettschichtholzträgern unter der Annahme eines vollelastischen, anisotropen Werkstoffverhaltens (s. [20])

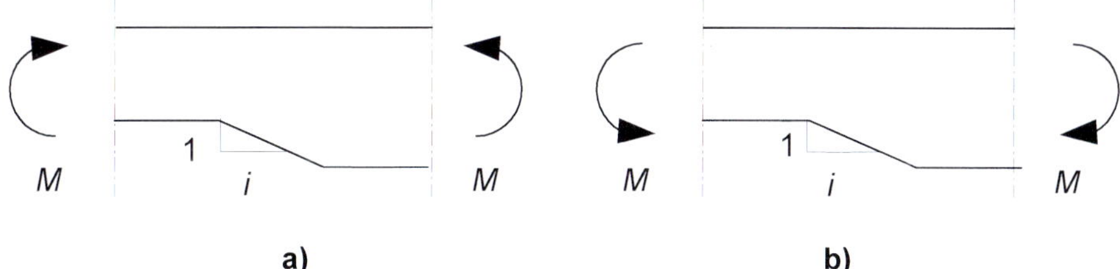

Legende

a) mit Zugspannungen in der Ausklinkung
b) mit Druckspannungen in der Ausklinkung

Bild 6.10 — Biegung in einer Ausklinkung

NCI Zu 6.5.1 „Allgemeines"

(NA.3) Unverstärkte Ausklinkungen dürfen nur in den Nutzungsklassen 1 und 2 verwendet werden. Ausklinkungen in Nutzungsklasse 3 sind nach NCI NA.6.8.3 zu verstärken.

6.5.2 Biegestäbe mit Ausklinkungen am Auflager

(1) Für Biegestäbe mit Rechteckquerschnitt und einer im Wesentlichen parallel zur Längsachse verlaufenden Faserrichtung sind in der Regel die Schubspannungen am ausgeklinkten Auflager mit einer wirksamen (reduzierten) Höhe h_{ef} zu berechnen (siehe Bild 6.11).

(2) Es sollte nachgewiesen werden, dass

$$\tau_d = \frac{1{,}5\, V_d}{b_{ef}\, h_{ef}} \le k_v\, f_{v,d} \tag{6.60}$$

b_{ef} ist in Gleichung (6.13a) definiert.

Dabei ist

k_v ein Abminderungsbeiwert, wie folgt definiert:

— für auf der Gegenseite des Auflagers ausgeklinkte Biegestäbe (siehe Bild 6.11b):

$$k_v = 1{,}0 \tag{6.61}$$

— für an der Auflagerseite ausgeklinkte Biegestäbe (siehe Bild 6.11a):

$$k_v = \min\begin{cases} 1 \\ \dfrac{k_n\left(1+\dfrac{1{,}1\, i^{1{,}5}}{\sqrt{h}}\right)}{\sqrt{h}\left(\sqrt{\alpha(1-\alpha)}+0{,}8\dfrac{x}{h}\sqrt{\dfrac{1}{\alpha}-\alpha^2}\right)} \end{cases} \tag{6.62}$$

„... Die geringe Querzugfestigkeit auch des Brettschichtholzes, die durch Schwindspannungen oder Trockenrisse meist gerade an angeschnittenen Hirnenden herabgesetzt wird, lässt es aber ratsam erscheinen, diese Konstruktionsform zu vermeiden oder von vornherein wirksame Verstärkungsmaßnahmen vorzusehen ...", Empfehlung von Möhler in [20].

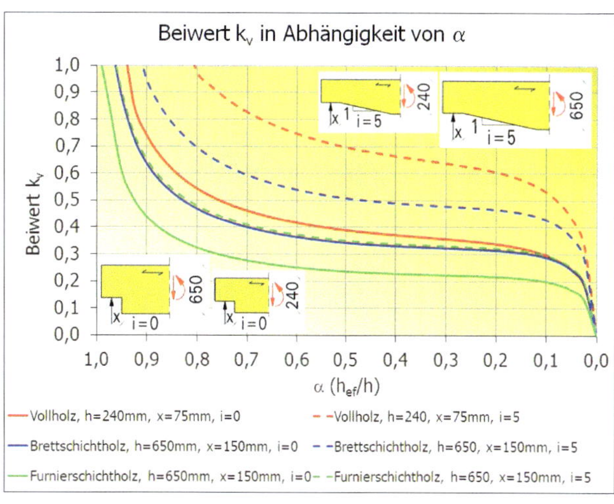

Bild K.106 — Beiwert k_v nach Gl. (6.62) für verschiedene Holzbaustoffe in Abhängigkeit von α

k_v-Wert für rechtwinklig oder schräg ausgeklinkte Auflager. Schon bei geringem Ausklinkungsverhältnis, z. B. $\alpha = 0{,}8$, sinkt k_v auf niedrige Werte: $k_v = 0{,}45$ (für Brettschichtholz – rechtwinklige Ausklinkung), $k_v = 0{,}7$ (Brettschichtholz – schräge Ausklinkung).

Dabei ist

i die Neigung der Ausklinkung (siehe Bild 6.11a);

h die Höhe des Biegestabes in mm;

x der Abstand der Wirkungslinie der Auflagerkraft und Ausklinkungsecke in mm;

$$\alpha = \frac{h_{ef}}{h}$$

$$k_n = \begin{cases} 4,5 & \text{für Furnierschichtholz} \\ 5 & \text{für Vollholz} \\ 6,5 & \text{für Brettschichtholz} \end{cases}$$

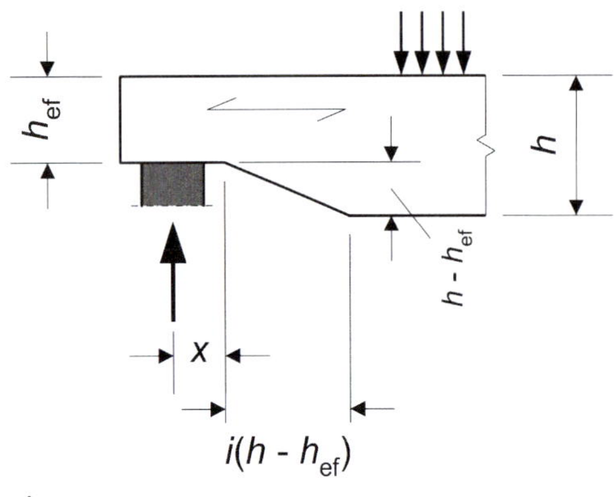

a)

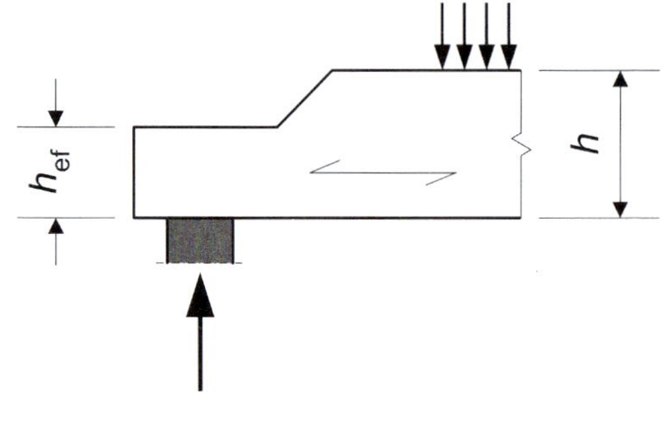

b)

Bild 6.11 — Endausklinkungen von Biegestäben

NCI Zu 6.5.2 „Biegestäbe mit Ausklinkungen am Auflager"

(NA.3) Für Träger mit Ausklinkungen auf der Gegenseite des Auflagers (siehe Bild 6.11) ist $k_v = 1$. Falls $x < h_{ef}$ ist, darf k_v wie folgt bestimmt werden:

$$k_v = \left(\frac{h}{h_{ef}}\right) \cdot \left[1 - \frac{(h - h_{ef}) \cdot x}{h \cdot h_{ef}}\right] \qquad \text{(NA.62)}$$

Dabei ist

x der Abstand zwischen Kraftwirkungslinie der Auflagerkraft und Ausklinkungsecke in mm.

Im Fall nach Bild 6.11 b) erhöht sich die Schubfestigkeit vom Holz bei gleichzeitiger Wirkung einer Querdruckkraft. Für $x < h_{ef}$ wird $k_v > 1,0$.

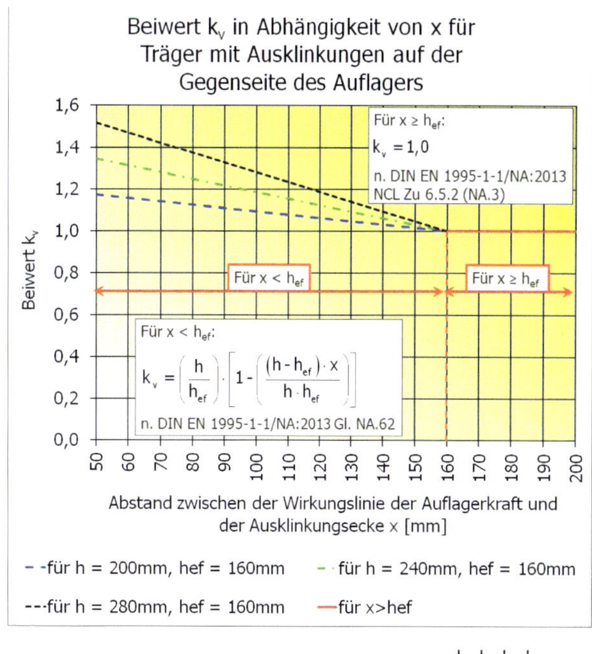

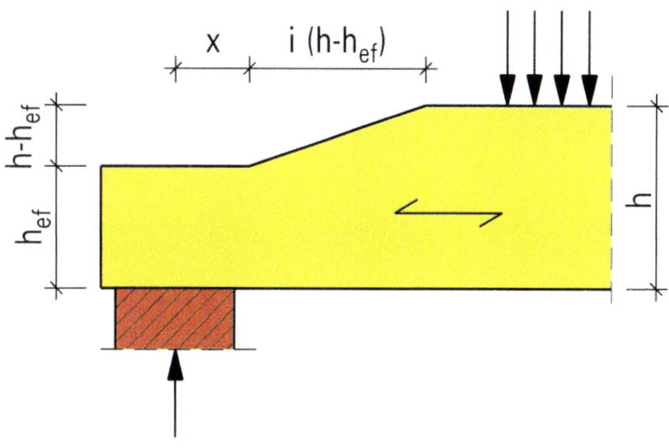

Bild K.107 — Beiwert k_v nach Gl. (NA.62) für Ausklinkungen auf der Gegenseite des Auflagers für verschiedene Bauteilhöhen nach DIN EN 1995-1-1/NA:2013, Gl. (NA.62)

Für Bauteile mit einer Voute sind zusätzlich der kombinierte Spannungsnachweis am angeschnittenen Rand und der Schubspannungsnachweis im Voutenquerschnitt mit der minimalen Höhe zu führen.

6.6 Systemfestigkeit

(1) Werden mehrere ähnliche Bauteile bei gleichen gegenseitigen Abständen untereinander seitlich durch ein kontinuierliches Lastverteilungssystem miteinander verbunden, dann dürfen die Festigkeitskennwerte der Bauteile um einen Beiwert für die Systemfestigkeit k_{sys} erhöht in Rechnung gestellt werden.

(2) Vorausgesetzt, dass das kontinuierliche Lastverteilungssystem in der Lage ist, die Kräfte von einem Bauteil auf das benachbarte Bauteil zu übertragen, dann sollte der Beiwert für die Systemfestigkeit k_{sys} zu 1,1 angenommen werden.

(3) Der Nachweis für die Beanspruchbarkeit des Lastverteilungssystems sollte unter der Annahme einer kurzen Lasteinwirkungsdauer geführt werden.

ANMERKUNG Für Dachbinder mit einem größten Binderabstand von 1,2 m darf angenommen werden, dass Dachlatten, Pfetten und Platten die Lasten zu den benachbarten Bindern übertragen können, vorausgesetzt, dass diese lastverteilenden Bauteile über mindestens zwei Felder durchgehen und etwaige Stöße versetzt angeordnet sind.

(4) Für lamellierte Decken sollten die Werte für k_{sys} nach Bild 6.12 verwendet werden.

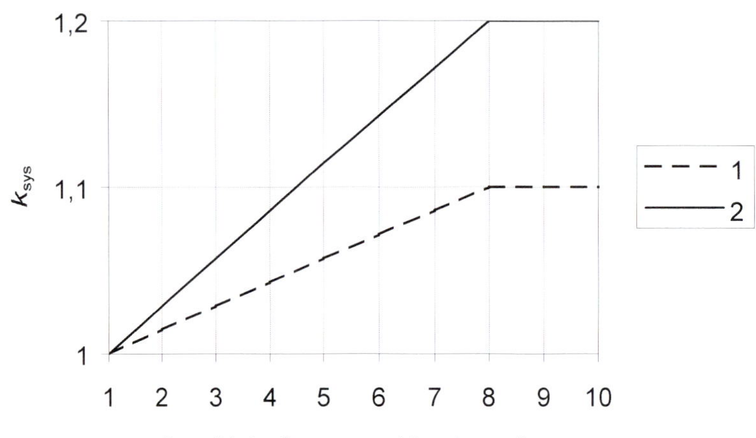

Legende

1 vernagelte oder verschraubte Lamellen
2 quer vorgespannte oder verklebte Lamellen

Bild 6.12 — Beiwert für die Systemfestigkeit k_{sys} für lamellierte Decken aus Vollholz oder Brettschichtholz

NCI Zu 6.6 „Systemfestigkeit“

(NA.5) Wird die Anwendungsregel des Absatzes 6.6(4) angewendet, dürfen für die gleiche Beanspruchungsrichtung der Absatz 3.3(3) und NCI Zu 3.3(NA.6) nicht zusätzlich in Ansatz gebracht werden.

NCI NA.6.7 Unverstärkte Durchbrüche

(NA.1) Durchbrüche in Trägern sind Öffnungen mit den lichten Maßen d > 50 mm (siehe Bild NA.7). Die folgenden Regelungen gelten nur für unverstärkte Durchbrüche in Brettschichtholz und Furnierschichtholz. Durchbrüche dürfen in unverstärkten Trägerbereichen mit planmäßiger Querzugbeanspruchung nicht angeordnet werden. Es gelten die Mindest- und Höchstmaße:

$\ell_V \geq h$	$\ell_Z \geq 1{,}5\ h$, jedoch mindestens 300 mm	$\ell_A \geq h/2$	$h_{ro(ru)} \geq 0{,}35 \cdot h$	$a \leq 0{,}4\ h$	$h_d \leq 0{,}15 \cdot h$

Durchbrüche in Biegeträgern führen zu Kraftumlagerungen mit hohen Querzug- und Schubspannungen. Der Verlauf der Schub- und Biegespannungen im Durchbruchsbereich ist erheblich gestört. Im Bereich der Ecken entstehen deutlich erhöhte Biegerandspannungen.

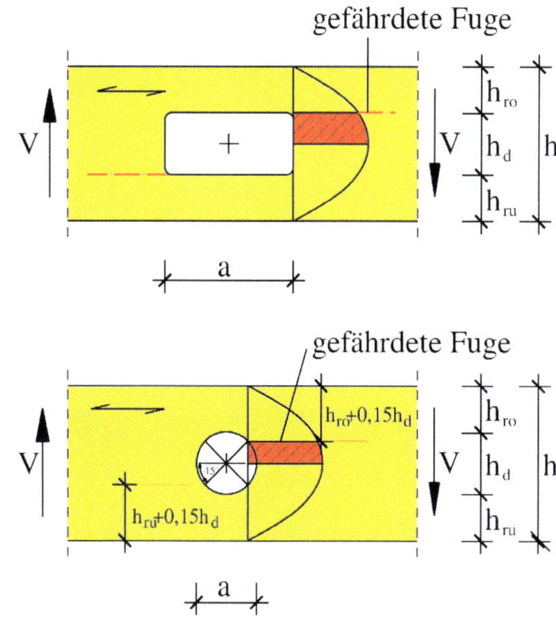

Bild K.108 — Zugeordnete Schubspannungen für rechteckige und kreisförmige Durchbrüche (aus [26])

Die an den Rändern entstehende Querzugkraft $F_{t,V,d}$, die nach DIN EN 1995-1-1/NA:2013, Gl. (NA.66) berechnet wird, entspricht in etwa der schraffierten Fläche in den dargestellten Schubspannungsdiagrammen. Zusätzlich entstehen klimabedingte Querzugspannungen. Besonders empfindlich reagieren hier die frei liegenden Hirnholzbereiche der Durchbruchslöcher. Hier ist die Feuchteaufnahme um das Zwanzigfache größer als in radialer/tangentialer Richtung zur Holzfaser. Analog zu Ausklinkungen sollten Durchbrüche möglichst vermieden werden, oder wenn dies nicht möglich ist, sollten nur verstärkte Durchbrüche mit gegen Feuchtebeanspruchung versiegelten Hirnholzbereichen ausgeführt werden.

Nach [23] sollten die im Bereich von rechteckigen Durchbrüchen aus der Rahmenwirkung der Durchbrüche auftretenden hohen Biegerandspannungen zusätzlich nachgewiesen werden.

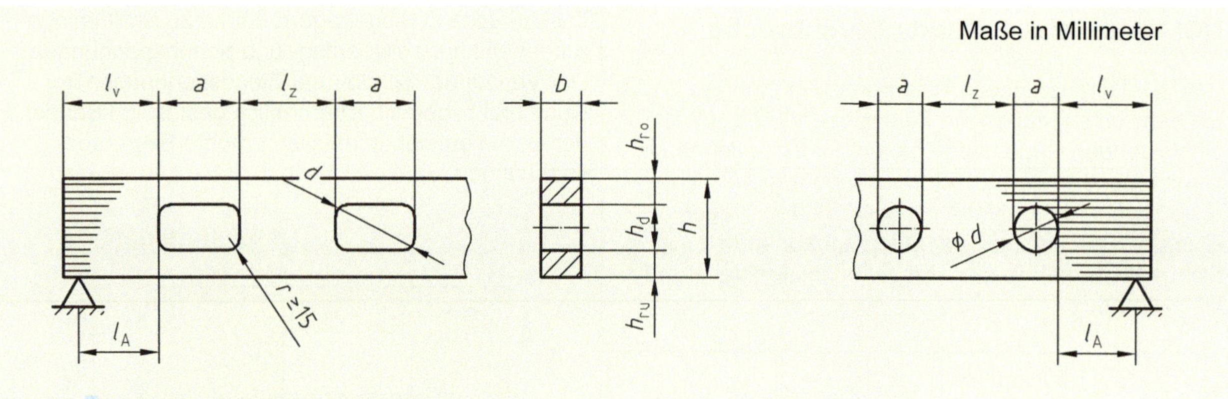

Bild NA.7 — Unverstärkte Durchbrüche

(NA.2) Unverstärkte Durchbrüche nach Absatz (NA.1) dürfen nur in den Nutzungsklassen 1 und 2 verwendet werden. Durchbrüche in Nutzungsklasse 3 sind nach NA.6.8 zu verstärken.

(NA.3) Beträgt das lichte Maß $d \leq 50$ mm, dann müssen dennoch die Regeln für Querschnittsschwächungen beachtet werden.

(NA.4) Bei Durchbrüchen nach Absatz (NA.1) müssen folgende Bedingungen eingehalten werden:

$$\frac{F_{t,90,d}}{0{,}5 \cdot \ell_{t,90} \cdot b \cdot k_{t,90} \cdot f_{t,90,d}} \leq 1 \qquad \text{(NA.63)}$$

Dabei ist

b Trägerbreite am Durchbruch;

$f_{t,90,d}$ Bemessungswert der Zugfestigkeit des Brett- oder Furnierschichtholzes rechtwinklig zur Faserrichtung;

$k_{t,90} = \min\left\{1; (450/h)^{0,5}\right\}$, h in mm

und

$$\ell_{t,90} = 0{,}5 \cdot (h_d + h) \quad \text{für rechteckige Durchbrüche} \qquad \text{(NA.64)}$$

$$\ell_{t,90} = 0{,}353 \cdot h_d + 0{,}5 \cdot h \quad \text{für kreisförmige Durchbrüche} \qquad \text{(NA.65)}$$

Der Bemessungswert der Zugkraft ist dabei wie folgt zu ermitteln:

$$F_{t,90,d} = F_{t,V,d} + F_{t,M,d} \qquad \text{(NA.66)}$$

mit

$$F_{t,V,d} = \frac{V_d \cdot h_d}{4 \cdot h} \cdot \left[3 - \frac{h_d^2}{h^2}\right] \qquad \text{(NA.67)}$$

und

$$F_{t,M,d} = 0{,}008 \cdot \frac{M_d}{h_r} \qquad \text{(NA.68)}$$

Dabei ist

V_d der Betrag des Bemessungswertes der Querkraft am Durchbruchsrand;

$h_r = \min\{h_{ro}; h_{ru}\}$ für rechteckige Durchbrüche;

$h_r = \min\{h_{ro} + 0{,}15 \cdot h_d; h_{ru} + 0{,}15 \cdot h_d\}$ für kreisförmige Durchbrüche;

M_d der Betrag des Bemessungswertes des Biegemomentes am Durchbruchsrand.

In Gleichung (NA.67) darf bei runden Durchbrüchen anstelle von h_d der Wert $0{,}7 \cdot h_d$ eingesetzt werden.

(NA.5) Für unverstärkte Queranschlüsse gelten die Regelungen aus DIN EN 1995-1-1:2010-12, 8.1.4 und NCI Zu 8.1.4.

NCI NA.6.8 Verstärkungen

NCI NA.6.8.1 Allgemeines

(NA.1) NA.6.8.2 bis NA.6.8.6 beziehen sich auf Bauteile, deren Tragfähigkeit durch eine oder mehrere Verstärkungen rechtwinklig zur Faserrichtung des Holzes zur Aufnahme von Querzugbeanspruchungen erhöht wird.

(NA.2) Die Zugfestigkeit des Holzes rechtwinklig zur Faserrichtung wird bei der Ermittlung der Beanspruchungen der Verstärkungen nach NA.6.8.2 bis NA.6.8.6 nicht berücksichtigt.

(NA.3) Als innen liegende Verstärkungen dürfen folgende Stahlstäbe verwendet werden:

- Holzschrauben mit einem Gewinde über die gesamte Schaftlänge;
- eingeklebte Gewindebolzen;
- eingeklebte gerippte Betonstabstähle.

Bei der Verwendung dieser Stahlstäbe ist DIN 1052-10 zu berücksichtigen. Die Querschnittsschwächung durch innen liegende Verstärkungen ist in zugbeanspruchten Querschnittsteilen zu berücksichtigen.

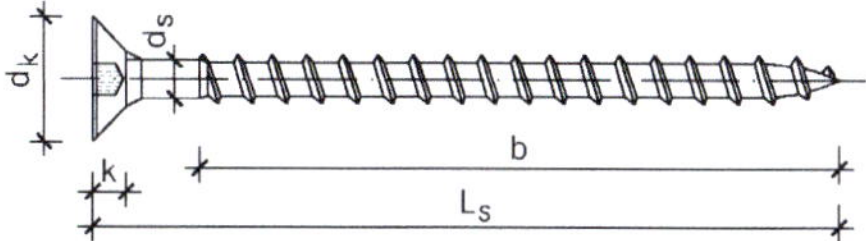

Holzschrauben mit einem Gewinde über die gesamte Schaftlänge (Vollgewindeschraube nach bauaufsichtlicher Zulassung)

eingeklebte Gewindebolzen nach DIN 976-1

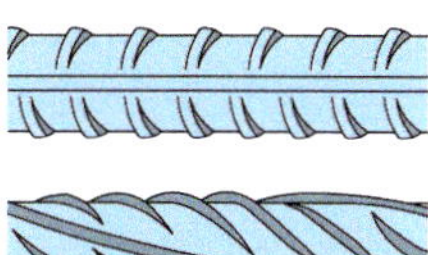

eingeklebte gerippte Betonstähle nach DIN 488

Bild K.109 — Geregelte Verstärkungen nach Abschnitt NCI NA.6.8.1 (NA.3)

Bild K.110 — Anwendbar sind auch Gewindestangen mit Holzschraubengewinde nach DIN 7998 mit bauaufsichtlicher Zulassung

(NA.4) Als außen liegende Verstärkungen dürfen verwendet werden:

- aufgeklebtes Sperrholz nach DIN EN 13986 in Verbindung mit DIN EN 636 und DIN 20000-1;
- aufgeklebtes Furnierschichtholz nach DIN EN 14374 oder nach DIN EN 13986 in Verbindung mit DIN EN 14279 und DIN 20000-1 oder mit bauaufsichtlichem Verwendbarkeitsnachweis;
- aufgeklebte Bretter;
- eingepresste Nagelplatten.

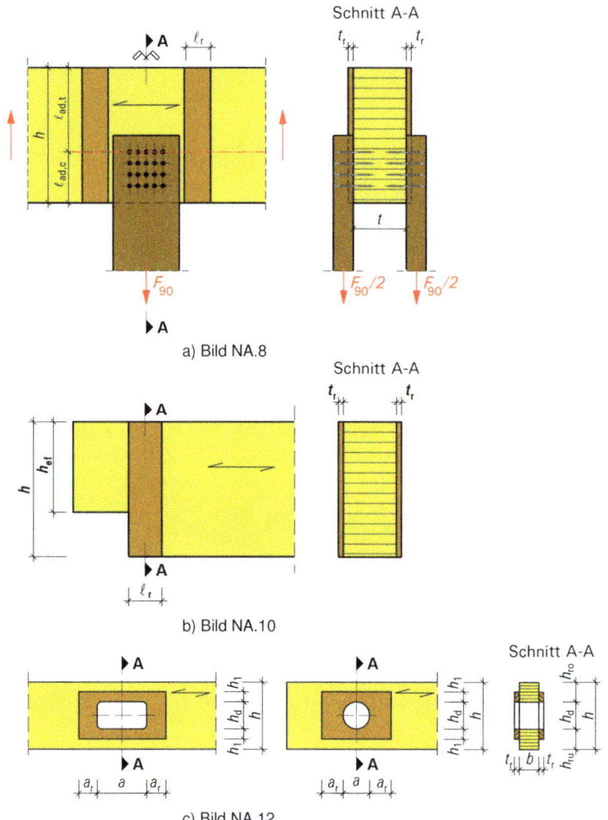

Bild K.111 — Geregelte außen liegende Verstärkungen nach Abschnitt NCI NA.6.8.1 (NA.4)

(NA.5) Die Abstände a_2 der Stahlstäbe untereinander (siehe Bild NA.10) müssen mindestens 3 d betragen. Die Endabstände $a_{1,c}$ (sofern im Weiteren nichts anderes angegeben wird) und Randabstände $a_{2,c}$ der Stahlstäbe müssen mindestens 2,5 d_r betragen.

(NA.6) Verstärkungen mit Schrauben mit einem Gewinde über die gesamte Schaftlänge sind sinngemäß wie Verstärkungen mit eingeklebten Gewindebolzen nachzuweisen.

(NA.7) Die Zugbeanspruchung der Stahlstäbe ist mit den Spannungsquerschnitten nachzuweisen.

(NA.8) Sofern im Folgenden nichts anderes bestimmt ist, gelten für die Herstellung von geklebten Verstärkungen die Anforderungen nach Abschnitt NA.11.

(NA.9) Verstärkungen von Queranschlüssen, Ausklinkungen, Durchbrüchen und Firstbereichen sind auch in Nutzungsklasse 3 zulässig.

NCI NA.6.8.2 Querzugverstärkungen für Queranschlüsse

(NA.1) Die Verstärkung eines Queranschlusses (siehe Beispiele in Bild NA.8) darf für eine Zugkraft $F_{t,90,d}$ bemessen werden:

$$F_{t,90,d} = [1 - 3 \cdot \alpha^2 + 2\,\alpha^3] \cdot F_{Ed} \qquad \text{(NA.69)}$$

Dabei ist

F_{Ed} der Bemessungswert der Anschlusskraft rechtwinklig zur Faserrichtung des Holzes;

$\alpha = \frac{h_e}{h}$ siehe Bild NA.8.

(NA.2) Bei der Aufnahme der Zugkraft $F_{t,90,d}$ nach Gleichung (NA.69) durch Stahlstäbe ist für die gleichmäßig verteilt angenommene Klebfugenspannung nachzuweisen, dass

$$\frac{\tau_{ef,d}}{f_{k1,d}} \leq 1 \qquad \text{(NA.70)}$$

$$\tau_{ef,d} = \frac{F_{t,90,d}}{n \cdot d \cdot \pi \cdot \ell_{ad}} \qquad \text{(NA.71)}$$

Dabei ist

$\ell_{ad} =$ min $\{\ell_{ad,c};\ \ell_{ad,t}\}$ siehe Bild NA.8;

n die Anzahl der Stahlstäbe; dabei darf außerhalb des Queranschlusses in Trägerlängsrichtung nur jeweils ein Stab in Rechnung gestellt werden;

$f_{k1,d}$ der Bemessungswert der Klebfugenfestigkeit (charakteristischer Wert siehe Tabelle NA.12);

d der Stahlstabaußendurchmesser.

Binderansicht

Darstellung der Geräteaufhängung (Basketballkorb), Bolzenanordnung

[Angaben in mm]

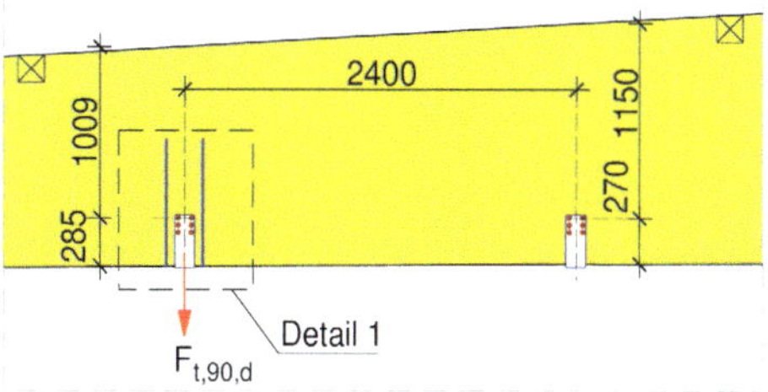

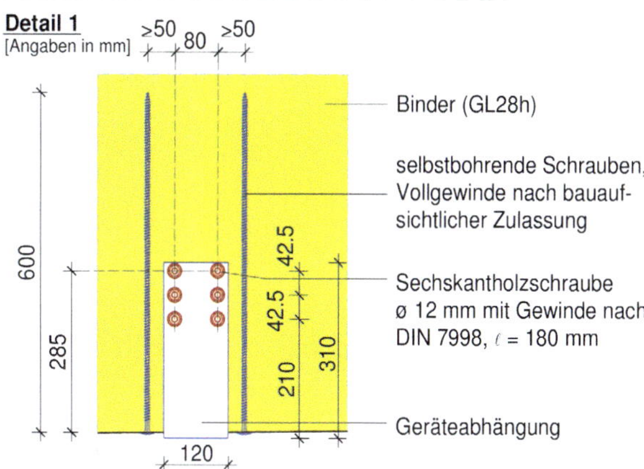

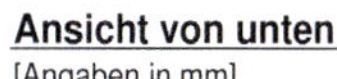

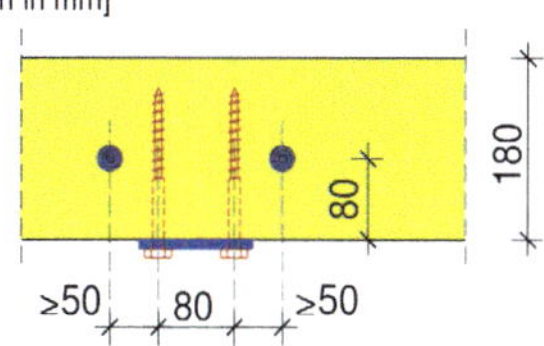

Bild K.112 — Beispiel für die Verstärkung einer Geräteabhängung an einem Brettschichtholzbinder (s. [3])

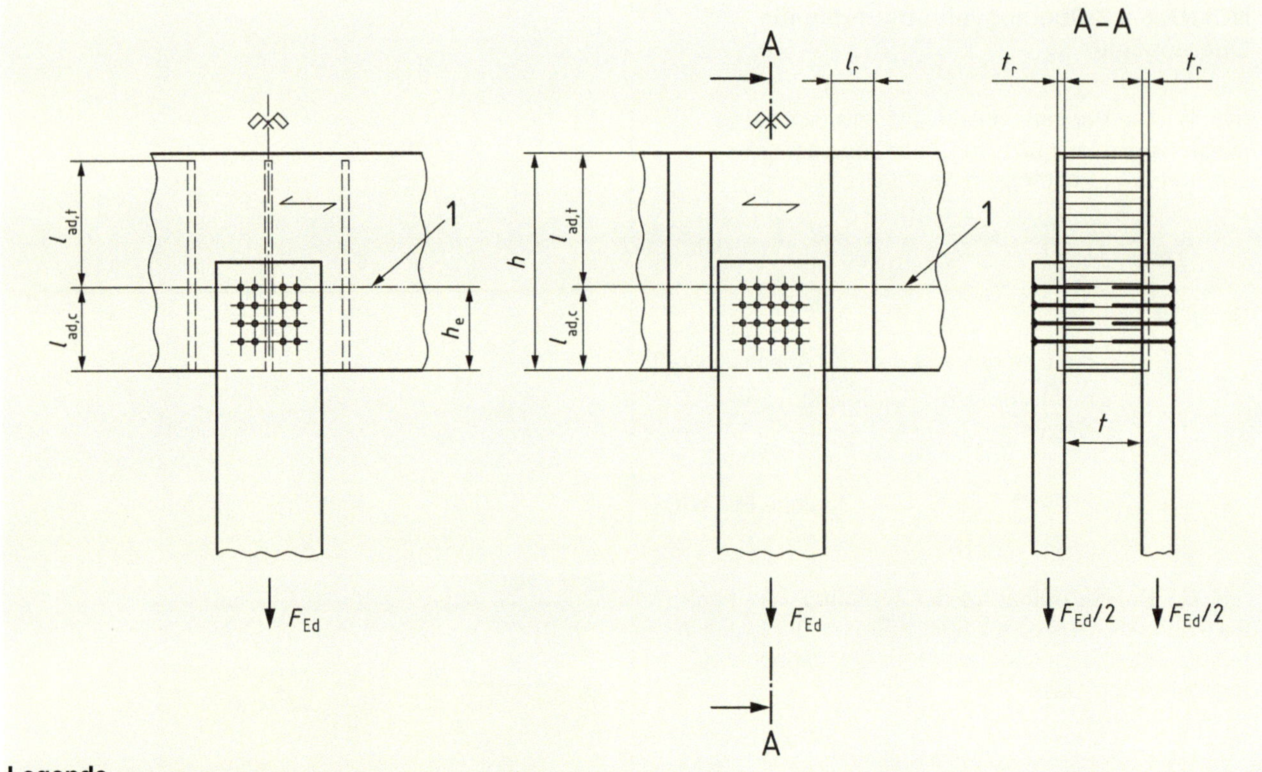

Legende
1 gefährdeter Bereich

Bild NA.8 — Beispiele für Verstärkungen von Queranschlüssen

(NA.3) Bei der Aufnahme der Zugkraft $F_{t,90,d}$ nach Gleichung (NA.69) durch seitlich aufgeklebte Verstärkungsplatten ist für die gleichmäßig verteilt angenommene Klebfugenspannung nachzuweisen, dass

$$\frac{\tau_{ef,d}}{f_{k2,d}} \leq 1 \quad \text{(NA.72)}$$

$$\tau_{ef,d} = \frac{F_{t,90,d}}{4 \cdot \ell_{ad} \cdot \ell_r} \quad \text{(NA.73)}$$

Dabei ist

ℓ_{ad} = min $\{\ell_{ad,c}; \ell_{ad,t}\}$ (siehe Bild NA.8);

ℓ_r die Breite der Verstärkungsplatte (siehe Bild NA.8);

$f_{k2,d}$ der Bemessungswert der Klebfugenfestigkeit (charakteristischer Wert siehe Tabelle NA.12).

(NA.4) Für die Zugspannung in den aufgeklebten Verstärkungsplatten ist nachzuweisen, dass gilt:

$$k_k \frac{\sigma_{t,d}}{f_{t,d}} \leq 1 \quad \text{(NA.74)}$$

$$\sigma_{t,d} = \frac{F_{t,90,d}}{n_r \cdot t_r \cdot \ell_r} \quad \text{(NA.75)}$$

Dabei ist

n_r die Anzahl der Verstärkungsplatten;

t_r die Dicke einer Verstärkungsplatte;

k_k der Beiwert zur Berücksichtigung der ungleichmäßigen Spannungsverteilung; ohne genaueren Nachweis darf $k_k = 1,5$ angenommen werden;

$f_{t,d}$ der Bemessungswert der Zugfestigkeit des Plattenwerkstoffes in Richtung der Zugkraft $F_{t,90}$.

(NA.5) Die Verstärkungsplatten sind entsprechend Bild NA.8 aufzukleben, wobei gilt:

$$0,25 \leq \frac{\ell_r}{\ell_{ad}} \leq 0,5 \qquad \text{(NA.76)}$$

(NA.6) Verstärkungen mit Nagelplatten sind sinngemäß nach den Absätzen (NA.3) und (NA.4) nachzuweisen und nach Absatz (NA.5) anzuordnen.

NCI NA.6.8.3 Querzugverstärkungen für rechtwinklige Ausklinkungen an den Enden von Biegestäben mit Rechteckquerschnitt

(NA.1) Die Verstärkung einer rechtwinkligen Ausklinkung auf der belasteten Seite eines Trägerauflagers (siehe Bild NA.9) darf für eine Zugkraft $F_{t,90,d}$ bemessen werden:

$$F_{t,90,d} = 1,3 \cdot V_d \cdot [3\,(1-\alpha)^2 - 2\,(1-\alpha)^3] \qquad \text{(NA.77)}$$

Dabei ist

V_d der Bemessungswert der Querkraft;

$\alpha = h_{ef}/h$ (siehe Bild NA.9).

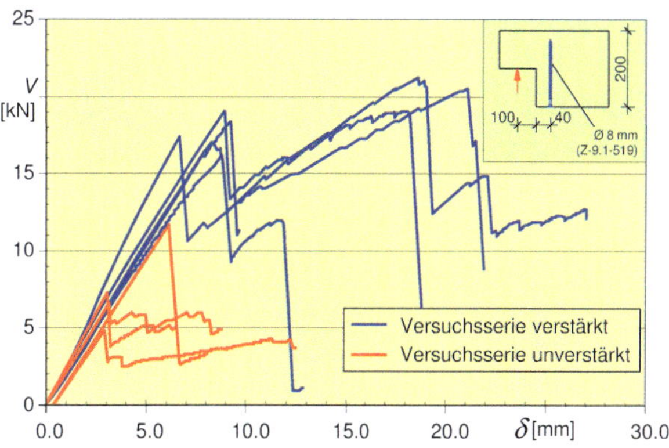

Bild K.113 — Einfluss einer inneren Verstärkung bei einer Ausklinkung, Vollholz, $\alpha = 0,5$ auf die Tragfähigkeit (aus [21]). Das Bruchverhalten bleibt spröde, aber die Tragfähigkeit kann wesentlich gesteigert werden.

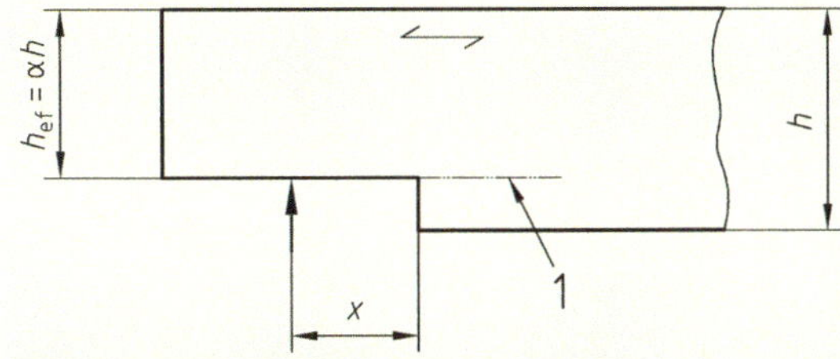

Legende

1 gefährdeter Bereich

Bild NA.9 — Rechtwinklige Ausklinkung auf der belasteten Trägerseite

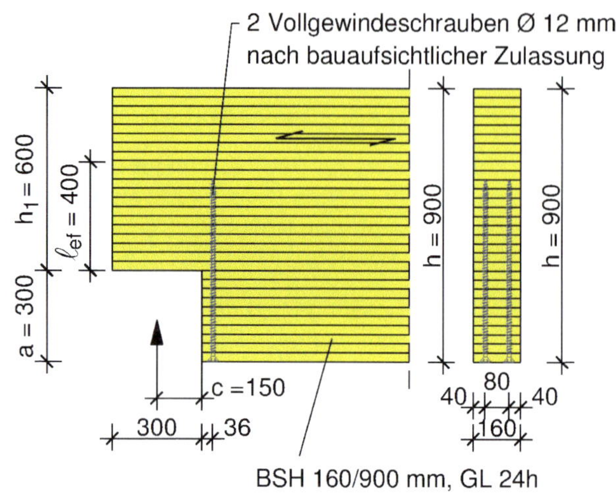

Bild K.114 — Beispiel für eine Verstärkung einer Ausklinkung mit zwei Vollgewindeschrauben (s. [3])

(NA.2) Bei der Aufnahme der Zugkraft $F_{t,90,d}$ nach Gleichung (NA.77) durch Stahlstäbe ist für die gleichmäßig verteilt angenommene Klebfugenspannung nachzuweisen, dass

$$\frac{\tau_{ef,d}}{f_{k1,d}} \leq 1 \tag{NA.78}$$

$$\tau_{ef,d} = \frac{F_{t,90,d}}{n \cdot d_r \cdot \pi \cdot \ell_{ad}} \tag{NA.79}$$

Dabei ist

ℓ_{ad} die wirksame Verankerungslänge (siehe Bild NA.10);

n die Anzahl der Stahlstäbe; dabei darf in Trägerlängsrichtung nur ein Stab in Rechnung gestellt werden;

d_r der Stahlstabaußendurchmesser ($\leq$ 20 mm);

$f_{k1,d}$ der Bemessungswert der Klebfugenfestigkeit (charakteristischer Wert siehe Tabelle NA.12).

(NA.3) Die Mindestlänge eines jeden Stahlstabes beträgt 2 ℓ_{ad}, der Durchmesser d_r darf 20 mm nicht überschreiten.

(NA.4) Bei der Aufnahme der Zugkraft $F_{t,90,d}$ nach Gleichung (NA.77) durch seitlich aufgeklebte Verstärkungsplatten ist für die gleichmäßig verteilt angenommene Klebfugenspannung nachzuweisen, dass

$$\frac{\tau_{ef,d}}{f_{k2,d}} \leq 1 \tag{NA.80}$$

$$\tau_{ef,d} = \frac{F_{t,90,d}}{2 \cdot (h - h_{ef}) \cdot \ell_r} \qquad \text{(NA.81)}$$

Dabei ist

$F_{t,90,d}$ die Zugkraft nach Gleichung (NA.77);

h, h_{ef} siehe Bild NA.10;

ℓ_r die Breite der Verstärkungsplatte (siehe Bild NA.10);

$f_{k2,d}$ der Bemessungswert der Klebfugenfestigkeit (charakteristischer Wert siehe Tabelle NA.12).

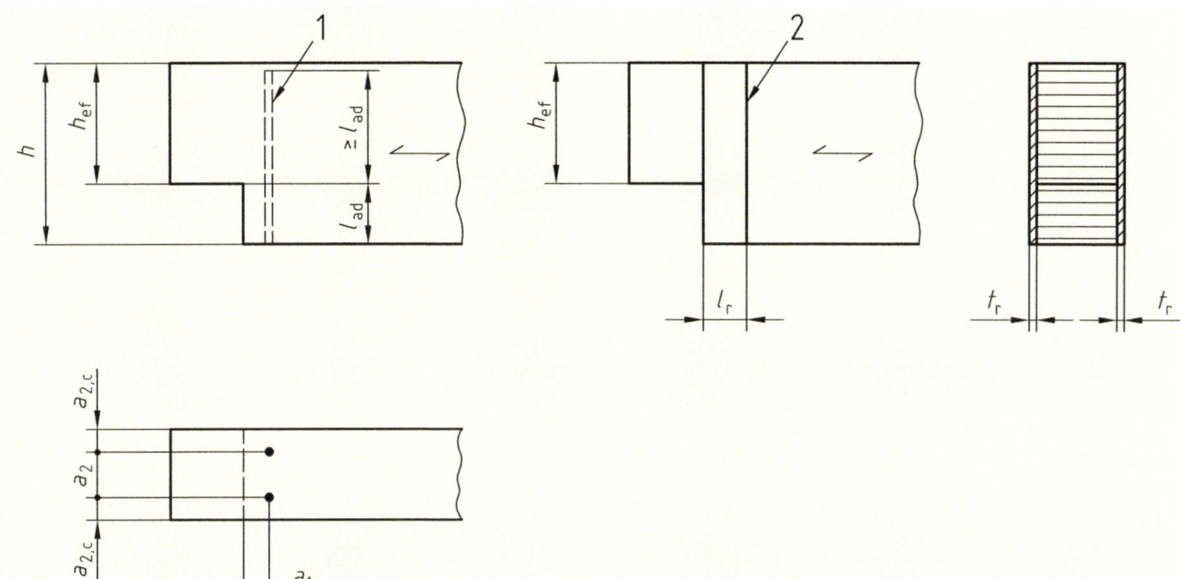

Legende

1 Stahlstabdurchmesser ∅ d_r

2 Verstärkungsplatten

Bild NA.10 — Angaben für Verstärkungen rechtwinkliger Ausklinkungen

(NA.5) Für die Zugspannung in den aufgeklebten Verstärkungsplatten ist nachzuweisen, dass

$$k_k \frac{\sigma_{t,d}}{f_{t,d}} \leq 1 \qquad \text{(NA.82)}$$

$$\sigma_{t,d} = \frac{F_{t,90,d}}{2 \cdot t_r \cdot \ell_r} \qquad \text{(NA.83)}$$

Dabei ist

t_r die Dicke einer Verstärkungsplatte;

k_k der Beiwert zur Berücksichtigung der ungleichmäßigen Spannungsverteilung; ohne genaueren Nachweis darf k_k = 2,0 angenommen werden;

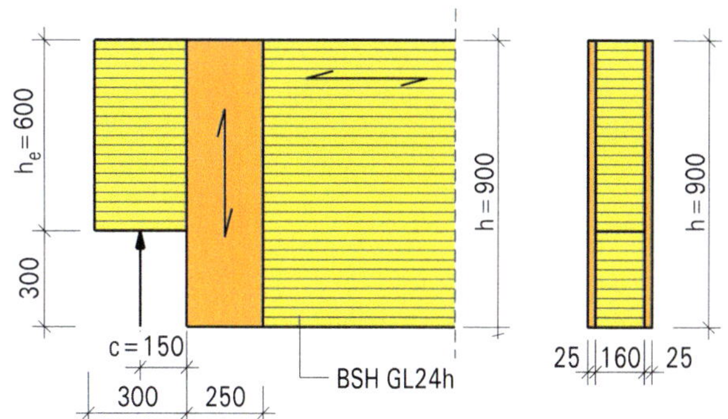

Bild K.115 — Beispiel für eine Verstärkung mit aufgeklebten Sperrholzplatten (s. [3], zusätzlich sind u. U. Anforderungen aus dem Brandschutz zu beachten)

$f_{t,d}$ der Bemessungswert der Zugfestigkeit des Plattenwerkstoffes in Richtung der Zugkraft $F_{t,90}$.

(NA.6) Die Verstärkungsplatten sind nach Bild NA.10 aufzukleben, wobei gilt

$$0{,}25 \leq \frac{\ell_r}{h - h_{ef}} \leq 0{,}5 \qquad \text{(NA.84)}$$

(NA.7) Verstärkungen mit Nagelplatten sind sinngemäß nach den Absätzen (NA.4) und (NA.5) nachzuweisen und nach Absatz (NA.6) anzuordnen.

NCI NA.6.8.4 Querzugverstärkungen für Durchbrüche bei Biegestäben mit Rechteckquerschnitt

(NA.1) Für Durchbrüche, bei denen die geometrischen Randbedingungen nachfolgender Tabelle eingehalten sind, darf die Verstärkung des Durchbruchs für eine Zugkraft $F_{t,90,d}$ nach Gleichung (NA.66) bemessen werden. Die Zugkraft $F_{t,90,d}$ ist bei rechteckigen Durchbrüchen in der Höhe der querzugbeanspruchten Durchbruchsecken (siehe Bild NA.11) und bei kreisförmigen Durchbrüchen in der Höhe der querzugbeanspruchten Durchbruchsränder unter 45° zur Trägerachse vom Kreismittelpunkt aus (siehe Bild NA.11) anzunehmen. Die Nachweise sind für jeden gefährdeten Bereich zu führen. Es gelten die folgenden Mindest- und Höchstmaße:

$\ell_v \geq h$	$\ell_z \geq h$, jedoch mindestens 300 mm[c]	$\ell_A \geq h/2$	$h_{ro(ru)} \geq 0{,}25 \cdot h$	$a \leq h$ $a/h_d \leq 2{,}5$	$h_d \leq 0{,}3\, h$[a] $h_d \leq 0{,}4 \cdot h$[b]

a bei innen liegender Verstärkung
b bei außen liegender Verstärkung
c für ℓ_z siehe Bild NA.7

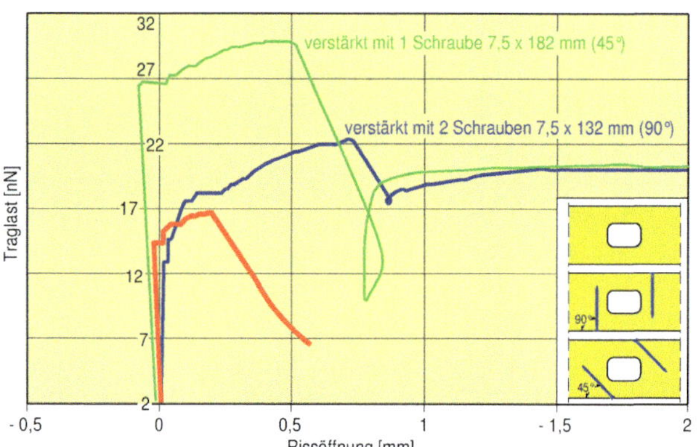

Bild K.116 — Einfluss einer inneren Verstärkung auf die Tragfähigkeit von rechteckigen Durchbrüchen (aus [23]). Die größte Steigerung der Tragfähigkeit wird mit schräger Schraubenanordnung erreicht.

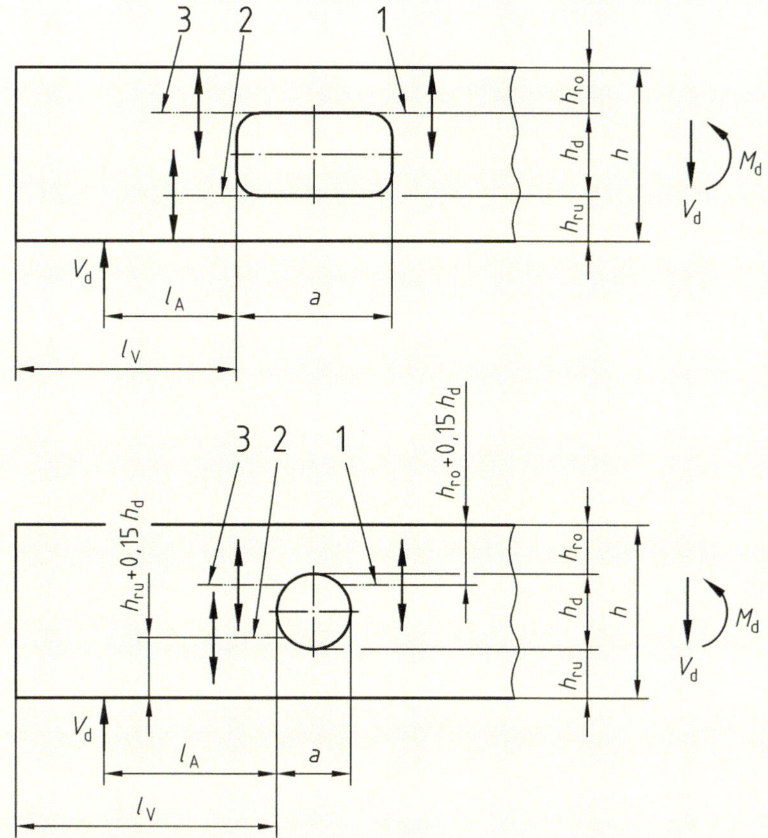

Legende

1 querzugbeanspruchter Bereich rechts der Öffnung

2 querzugbeanspruchter Bereich links der Öffnung, wenn $F_{t,M,d} \leq F_{t,V,d}$

3 zusätzlicher querzugbeanspruchter Bereich links der Öffnung, wenn $F_{t,M,d} > F_{t,V,d}$

Bild NA.11 — Rechteckiger und kreisförmiger Durchbruch eines Biegestabes

(NA.2) Bei der Verstärkung mit Stahlstäben ist für die gleichmäßig verteilt angenommene Klebfugenspannung nachzuweisen, dass

$$\frac{\tau_{ef,d}}{f_{k1,d}} \leq 1 \qquad \text{(NA.85)}$$

$$\tau_{ef,d} = \frac{F_{t,90,d}}{n \cdot d_r \cdot \pi \cdot \ell_{ad}} \qquad \text{(NA.86)}$$

Dabei ist

$\ell_{ad} =$	$h_{ru} + 0{,}15 \cdot h_d$ $\ell_{ad} = h_{ro} + 0{,}15 \cdot h_d$	oder für kreisförmige Durchbrüche;
$\ell_{ad} =$	h_{ru} oder $\ell_{ad} = h_{ro}$	für rechteckige Durchbrüche;
$h_{ru(ro)}$	siehe Bild NA.11;	
n	die Anzahl der Stahlstäbe; dabei dürfen je Durchbruchseite nur die im Abstand $a_{1,c}$ angeordneten Stäbe in Rechnung gestellt werden;	

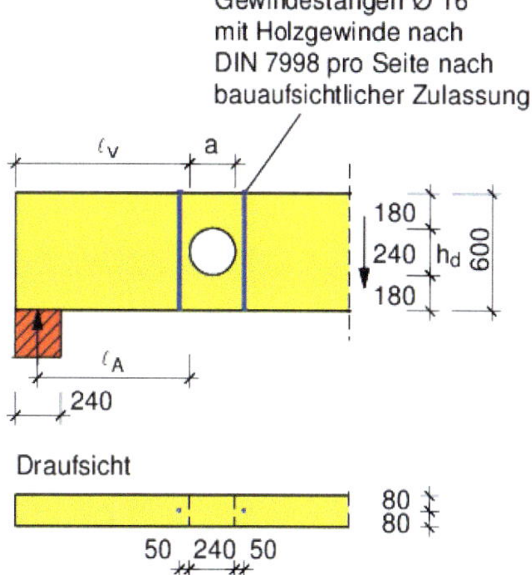

Bild K.117 — Beispiel für einen Durchbruch mit innen liegender Verstärkung mit einer Gewindestange pro Durchbruchsrand (s. [3])

d_r der Stahlstabaußendurchmesser (≤ 20 mm);

$f_{k1,d}$ der Bemessungswert der Klebfugenfestigkeit (charakteristischer Wert siehe Tabelle NA.12);

$F_{t,90,d}$ nach Gleichung (NA.66).

(NA.3) Die Mindestlänge eines jeden Stahlstabes beträgt 2 ℓ_{ad}, der Durchmesser d_r darf 20 mm nicht überschreiten.

(NA.4) Bei rechteckigen Durchbrüchen mit innen liegenden Verstärkungen sind die erhöhten Schubspannungen im Bereich der Durchbruchsecken nachzuweisen.

Die erhöhten Schubspannungen im Bereich der Durchbruchsecken können ein Vielfaches der an dieser Stelle ohne Durchbrüche zu erwartenden Schubspannungen betragen. Der Nachweis erfolgt nach [26]. Er wird in [26] für rechteckige und runde Durchbrüche mit innen liegenden Verstärkungen empfohlen.

(NA.5) Bei Verstärkungsplatten ist für die gleichmäßig verteilt angenommene Klebfugenspannung nachzuweisen, dass

$$\frac{\tau_{ef,d}}{f_{k2,d}} \leq 1 \qquad \text{(NA.87)}$$

$$\tau_{ef,d} = \frac{F_{t,90,d}}{2 \cdot a_r \cdot h_{ad}} \qquad \text{(NA.88)}$$

Dabei ist

$h_{ad} = h_1$ für rechteckige Durchbrüche;

$h_{ad} = h_1 + 0{,}15\, h_d$ für kreisförmige Durchbrüche;

a_r, h_1, h_d siehe Bild NA.12;

$f_{k2,d}$ der Bemessungswert der Klebfugenfestigkeit (charakteristischer Wert siehe Tabelle NA.12).

Aufgeklebte Verstärkungsplatten reduzieren die Querzugbeanspruchungen wesentlich. Versuche mit Furniersperrholzplatten zeigten eine Reduzierung um bis zu 75 %. Für die Längsspannung ergab sich eine Reduzierung um 10 % und für die Schubspannungen um maximal 20 % (siehe [27]).

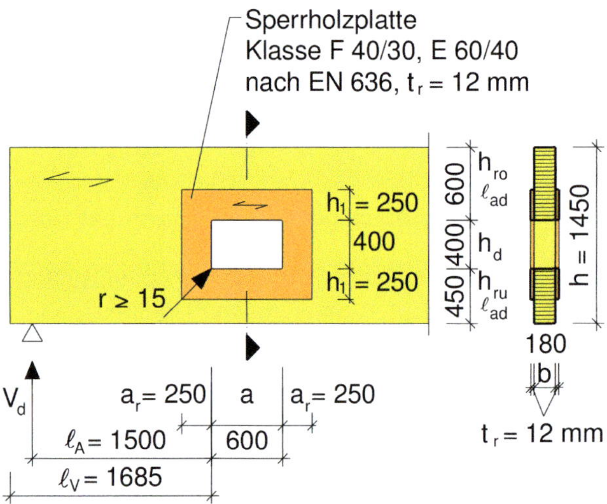

Bild K.118 — Beispiel für eine außen liegende Verstärkung eines Durchbruches, zusätzlich sind u. U. Anforderungen aus dem Brandschutz zu beachten

(NA.6) Für die Zugspannung in den aufgeklebten Verstärkungsplatten ist nachzuweisen, dass

$$k_k \cdot \frac{\sigma_{t,d}}{f_{t,d}} \leq 1 \qquad \text{(NA.89)}$$

$$\sigma_{t,d} = \frac{F_{t,90,d}}{2 \cdot a_r \cdot t_r} \qquad \text{(NA.90)}$$

Dabei ist

a_r, t_r siehe Bild NA.12;

k_k der Beiwert zur Berücksichtigung der ungleichmäßigen Spannungsverteilung; ohne genaueren Nachweis darf $k_k = 2{,}0$ angenommen werden;

$f_{t,d}$ der Bemessungswert der Zugfestigkeit des Plattenwerkstoffes in Richtung der Zugkraft $F_{t,90}$.

(NA.7) Die Verstärkungsplatten sind beispielsweise nach Bild NA.12 aufzukleben, wobei sind:

$$0{,}25 \cdot a \leq a_r \leq 0{,}6 \cdot \ell_{t,90} \quad \text{mit}$$

$$\ell_{t,90} = 0{,}5 \cdot (h_d + h) \qquad \text{(NA.91)}$$

und

$$h_1 \geq 0{,}25 \cdot a \qquad \text{(NA.92)}$$

(NA.8) Verstärkungen mit Nagelplatten sind sinngemäß nach den Absätzen (NA.5) und (NA.6) nachzuweisen und nach Absatz (NA.7) anzuordnen.

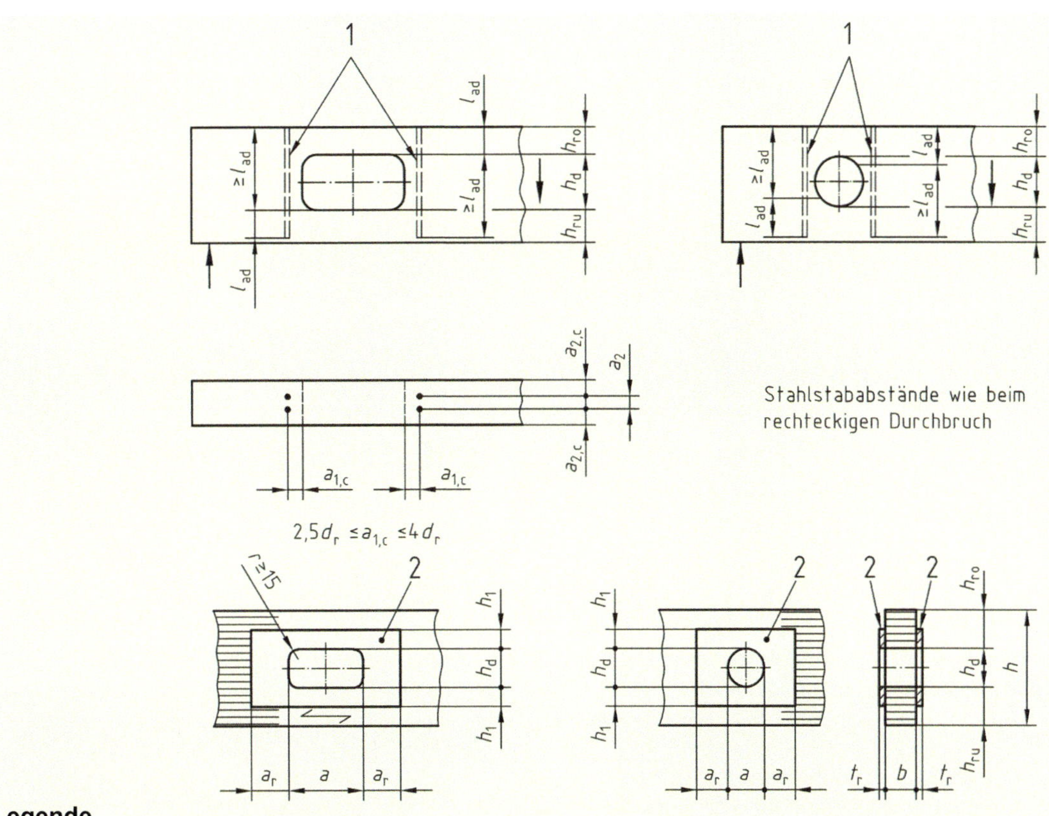

Legende

1 innen liegende Verstärkung

2 außen liegende Verstärkung

Bild NA.12 — Beispiele für Verstärkungen von Durchbrüchen für die querzugbeanspruchten Bereiche 1 und 2 nach Bild NA.11

NCI NA.6.8.5 Verstärkungen für die Aufnahme zusätzlicher klimabedingter Querzugspannungen für Satteldachträger mit geradem Untergurt, gekrümmte Träger und Satteldachträger mit gekrümmtem Untergurt

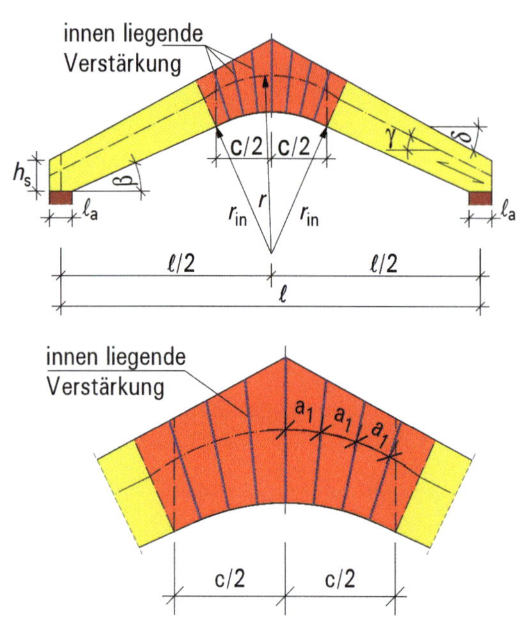

Bild K.119 — Innen liegende Verstärkungen bei einem Satteldachträger mit gekrümmtem Untergurt mit veränderlicher Trägerhöhe

(NA.1) Für Satteldachträger mit geradem Untergurt, gekrümmte Träger und Satteldachträger mit gekrümmtem Untergurt mit Verstärkungen nach den Absätzen (NA.2) bis (NA.6) für die Aufnahme zusätzlicher klimabedingter Querzugspannungen dürfen in den Nutzungsklassen 1 und 2 die Bedingungen nach Gleichung (6.50) und Gleichung (6.53) unbeachtet bleiben, sofern die maximale Zugspannung rechtwinklig zur Faserrichtung des Holzes im Firstquerschnitt Gleichung (NA.93) erfüllt:

$$\frac{\sigma_{t,90,d}}{k_{dis} \cdot \left(\frac{h_o}{h_{ap}}\right)^{0,3} \cdot f_{t,90,d}} + \left(\frac{\tau_d}{f_{v,d}}\right)^2 \leq 1 \qquad \text{(NA.93)}$$

Dabei ist

k_{dis} = 1,3 für Satteldachträger mit geradem oder gekrümmtem Untergurt;

k_{dis} = 1,15 für gekrümmte Träger;

h_o = 600 mm;

$\sigma_{t,90,d}$ Bemessungswert der Querzugspannungen nach DIN EN 1995-1-1:2010-12, 6.4.3(8).

(NA.2) Die Verstärkungen zur Aufnahme zusätzlicher klimabedingter Querzugspannungen sind für eine Zugkraft $F_{t,90,d}$ zu bemessen:

$$F_{t,90,d} = \frac{\sigma_{t,90,d} \cdot b^2 \cdot a_1}{640 \cdot n} \qquad \text{(NA.94)}$$

Dabei ist

a_1 der Abstand der Verstärkungen in Trägerlängsrichtung in Höhe der Trägerachse;

n die Anzahl der Verstärkungselemente im Bereich innerhalb der Länge a_1;

$\sigma_{t,90,d}$ Bemessungswert der Querzugspannungen nach DIN EN 1995-1-1:2010-12, 6.4.3(8);

b Bauteilbreite in mm.

(NA.3) Bei der Aufnahme der Zugkraft $F_{t,90,d}$ durch eingeklebte Stahlstäbe oder durch eingeschraubte Stäbe mit Holzschraubengewinde nach DIN 7998 ist für die Fugenspannung nachzuweisen, dass

$$\frac{\tau_{ef,d}}{f_{k1,d}} \leq 1 \qquad \text{(NA.95)}$$

$$\tau_{ef,d} = \frac{2 \cdot F_{t,90,d}}{\pi \cdot \ell_{ad} \cdot d_r} \qquad \text{(NA.96)}$$

Dabei ist

$F_{t,90,d}$ der Bemessungswert der Zugkraft je Stahlstab;

ℓ_{ad} die wirksame Verankerungslänge des Stahlstabs oberhalb oder unterhalb der Trägerachse;

d_r der Stahlstabaußendurchmesser;

$f_{k1,d}$ der Bemessungswert der Klebfugenfestigkeit für $\ell_{ad} \leq 250$ mm (charakteristischer Wert siehe Tabelle NA.12) oder der Bemessungswert des Ausziehparameters der Holzschrauben, berechnet mit dem charakteristischen Wert

$$f_{k1,k} = 22 \cdot 10^{-6} \cdot \rho_k^2$$

Die Zugtragfähigkeit der Stahlstäbe ist im maßgebenden Querschnitt nachzuweisen.

(NA.4) Die Stahlstäbe müssen mit Ausnahme einer Randlamelle über die gesamte Trägerhöhe durchgehen und sollten im querzugbeanspruchten Bereich gleichmäßig verteilt werden.

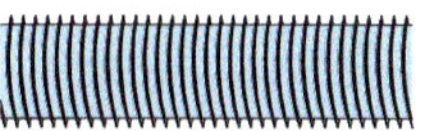

eingeklebte Gewindebolzen

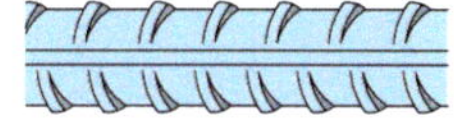

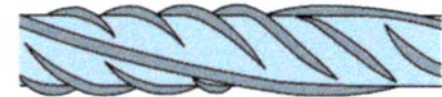

eingeklebte gerippte Betonstähle

Bild K.120 — Geregelte Verstärkungen nach Abschnitt NCI NA.6.8.1 (NA.3)

Bild K.121 — Anwendbar sind auch Gewindestangen mit Holzschraubengewinde nach DIN 7998 mit bauaufsichtlicher Zulassung

Nach der jeweiligen bauaufsichtlichen Zulassung sind auch höhere charakteristische Ausziehparameter möglich.

Nach DIN 1052-10, Abschnitt 4.4 ist für Stahlstäbe mit Holzschraubengewinde der Kernquerschnitt maßgebend.

(NA.5) Bei der Aufnahme der Zugkraft $F_{t,90,d}$ durch seitlich aufgeklebte Verstärkungen ist für die gleichmäßig verteilt angenommene Klebfugenspannung nachzuweisen, dass

$$\frac{\tau_{ef,d}}{f_{k3,d}} \leq 1 \qquad \text{(NA.97)}$$

$$\tau_{ef,d} = \frac{2 \cdot F_{t,90,d}}{\ell_r \cdot \ell_{ad}} \qquad \text{(NA.98)}$$

Dabei ist

$F_{t,90,d}$ der Bemessungswert der Zugkraft je Verstärkungsplatte;

ℓ_{ad} die Höhe der aufgeklebten Verstärkung oberhalb oder unterhalb der Trägerachse;

ℓ_r die Länge der Verstärkung in der Trägerachse;

$f_{k3,d}$ der Bemessungswert der Klebfugenfestigkeit (charakteristischer Wert siehe Tabelle NA.12).

(NA.6) Für die Zugspannung in den aufgeklebten Verstärkungen ist nachzuweisen, dass

$$\frac{\sigma_{t,d}}{f_{t,d}} \leq 1 \qquad \text{(NA.99)}$$

$$\sigma_{t,d} = \frac{F_{t,90,d}}{t_r \cdot \ell_r} \qquad \text{(NA.100)}$$

Dabei ist

t_r die Dicke einer Verstärkung;

$f_{t,d}$ der Bemessungswert der Zugfestigkeit des Werkstoffes der Verstärkung in Richtung der Zugkraft $F_{t,90}$.

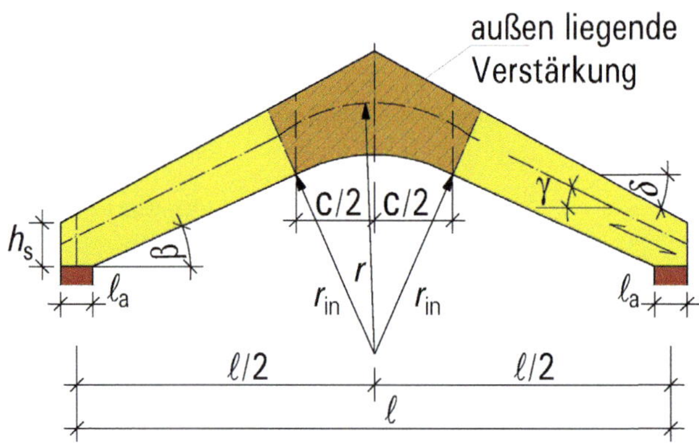

Bild K.122 — Außen liegende Verstärkungen bei einem Satteldachträger mit gekrümmtem Untergurt mit veränderlicher Trägerhöhe nach Abschnitt NCI NA.6.8.5 (NA.5)

Tabelle NA.12 — Rechenwerte für charakteristische Festigkeitskennwerte in N/mm² für Klebefugen bei Verstärkungen[a]

	1	2	3		
1		**Charakteristischer Festigkeitskennwert** N/mm^2	**Wirksame Einkleblänge ℓ_{ad} des Stahlstabes** mm		
			≤ 250	$250 < \ell_{ad} \leq 500$	$500 < \ell_{ad} \leq 1000$
2	Klebefuge zwischen Stahlstab und Bohrlochwandung	$f_{k1,k}$	4,0	$5{,}25 - 0{,}005 \cdot \ell_{ad}$	$3{,}5 - 0{,}0015 \cdot \ell_{ad}$
3	Klebefuge zwischen Trägeroberfläche und Verstärkungsplatte	$f_{k2,k}$	0,75		
4	Klebefuge zwischen Trägeroberfläche und Verstärkungsplatte bei gleichmäßiger Einleitung der Schubspannung	$f_{k3,k}$	1,50		

[a] Die Angaben der Tabelle dürfen nur angewendet werden, wenn die Eignung des Klebstoffsystems nachgewiesen ist.

NCI NA.6.8.6 Verstärkungen für die vollständige Aufnahme von Querzugspannungen für Satteldachträger mit geradem Untergurt, gekrümmte Träger und Satteldachträger mit gekrümmtem Untergurt

(NA.1) Werden die Zugkräfte rechtwinklig zur Faserrichtung des Holzes vollständig durch Verstärkungselemente aufgenommen [siehe Absätze (NA.2) bis (NA.5)], dann darf die Bedingung nach Gleichung (6.50) und Gleichung (6.53) unbeachtet bleiben.

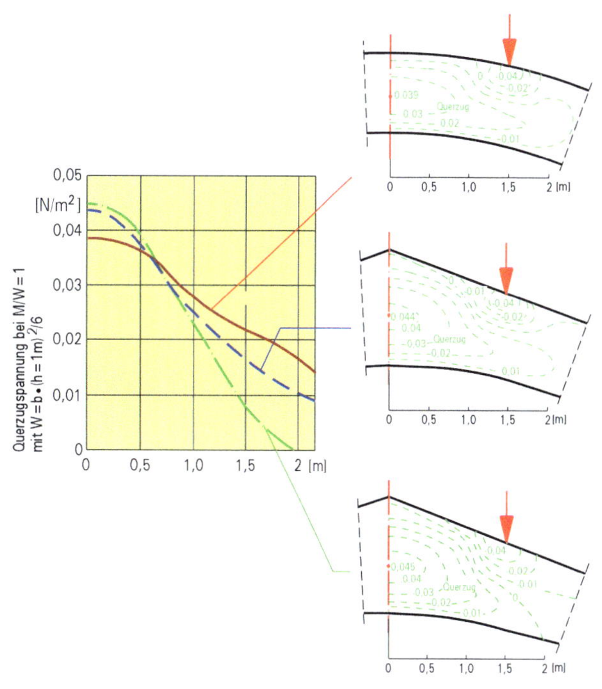

Bild K.123 — Maximale Querzugspannungen in Abhängigkeit vom Abstand von der Trägermitte, ermittelt an drei in Versuchen getesteten Trägerformen mit einer Obergurtneigung von 20° (nach [50])

(NA.2) Für Träger, bei denen die Zugkräfte rechtwinklig zur Faser vollständig durch Verstärkungselemente aufgenommen werden, sind die Verstärkungen in den beiden inneren Vierteln des querzugbeanspruchten Bereichs für eine Zugkraft $F_{t,90,d}$ zu bemessen:

$$F_{t,90,d} = \frac{\sigma_{t,90,d} \cdot b \cdot a_1}{n} \qquad \text{(NA.101)}$$

Dabei ist

$\sigma_{t,90,d}$ der Bemessungswert der Zugspannung rechtwinklig zur Faserrichtung nach DIN EN 1995-1-1:2010-12, 6.4.3(8);

b die Trägerbreite;

a_1 der Abstand der Verstärkungen in Trägerlängsrichtung in Höhe der Trägerachse;

n die Anzahl der Verstärkungselemente im Bereich innerhalb der Länge a_1.

Die Verstärkungen in den äußeren Vierteln des querzugbeanspruchten Bereichs sind in diesem Fall für folgende Zugkraft $F_{t,90,d}$ zu bemessen:

$$F_{t,90,d} = \frac{2}{3} \cdot \frac{\sigma_{t,90,d} \cdot b \cdot a_1}{n} \qquad \text{(NA.102)}$$

(NA.3) Es gilt NCI NA.6.8.5(NA.3).

(NA.4) Die Stahlstäbe müssen mit Ausnahme einer Randlamelle über die gesamte Trägerhöhe durchgehen und sollten im querzugbeanspruchten Bereich an der Trägeroberkante untereinander mindestens 250 mm, jedoch nicht mehr als 0,75 h_{ap} Abstand zueinander haben.

(NA.5) Es gelten NCI NA.6.8.5(NA.5) und NCI NA.6.8.5(NA.6).

Nach [50] baut sich die in Satteldachträgern mit parallelen Gurten oder gekrümmtem Untergurt entstehende Verteilung der Querzugspannung beiderseits des Firstquerschnittes rasch ab (s. Bild K.123). Wie eine Auswertung durchgeführter Versuche ergab, sind in einem Abstand von 2 m von der Trägermitte nur noch geringe Querzugspannungen feststellbar. Schon bei einem Abstand von 1 m von der Trägermitte halbieren sich die Querzugbeanspruchungen. Deshalb werden Verstärkungen nach den Regeln der DIN EN 1995-1-1/NA:2013 in den inneren Vierteln anders berechnet als in den äußeren Vierteln.

7 Grenzzustände der Gebrauchstauglichkeit

7.1 Nachgiebigkeit der Verbindungen

(1) Für Verbindungen mittels stiftförmiger Verbindungsmittel und Dübel besonderer Bauart sollte der Verschiebungsmodul K_{ser} je Scherfuge und Verbindungsmittel unter Gebrauchslast der Tabelle 7.1 entnommen werden. ρ_m ist dabei in kg/m³ und d oder d_c in mm einzusetzen. d_c ist in DIN EN 13271 definiert.

ANMERKUNG In DIN EN 26891 wird das Symbol k_s anstelle von K_{ser} verwendet.

Tabelle 7.1 — Werte für K_{ser} für stiftförmige Verbindungsmittel und Dübel besonderer Bauart in N/mm für Holz-Holz- und Holzwerkstoff-Holz-Verbindungen

Verbindungsmittel	K_{ser}
Stabdübel Bolzen mit oder ohne Lochspiel[a] Schrauben Nägel (vorgebohrt)	$\rho_m^{1,5} d/23$
Nägel (nicht vorgebohrt)	$\rho_m^{1,5} d^{0,8}/30$
Klammern	$\rho_m^{1,5} d^{0,8}/80$
Ringdübel Typ A nach DIN EN 912 Scheibendübel Typ B nach DIN EN 912	$\rho_m d_c/2$
Scheibendübel mit Zähnen: — Dübeltyp C1 bis C9 nach DIN EN 912 — Dübeltyp C10 und C11 nach DIN EN 912	 $1,5\, \rho_m d_c/4$ $\rho_m d_c/2$
[a] Das Lochspiel ist zusätzlich zu der Verschiebung hinzuzurechnen.	

(2) Bei unterschiedlichen mittleren Rohdichten $\rho_{m,1}$ und $\rho_{m,2}$ von zwei miteinander verbundenen Holzwerkstoffteilen ist in der Regel ρ_m in den o. g. Ausdrücken mit

$$\rho_m = \sqrt{\rho_{m,1}\, \rho_{m,2}} \qquad (7.1)$$

anzunehmen.

(3) Bei Stahlblech-Holz- oder Beton-Holz-Verbindungen sollte K_{ser} mit dem Faktor 2,0 multipliziert werden.

NCI Zu 7.1 „Nachgiebigkeit der Verbindungen“

(NA.4) Für eingeklebte Stahlstäbe ist der Verschiebungsmodul rechtwinklig zur Stabachse K_{ser} wie für Bolzen und Stabdübel nach Tabelle 7.1 anzunehmen.

7.2 Grenzwerte für die Durchbiegungen von Biegestäben

(1) Die Durchbiegungsanteile aus einer Einwirkungskombination [siehe 2.2.3(5)] sind in Bild 7.1 dargestellt; die Symbole bedeuten wie folgt (siehe 2.2.3):

— w_c Überhöhung (falls vorhanden);

— w_{inst} Anfangsdurchbiegung;

— w_{creep} Durchbiegung infolge Kriechens;

— w_{fin} Enddurchbiegung;

— $w_{net,fin}$ gesamte Enddurchbiegung (Enddurchbiegung abzüglich Überhöhung).

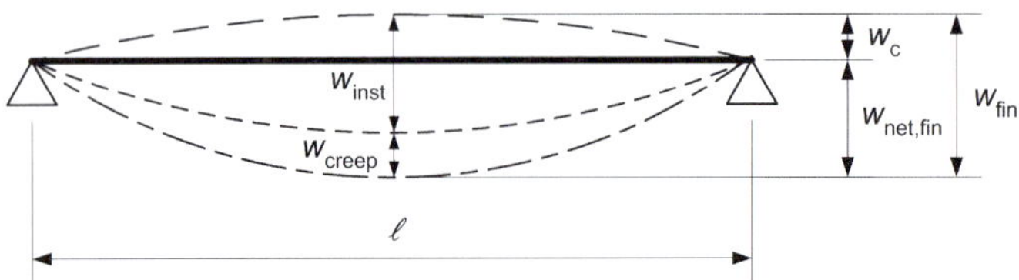

Bild 7.1 — Anteile der Durchbiegung

(2) Die gesamte Enddurchbiegung bezogen auf eine die Auflager verbindende Gerade, $w_{net,fin}$, sollte wie folgt angenommen werden:

$$w_{net,fin} = w_{inst} + w_{creep} - w_c = w_{fin} - w_c \qquad (7.2)$$

ANMERKUNG Tabelle 7.2 gibt die empfohlenen Spannen für die Grenzwerte der Durchbiegungen von Biegestäben an, die davon abhängen, welches Verformungsniveau als akzeptabel angesehen wird. Informationen zu nationalen Anforderungen können im Nationalen Anhang enthalten sein.

Tabelle 7.2 — Beispiele für Grenzwerte der Durchbiegungen von Biegestäben

	w_{inst}	$w_{net,fin}$	w_{fin}
Beidseitig aufgelagerte Biegestäbe	ℓ/300 bis ℓ/500	ℓ/250 bis ℓ/350	ℓ/150 bis ℓ/300
Auskragende Biegestäbe	ℓ/150 bis ℓ/250	ℓ/125 bis ℓ/175	ℓ/75 bis ℓ/150

NDP Zu 7.2(2) Grenzwerte für Durchbiegungen

Für die Anwendung in Deutschland werden die Werte nach Tabelle NA.13 empfohlen. Die Werte in Klammern gelten für auskragende Biegestäbe.

Tabelle NA.13 — Empfohlene Grenzwerte der Durchbiegungen von Biegestäben

		w_{inst}	$w_{net,fin}$ berechnet nach Gleichung (NA.1)	w_{fin}
1	Bauteile, außer Bauteile nach Zeile 2	$\ell/300$ [a] ($\ell/150$)	$\ell/300$ [a] ($\ell/150$)	$\ell/200$ [a] ($\ell/100$)
2	Überhöhte Bauteile, Untergeordnete Bauteile, wie Bauteile landwirtschaftlicher Gebäude, Sparren und Pfetten	$\ell/200$ [a] ($\ell/100$)	$\ell/250$ [a] ($\ell/125$)	$\ell/150$ [a] ($\ell/75$)

[a] Bei verformungsempfindlichen Konstruktionen können geringere Grenzwerte erforderlich werden.

7.3 Schwingungen

7.3.1 Allgemeines

(1)P Es ist sicherzustellen, dass häufig zu erwartende Einwirkungen auf Bauteile oder Tragwerke keine Schwingungen verursachen, die die Funktion des Bauwerks beeinträchtigen oder den Nutzern unannehmbares Unbehagen verursachen.

(2) Das Schwingungsverhalten sollte durch Messungen oder Berechnungen unter Berücksichtigung der zu erwartenden Steifigkeit des Bauteils oder des Tragwerks und des Dämpfungsgrades abgeschätzt werden.

(3) Wenn für Decken keine genaueren Werte vorliegen, sollte für den modalen Dämpfungsgrad $\zeta = 0{,}01$ (d. h. 1 %) angenommen werden.

NCI Zu 7.3.1 „Allgemeines“

ANMERKUNG Das Schwingungsverhalten von Decken sollte, ebenso wie die Begrenzung von Durchbiegungen, immer im Hinblick auf die vorgesehene Nutzung beurteilt und die Anforderungen, gegebenenfalls in Abstimmung mit dem Bauherrn, entsprechend festgelegt werden.

7.3.2 Durch Maschinen verursachte Schwingungen

(1)P Durch rotierende Maschinen oder andere Betriebseinrichtungen ausgelöste Schwingungen sind für die ungünstigsten zu erwartenden Kombinationen von ständigen und veränderlichen Lasten zu begrenzen.

(2) Ein zulässiges Niveau für andauernde Deckenschwingungen ist in der Regel aus Bild 5a in Anhang A der DIN EN ISO 2631-2 mit einem Multiplikationsfaktor von 1,0 zu entnehmen.

7.3.3 Wohnungsdecken

(1) Für Wohnungsdecken mit einer Eigenfrequenz von höchstens 8 Hz ($f_1 \leq 8$ Hz) sollte eine besondere Untersuchung durchgeführt werden.

Das Schwingungsverhalten wird wesentlich beeinflusst von der Konstruktion der Decke und vom Deckenaufbau (s. [41]). Maßgebend sind:

- Alle Decken sind mit schwimmendem Estrich auszuführen.
- Nassestriche sind wegen der höheren Masse und Biegesteifigkeit wirkungsvoller.
- Schwere Schüttungen sind zu empfehlen (Flächenlast > 60 kg/m²).
- Brettstapeldecken mit besserem Quertragverhalten wirken sich positiv auf das Schwingverhalten aus.

Nach [41] bzw. [43] werden Nachweise im Rahmen der genaueren Untersuchungen, insbesondere der Nachweis der Schwingbeschleunigung (Nachweis der Einheitsimpulsgeschwindigkeit nach Gl. (7.4) in DIN EN 1995-1-1:2010), nur bei relativ schweren Decken, wie z. B. Holz-Beton-Verbunddecken, erfüllt. Deshalb sollte bei einer Eigenfrequenz unter 8 Hz generell die Steifigkeit der Decke erhöht werden.

(2) Für Wohnungsdecken mit einer Eigenfrequenz über 8 Hz ($f_1 > 8$ Hz) sollten die folgenden Anforderungen erfüllt sein:

$$\frac{w}{F} \leq a \quad \text{mm/kN} \qquad (7.3)$$

und

$$v \leq b^{(f_1 \zeta - 1)} \quad \text{m/(Ns}^2\text{)} \qquad (7.4)$$

Dabei ist

- w die größte vertikale Anfangsdurchbiegung infolge einer konzentrierten vertikalen statischen Einzellast F, an beliebiger Stelle wirkend und unter Berücksichtigung der Lastverteilung ermittelt;
- v die Einheitsimpulsgeschwindigkeitsreaktion, d. h. der maximale Anfangswert der vertikalen Schwingungsgeschwindigkeitsamplitude der Decke (in m/s) infolge eines an derjenigen Stelle der Decke aufgebrachten idealen Einheitsimpulses (1 Ns), der die größte Eigenfrequenz erzeugt. Anteile über 40 Hz dürfen vernachlässigt werden;

Als Nachweis der Steifigkeit unter Berücksichtigung der Querverteilung der Last wird die Durchbiegung unter Einzellast $F = 1$ kN ermittelt und mit Grenzwerten verglichen. Bei Balkendecken ohne Querbiegesteifigkeit wirkt die Einzellast nur auf die Balken. Bei Platten wird eine mitwirkende Plattenbreite berücksichtigt.

Der Nachweis der Einheitsimpulsgeschwindigkeitsreaktion wird nach neueren Untersuchungen in [43] nicht maßgebend, auch bei Rohdecken ohne Estrichaufbauten.

ζ der modale Dämpfungsgrad.

Weitere Werte für den modalen Dämpfungsgrad ζ für verschiedene Deckenkonstruktionen (aus [41]):

(Holz-)Decken ohne schwimmenden Estrich	0,01
Decken aus geleimten Brettstapelelementen mit schwimmendem Estrich	0,02
Holzbalkendecken und mechanisch verbundene Brettstapeldecken mit schwimmendem Estrich	0,03
Brettsperrholzdecken ohne bzw. mit leichtem Aufbau, zweiseitig gelagert	0,025
Brettsperrholzdecken mit schwimmendem Estrich (schwerer Aufbau), auf Stahl oder punktförmig oder zweiseitig gelagert	0,025
Brettsperrholzdecken mit schwimmendem Estrich, vierseitig gelagert	0,035
Brettsperrholzdecken mit schwimmendem Estrich, vierseitig auf Holzwänden gelagert	0,040

ANMERKUNG Den empfohlenen Bereich der Grenzwerte für a und b sowie den Zusammenhang zwischen a und b zeigt Bild 7.2. Informationen zu nationalen Anforderungen können im Nationalen Anhang enthalten sein.

Die Orientierungswerte werden in [43] präzisiert. Für hohe bzw. normale Anforderungen werden folgende Werte empfohlen:

$a = 0{,}25$ mm für Decken zwischen unterschiedlichen Nutzungseinheiten (z. B. Decken in Mehrfamilienhäusern);

$a = 0{,}5$ mm für Decken innerhalb einer Nutzungseinheit (z. B. Decken in Einfamilienhäusern).

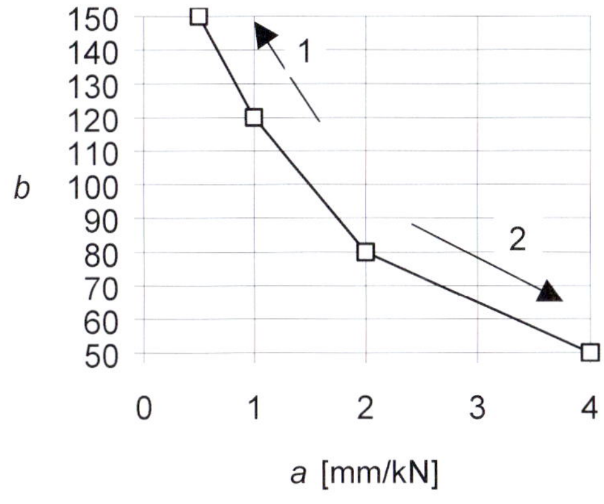

Legende

1 besseres Verhalten
2 schlechteres Verhalten

Bild 7.2 — Empfohlener Bereich und Beziehung zwischen a und b

NDP Zu 7.3.3(2) Grenzwerte für Schwingungen

Es gilt der in DIN EN 1995-1-1 empfohlene Bereich der Grenzwerte.

(3) Die Berechnungen in 7.3.3(2) sind in der Regel unter der Annahme durchzuführen, dass die Decke nur durch Eigengewicht und andere ständige Einwirkungen belastet ist.

(4) Für rechteckige, an allen Rändern gelenkig gelagerte Decken mit den Gesamtmaßen $\ell \cdot b$ und Holzbalken der Spannweite ℓ darf die Eigenfrequenz f_1 näherungsweise berechnet werden zu

$$f_1 = \frac{\pi}{2\,\ell^2}\sqrt{\frac{(EI)_\ell}{m}} \quad (7.5)$$

Dabei ist

m die Masse je Flächeneinheit in kg/m²;

ℓ die Deckenspannweite in m;

$(EI)_\ell$ die äquivalente Plattenbiegesteifigkeit der Decke um eine Achse rechtwinklig zur Balkenrichtung in Nm²/m.

(5) Für rechteckige, an allen Rändern gelenkig gelagerte Decken mit den Gesamtmaßen $\ell \cdot b$ und Holzbalken der Spannweite ℓ darf der Wert v näherungsweise berechnet werden zu

$$v = \frac{4\,(0{,}4 + 0{,}6\,n_{40})}{m\,b\,\ell + 200} \quad (7.6)$$

Dabei ist

v die Einheitsimpulsgeschwindigkeitsreaktion in m/(Ns²);

n_{40} die Anzahl der Schwingungen 1. Ordnung mit einer Resonanzfrequenz bis zu 40 Hz;

b die Deckenbreite in m;

m die Masse je Flächeneinheit in kg/m²;

ℓ die Deckenspannweite in m.

Der Wert n_{40} darf berechnet werden aus:

$$n_{40} = \left\{\left(\left(\frac{40}{f_1}\right)^2 - 1\right)\cdot\left(\frac{b}{\ell}\right)^4 \cdot \frac{(EI)_\ell}{(EI)_\mathrm{b}}\right\}^{0{,}25} \quad (7.7)$$

Dabei ist

$(EI)_\mathrm{b}$ die äquivalente Plattenbiegesteifigkeit der Decke in Nm²/m um eine Achse in Richtung der Balken, mit $(EI)_\mathrm{b} < (EI)_\ell$.

NCI Zu 7.3.3 „Wohnungsdecken“

(NA.6) Für Bauteile ohne nennenswerte Querbiegesteifigkeit kann die Schwinggeschwindigkeit auch nach [NA.3], Tabelle 9/4 und 9/5, mit zugehöriger Erläuterung, ermittelt werden.

Der Hinweis auf [NA.3] entspricht der Literaturquelle [26].

ANMERKUNG Genauere Angaben zu sinnvollen Grenzwerten für unterschiedliche Deckensysteme sind [NA.7] zu entnehmen.

Der Hinweis auf [NA.7] entspricht der Literaturquelle [41].

8 Verbindungen mit metallischen Verbindungselementen

8.1 Allgemeines

8.1.1 Anforderungen an Verbindungsmittel

(1)P Wenn nachfolgend nichts anderes bestimmt wird, sind die charakteristische Tragfähigkeit und die Steifigkeit von Verbindungen auf der Grundlage von Versuchen in Übereinstimmung mit DIN EN 1075, DIN EN 1380, DIN EN 1381, DIN EN 26891 und DIN EN 28970 zu bestimmen. Falls in den entsprechenden Normen sowohl Zug- als auch Druckversuche beschrieben sind, dann müssen die Versuche zur Bestimmung der charakteristischen Tragfähigkeit als Zugversuche durchgeführt werden.

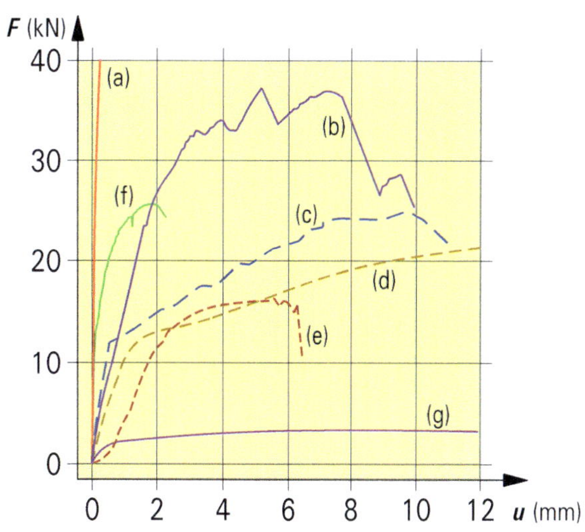

Kurven:
a) geklebte Verbindung ($12{,}5 \cdot 10^3$ mm²)
b) Einlassdübel (∅ 100 mm)
c) zweiseitiger Einpressdübel (∅ 62 mm)
d) Stabdübel (∅ 14 mm)
e) Bolzen (∅ 14 mm)
f) Nagelplatte (104 mm²)
g) Nägel (∅ 4,4 mm)

Bild K.124 — Last-Verformungskurven für verschiedene Verbindungsmittel bei Beanspruchung auf Zug (aus [30])

NCI Zu 8.1.1 „Anforderungen an Verbindungsmittel“

(NA.2) Bei der Anwendung stiftförmiger und nicht stiftförmiger Verbindungsmittel sind die Regelungen der DIN 20000-6 zu beachten.

DIN 20000-6 enthält anwendungsbezogene Regeln zu Ring- und Scheibendübeln, Nagelplatten, Lochblechen, Nägeln, Klammern, Schrauben, Stabdübeln sowie Muttern.

8.1.2 Verbindungen mit mehreren Verbindungsmitteln

(1)P Die Anordnung der Verbindungsmittel, ihre Größe und ihre Abstände untereinander sowie von den Rändern und Hirnholzenden sind so zu wählen, dass die erwartete Tragfähigkeit und Steifigkeit auch erzielt werden können.

(2)P Es ist zu berücksichtigen, dass die Tragfähigkeit einer Verbindung mit mehreren Verbindungsmitteln gleichen Typs und gleicher Abmessung geringer sein kann als die Summe der Einzeltragfähigkeiten jedes einzelnen Verbindungsmittels.

Eine wesentliche Voraussetzung für die Nutzung der vollen Tragfähigkeit ist die fachgerechte Ausführung der geplanten Verbindung, insbesondere die Einhaltung der gewählten Materialgüten für das Holz und die Verbindungsmittel, und der geforderten Mindestabstände.

(3) Besteht eine Verbindung aus einer Kombination verschiedener Arten von Verbindungsmitteln oder ist die Steifigkeit der Scherfugen einer Verbindung mit vielen verschiedenen Scherfugen unterschiedlich, dann sollte das gemeinsame Tragverhalten unter Berücksichtigung der Nachgiebigkeit nachgewiesen werden.

Normalerweise verwendet man in Verbindungen nur eine Art von Verbindungsmitteln. Annähernd gleiches Tragvermögen bei verschiedenen Verbindungsmitteln kann nur bei gleichen Verschiebungsmoduln erreicht werden. Bei gleichen Verformungen ergibt sich die anteilige Tragfähigkeit für zwei verschiedene Verbindungsmittel:

$$F_{\text{v,Rd,Verbmittel1}} = F_{\text{v,Rd,gesamt}} \cdot \frac{K_{\text{u,mean,Verbmittel1}}}{K_{\text{u,mean,Verbmittel1}} + K_{\text{u,mean,Verbmittel2}}}$$

(4) Die effektive charakteristische Tragfähigkeit $F_{\text{v,ef,Rk}}$ einer Verbindungsmittelreihe, deren Verbindungsmittel in Faserrichtung hintereinanderliegend angeordnet werden, sollte wie folgt bestimmt werden:

$$F_{\text{v,ef,Rk}} = n_{\text{ef}} F_{\text{v,Rk}} \tag{8.1}$$

Dabei ist

$F_{\text{v,ef,Rk}}$ die effektive charakteristische Tragfähigkeit parallel zu einer Verbindungsmittelreihe, deren Verbindungsmittel in Faserrichtung hintereinanderliegend angeordnet sind;

n_{ef} die wirksame Anzahl der Verbindungsmittel, die in Faserrichtung hintereinanderliegen;

$F_{\text{v,Rk}}$ die charakteristische Tragfähigkeit je Verbindungsmittel in Faserrichtung.

ANMERKUNG Werte für n_{ef} werden in 8.3.1.1(8) und 8.5.1.1(4) angegeben.

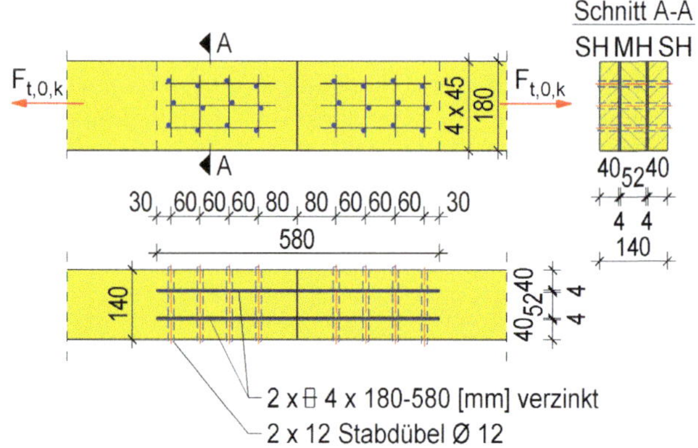

Bild K.125 — Zugstoß

Beispiel: Zugstoß (s. [1])

n_{ef} nach Gl. 8.34 = 2,74

$F_{\text{v,ef,Rk}} = 2{,}74\ F_{\text{v,Rk}}$

Die Stabdübel sind vierschnittig beansprucht $n_{\text{Schnitte}} = 4$. Es sind drei Reihen Stabdübel pro Stoßseite vorhanden.

Die charakteristische Gesamttragfähigkeit beträgt dann

$F_{\text{t,0,k}} = n_{\text{Reihen}} \cdot n_{\text{Schnitte}} \cdot n_{\text{ef}} \cdot F_{\text{v,ef,Rk}}$

$F_{\text{t,0,k}} = 3 \cdot 4 \cdot 2{,}74 \cdot F_{\text{v,Rk}} = 32{,}88 \cdot F_{\text{v,Rk}}$

(5) Für eine schräg zur Verbindungsmittelreihe wirkende Kraft sollte nachgewiesen werden, dass die Kraftkomponente in Richtung der Verbindungsmittelreihe kleiner gleich der rechnerischen Tragfähigkeit nach Gleichung (8.1) ist.

NCI Zu 8.1.2 „Verbindungen mit mehreren Verbindungsmitteln"

(NA.6) Klebstoffe und mechanische Verbindungsmittel dürfen wegen des sehr unterschiedlichen Lastverformungsverhaltens nicht als gemeinsam wirkend in Rechnung gestellt werden.

Klebstoffverbindungen haben ein sprödes Tragverhalten bei hoher Lastaufnahme und sehr geringen Verformungen (s. Bild K.124, Kurve a). Sie gelten auch als „starre" Verbindung, so dass die „nachgiebigen" mechanischen Verbindungsmittel erst Beanspruchungen übernehmen können, wenn die Klebeverbindung schon versagt hat. Klebeverbindung und mechanische Verbindungsmittel können nicht gemeinsam tragen.

(NA.7) Bei Verbindungsmitteln mit einem duktilen Tragverhalten darf die unterschiedliche Verformung der Verbindungsmittel bei Erreichen der Traglast dadurch berücksichtigt werden, dass die Tragfähigkeit des Verbindungsmittels, auf das rechnerisch der kleinere Teil der zu übertragenden Kraft entfällt, auf zwei Drittel abgemindert wird.

(NA.8) Folgende Verbindungsmittel dürfen als duktil im Sinne des Absatzes (NA.7) betrachtet werden:

- auf Abscheren beanspruchte Stifte, die nach den in NA.8.2.4, NA.8.2.5 und den in diesem Dokument zu 8.3 bis 8.7 angegebenen vereinfachten Regeln bemessen sind;
- auf Abscheren beanspruchte schlanke Stifte mit einem Verhältnis von Holzdicke zu Stiftdurchmesser von mindestens 6, die nach den genaueren Regeln nach 8.2 bemessen sind;
- Kontaktanschlüsse;
- Einpressdübel;
- Verbindungsmittel in Verbindungen, bei denen das Spalten des Holzes im Verbindungsbereich durch Querzugverstärkungen verhindert wird.

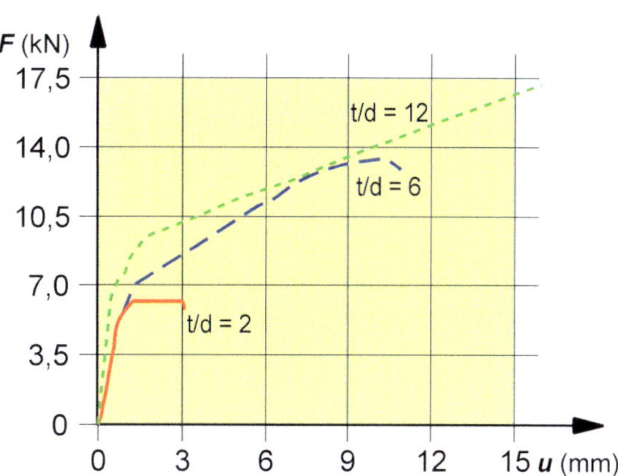

Bild K.126 — Einfluss der Stabdübelschlankheit auf das Last-Verformungsverhalten einer Holz-Holz-Verbindung unter Zugbeanspruchung parallel zur Faser (aus [30])

Einfluss der Schlankheit von Stabdübeln
(t = Holzdicke des Mittelholzes;
d = Stabdübeldurchmesser)
auf das Tragverhalten einer Holz-Holz-Verbindung (zweischnittig) bei Zugbeanspruchung parallel zur Faser (nach [30]). Schlankheiten über 6 führen bei Stabdübeln zu duktilem Tragverhalten.

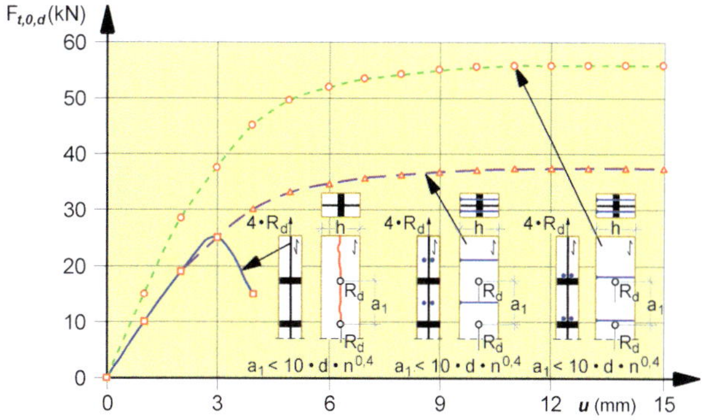

Bild K.127 — Last-Verformungskurven von spaltgefährdeten und unterschiedlich verstärkten Stabdübelverbindungen (aus [38])

Last-Verformungskurven verstärkter Zugverbindungen mit Stabdübeln im Vergleich zu einer unverstärkten Verbindung (nach [38]). Die quer zu den Stabdübeln angeordneten Schrauben verhindern ein Aufspalten und verstärken zusätzlich die eigentliche Stabdübelverbindung. Das Tragverhalten wird duktiler, je näher die Schrauben an den Stabdübeln angeordnet werden.

8.1.3 Mehrschnittige Verbindungen

(1) In mehrschnittigen Verbindungen sollte die Tragfähigkeit je Scherfuge unter der Annahme bestimmt werden, dass jede Scherfuge Teil einer Reihe von zweischnittigen Verbindungen ist.

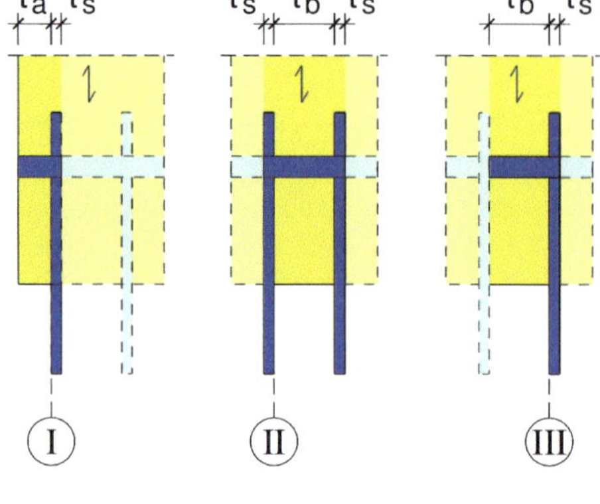

Bild K.128 — Beispiel für eine Aufteilung einer vierschnittigen Verbindung in drei zweischnittige Verbindungen (s. [42])

(2) Um in einer mehrschnittigen Verbindung die Tragfähigkeiten der einzelnen Scherfugen kombinieren zu können, hat in der Regel der vorherrschende Versagensmechanismus der Verbindungsmittel in der entsprechenden Fuge mit jedem anderen verträglich zu sein und sollte nicht aus einer Kombination der Versagensmechanismen (a), (b), (g) und (h) aus Bild 8.2 oder der Versagensmechanismen (c), (f) und (j/l) aus Bild 8.3 mit anderen Versagensmechanismen bestehen.

8.1.4 Verbindungsmittelkräfte unter einem Winkel zur Faserrichtung

(1)P Wenn eine Kraft in einer Verbindung unter einem Winkel zur Faserrichtung wirkt (siehe Bild 8.1), dann ist die Gefahr eines Querzugversagens infolge der Querzugkraft $F_{Ed} \sin \alpha$ zu berücksichtigen.

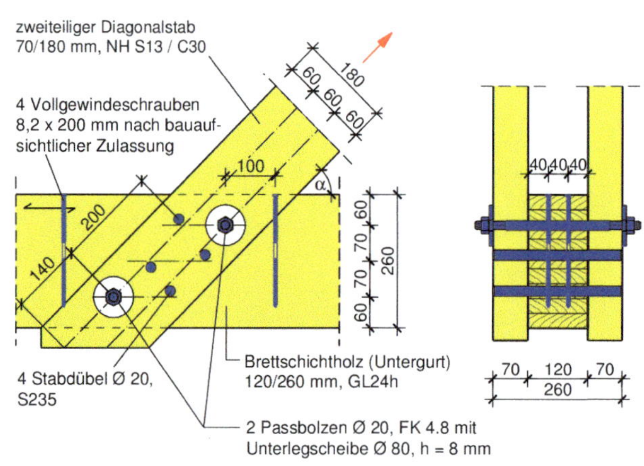

Bild K.129 — Beispiel für einen Anschluss mit Stabdübeln und Passbolzen, d_{St} = 20 mm, S235 und Querzugverstärkung (s. [3])

(2)P Um die Möglichkeit eines Querzugversagens infolge der Querzugkraft $F_{Ed} \sin \alpha$ zu berücksichtigen, muss die folgende Bedingung erfüllt sein:

$$F_{v,Ed} \leq F_{90,Rd} \tag{8.2}$$

mit

$$F_{v,Ed} = \max \begin{cases} F_{v,Ed,1} \\ F_{v,Ed,2} \end{cases} \quad (8.3)$$

Dabei ist

$F_{90,Rd}$ der Bemessungswert der Querzugtragfähigkeit, ermittelt aus der charakteristischen Querzugtragfähigkeit $F_{90,Rk}$ nach 2.4.3;

$F_{v,Ed,1}$, $F_{v,Ed,2}$ die Bemessungswerte der Querkraft auf beiden Seiten der Verbindung (siehe Bild 8.1).

(3) Bei Nadelhölzern ist in der Regel die charakteristische Beanspruchbarkeit auf Querzug bei der in Bild 8.1 dargestellten Anordnung anzunehmen zu:

$$F_{90,Rk} = 14\, b \cdot w \cdot \sqrt{\frac{h_e}{\left(1 - \frac{h_e}{h}\right)}} \quad (8.4)$$

Dabei ist

$$w = \begin{cases} \max\begin{cases} \left(\frac{w_{pl}}{100}\right)^{0,35} \\ 1 \end{cases} & \text{für Nagelplatten} \\ 1 & \text{für alle anderen Verbindungen} \end{cases} \quad (8.5)$$

$F_{90,Rk}$ der charakteristische Wert der Beanspruchbarkeit auf Querzug in N;

w der Modifikationsbeiwert;

h_e der Abstand des am entferntesten angeordneten Verbindungsmittels oder Nagelplattenrandes vom beanspruchten Holzrand in mm;

h die Höhe des Holzbauteils in mm;

b die Dicke des Holzbauteils in mm;

w_{pl} die Breite der Nagelplatte parallel zur Faserrichtung in mm.

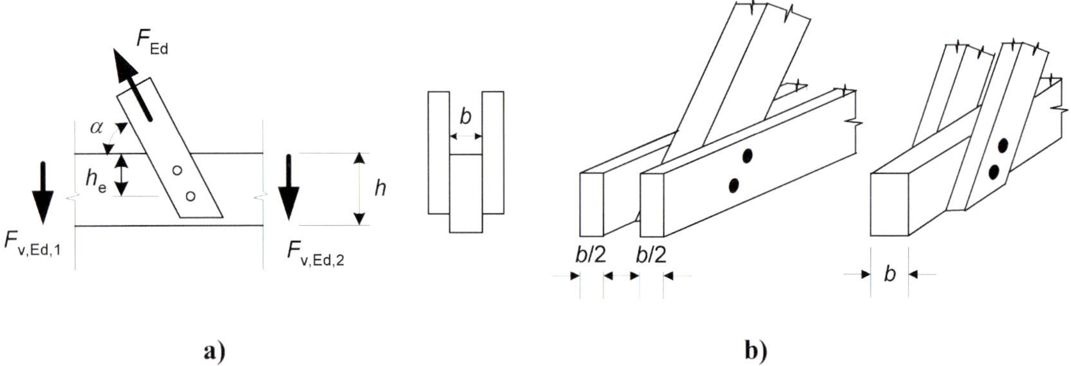

Bild 8.1 — Durch eine Verbindung übertragene schräg angreifende Kraft (Schräganschluss)

NCI Zu 8.1.4 „Verbindungsmittelkräfte unter einem Winkel zur Faserrichtung"

(NA.4) Beim Anschluss von Nagelplatten darf in Gleichung (8.4) die Dicke des Holzbauteils b höchstens mit $2 \cdot \ell_n + 20$ mm in Rechnung gestellt werden, wobei ℓ_n die Nagellänge der Nagelplatten in mm ist.

(NA.5) Für die nicht in Bild 8.1 erwähnten Fälle (z. B. Anschlüsse mit mehreren Verbindungsmittelspalten) ist die Beanspruchbarkeit wie nachfolgend angegeben zu berechnen.

(NA.6) Werden Bauteile mit Rechteckquerschnitt durch eine Krafteinleitung unter einem Winkel zur Holzfaserrichtung beansprucht (siehe z. B. Bild NA.13), dürfen die durch eine Querzugkraft $F_{v,Ed} = F_{Ed} \cdot \sin \alpha$ verursachten Querzugspannungen wie folgt berücksichtigt werden: Für Queranschlüsse mit $h_e/h > 0{,}7$ ist ein Nachweis nicht erforderlich. Queranschlüsse mit $h_e/h < 0{,}2$ dürfen nur durch kurze Lasteinwirkungen (z. B. Windsogkräfte) beansprucht werden.

Siehe Bild NA.13.

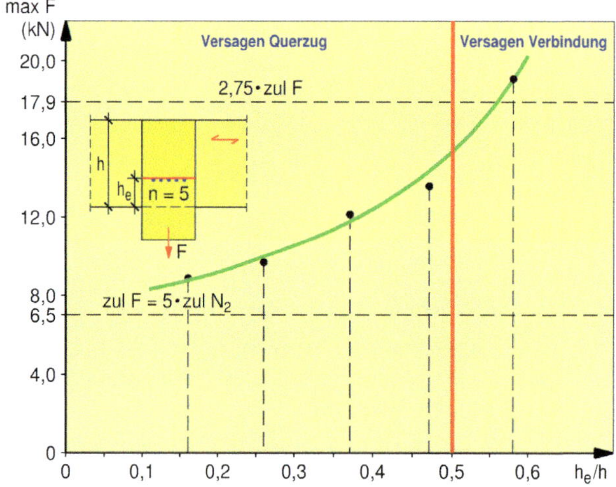

Bild K.130 — Abhängigkeit der Tragkraft $_{max}$ F der Nagelreihe vom Verhältnis h_e/h bei Queranschlüssen nach Versuchen (s. [48])

Nach Versuchen ist die bei Queranschlüssen durch Überschreitung der Querzugfestigkeit aufnehmbare Querzugkraft abhängig vom Höhenverhältnis h_e/h. Unterhalb von $h_e/h \leq 0{,}5$ versagten die Anschlüsse durch Querzugbrüche. Oberhalb von $h_e/h > 0{,}5$ versagten die Verbindungsmittel. Weitere Einflussfaktoren auf die Querzugkraft sind der Flächenfaktor k_r übereinanderliegender Verbindungsmittel und die Anzahl nebeneinanderliegender Verbindungsmittel (Faktor k_s), (s. [48]).

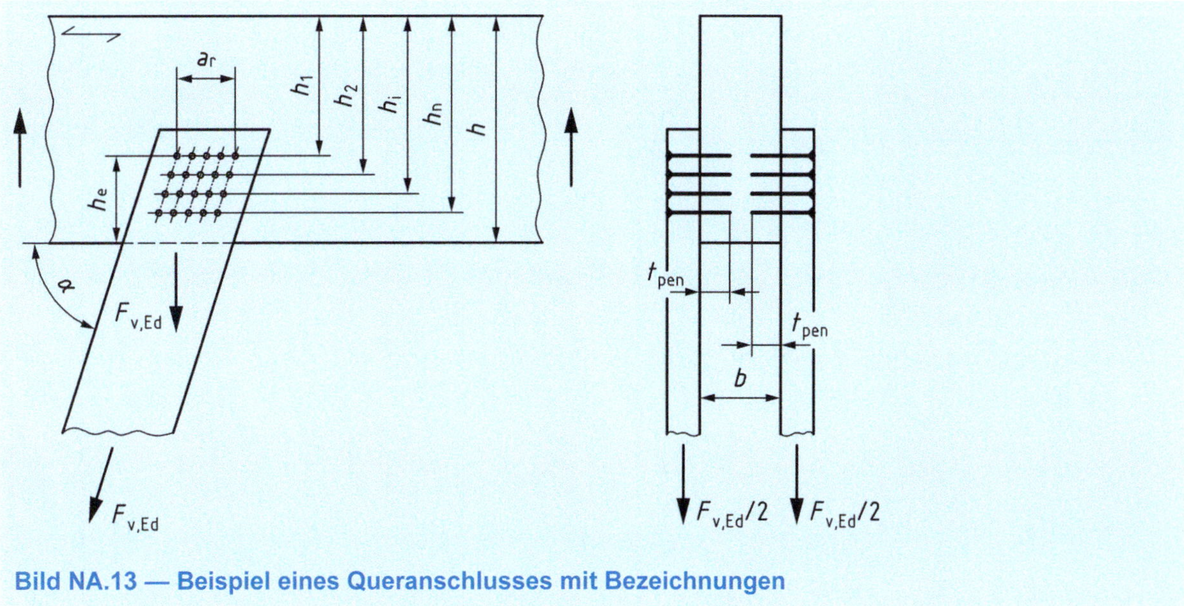

Bild NA.13 — Beispiel eines Queranschlusses mit Bezeichnungen

(NA.7) Für Queranschlüsse mit $h_e/h \leq 0{,}7$ ist die folgende Bedingung einzuhalten:

$$\frac{F_{v,Ed}}{F_{90,Rd}} \leq 1 \qquad \text{(NA.103)}$$

mit

$$F_{90,Rd} = k_s \cdot k_r \cdot \left(6{,}5 + \frac{18 \cdot h_e^2}{h^2}\right) \cdot (t_{ef} \cdot h)^{0{,}8} \cdot f_{t,90,d} \qquad \text{(NA.104)}$$

wobei

$$k_s = \max\left\{1{,}0; 0{,}7 + \frac{1{,}4 \cdot a_r}{h}\right\} \qquad \text{(NA.105)}$$

und

$$k_r = \frac{n}{\sum_{i=1}^{n} \left(\frac{h_1}{h_i}\right)^2} \qquad \text{(NA.106)}$$

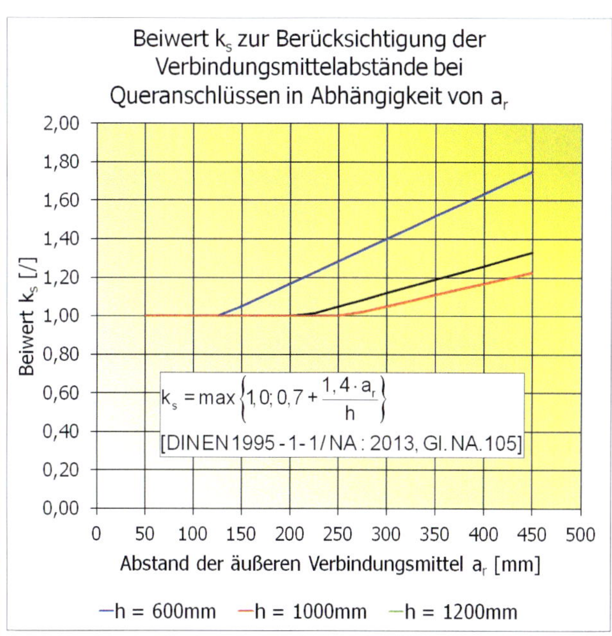

Bild K.131 — Beiwert k_s zur Berücksichtigung der Verbindungsmittelabstände von Queranschlüssen für verschiedene Bauteilhöhen nach DIN EN 1995-1-1/NA:2013, Gl. (NA.105); im Bereich von a_r = 50…125 mm (für h = 600 mm) bzw. a_r = 50…200 mm (für h = 1000 mm) beträgt der Beiwert k_s = 1,00

Queranschlüsse mit $a_r / h > 1$ und $F_{v,Ed} > 0{,}5 \cdot F_{90,Rd}$ sind zu verstärken (siehe NCI NA.6.8.2).

Dabei ist

$F_{v,Ed}$ Bemessungswert der Kraftkomponente rechtwinklig zur Faserrichtung in N;

$F_{90,Rd}$ Bemessungswert der Querzugtragfähigkeit des Bauteils, in N, ermittelt aus der charakteristischen Querzugtragfähigkeit $F_{90,Rk}$ nach Abschnitt 2.4.3;

k_s Beiwert zur Berücksichtigung mehrerer nebeneinander angeordneter Verbindungsmittel;

k_r Beiwert zur Berücksichtigung mehrerer übereinander angeordneter Verbindungsmittel (für eingeklebte Stahlstäbe, s. Abschnitt NCI NA.11.2.3 (NA.7); gilt sinngemäß auch für profilierte Stahlstäbe;

h_e Abstand des vom beanspruchten Holzrand am weitesten entfernt angeordneten Verbindungsmittels in mm;

a_r Abstand der beiden äußersten Verbindungsmittel (siehe Bild NA.13), der Abstand der Verbindungsmittel untereinander in Faserrichtung des querzugefährdeten Holzes darf 0,5 h nicht überschreiten;

h Höhe des Bauteils in mm;

t_{ef} wirksame Anschlusstiefe in mm;

n Anzahl der Verbindungsmittelreihen;

h_i Abstand der jeweiligen Verbindungsmittelreihe vom unbeanspruchten Bauteilrand (siehe Bild NA.13).

(NA.8) Bei beidseitigem oder mittigem Queranschluss gilt:

$t_{ef} = \min\{b;\ 2\,t_{pen};\ 24\,d\}$ für Holz-Holz- oder Holzwerkstoff-Holz-Verbindungen mit Nägeln oder Holzschrauben;

$t_{ef} = \min\{b;\ 2\,t_{pen};\ 30\,d\}$ für Stahlblech-Holz-Nagelverbindungen;

$t_{ef} = \min\{b;\ 2\,t_{pen};\ 12\,d\}$ für Stabdübel- und Bolzenverbindungen;

$t_{ef} = \min\{b;\ 100\ \text{mm}\}$ für Verbindungen mit Dübeln besonderer Bauart;

$t_{ef} = \min\{b;\ 6\,d\}$ für Verbindungen mit innenliegenden, profilierten Stahlstäben.

Siehe Bild NA.8, Seite 144.

Dabei ist

b die Dicke des Holzbauteils in mm;

d der Verbindungsmitteldurchmesser in mm;

t_{pen} die Eindringtiefe der Verbindungsmittel in mm.

(NA.9) Bei einseitigem Queranschluss gilt:

$t_{ef} = \min\{b; t_{pen}; 12\,d\}$ für Holz-Holz- oder Holzwerkstoff-Holz-Verbindungen mit Nägeln oder Holzschrauben;

$t_{ef} = \min\{b; t_{pen}; 15\,d\}$ für Stahlblech-Holz-Nagelverbindungen;

$t_{ef} = \min\{b; t_{pen}; 6\,d\}$ für Stabdübel- und Bolzenverbindungen;

$t_{ef} = \min\{b; 50\text{ mm}\}$ für Verbindungen mit Dübeln besonderer Bauart.

(NA.10) Sind mehrere Verbindungsmittelgruppen nebeneinander angeordnet, darf der Bemessungswert der Tragfähigkeit $F_{90,Rd}$ für eine Verbindungsmittelgruppe nach Gleichung (NA.104) ermittelt werden, wenn der lichte Abstand in Faserrichtung zwischen den Verbindungsmittelgruppen mindestens 2 h beträgt.

(NA.11) Beträgt der lichte Abstand in Faserrichtung zwischen mehreren nebeneinander angeordneten Verbindungsmittelgruppen nicht mehr als 0,5 h, sind die Verbindungsmittel dieser Gruppen als eine Verbindungsmittelgruppe zu betrachten.

(NA.12) Beträgt der lichte Abstand in Faserrichtung von zwei nebeneinander angeordneten Verbindungsmittelgruppen mindestens 0,5 h und weniger als 2 h, ist der Bemessungswert der Tragfähigkeit $F_{90,Rd}$ nach Gleichung (NA.104) je Verbindungsmittelgruppe mit dem Beiwert k_g zu reduzieren:

$$k_g = \frac{\ell_g}{4 \cdot h} + 0{,}5 \qquad \text{(NA.107)}$$

Dabei ist

ℓ_g der lichte Abstand zwischen den Verbindungsmittelgruppen.

(NA.13) Sind mehr als zwei Verbindungsmittelgruppen mit $\ell_g < 2\,h$ nebeneinander angeordnet, bei denen der Bemessungswert der Kraftkomponente rechtwinklig zur Faserrichtung $F_{v,Ed}$ größer ist als die Hälfte des mit dem Beiwert k_g reduzierten Bemessungswertes der Tragfähigkeit $F_{90,Rd}$, sind die Querzugkräfte durch Verstärkungen (siehe NCI NA.6.8.2) aufzunehmen.

8.1.5 Wechselbeanspruchungen

(1)P Die charakteristische Tragfähigkeit einer Verbindung ist abzumindern, wenn die Verbindung durch innere Kräfte wechselnder Richtung langer oder mittlerer Einwirkungsdauer beansprucht wird.

Wechselnde Beanspruchungen führen zur Ermüdung des Holzes im Lochleibungsbereich. Die Tragfähigkeit ist dann wesentlich geringer als unter ruhenden Lasten.

(2) Einflüsse aus langen oder mittleren Einwirkungsdauern, die zu wechselnden Kräften zwischen Zug $F_{\mathrm{t,d}}$ und Druck $F_{\mathrm{c,d}}$ in der Verbindung führen, sind in der Regel bei der Berechnung der Verbindung dadurch rechnerisch zu berücksichtigen, dass die Verbindung für ($F_{\mathrm{t,d}}$ + 0,5 $F_{\mathrm{c,d}}$) und ($F_{\mathrm{c,d}}$ + 0,5 $F_{\mathrm{t,d}}$) bemessen wird.

Berücksichtigt wird der Einfluss einer Ermüdung dadurch, dass die Nachweise für eine höhere Beanspruchung geführt werden. Grundsätzlich gilt das auch für eine Momentenbeanspruchung, z. B. bei Rahmenecken. Es gilt für KLED mittel oder lang:

$$F_{\mathrm{d}} = \max \begin{cases} F_{\mathrm{t,d}} + 0{,}5 \cdot F_{\mathrm{c,d}} \\ F_{\mathrm{c,d}} + 0{,}5 \cdot F_{\mathrm{t,d}} \end{cases}$$

Der Nachweis kann dann mit der für vorwiegend ruhende Beanspruchung geltenden Tragfähigkeit geführt werden.

Zum Ermüdungsnachweis bei wiederholenden Einwirkungen siehe [46].

NCI NA.8.1.6 Zugverbindungen

(NA.1) Bei symmetrisch ausgeführten Zugverbindungen mit Schrauben, Bolzen, Passbolzen und Nägeln in nicht vorgebohrten Nagellöchern darf beim Nachweis der Tragfähigkeit der einseitig beanspruchten Bauteile das Zusatzmoment vereinfacht durch eine Verminderung des Bemessungswertes der Zugtragfähigkeit um ein Drittel berücksichtigt werden.

Aufgrund des Versatzmomentes entstehen örtliche Biegebeanspruchungen (s. Bild K.132). Zusätzlich kann es klimabedingt zu Verformungen kommen.

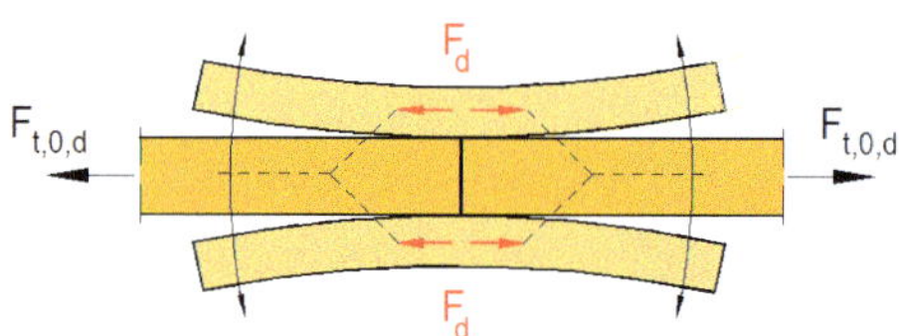

Bild K.132 — Örtliche Biegebeanspruchung

(NA.2) Bei Zuganschlüssen mit anderen Verbindungsmitteln darf der vereinfachte Nachweis nach Absatz (NA.1) geführt werden, wenn die Verkrümmung der einseitig beanspruchten Bauteile durch auf Herausziehen beanspruchbare Verbindungsmittel verhindert wird.

— Bei stiftförmigen Verbindungsmitteln sind in der ersten beziehungsweise letzten Verbindungsmittelreihe Verbindungsmittel mit einer ausreichenden Beanspruchbarkeit auf Herausziehen zu verwenden (siehe Bild NA.14 oben).

— Bei anderen Verbindungsmitteln sind vor beziehungsweise hinter dem eigentlichen Anschluss diese Verbindungsmittel zusätzlich anzuordnen (siehe Bild NA.14 unten).

Beispiel für eine Zugverbindung mit Stabdübel-Verbindungsmitteln. Wenn generell die frühere Regel eingehalten wird, dass bei Stabdübeln jeder sechste ein Passbolzen sein soll, kann einer Verkrümmung wirkungsvoll begegnet werden (siehe [31]).

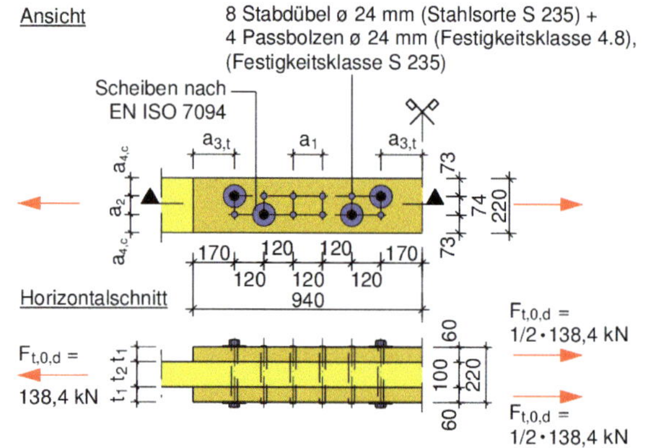

Bild K.133 — Zugstoß mit Stabdübeln

Für die Stabdübel mit Passbolzen gilt dann nach NCI NA.8.1.6(NA.1) für den Nachweis der Zugtragfähigkeit des Holzes:

$$\sigma_{t,0,d} \leq 0{,}66 \cdot f_{t,0,d}$$

(NA.3) Die ausziehfesten Verbindungsmittel nach Absatz (NA.2) sind für eine in Richtung der Stiftachse wirkende Zugkraft $F_{t,d}$ zu bemessen:

$$F_{t,d} = \frac{F_d \cdot t}{2 \cdot n \cdot a} \qquad \text{(NA.108)}$$

Dabei ist

- F_d die Normalkraft in der einseitig beanspruchten Lasche;
- n die Anzahl der zur Übertragung der Scherkraft in Richtung der Kraft F_d hintereinander angeordneten Verbindungsmittel, ohne die zusätzlichen ausziehfesten Verbindungsmittel;
- t die Dicke der Lasche;
- a der Abstand der auf Herausziehen beanspruchten Verbindungsmittel von der nächsten Verbindungsmittelreihe.

(NA.4) Bei Zuganschlüssen mit anderen Verbindungsmitteln ohne Maßnahmen zur Verhinderung der Verkrümmung darf der Nachweis entsprechend Absatz (NA.1) durch eine Verminderung des Bemessungswertes der Zugtragfähigkeit um 60 % geführt werden.

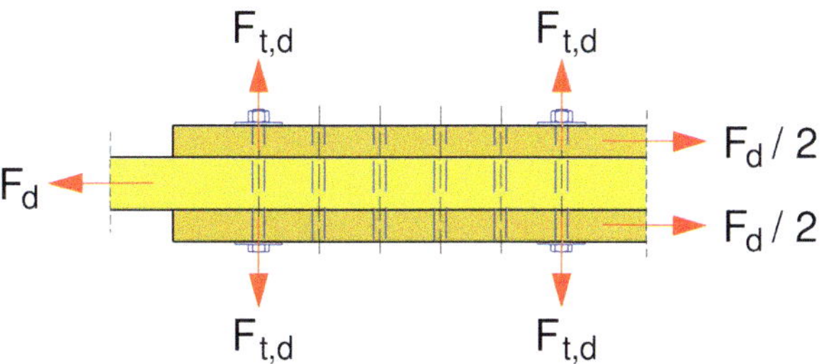

Bild K.134 — Der Zugstoß nach Bild K.133 wird durch ausziehfeste Passbolzen gesichert.

Die Zugkraft $F_{t,d}$ nach Gl. (NA.108) beträgt:

$$F_{t,d} = \frac{F_d \cdot t}{2 \cdot n \cdot a} = \frac{69{,}2 \cdot 10^3 \cdot 60}{2 \cdot 4 \cdot 120} = 4{,}33 \cdot 10^3\ \text{N} = 4{,}33\ \text{kN}$$

Werden bei den hier verwendeten vorgebohrten Nägeln keine zusätzlichen ausziehfesten Verbindungsmittel angeordnet (zur Bemessung siehe [31]), gilt für den Nachweis nach NCI NA.8.1.6(NA.4):

$$\sigma_{t,0,d} \leq 0{,}4 \cdot f_{t,0,d}$$

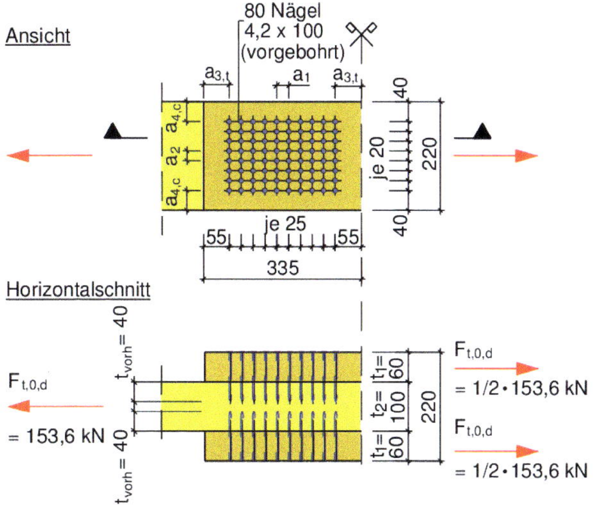

Bild K.135 — Zugstoß mit Nägeln (vorgebohrt)

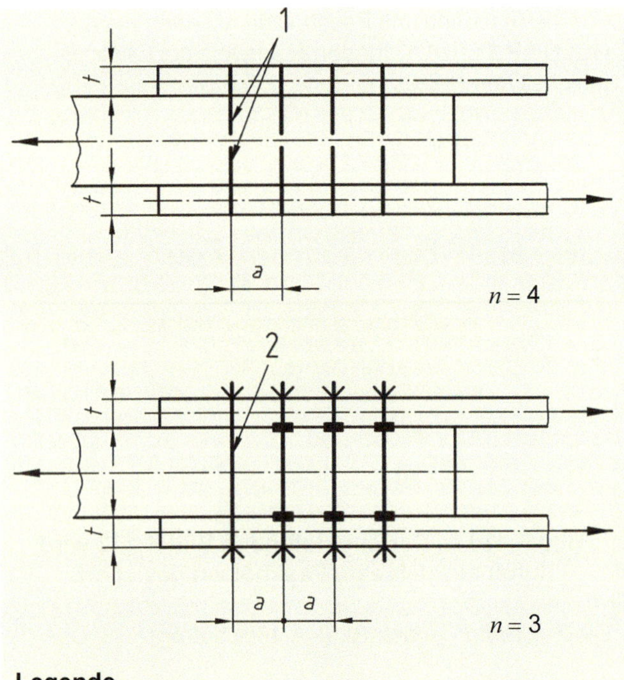

Legende

1 ausziehfeste Verbindungsmittel
2 zusätzliche ausziehfeste Verbindungsmittel

Bild NA.14 — Maßnahmen zur Vermeidung der Verkrümmung einseitig beanspruchter Bauteile in Zuganschlüssen

8.2 Tragfähigkeit metallischer, stiftförmiger Verbindungsmittel auf Abscheren

Die Anforderungen an stiftförmigen Verbindungsmitteln regelt DIN EN 14592 in Verbindung mit DIN 20000-6 [34].

Nach [34] gilt DIN 20000-6 auch für gehärtete Schrauben und unabhängig von der Überzugsart nach DIN EN 14592, Abschnitt 3.12.

8.2.1 Allgemeines

(1)P Bei der Berechnung der charakteristischen Tragfähigkeit von Verbindungen mit stiftförmigen Verbindungsmitteln aus Metall sind die Einflüsse der Fließgrenze, der Lochleibungsfestigkeit und des Ausziehwiderstandes des Verbindungsmittels zu beachten.

NCI Zu 8.2.1 „Allgemeines“

(NA.2) Abweichend von den Angaben in 8.2.2 und 8.2.3 darf die Tragfähigkeit von auf Abscheren beanspruchten stiftförmigen Verbindungsmitteln nach den in NCI NA.8.2.4, NCI NA.8.2.5 und nach den in diesem Dokument enthaltenen zusätzlichen Festlegungen und Erläuterungen zu DIN EN 1995-1-1:2010-12, 8.3 angegebenen vereinfachten Regeln ermittelt werden.

Die vereinfachten Regeln entsprechen dem Vereinfachten Verfahren nach DIN 1052:2008, Abschnitt 12.2. Bei Einhaltung der Mindestdicken entstehen duktile Verbindungen [siehe NCI Zu 8.1.2 (NA.8)].

(NA.3) Die Bestimmungen für Verbindungen mit Nägeln in 8.3, mit Klammern in 8.4, mit Bolzen in 8.5, mit Stabdübeln und Passbolzen in 8.6 und mit Schrauben in 8.7 sind in jedem Fall zusätzlich zu beachten.

(NA.4) Bei Herstellung der Verbindungen dürfen stiftförmige Verbindungsmittel bei Einhaltung der Mindestabstände um den halben Durchmesser gegenüber den Risslinien versetzt oder nicht versetzt angeordnet werden.

ANMERKUNG Mit „runde Nägeln" und „quadratische Nägeln" [siehe 8.2.2(2)] sind glattschaftige Nägel gemeint.

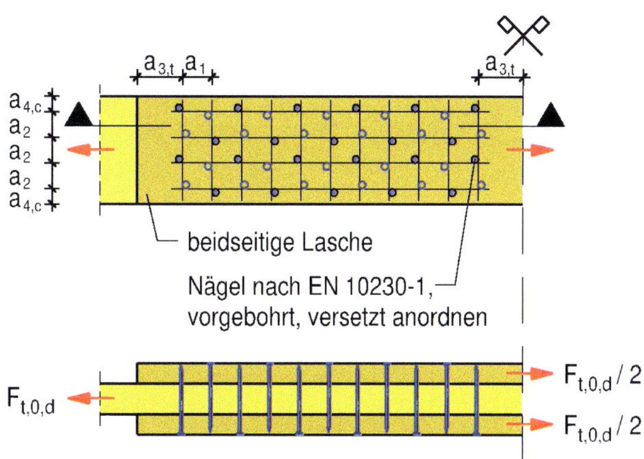

Bild K.136 — Genagelter Stoß mit um einen halben Durchmesser gegenüber der Risslinie versetzten Nägeln

8.2.2 Holz-Holz- und Holzwerkstoff-Holz-Verbindungen

(1) Die charakteristische Tragfähigkeit für Nägel, Klammern, Bolzen, Stabdübel und Schrauben je Scherfuge und Verbindungsmittel sollte als der Kleinstwert aus den folgenden Ausdrücken angenommen werden:

— für einschnittige Verbindungen:

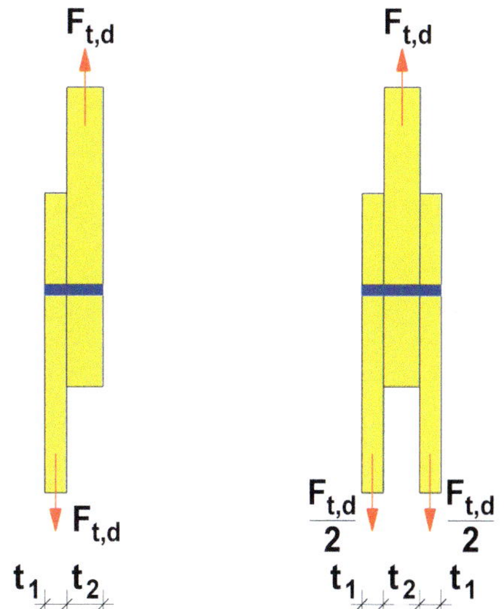

Bild K.137 — Einschnittige (links) und zweischnittige (rechts) Holz-Holz-Verbindung

$$F_{v,Rk} = \min \begin{cases} f_{h,1,k}\, t_1\, d & \text{(a)} \\ f_{h,2,k}\, t_2\, d & \text{(b)} \\ \dfrac{f_{h,1,k}\, t_1\, d}{1+\beta}\left[\sqrt{\beta + 2\beta^2\left[1+\dfrac{t_2}{t_1}+\left(\dfrac{t_2}{t_1}\right)^2\right]+\beta^3\left(\dfrac{t_2}{t_1}\right)^2} - \beta\left(1+\dfrac{t_2}{t_1}\right)\right] + \dfrac{F_{ax,Rk}}{4} & \text{(c)} \\ 1{,}05\,\dfrac{f_{h,1,k}\, t_1\, d}{2+\beta}\left[\sqrt{2\beta(1+\beta)+\dfrac{4\beta(2+\beta)M_{y,Rk}}{f_{h,1,k}\, d\, t_1^2}} - \beta\right] + \dfrac{F_{ax,Rk}}{4} & \text{(d)} \\ 1{,}05\,\dfrac{f_{h,1,k}\, t_2\, d}{1+2\beta}\left[\sqrt{2\beta^2(1+\beta)+\dfrac{4\beta(1+2\beta)M_{y,Rk}}{f_{h,1,k}\, d\, t_2^2}} - \beta\right] + \dfrac{F_{ax,Rk}}{4} & \text{(e)} \\ 1{,}15\sqrt{\dfrac{2\beta}{1+\beta}}\sqrt{2M_{y,Rk}\, f_{h,1,k}\, d} + \dfrac{F_{ax,Rk}}{4} & \text{(f)} \end{cases} \quad (8.6)$$

— für zweischnittige Verbindungen:

$$F_{v,Rk} = \min \begin{cases} f_{h,1,k}\, t_1\, d & \text{(g)} \\ 0{,}5 f_{h,2,k}\, t_2\, d & \text{(h)} \\ 1{,}05\,\dfrac{f_{h,1,k}\, t_1\, d}{2+\beta}\left[\sqrt{2\beta(1+\beta)+\dfrac{4\beta(2+\beta)M_{y,Rk}}{f_{h,1,k}\, d\, t_1^2}} - \beta\right] + \dfrac{F_{ax,Rk}}{4} & \text{(j)} \\ 1{,}15\sqrt{\dfrac{2\beta}{1+\beta}}\sqrt{2M_{y,Rk}\, f_{h,1,k}\, d} + \dfrac{F_{ax,Rk}}{4} & \text{(k)} \end{cases} \quad (8.7)$$

mit

$$\beta = \frac{f_{h,2,k}}{f_{h,1,k}} \quad (8.8)$$

Dabei ist

- $F_{v,Rk}$ der charakteristische Wert der Tragfähigkeit pro Scherfuge und Verbindungsmittel;
- t_i die Holz- oder Holzwerkstoffdicke oder Einbindetiefe, mit i entweder 1 oder 2, siehe auch 8.3 bis 8.7;
- $f_{h,i,k}$ der charakteristische Wert der Lochleibungsfestigkeit im Holzteil i;
- d der Durchmesser des Verbindungsmittels;
- $M_{y,Rk}$ das charakteristische Fließmoment des Verbindungsmittels;
- β das Verhältnis der Lochleibungsfestigkeiten der Bauteile zueinander;
- $F_{ax,Rk}$ der charakteristische Ausziehwiderstand des Verbindungsmittels, siehe (2).

ANMERKUNG Plastisches Verhalten von Verbindungen kann durch Verwendung verhältnismäßig schlanker Verbindungsmittel erreicht werden. In solchem Fall sind die Versagensmechanismen (f) und (k) maßgebend.

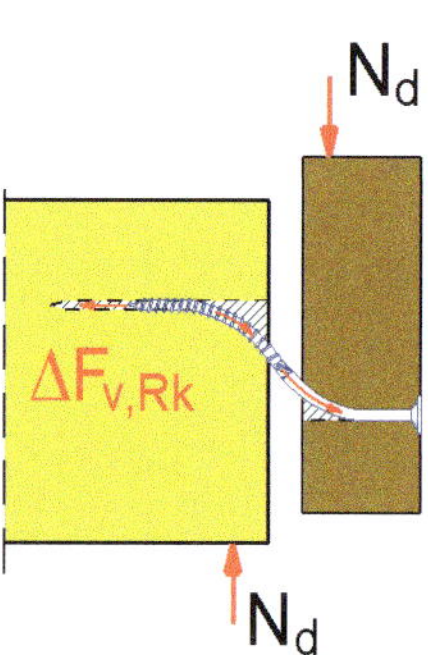

Bild K.138 — Beispiel für eine Seilwirkung bei einschnittig beanspruchten Schrauben

Der Bemessungswert der Tragfähigkeit pro Scherfuge wird berechnet:

$$F_{v,Rd} = \frac{k_{mod} \cdot F_{v,Rk}}{\gamma_M} \qquad \text{mit } \gamma_M = 1{,}3.$$

(2) In den Gleichungen (8.6) und (8.7) bedeutet der erste Summand auf der rechten Seite die Tragfähigkeit nach Johansens Fließtheorie, während der zweite Summand $F_{ax,Rk}/4$ den Anteil aus der Seilwirkung enthält. Der Anteil der Seilwirkung an der Tragfähigkeit ist auf die folgenden Prozente des Anteils nach der Johansen-Theorie zu begrenzen:

— runde Nägel 15 %

— Nägel mit annähernd quadratischem Querschnitt 25 %

— andere Nägel 50 %

— Schrauben 100 %

— Bolzen 25 %

— Stabdübel 0 %

Ist $F_{ax,Rk}$ nicht bekannt, sollte der Anteil aus Seilwirkung zu null angenommen werden.

Für einschnittige Verbindungsmittel gilt als charakteristischer Wert des Ausziehwiderstands $F_{ax,Rk}$ der kleinere Ausziehwiderstand aus den beiden Teilen. Die verschiedenen Versagensmechanismen sind in Bild 8.2 dargestellt. Als Ausziehwiderstand $F_{ax,Rk}$ von Bolzen darf der Widerstand durch die Unterlegscheiben gesetzt werden, siehe 8.5.2(2).

(3) Falls nachstehend nicht anders angegeben, sollten die charakteristischen Werte der Lochleibungsfestigkeiten $f_{h,k}$ in Übereinstimmung mit DIN EN 383 und DIN EN 14358 bestimmt werden.

(4) Falls nachstehend nicht anders angegeben, sollten die charakteristischen Werte der Fließmomente $M_{y,Rk}$ in Übereinstimmung mit DIN EN 409 und DIN EN 14358 bestimmt werden.

Bei Versuchen hat man festgestellt, dass durch die Profilierung der Schrauben ein höherer Widerstand gegen Herausziehen besteht, der sich auch bei der Beanspruchung auf Abscheren bemerkbar macht und zur Erhöhung der Tragfähigkeit führt. Die rechnerische Erhöhung wird bei der Berechnung mit dem Johansen-Verfahren auf 1/4 der Tragfähigkeit bei Beanspruchung parallel zur Stiftachse angegeben. Zusätzlich wird der Anteil auf einen maximalen Anteil aus der Tragfähigkeit bei Beanspruchung auf Abscheren begrenzt – für Nägel, Schrauben und Bolzen mit den nebenstehenden festgelegten Werten. Der kleinere Anteil ist maßgebend.
Für runde Nägel (nicht vorgebohrt) gilt dann zum Beispiel:

$$\Delta F_{v,Rk} = \min\{0{,}15 \cdot F_{v,Rk} ; 0{,}25 \cdot F_{ax,Rk}\}$$

unter „andere Nägel“ werden profilierte Nägel (Sondernägel, z. B. Rillennägel) verstanden.

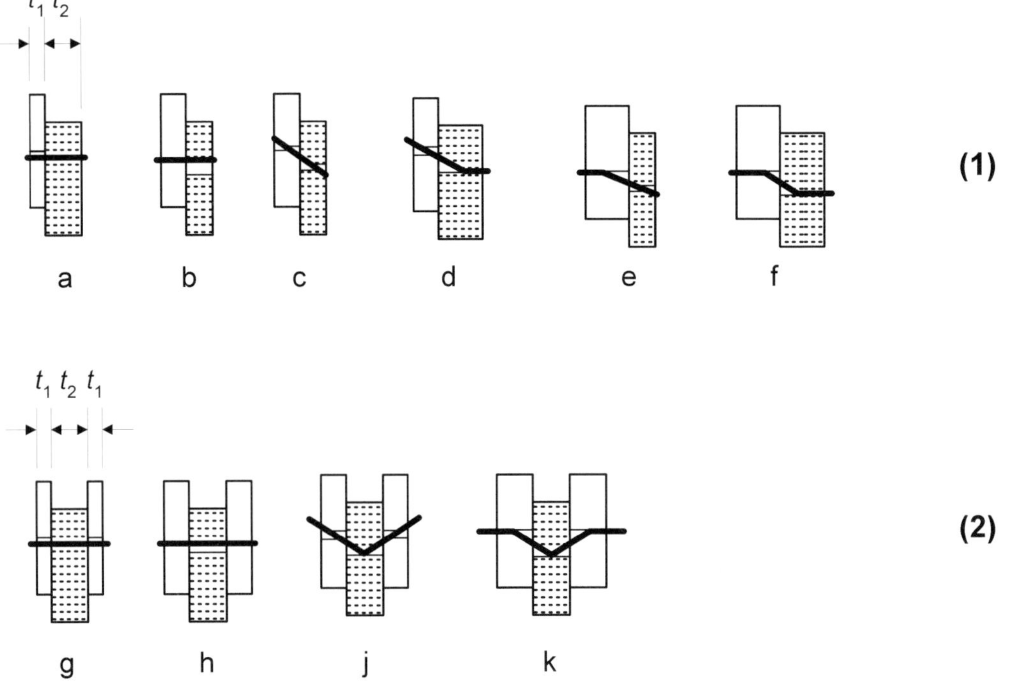

Legende

(1) einschnittig

(2) zweischnittig

ANMERKUNG Die Buchstaben entsprechen den Verweisen in den Gleichungen (8.6) und (8.7).

Bild 8.2 — Versagensmechanismen für Holz- und Holzwerkstoff-Verbindungen

8.2.3 Stahl-Holz-Verbindungen

(1) Die charakteristische Tragfähigkeit einer Stahl-Holz-Verbindung hängt von der Dicke der Stahlbleche ab. Stahlbleche mit Dicken bis zu 0,5 d werden als dünne Bleche eingestuft, solche mit Dicken von mindestens d, bei denen die Toleranz der Lochdurchmesser weniger als 0,1 d beträgt, werden als dicke Bleche eingestuft. Der charakteristische Wert der Tragfähigkeit von Verbindungen mit Stahlblechdicken zwischen einem dünnen und einem dicken Blech ist durch geradlinige Interpolation zwischen den Grenzwerten für dünne und dicke Bleche zu bestimmen.

(2)P Es sind Spannungsnachweise für die Stahlbleche zu führen.

(3) Die charakteristische Tragfähigkeit je Scherfuge und Verbindungsmittel sollte für Nägel, Bolzen, Stabdübel und Schrauben als der kleinste Wert angenommen werden, der sich aus den nachfolgenden Gleichungen ergibt:

— für ein dünnes Stahlblech, einschnittig:

$$F_{\text{v,Rk}} = \min \begin{cases} 0{,}4\, f_{\text{h,k}}\, t_1\, d & \text{(a)} \\ 1{,}15\sqrt{2 M_{\text{y,Rk}}\, f_{\text{h,k}}\, d} + \dfrac{F_{\text{ax,Rk}}}{4} & \text{(b)} \end{cases} \quad (8.9)$$

— für ein dickes Stahlblech, einschnittig:

$$F_{\text{v,Rk}} = \min \begin{cases} f_{\text{h,k}} t_1 d & \text{(c)} \\ f_{\text{h,k}} t_1 d \left[\sqrt{2 + \dfrac{4 M_{\text{y,Rk}}}{f_{\text{h,k}} d t_1^2}} - 1\right] + \dfrac{F_{\text{ax,Rk}}}{4} & \text{(d)} \\ 2{,}3\sqrt{M_{\text{y,Rk}} f_{\text{h,k}} d} + \dfrac{F_{\text{ax,Rk}}}{4} & \text{(e)} \end{cases} \quad (8.10)$$

— für Stahlbleche jeder Dicke als Mittelteil einer zweischnittigen Verbindung:

$$F_{\text{v,Rk}} = \min \begin{cases} f_{\text{h,1,k}}\, t_1 d & \text{(f)} \\ f_{\text{h,1,k}}\, t_1 d \left[\sqrt{2 + \dfrac{4 M_{\text{y,Rk}}}{f_{\text{h,1,k}}\, d t_1^2}} - 1\right] + \dfrac{F_{\text{ax,Rk}}}{4} & \text{(g)} \\ 2{,}3\sqrt{M_{\text{y,Rk}} f_{\text{h,1,k}}\, d} + \dfrac{F_{\text{ax,Rk}}}{4} & \text{(h)} \end{cases} \quad (8.11)$$

— für dünne Stahlbleche als Seitenteile einer zweischnittigen Verbindung:

$$F_{\text{v,Rk}} = \min \begin{cases} 0{,}5\, f_{\text{h,2,k}}\, t_2\, d & \text{(j)} \\ 1{,}15\sqrt{2 M_{\text{y,Rk}}\, f_{\text{h,2,k}}\, d} + \dfrac{F_{\text{ax,Rk}}}{4} & \text{(k)} \end{cases} \quad (8.12)$$

— für dicke Stahlbleche als Seitenteile einer zweischnittigen Verbindung:

$$F_{\text{v,Rk}} = \min \begin{cases} 0{,}5 f_{\text{h,2,k}}\, t_2 d & \text{(l)} \\ 2{,}3\sqrt{M_{\text{y,Rk}}\, f_{\text{h,2,k}}\, d} + \dfrac{F_{\text{ax,Rk}}}{4} & \text{(m)} \end{cases} \quad (8.13)$$

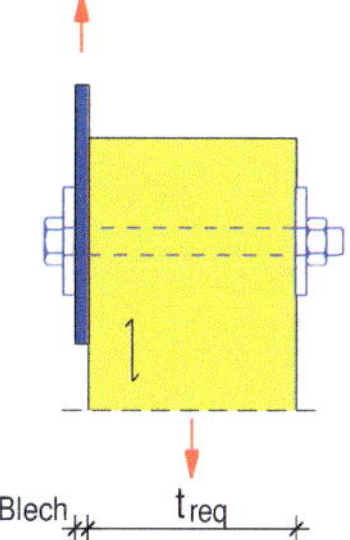

a) außen – dünnes Blech ($t_{\text{Blech}} \leq 0{,}5\, d$), einschnittig

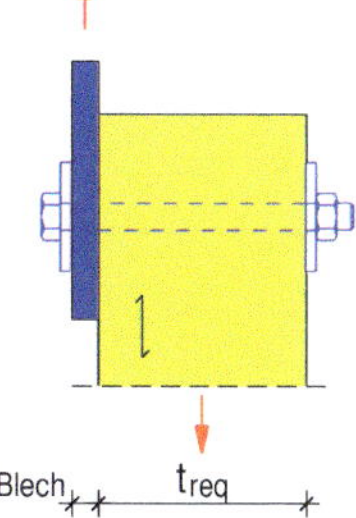

b) außen – dickes Blech ($t_{\text{Blech}} \geq 1{,}0\, d$, Lochtoleranz $= 0{,}1\, d$), einschnittig

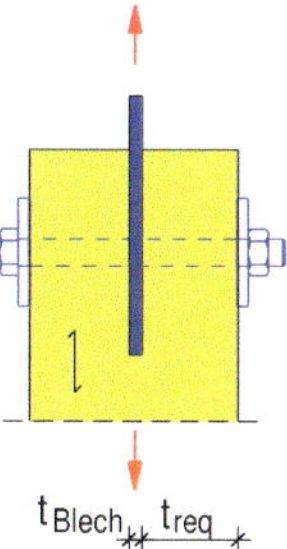

c) innen (t_{Blech} = keine Begrenzung)

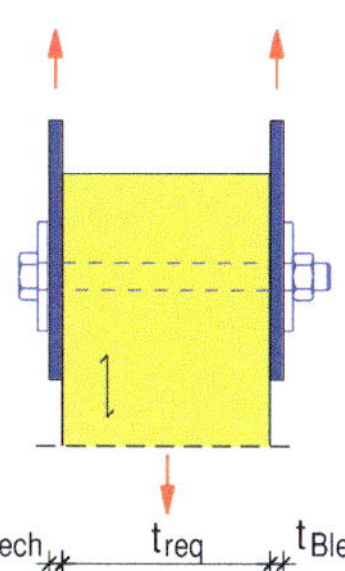

d) außen – dünnes Blech ($t_{\text{Blech}} \leq 0{,}5\, d$), zweischnittig

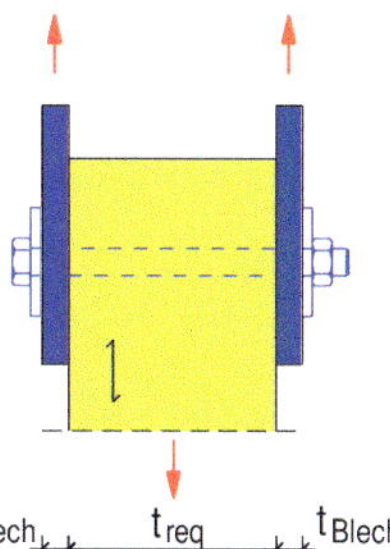

e) außen – dickes Blech ($t_{\text{Blech}} \geq 1{,}0\, d$, Lochtoleranz $= 0{,}1\, d$), zweischnittig

Bild K.139 — Stahl-Holz-Verbindungen mit unterschiedlichen Blechdicken

Dabei ist

$F_{v,Rk}$ der charakteristische Wert der Tragfähigkeit pro Scherfuge und Verbindungsmittel;

$f_{h,k}$ der charakteristische Wert der Lochleibungsfestigkeit im Holzteil;

t_1 der kleinere Wert der Seitenholzdicke oder der Eindringtiefe;

t_2 die Dicke des Mittelholzes;

d der Durchmesser des Verbindungsmittels;

$M_{y,Rk}$ der charakteristische Wert des Fließmomentes des Verbindungsmittels;

$F_{ax,Rk}$ der charakteristische Wert des Ausziehwiderstands des Verbindungsmittels.

ANMERKUNG Die verschiedenen Versagensmechanismen sind in Bild 8.3 dargestellt.

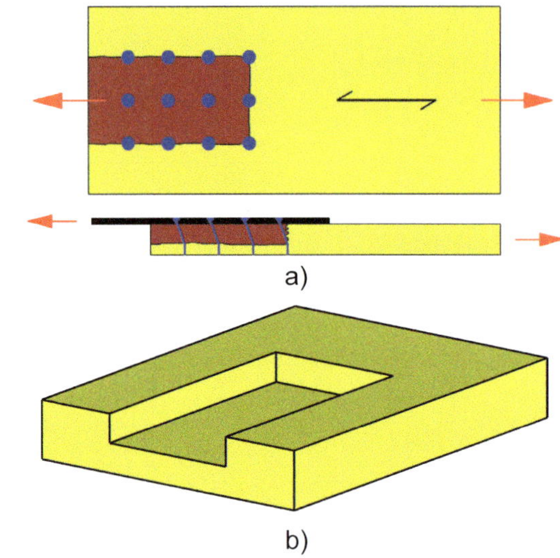

a) Versagensfall 1 nach Anhang A
b) Versagensfall 2 neuer Anhang A

Bild K.140 — Gefährdete Holzfläche bei Blockversagen

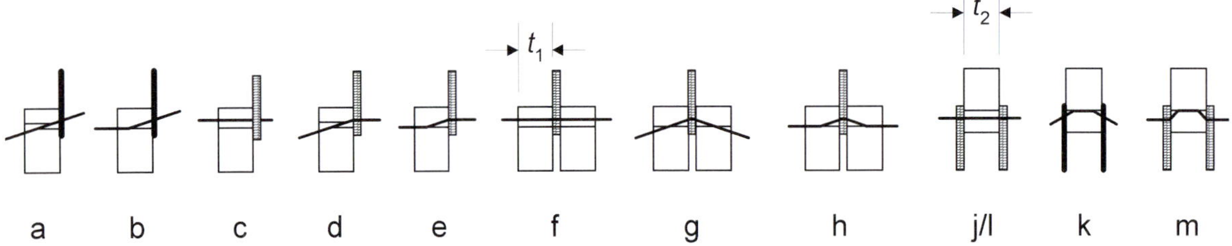

Bild 8.3 — Versagensmechanismen für Stahl-Holz-Verbindungen

(4) Für die Begrenzung des Seileffekts $F_{ax,Rk}$ gilt 8.2.2(2).

(5)P Es ist zu berücksichtigen, dass die Tragfähigkeit von Stahl-Holz-Verbindungen mit belasteten Hirnholzenden durch ein Versagen entlang des Umfanges der Verbindungsmittelgruppe begrenzt sein kann.

ANMERKUNG Ein Verfahren zur Bestimmung der Tragfähigkeit einer Verbindungsmittelgruppe enthält Anhang A (informativ).

Insbesondere bei Holz-Stahl-Verbindungen kann es entlang der äußeren Verbindungsmittelreihen zum sogenannten „Blockscherversagen“ oder zum Zugversagen des Holzes kommen (s. Bild K.140).

Der Bemessungswert der Tragfähigkeit pro Scherfuge wird berechnet:

$$F_{v,Rd} = \frac{k_{mod} \cdot F_{v,Rk}}{\gamma_M} \qquad \text{mit } \gamma_M = 1{,}3.$$

NCI NA.8.2.4 Verbindungen von Bauteilen aus Holz und Holzwerkstoffen

(NA.1) Falls die Bedingungen über die Mindestdicken $t_{1,\text{req}}$ und $t_{2,\text{req}}$ eingehalten sind, darf für Verbindungen von Bauteilen aus Holz und Holzwerkstoffen, die mit den in 8.3 bis 8.7 behandelten Verbindungsmitteln hergestellt sind, der charakteristische Wert der Tragfähigkeit $F_{\text{v,Rk}}$ je Scherfuge und Verbindungsmittel wie folgt berechnet werden:

$$F_{\text{v,Rk}} = \sqrt{\frac{2\cdot\beta}{1+\beta}}\cdot\sqrt{2\cdot M_{\text{y,Rk}}\cdot f_{\text{h,1,k}}\cdot d} \qquad \text{(NA.109)}$$

Die Mindestdicke $t_{1,\text{req}}$ für das Seitenholz 1 (siehe Bild 8.4) beträgt:

$$t_{1,\text{req}} = 1{,}15\cdot\left(2\cdot\sqrt{\frac{\beta}{1+\beta}}+2\right)\cdot\sqrt{\frac{M_{\text{y,Rk}}}{f_{\text{h,1,k}}\cdot d}} \qquad \text{(NA.110)}$$

Die Mindestdicke $t_{2,\text{req}}$ für das Seitenholz 2 (siehe Bild 8.4a) einer einschnittigen Verbindung beträgt:

$$t_{2,\text{req}} = 1{,}15\cdot\left(2\cdot\frac{1}{\sqrt{1+\beta}}+2\right)\cdot\sqrt{\frac{M_{\text{y,Rk}}}{f_{\text{h,2,k}}\cdot d}} \qquad \text{(NA.111)}$$

Die Mindestdicke $t_{2,\text{req}}$ für Mittelhölzer (siehe Bild 8.4b) mit zweischnittig beanspruchten Verbindungsmitteln beträgt:

$$t_{2,\text{req}} = 1{,}15\cdot\left(\frac{4}{\sqrt{1+\beta}}\right)\cdot\sqrt{\frac{M_{\text{y,Rk}}}{f_{\text{h,2,k}}\cdot d}} \qquad \text{(NA.112)}$$

Dabei sind

- t_1, t_2 die Holz- oder Holzwerkstoffdicken oder Eindringtiefe des Verbindungsmittels (der kleinere Wert ist maßgebend, siehe z. B. Bild 8.4);
- $f_{\text{h,1,k}}$, $f_{\text{h,2,k}}$ der charakteristische Wert der Lochleibungsfestigkeit im Holz 1 bzw. 2;
- $\beta =$ $f_{\text{h,2,k}}/f_{\text{h,1,k}}$;
- d der Durchmesser des Verbindungsmittels;
- $M_{\text{y,Rk}}$ der charakteristische Wert des Fließmoments des Verbindungsmittels.

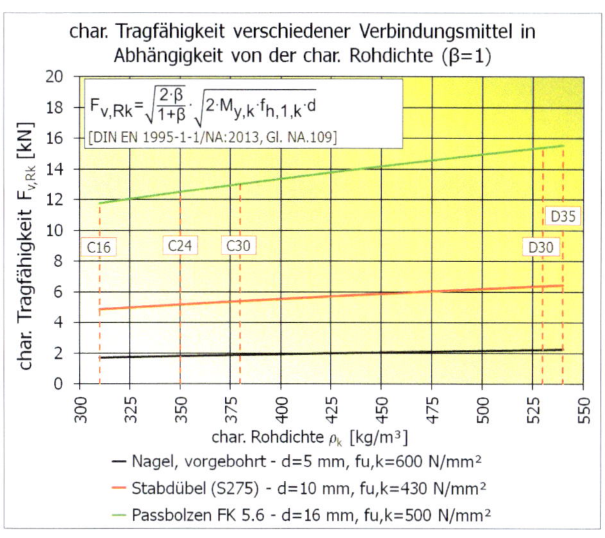

Bild K.141 — Charakteristische Tragfähigkeit $F_{\text{v,Rk}}$ je Scherfläche in Abhängigkeit von der charakteristischen Rohdichte ρ_{k} für verschiedene Verbindungsmittel (für $\beta = 1$)

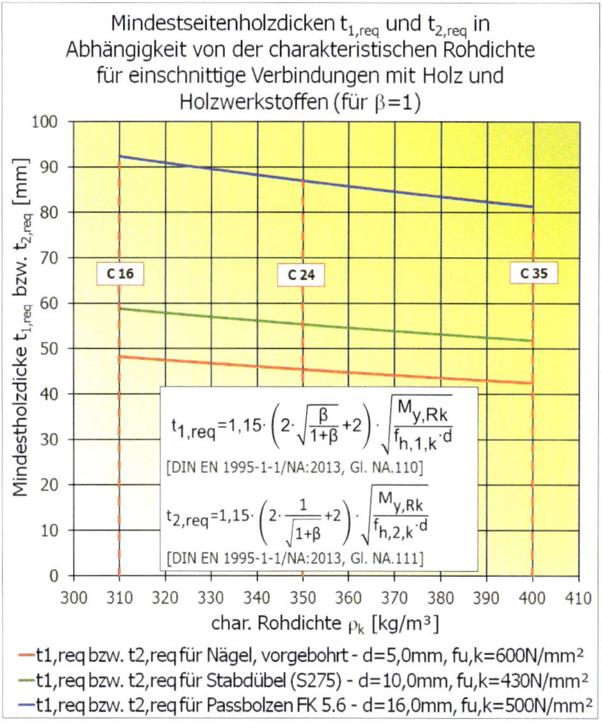

Bild K.142 — Mindestholzdicken t_{req} für einschnittige Holz-Holz-Verbindungen in Abhängigkeit von der charakteristischen Rohdichte ρ_{k}

(NA.2) Sind die Holzdicken t_1 oder t_2 geringer als die Mindestdicken $t_{1,req}$ bzw. $t_{2,req}$, darf der charakteristische Wert der Tragfähigkeit $F_{v,Rk}$ ermittelt werden, indem der Wert $F_{v,Rk}$ nach Gleichung (NA.109) mit dem kleineren der Verhältniswerte $t_1/t_{1,req}$ und $t_2/t_{2,req}$ multipliziert wird.

(NA.3) Die Bemessungswerte der nach NCI Zu 8.3, NCI NA.8.2.4, NCI NA.8.2.5 und nach den in diesem Dokument enthaltenen zusätzlichen Festlegungen und Erläuterungen zu 8.3 ermittelten Tragfähigkeiten sind wie folgt zu berechnen:

$$F_{v,Rd} = \frac{k_{mod} \cdot F_{v,Rk}}{\gamma_M} \quad \text{mit } \gamma_M = 1{,}1 \qquad \text{(NA.113)}$$

Unterscheiden sich bei Holzwerkstoff-Holz-Verbindungen die Modifikationsbeiwerte k_{mod} der beiden miteinander verbundenen Bauteile ($k_{mod,1}$ und $k_{mod,2}$), dann darf für k_{mod} folgender Wert angenommen werden:

$$k_{mod} = \sqrt{k_{mod,1} \cdot k_{mod,2}} \qquad \text{(NA.114)}$$

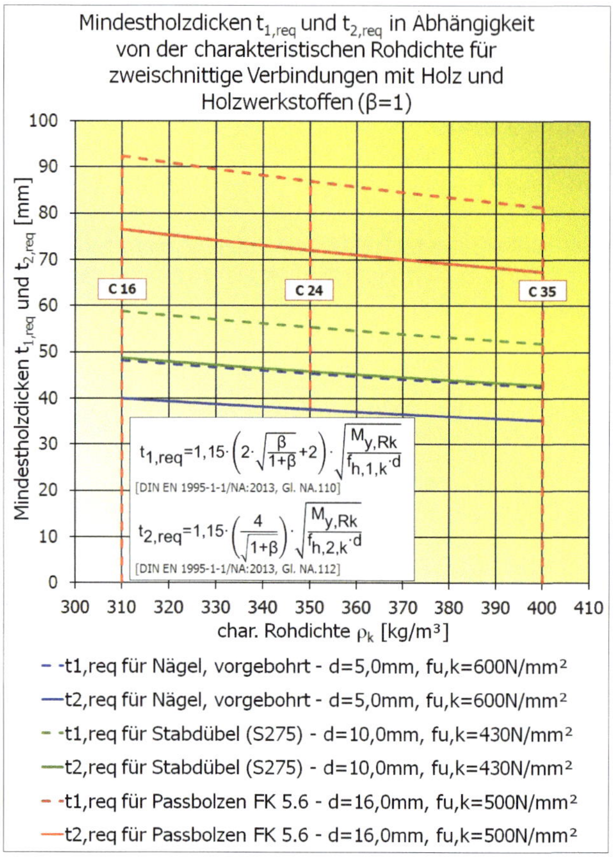

Bild K.143 — Mindestholzdicken t_{req} für zweischnittige Holz-Holz-Verbindungen in Abhängigkeit von der charakteristischen Rohdichte ρ_k

Faktor Einhaltung Mindestholzdicke:

$$F_{v,Rk} = k_{t_{req}} \cdot F_{v,Rk} \text{ mit } k_{t_{req}} = \frac{t_{vorh}}{t_{req}}$$

NCI NA.8.2.5 Stahlblech-Holz-Verbindungen

(NA.1) Falls die Bedingung über die Mindestholzdicke t_{req} eingehalten ist, darf der charakteristische Wert der Tragfähigkeit $F_{v,Rk}$ je Scherfuge und Verbindungsmittel für Verbindungen mit innen liegenden Stahlblechen und mit außen liegenden dicken Stahlblechen [siehe 8.2.3(1)] wie folgt berechnet werden:

$$F_{v,Rk} = \sqrt{2} \cdot \sqrt{2 \cdot M_{y,Rk} \cdot f_{h,k} \cdot d} \quad \text{(NA.115)}$$

Die Mindestholzdicke t_{req} beträgt:

$$t_{req} = 1{,}15 \cdot 4 \cdot \sqrt{\frac{M_{y,Rk}}{f_{h,k} \cdot d}} \quad \text{(NA.116)}$$

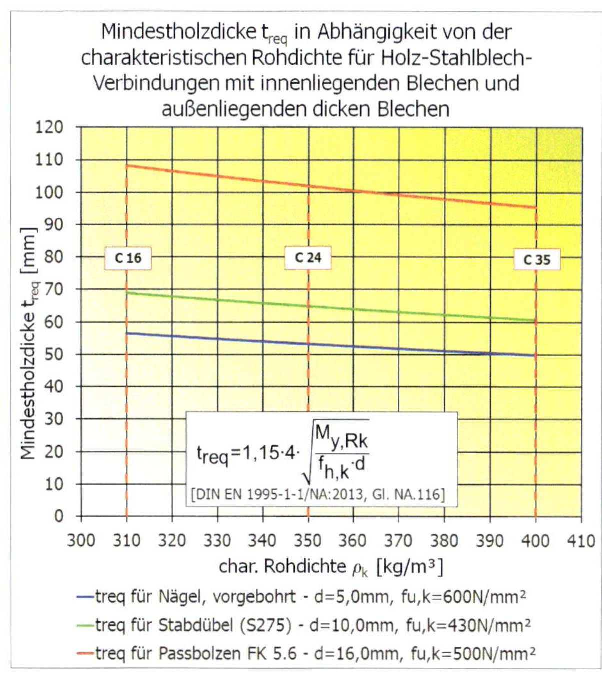

Bild K.144 — Mindestholzdicken t_{req} für Holz-Stahlblech-Verbindungen mit innen liegenden und außen liegenden dicken Blechen in Abhängigkeit von der charakteristischen Rohdichte ρ_k

(NA.2) Falls die Bedingung über die Mindestholzdicke t_{req} eingehalten ist, darf der charakteristische Wert der Tragfähigkeit je Scherfuge und Verbindungsmittel für Verbindungen mit außen liegenden dünnen Stahlblechen [siehe 8.2.3(1)] wie folgt berechnet werden:

$$F_{v,Rk} = \sqrt{2 \cdot M_{y,Rk} \cdot f_{h,k} \cdot d} \quad \text{(NA.117)}$$

Die Mindestholzdicke t_{req} beträgt für Mittelhölzer mit zweischnittig beanspruchten Verbindungsmitteln

$$t_{req} = 1{,}15 \cdot (2\sqrt{2}) \cdot \sqrt{\frac{M_{y,Rk}}{f_{h,k} \cdot d}} \quad \text{(NA.118)}$$

und für alle anderen Fälle

$$t_{req} = 1{,}15 \cdot (2+\sqrt{2}) \cdot \sqrt{\frac{M_{y,Rk}}{f_{h,k} \cdot d}} \quad \text{(NA.119)}$$

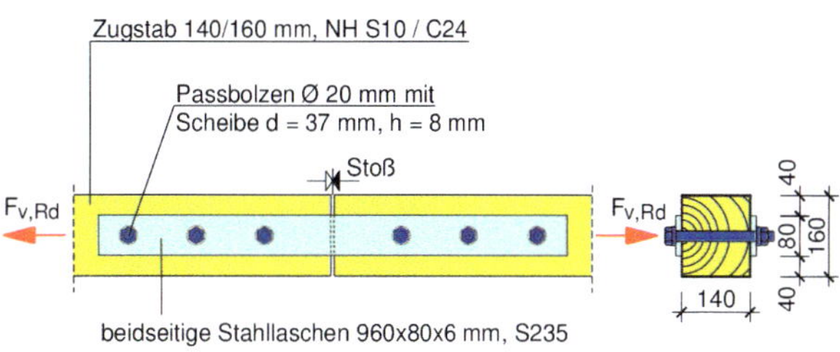

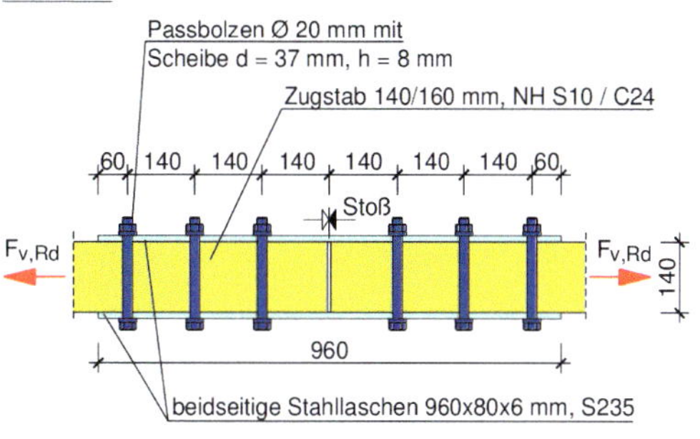

Bild K.145 — Beispiel für eine Passbolzenverbindung mit Stahllaschen (dünnes Blech, s. [3])

(NA.3) Für Stahlblechdicken t_s zwischen 0,5 d und d darf bei der Berechnung des charakteristischen Wertes der Tragfähigkeit zwischen den Werten nach Gleichung (NA.115) und Gleichung (NA.117) geradlinig interpoliert werden. Vereinfachend dürfen in diesen Fällen die Mindestholzdicken nach den Gleichungen (NA.116) und (NA.118) ermittelt und erforderlichenfalls geradlinig interpoliert werden.

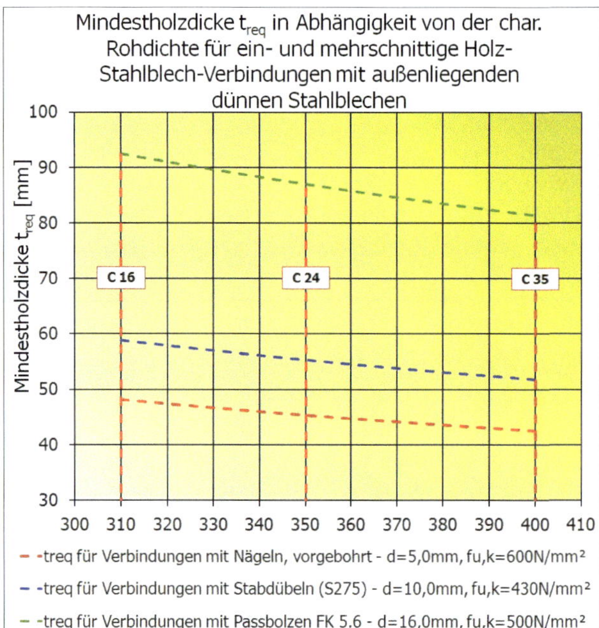

a) für ein- und mehrschnittige Holz-Stahlblech-Verbindungen

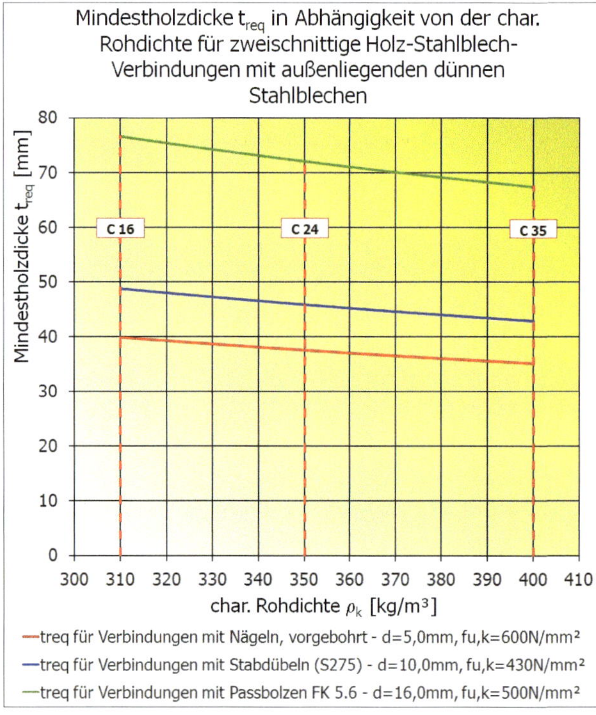

b) für zweischnittige Holz-Stahlblech-Verbindungen

Bild K.146 — Mindestholzdicken t_{req} für Holz-Stahlblech-Verbindungen mit außen liegenden dünnen Blechen in Abhängigkeit von der charakteristischen Rohdichte ρ_k

(NA.4) Ist die Holzdicke t geringer als die Mindestholzdicke t_{req}, darf der charakteristische Wert der Tragfähigkeit $F_{v,Rk}$ ermittelt werden, indem der Wert $F_{v,Rk}$ nach Gleichung (NA.115) bzw. (NA.117) mit dem Verhältniswert t/t_{req} multipliziert wird.

Faktor Einhaltung Mindestholzdicke:

$$F_{v,Rk} = k_{t_{req}} \cdot F_{v,Rk} \quad \text{mit } k_{t_{req}} = \frac{t_{vorh}}{t_{req}}$$

(NA.5) Die Bemessungswerte der Tragfähigkeit sind nach Gleichung (NA.113) zu berechnen. Dabei ist k_{mod} der Modifikationsbeiwert für das Holz oder den Holzwerkstoff.

$$F_{v,Rd} = \frac{k_{mod} \cdot F_{v,Rk}}{\gamma_M} \quad \text{mit } \gamma_M = 1{,}1 \qquad \text{Gl. (NA.113)}$$

8.3 Verbindungen mit Nägeln

8.3.1 Beanspruchung rechtwinklig zur Nagelachse (Abscheren)

8.3.1.1 Allgemeines

(1) Die Formelzeichen für die Dicken in ein- und zweischnittigen Verbindungen (siehe Bild 8.4) sind wie folgt definiert:

t_1 Holzdicke auf der Seite des Nagelkopfes in einer einschnittigen Verbindung;

die kleinere der Holzdicken auf der Seite des Nagelkopfes und die Einbindetiefe auf der Seite der Nagelspitze in einer zweischnittigen Verbindung;

t_2 Einbindetiefe auf der Seite der Nagelspitze in einer einschnittigen Verbindung;

die Mittelteildicke in einer zweischnittigen Verbindung.

(2) Holz sollte vorgebohrt werden, wenn:

— die charakteristische Rohdichte des Holzes größer oder gleich 500 kg/m³ ist;

— der Nageldurchmesser größer als 6 mm ist.

Nach Abschnitt 10.4.2(3) ist

$$d_{vorgebohrt} = 0{,}8 \cdot d_{Nagel}$$

(3) Bei Nägeln mit annähernd quadratischem Querschnitt ist für den Nageldurchmesser d das Seitenmaß anzunehmen.

(4) Für glattschaftige Nägel aus Draht mit einer Mindestzugfestigkeit von 600 N/mm² sollten für die Fließmomente die folgenden charakteristischen Werte angenommen werden:

$$M_{y,Rk} = \begin{cases} 0{,}3 f_u\, d^{2,6} & \text{für Nägel mit rundem Querschnitt} \\ 0{,}45 f_u\, d^{2,6} & \text{für Nägel mit annähernd quadratischem Querschnitt} \end{cases} \qquad (8.14)$$

Dabei ist

$M_{y,Rk}$ der charakteristische Wert des Fließmoments in Nmm;

d der Nageldurchmesser oder das Seitenmaß in mm;

f_u die Drahtzugfestigkeit in N/mm².

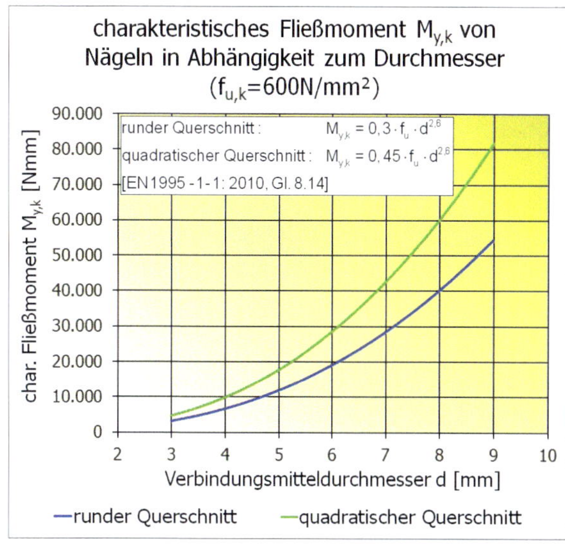

Bild K.147 — Charakteristisches Fließmoment $M_{y,k}$ in Abhängigkeit vom Nageldurchmesser für verschiedene Querschnittsformen

(5) Für Nageldurchmesser bis zu 8 mm gelten die folgenden charakteristischen Werte der Lochleibungsfestigkeiten in Holz und Furnierschichtholz (LVL):

— ohne vorgebohrte Löcher

$$f_{h,k} = 0{,}082\ \rho_k\ d^{-0{,}3} \quad \text{N/mm}^2 \tag{8.15}$$

— mit vorgebohrten Löchern

$$f_{h,k} = 0{,}082(1 - 0{,}01\ d)\ \rho_k \quad \text{N/mm}^2 \tag{8.16}$$

Dabei ist

ρ_k der charakteristische Wert der Rohdichte des Holzes in kg/m³;

d der Nageldurchmesser in mm.

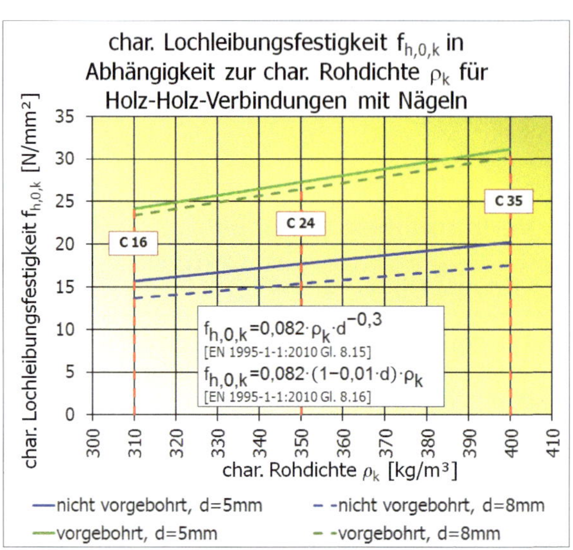

Bild K.148 — Charakteristische Lochleibungsfestigkeit $f_{h,0,k}$ in Abhängigkeit von der charakteristischen Rohdichte ρ_k für Holz-Holz-Verbindungen mit Nägeln

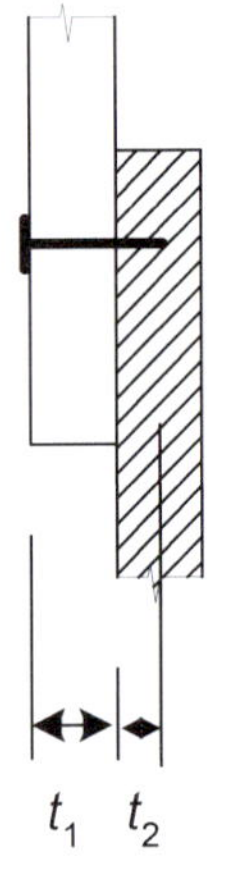

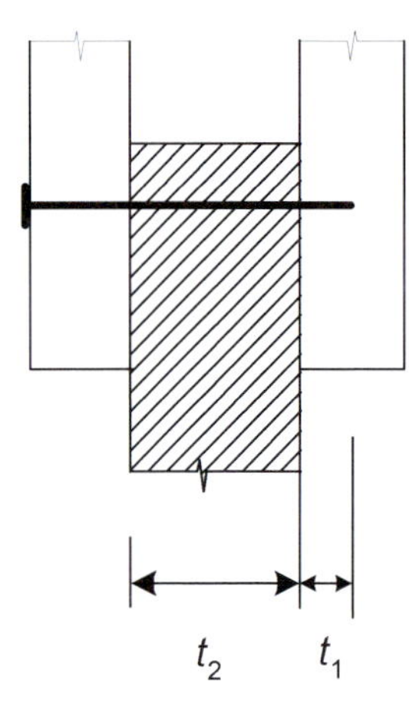

(a) **(b)**

Legende

(a) einschnittige Verbindung
(b) zweischnittige Verbindung

Bild 8.4 — Definitionen von t_1 und t_2

(6) Für Nageldurchmesser größer 8 mm gelten die charakteristischen Werte der Lochleibungsfestigkeit für Bolzen nach 8.5.1.

(7) In einer Verbindung aus drei Holzteilen dürfen sich die Nägel im Mittelholz übergreifen, falls $(t - t_2)$ größer ist als $4d$ (siehe Bild 8.5).

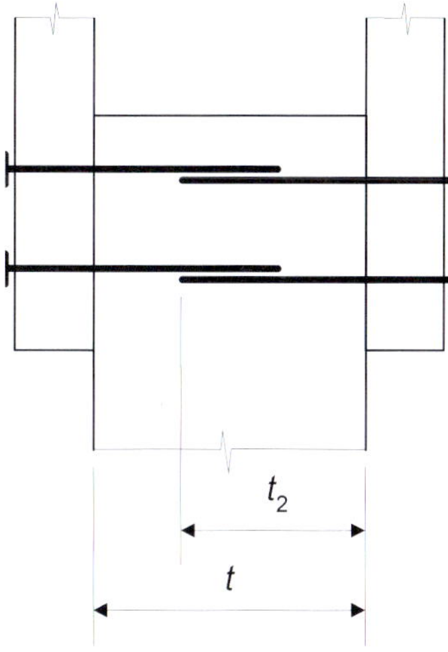

Bild 8.5 — Übergreifende Nägel

(8) Bei einer Reihe mit n Nägeln in Faserrichtung des Holzes sollte die Tragfähigkeit in Faserrichtung mit einer wirksamen Nagelanzahl n_{ef} berechnet werden, wenn die Nägel in dieser Reihe rechtwinklig zur Faserrichtung nicht um mindestens 1 d gegeneinander versetzt angeordnet sind (siehe Bild 8.6). Dabei ist:

$$n_{ef} = n^{k_{ef}} \tag{8.17}$$

Dabei ist

- n_{ef} die wirksame Nagelanzahl in der Reihe;
- n die Nagelanzahl in der Reihe;
- k_{ef} nach Tabelle 8.1.

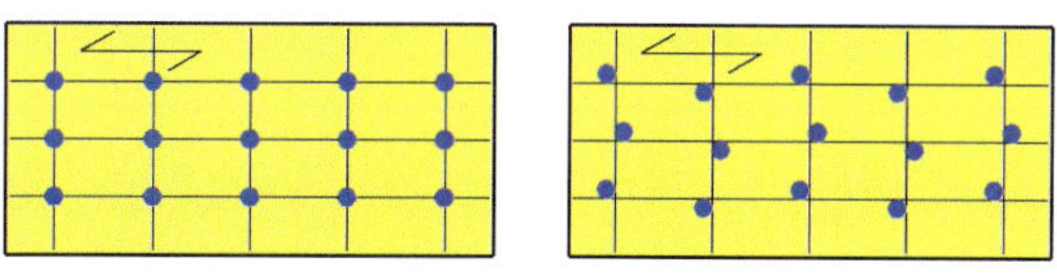

Bild K.149 — Stiftförmige Verbindungsmittel in Faserrichtung, rechtwinklig zur Faserrichtung nicht versetzt und versetzt angeordnet

Bei Nägeln ist bei versetzter Anordnung um 1 d die wirksame Anzahl $n_{ef} = n$ [s. Abschnitt 8.3.1.1(8)].

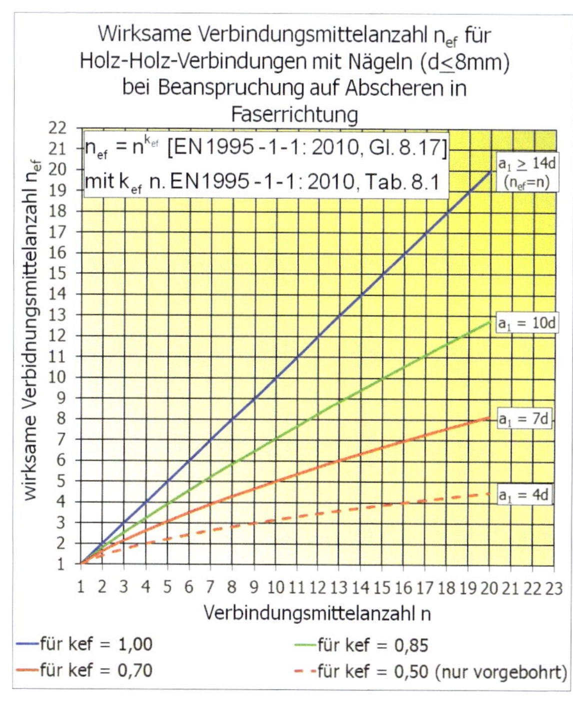

Bild K.150 — n_{ef} für Holz-Holz-Verbindungen mit Nägeln bei nicht versetzter Anordnung für verschiedene k_{ef}

Je größer a_1 ist, umso größer wird n_{ef}, bei $a_1 = 14\ d$ ist $n_{ef} = n$.

Tabelle 8.1 — Werte für k_{ef}

Nagelabstand[a]	k_{ef}	
	nicht vorgebohrt	vorgebohrt
$a_1 \geq 14\,d$	1,0	1,0
$a_1 = 10\,d$	0,85	0,85
$a_1 = 7\,d$	0,7	0,7
$a_1 = 4\,d$	–	0,5

a Für Zwischenwerte der Nagelabstände ist eine lineare Interpolation für k_{ef} zulässig.

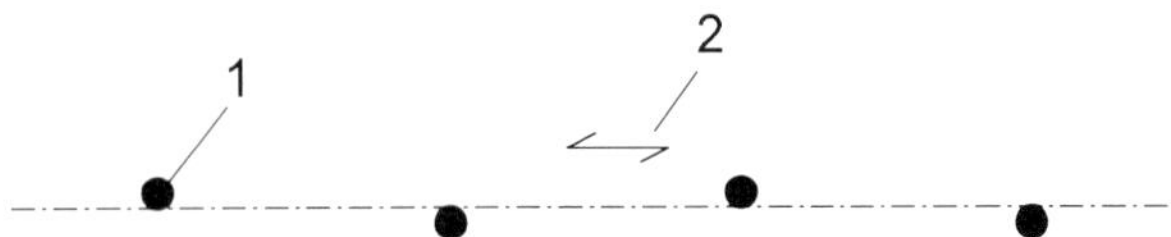

Legende

1 Verbindungsmittel

2 Faserrichtung

Bild 8.6 — Nägel in einer Reihe in Faserrichtung, rechtwinklig zur Faserrichtung um d versetzt angeordnet

(9) Ein Anschluss sollte mindestens zwei Nägel enthalten.

Nach DIN 1052:1988/1996 war zur Sicherung einer ausreichenden Klemmwirkung und Tragfähigkeit festgelegt, dass mindestens 4 Nagelscherflächen vorhanden sein müssen. Für eine einschnittige Verbindung ergibt sich daraus eine Mindestanzahl von 4 Nägeln und für zweischnittige Verbindungen von 2 Nägeln. Es wird die Anwendung dieser Regel auch weiterhin empfohlen.

(10) Anforderungen an konstruktive Einzelheiten und die Kontrolle von Nagelverbindungen enthält 10.4.2.

NCI Zu 8.3.1.1 „Allgemeines"

(NA.11) Abweichend von NCI NA.8.2.4, NCI NA.8.2.5 und den in diesem Dokument enthaltenen zusätzlichen Festlegungen und Erläuterungen zu 8.2.1 darf der vereinfachte Nachweis der Tragfähigkeit bei Beanspruchung rechtwinklig zur Nagelachse (Abscheren) nach den im Folgenden angegebenen Regeln geführt werden. Die Bezeichnungen t_1 bzw. t_2 sind in Bild 8.4 definiert. Bei zweischnittigen Verbindungen ist t_1 der kleinere Wert aus Seitenholzdicke und Eindringtiefe des Nagels.

(NA.12) Nägel mit angerolltem Schaft werden im Folgenden auch als profilierte Nägel bezeichnet. Der Nagelschaft von profilierten Nägeln darf über die gesamte Nagellänge oder ausgehend von der Nagelspitze über einen Teil der Nagellänge angerollt sein.

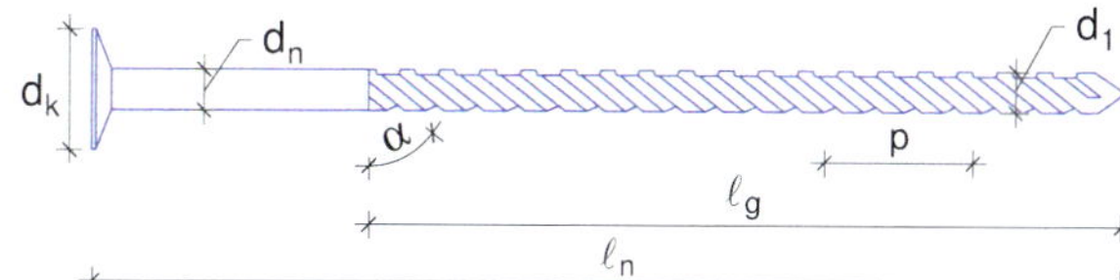

a) Nagel mit spiralisiert angerolltem Schaft

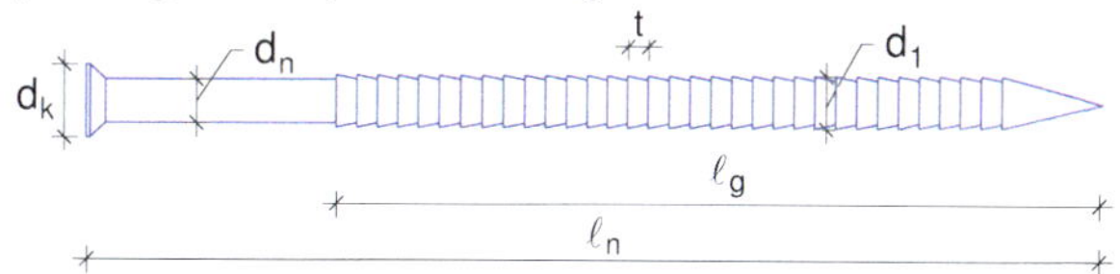

b) Nagel mit angerolltem Ringschaft

d_n Nageldurchmesser
d_1 Außendurchmesser des angerollten Schaftteils
d_k Kopfdurchmesser
ℓ_n Nagellänge
ℓ_g Länge des angerollten Schaftteils
α Gewindesteigung bei Nägeln mit spiralisiert angerolltem Schaft
ρ Ganghöhe bei Nägeln mit spiralisiert angerolltem Schaft
t Rillenteilung bei Nägeln mit Ringschaft

Bild K.151 — Form und Maße von Sondernägeln (schematisch nach [31])

(NA.13) Nägel dürfen beharzt sein.

(NA.14) Bei Anschlüssen von Holzwerkstoffen an Bauteile aus Holz dürfen die Nägel nicht mehr als 2 mm tief versenkt werden, müssen jedoch mindestens bündig mit der Oberfläche des Holzwerkstoffes eingeschlagen werden. Ein bündiger Abschluss des Nagelkopfes mit der Plattenoberfläche gilt als nicht versenkt. Bei versenkter Anordnung der Nägel müssen die Mindestdicken der Holzwerkstoffe um 2 mm erhöht werden.

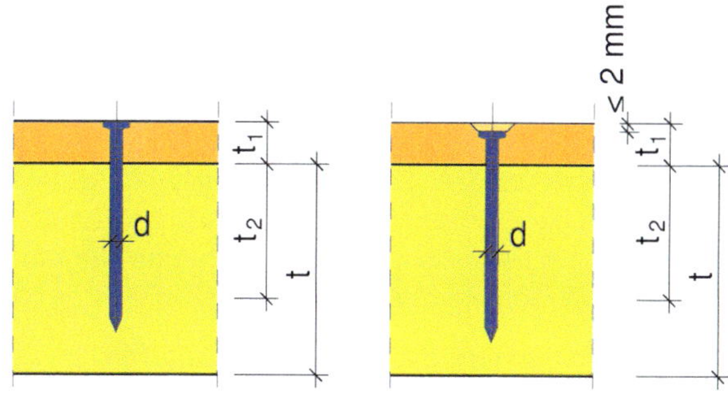

Bild K.152 — Maximal zulässige Anforderungen von Nägeln bei Anschlüssen von Holzwerkstoffen an Holzbauteilen

(NA.15) Bei Anschlüssen von Brettern, Bohlen, Holzwerkstoffplatten und dergleichen an Rundholz ohne passende Bearbeitung der Berührungsflächen des Rundholzes dürfen die charakteristischen Werte der Tragfähigkeit nur zu 2/3 in Rechnung gestellt werden. Für Verbindungen von Bauteilen aus Rundholz ist ein genauerer Nachweis erforderlich, sofern die Berührungsflächen im Anschlussbereich nicht passend bearbeitet sind.

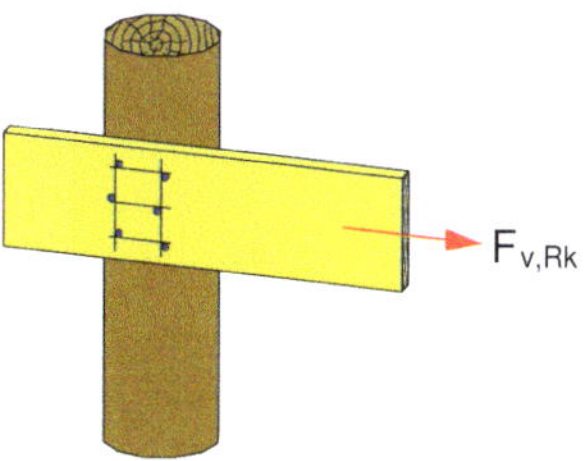

Bild K.153 — Anschluss von Brettern, Bohlen, Holzwerkstoffplatten an Rundholz ohne passförmige Berührungsfläche

(Es gilt eine reduzierte Tragfähigkeit $F_{\mathrm{v,Rk}} = \frac{2}{3} \cdot n \cdot F_{\mathrm{v,Rk,Nagel}}$ mit n = Anzahl der Nägel.)

8.3.1.2 Holz-Holz-Nagelverbindungen

(1) Bei glattschaftigen Nägeln sollte die Eindringtiefe auf der Seite der Nagelspitze mindestens 8 d betragen.

(2) Bei Nägeln mit anderem als glattem Schaft, wie in DIN EN 14592 definiert, sollte die Eindringtiefe auf der Seite der Nagelspitze mindestens 6 d betragen.

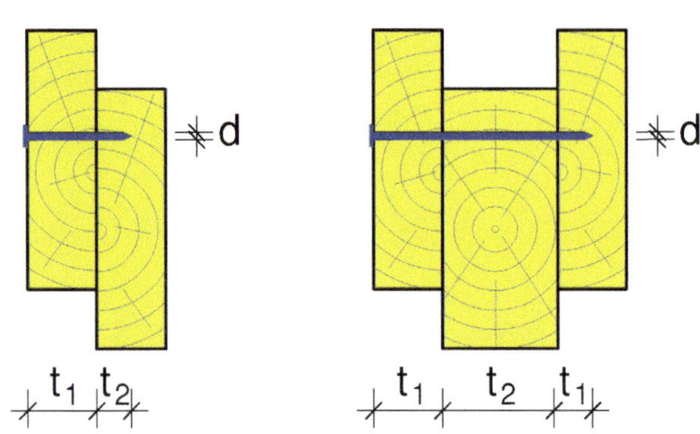

Bild K.154 — Definition der Holzdicken bzw. Nageleindringtiefe bei Nagelverbindung

(Es gilt: $t_{2,\mathrm{req}}$ bzw. $t_{1,\mathrm{req}} \geq 8\,d$ [Nägel glattschaftig], $t_{2,\mathrm{req}}$ bzw. $t_{1,\mathrm{req}} \geq 6\,d$ [Nägel mit profiliertem Schaft].)

(3) Nägel in Hirnholz sollten nicht als tragend angesehen werden.

(4) Als Alternative zu 8.3.1.2(3) gelten für Nägel in Hirnholz folgende Regeln:

— In Sekundärbauteilen dürfen glattschaftige Nägel verwendet werden. Die Bemessungswerte der Tragfähigkeit sollten zu 1/3 der Werte bei rechtwinklig zur Faserrichtung eingetriebenen Nägeln angenommen werden.

— Nägel mit anderem als glattem Schaft, wie in DIN EN 14592 definiert, dürfen in anderen als Sekundärtragwerken eingesetzt werden. Die Bemessungswerte der Tragfähigkeit sollten zu 1/3 der Werte für glattschaftige Nägel eines äquivalenten Durchmessers bei Einbau rechtwinklig zur Faserrichtung angenommen werden, unter der Voraussetzung, dass

  — die Nägel nur auf Abscheren beansprucht werden;

  — die Verbindung mindestens drei Nägel enthält;

  — die Eindringtiefe auf der Seite der Nagelspitze mindestens 10 d beträgt;

  — die Verbindung nicht den Bedingungen der Nutzungsklasse 3 ausgesetzt ist;

  — die Abstände untereinander und von den Rändern nach Tabelle 8.2 eingehalten werden.

Absatz (4) gilt in Deutschland **nicht**!
[s. NDP Zu 8.3.1.2(4).]

ANMERKUNG 1 Ein Beispiel für Sekundärtragwerke sind an Sparren befestigte Gesimsbretter.

ANMERKUNG 2 8.3.1.2(3) ist die empfohlene Anwendungsregel. Informationen zu nationalen Anforderungen können im Nationalen Anhang enthalten sein.

NDP Zu 8.3.1.2(4) Holz-Holz-Nagelverbindungen: Regeln für Nägel in Hirnholz

Die Anwendungsregel 8.3.1.2(4) darf in Deutschland nicht angewendet werden.

(5) Die Mindestabstände untereinander sowie von den Hirnholzenden und den Rändern sind in Tabelle 8.2 angegeben mit (siehe Bild 8.7):

a_1 Abstand der Verbindungsmittel innerhalb einer Reihe in Faserrichtung;

a_2 Abstand der Verbindungsmittelreihen rechtwinklig zur Faserrichtung;

$a_{3,c}$ Abstand zwischen Verbindungsmittel und unbeanspruchtem Hirnholzende;

$a_{3,t}$ Abstand zwischen Verbindungsmittel und beanspruchtem Hirnholzende;

$a_{4,c}$ Abstand zwischen Verbindungsmittel und unbeanspruchtem Rand;

$a_{4,t}$ Abstand zwischen Verbindungsmittel und beanspruchtem Rand;

α Winkel zwischen Kraft- und Faserrichtung.

Tabelle 8.2 — Mindestabstände von Nägeln

Abstände (siehe Bild 8.7)	**Winkel** α	**Mindestabstände**		
		ohne Vorbohrung		**mit Vorbohrung**
		$\rho_k \leq 420$ kg/m³	420 kg/m³ $< \rho_k \leq 500$ kg/m³	
Abstand a_1 (in Faserrichtung)	$0° \leq \alpha \leq 360°$	$d < 5$ mm: $(5 + 5 \lvert\cos \alpha\rvert)\, d$ $d \geq 5$ mm: $(5 + 7 \lvert\cos \alpha\rvert)\, d$	$(7 + 8 \lvert\cos \alpha\rvert)\, d$	$(4 + \lvert\cos \alpha\rvert)\, d$
Abstand a_2 (rechtwinklig zur Faserrichtung)	$0° \leq \alpha \leq 360°$	$5\, d$	$7\, d$	$(3 + \lvert\sin \alpha\rvert)\, d$
Abstand $a_{3,t}$ (beanspruchtes Hirnholzende)	$-90° \leq \alpha \leq 90°$	$(10 + 5 \cos \alpha)\, d$	$(15 + 5 \cos \alpha)\, d$	$(7 + 5 \cos \alpha)\, d$
Abstand $a_{3,c}$ (unbeanspruchtes Hirnholzende)	$90° \leq \alpha \leq 270°$	$10\, d$	$15\, d$	$7\, d$
Abstand $a_{4,t}$ (beanspruchter Rand)	$0° \leq \alpha \leq 180°$	$d < 5$ mm: $(5 + 2 \sin \alpha)\, d$ $d \geq 5$ mm: $(5 + 5 \sin \alpha)\, d$	$d < 5$ mm: $(7 + 2 \sin \alpha)\, d$ $d \geq 5$ mm: $(7 + 5 \sin \alpha)\, d$	$d < 5$ mm: $(3 + 2 \sin \alpha)\, d$ $d \geq 5$ mm: $(3 + 4 \sin \alpha)\, d$
Abstand $a_{4,c}$ (unbeanspruchter Rand)	$180° \leq \alpha \leq 360°$	$5\, d$	$7\, d$	$3\, d$

(6) Das Holz ist in der Regel vorzubohren, wenn die Dicke des Holzteiles kleiner ist als

$$t = \max \begin{cases} 7d \\ (13d - 30)\dfrac{\rho_k}{400} \end{cases} \qquad (8.18)$$

Dabei ist

t die Mindestholzdicke in mm;

ρ_k der charakteristische Wert der Rohdichte des Holzes in kg/m³;

d der Nageldurchmesser in mm.

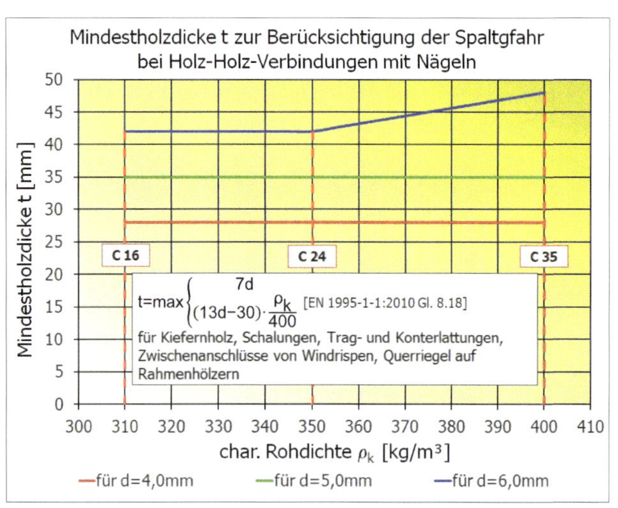

Bild K.155 — Mindestholzdicke t_{req} für Nägel aus der Spaltgefahr für weniger spaltgefährdete Hölzer, wie Kiefer und andere Nadelhölzer, wenn die nach DIN EN 1995-1-1:2010, Abschnitt 8.3.1.2 (7) festgelegten Randabstände eingehalten werden (Wird die Mindestdicke nicht eingehalten, ist vorzubohren.)

(7) Besonders spaltgefährdete Hölzer sollten vorgebohrt werden, wenn die Holzdicke kleiner ist als

$$t = \max \begin{cases} 14d \\ (13d - 30)\dfrac{\rho_k}{200} \end{cases} \qquad (8.19)$$

Gleichung (8.19) darf durch Gleichung (8.18) ersetzt werden, wenn folgende Randabstände eingehalten werden:

$a_4 \geq 10\,d$ für $\rho_k \leq 420$ kg/m³

$a_4 \geq 14\,d$ für 420 kg/m³ $\leq \rho_k \leq 500$ kg/m³

ANMERKUNG Spaltgefährdete Hölzer sind beispielsweise Weißtanne (*abies alba*), Douglasie (*pseudotsuga menziesii*) und Fichte (*picea abies*). Es wird empfohlen, 8.3.1.2(7) für Weißtanne (*abies alba*) und Douglasie (*pseudotsuga menziesii*) anzuwenden. Informationen bezüglich der nationalen Auswahl können im Nationalen Anhang enthalten sein.

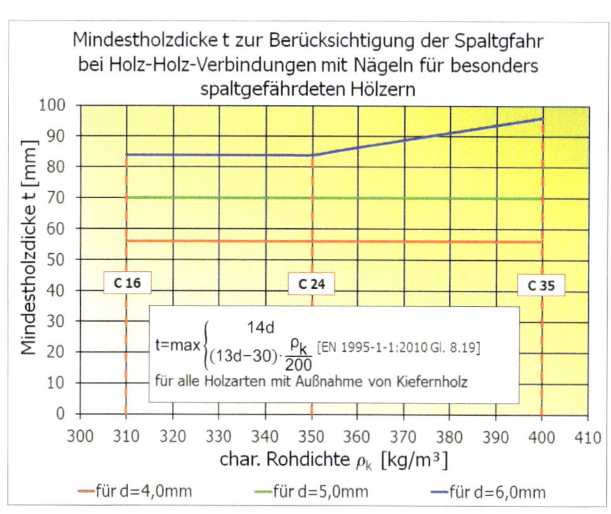

Bild K.156 — Mindestholzdicke t_{req} für Nägel aus der Spaltgefahr für besonders spaltgefährdete Hölzer, z. B. Weißtanne, Douglasie oder Fichte (Wird die Mindestdicke nicht eingehalten, ist vorzubohren.)

a)

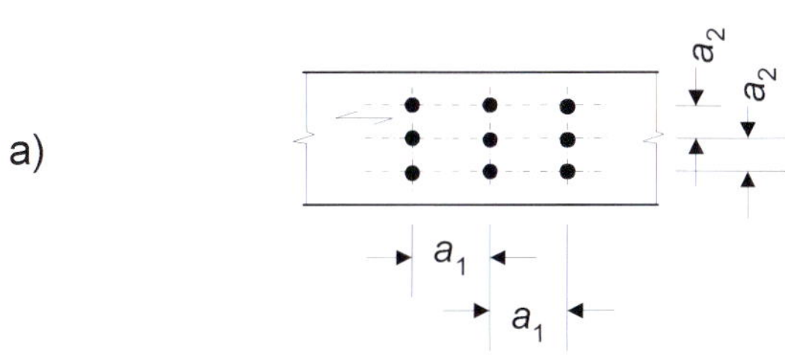

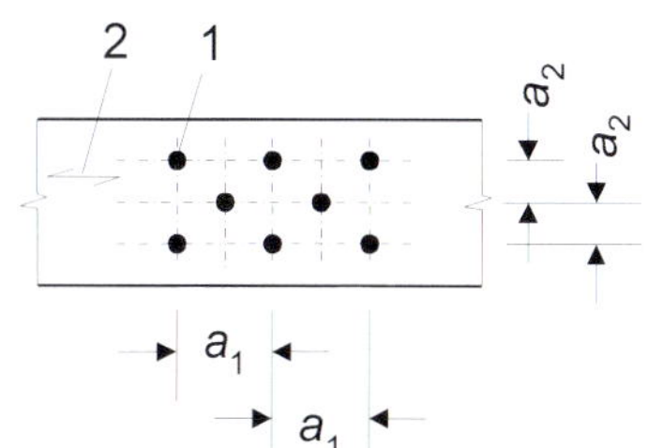

b)

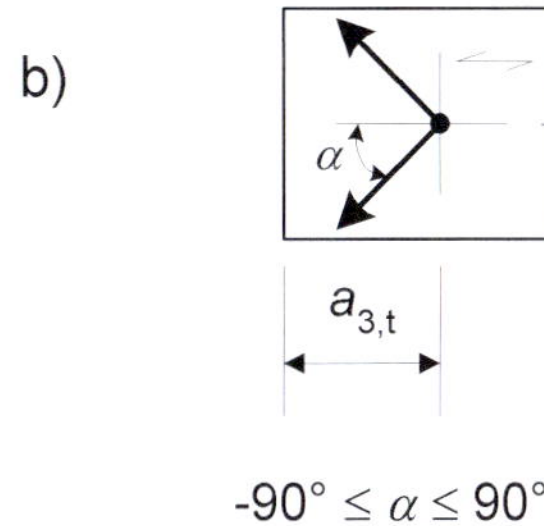

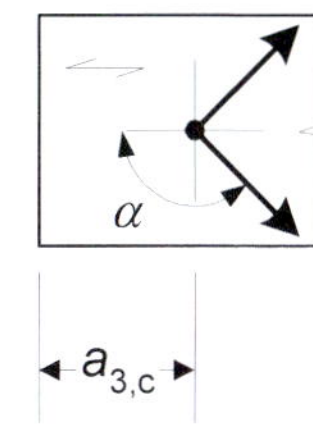

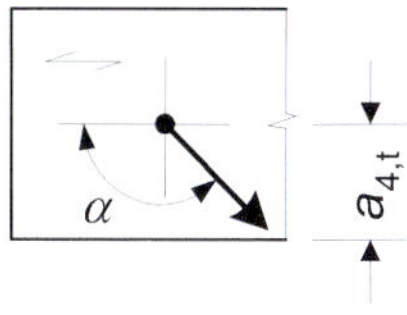

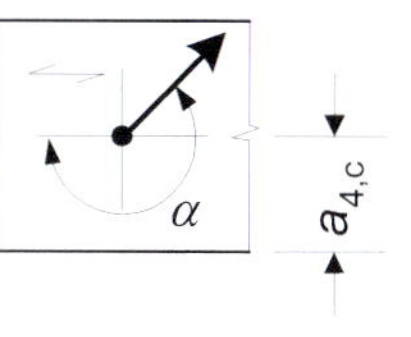

$-90° \leq \alpha \leq 90°$ $\quad 90° \leq \alpha \leq 270°$ $\quad 0° \leq \alpha \leq 180°$ $\quad 180° \leq \alpha \leq 360°$

(1) (2) (3) (4)

Legende

(1) beanspruchtes Hirnholzende
(2) unbeanspruchtes Hirnholzende
(3) beanspruchter Rand
(4) unbeanspruchter Rand
1 Verbindungsmittel
2 Faserrichtung des Holzes

(a) Abstände in Faserrichtung innerhalb einer Reihe und rechtwinklig zur Faserrichtung zwischen den Reihen
(b) Abstände vom Hirnholzende und vom Rand

Bild 8.7 — Verbindungsmittelabstände

NDP Zu 8.3.1.2(7) Holz-Holz-Nagelverbindungen: Holzarten, die empfindlich gegen Aufspalten sind

Für Kiefer (*pinus sylvestris*) darf Regel 8.3.1.2(6) angewendet werden.

$$t = \max\begin{cases} 7d \\ (13d - 30)\dfrac{\rho_k}{400} \end{cases}$$ gilt für Kiefer

Die Anwendungsregel 8.3.1.2(7) ist auf alle anderen Holzarten anzuwenden.

$$t = \max\begin{cases} 14d \\ (13d - 30)\dfrac{\rho_k}{200} \end{cases}$$ gilt für alle anderen Holzarten

Wenn die Randabstände von
$a_4 \geq 10\ d$ für $\rho_k \leq 420$ kg/m^3 und
$a_4 \geq 14\ d$ für 420 kg/m$^3 \leq \rho_k \leq 500$ kg/m^3
eingehalten werden, dann gilt die Regel für Kiefer auch für besonders spaltgefährdete Hölzer.

Die Anwendungsregel 8.3.1.2(6) darf für Schalungen, Trag- oder Konterlattung und die Zwischenanschlüsse von Windrispen sowie von Querriegeln auf Rahmenhölzern für alle Holzarten angewendet werden, wenn diese Bauteile insgesamt mit mindestens zwei Nägeln angeschlossen sind.

Für Schalungen, Trag- und Konterlattung und Zwischenanschlüsse von Windrispen, wenn der Anschluss mit mindestens 2 Nägeln erfolgt, gilt ebenfalls die Regel für Kiefer mit

$$t = \max\begin{cases} 7d \\ (13d - 30)\dfrac{\rho_k}{400} \end{cases}$$

NCI Zu 8.3.1.2 „Holz-Holz-Nagelverbindungen"

(NA.8) Wenn die Bedingung über die Mindestholzdicke nach Gleichung (NA.121) eingehalten ist, darf der charakteristische Wert der Tragfähigkeit abweichend von Gleichung (NA.109) je Scherfuge und Nagel für Verbindungen von Bauteilen aus Nadelholz angenommen werden zu:

$$F_{v,Rk} = \sqrt{2 \cdot M_{y,Rk} \cdot f_{h,1,k} \cdot d} \qquad \text{(NA.120)}$$

Hierin darf für $f_{h,1,k}$ der größere Wert der Lochleibungsfestigkeiten der miteinander verbundenen Bauteile eingesetzt werden.

(NA.9) Abweichend von den Gleichungen (NA.110) bis (NA.112) dürfen die Mindestdicken $t_{i,req}$ (Holzdicken oder Eindringtiefen der Nägel mit rundem Querschnitt) für Verbindungen zwischen Bauteilen aus Nadelholz angenommen werden zu:

$$t_{req} = 9 \cdot d \qquad \text{(NA.121)}$$

ANMERKUNG Beim Eintreiben von nicht vorgebohrten Nägeln besteht die Gefahr eines Aufspaltens des Holzes bereits während des Nagelns. Zur Vermeidung dieser Spaltgefahr des Holzes ist bei nicht vorgebohrten Nägeln zusätzlich die Bedingung (6) bzw. (7) nach DIN EN 1995-1-1:2010-12, 8.3.1.2 für die Holzdicke einzuhalten.

(NA.10) Abweichend von 8.3.1.1(9) dürfen Befestigungen von Schalungen, Trag- und Konterlatten und Zwischenanschlüssen von Windrispen mit nur einem Nagel erfolgen. Dies gilt auch für die Befestigung von Sparren und Pfetten auf Bindern und Rähmen sowie von Querriegeln auf Rahmenhölzern, wenn diese Bauteile insgesamt mit mindestens zwei Nägeln angeschlossen sind.

(NA.11) Bei Einschlagtiefen unter 4 d darf die der Nagelspitze nächstliegende Scherfuge nicht in Rechnung gestellt werden.

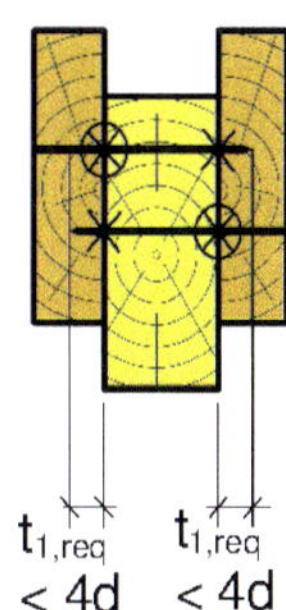

Bild K.157 — Rechnerisch ansetzbare und nicht ansetzbare Scherfugen (x – Scherfuge rechnerisch nicht ansetzbar; ⊗ Scherfuge rechnerisch ansetzbar)

(NA.12) Bei tragenden Nägeln und bei Heftnägeln soll der größte Abstand in Faserrichtung des Holzes 40 d und rechtwinklig dazu 20 d nicht überschreiten. Bei Platten aus Holzwerkstoffen soll der größte Abstand in keiner Richtung 40 d überschreiten. Haben die Platten nur aussteifende Funktion, so ist ein Abstand von 80 d zulässig. Dies gilt auch für den Anschluss mittragender Beplankungen an Mittelrippen von Wandscheiben.

(NA.13) Bei Brettschichtholz aus Nadelholz darf für die Bestimmung der Nagelabstände eine Rohdichte $\rho_k \leq 420$ kg/m^3 zugrunde gelegt werden.

8.3.1.3 Holzwerkstoff-Holz-Nagelverbindungen

(1) Als Mindestnagelabstände für alle genagelten Holzwerkstoff-Holz-Verbindungen gelten die mit einem Faktor 0,85 multiplizierten Werte nach Tabelle 8.2. Die Abstände zum Rand und zum Hirnholz bleiben unverändert, sofern nachfolgend nichts anderes festgelegt wird.

Für a_1 und a_2 gilt der 0,85-fache Abstand nach den Regeln in Tabelle 8.2.

(2) Die Mindestabstände zum Hirnholz und zu den Rändern sollten bei Bauteilen aus Sperrholz mit 3 d bei unbeanspruchtem Holzrand (oder Hirnholzende) und mit (3 + 4 sin α) d bei beanspruchtem Holzrand (oder Hirnholzende) eingehalten werden, wobei α der Winkel zwischen der Kraftrichtung und dem belastenden Rand (oder Hirnholzende) ist.

(3) Bei Nägeln mit einem Kopfdurchmesser von mindestens 2 d betragen die charakteristischen Lochleibungsfestigkeiten:

— für Sperrholz:

$$f_{h,k} = 0{,}11\ \rho_k\ d^{-0{,}3} \tag{8.20}$$

Dabei ist

$f_{h,k}$ der charakteristische Wert der Lochleibungsfestigkeit in N/mm²;

ρ_k der charakteristische Wert der Rohdichte des Sperrholzes in kg/m³;

d der Nageldurchmesser in mm.

— für harte Holzfaserplatten nach DIN EN 622-2:

$$f_{h,k} = 30\ d^{-0{,}3}\ t^{0{,}6} \tag{8.21}$$

Dabei ist

$f_{h,k}$ der charakteristische Wert der Lochleibungsfestigkeit in N/mm²;

d der Nageldurchmesser in mm;

t die Plattendicke in mm.

— für Spanplatten und OSB:

$$f_{h,k} = 65\ d^{-0{,}7}\ t^{0{,}1} \tag{8.22}$$

Dabei ist

$f_{h,k}$ der charakteristische Wert der Lochleibungsfestigkeit in N/mm²;

d der Nageldurchmesser in mm;

t die Plattendicke in mm.

NCI Zu 8.3.1.3 Holzwerkstoff-Holz-Nagelverbindungen

(NA.4) Zur Vermeidung von Abplatzungen auf der Unterseite von Spanplatten oder Gips- oder Gipsfaserplatten sind geeignete Maßnahmen zu ergreifen.

(NA.5) Die Regeln für Holz-Holz-Nagelverbindungen nach den in diesem Dokument enthaltenen zusätzlichen Festlegungen und Erläuterungen zu 8.3 gelten sinngemäß. Für Gipsplatten-Holz-Verbindungen sind nur Nägel nach DIN 1052-10 zulässig. Für faserverstärkte Gipsplatten sind nur Nägel mit bauaufsichtlichem Verwendbarkeitsnachweis zu verwenden.

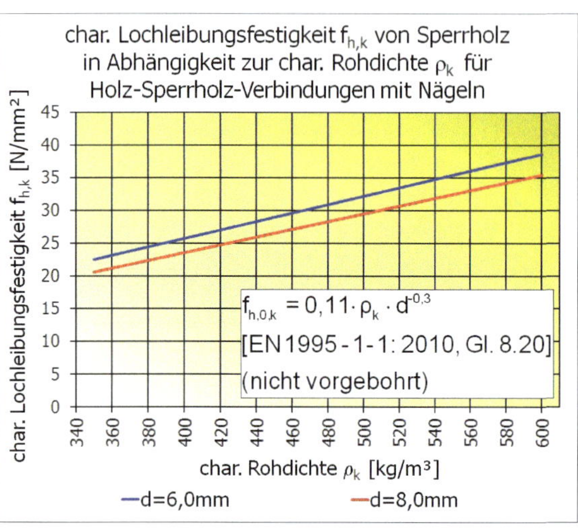

Bild K.158 — Charakteristische Lochleibungsfestigkeit $f_{h,k}$ von Sperrholz in Abhängigkeit von der charakteristischen Rohdichte ρ_k für verschiedene Nageldurchmesser

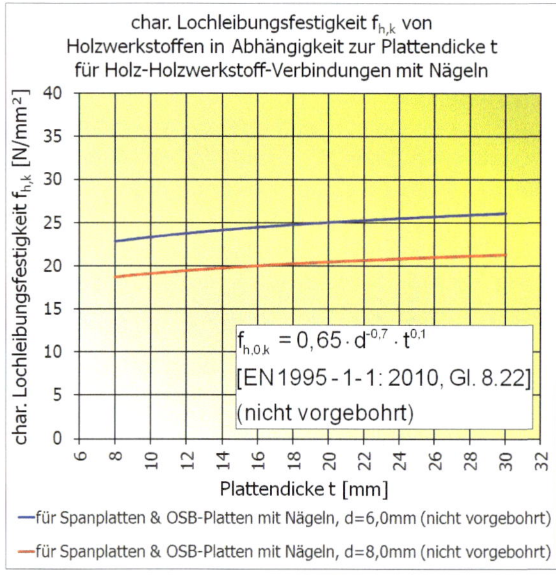

Bild K.159 — Charakteristische Lochleibungsfestigkeit $f_{h,k}$ von Holzwerkstoffen in Abhängigkeit von der Plattendicke t für verschiedene Nageldurchmesser

(NA.6) Für Gipsplatten nach DIN 18180 darf folgender charakteristische Wert der Lochleibungsfestigkeit angenommen werden:

$$f_{h,k} = 3{,}9 \cdot d^{-0{,}6} \cdot t^{0{,}7} \text{ N/mm}^2 \qquad \text{(NA.122)}$$

Dabei ist

d der Durchmesser in mm;

t die Plattendicke in mm.

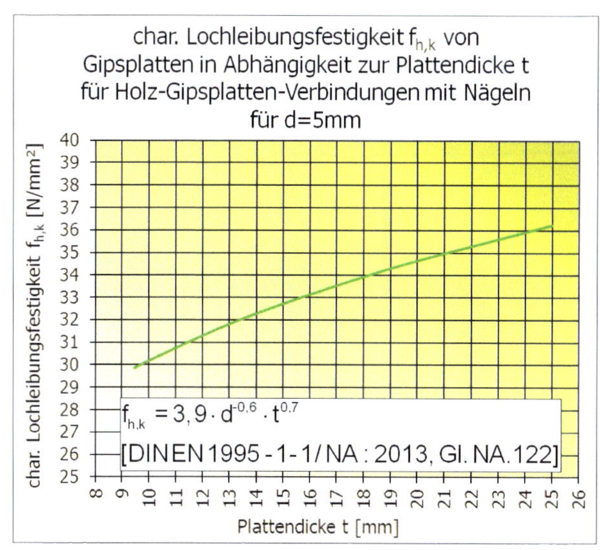

Bild K.160 — Charakteristische Lochleibungsfestigkeit $f_{h,k}$ von Gipsplatten in Abhängigkeit von der Plattendicke t

(NA.7) Abweichend von Gleichung (NA.109) darf der charakteristische Wert der Tragfähigkeit pro Scherfuge und Nagel für Verbindungen von Holz- oder Gipswerkstoffen mit Bauteilen aus Holz angenommen werden zu:

$$F_{v,Rk} = A \cdot \sqrt{2 \cdot M_{y,Rk} \cdot f_{h,1,k} \cdot d} \qquad \text{(NA.123)}$$

Dabei ist

A der Faktor nach Tabelle NA.14;

$f_{h,1,k}$ der charakteristische Wert der Lochleibungsfestigkeit des Holz- oder Gipswerkstoffes.

(NA.8) Für zementgebundene Spanplatten nach DIN EN 13986 und DIN EN 634-2 darf folgender charakteristische Wert der Lochleibungsfestigkeit angenommen werden:

$$f_{h,1,k} = (75 + 1{,}9 \cdot d) \cdot d^{-0{,}5} + \frac{d}{10} \qquad \text{(NA.124)}$$

(NA.9) Bei einschnittigen Holzwerkstoff-Holz-Nagelverbindungen mit profilierten Nägeln, nicht jedoch bei Gipsplatten-Holz-Verbindungen darf der charakteristische Wert der Tragfähigkeit $F_{v,Rk}$ nach Gleichung (NA.123) um einen Anteil $\Delta F_{v,Rk}$ erhöht werden:

$$\Delta F_{v,Rk} = \min\{0{,}5 \cdot F_{v,Rk} \,;\, 0{,}25 \cdot F_{ax,Rk}\} \qquad \text{(NA.125)}$$

Dabei ist

$F_{ax,Rk}$ Ausziehwiderstand des profilierten Nagels nach Gleichung (8.23).

(NA.10) Abweichend von den Gleichungen (NA.110) bis (NA.112) dürfen die in Tabelle NA.14 angegebenen Mindestdicken t_{req} für Verbindungen zwischen Bauteilen aus Holz- oder Gipswerkstoffen und Holz angenommen werden.

(NA.11) Für Gipsplatten-Holz-Verbindungen ist der Mindestnagelabstand abweichend von 8.3.1.3(1) mit $a_1 = 20\,d$ anzunehmen.

Tabelle NA.14 — Werte des Faktors A in Gleichung (NA.123) und der erforderlichen Holzwerkstoff- oder Gipswerkstoffplattendicken

	1	2	3	4
1	**Holzwerkstoff**	**Faktor A in Gleichung (NA.123)**	**Erforderliche Dicke t_{req} für außen liegende Holzwerkstoff- oder Gipswerkstoffplatten (einschnittige Verbindung)**	**Erforderliche Dicke t_{req} für innen liegende Holzwerkstoff- oder Gipswerkstoffplatten (zweischnittige Verbindung)**
2	Sperrholz der Biegefestigkeits- (F) und Biege-Elastizitätsmodul-Klassen (E) F20/10 E40/20 und F20/15 E30/25 nach DIN EN 13986 in Verbindung mit DIN EN 636:2003-11 mit einer charakteristischen Rohdichte von mindestens 350 kg/m³	0,9	$7 \cdot d$	$6 \cdot d$
3	Sperrholz der Biegefestigkeits- (F) und Biege-Elastizitätsmodul-Klassen (E) F40/30 E60/40, F50/25 E70/25 und F60/10 E90/10 nach DIN EN 13986 in Verbindung mit DIN EN 636:2003-11 mit einer charakteristischen Rohdichte von mindestens 600 kg/m³	0,8	$6 \cdot d$	$4 \cdot d$
4	OSB-Platten der technischen Klassen OSB/2, OSB/3 und OSB/4 nach DIN EN 13986 Kunstharzgebundene Spanplatten der technischen Klassen P4, P5, P6 und P7 nach DIN EN 13986	0,8	$7 \cdot d$	$6 \cdot d$
5	Zementgebundene Spanplatten der technischen Klassen 1 und 2 nach DIN EN 13986	0,9	$4 \cdot d$	$4 \cdot d$
6	Faserplatten der technischen Klasse HB.HLA2 nach DIN EN 13986	0,7	$6 \cdot d$	$4 \cdot d$
7	Gipsplatten nach DIN 18180	1,1	$10 \cdot d$	—

(NA.12) Der größte Abstand sollte in keiner Richtung 40 d überschreiten. Bei Gipsplatten-Holz-Verbindungen darf der größte Abstand 60 d, höchstens jedoch 150 mm betragen. Haben die Werkstoffplatten nur aussteifende Funktion, ist ein Abstand bis zu 80 d zulässig. Dies gilt auch für den Anschluss mittragender Beplankungen an Mittelrippen von Wandtafeln.

(NA.13) Die Mindestrandabstände in OSB-Platten, kunstharzgebundenen Spanplatten und Faserplatten der technischen Klasse HB.HLA2 betragen 3 d und für Gipsplatten 7 d für den unbeanspruchten Rand, soweit nicht die Nagelabstände im Holz maßgebend werden. Vom beanspruchten Plattenrand dürfen die Abstände der Nägel 7 d bei OSB-Platten, kunstharzgebundenen Spanplatten und Faserplatten und 10 d bei Gipsplatten nicht unterschreiten.

ANMERKUNG Mindestrandabstände bei Bauteilen aus Sperrholz, siehe 8.3.1.3(2).

(NA.14) Beträgt der Nenndurchmesser $d \leq 8$ mm, dann dürfen die zu verbindenden Teile vorgebohrt werden. Bei Bauholz mit einer charakteristischen Rohdichte von über 500 kg/m³ und bei Douglasienholz sind die Nagellöcher über die ganze Nagellänge vorzubohren. Der Bohrlochdurchmesser darf dann zwischen 0,6 d und 0,8 d betragen. Zementgebundene Spanplatten sind stets vorzubohren.

(NA.15) Für faserverstärkte Gipsplatten sind die charakteristischen Werte zur Bemessung von Gipswerkstoff-Holz-Nagelverbindungen und die konstruktiven Regeln (Nagelabstände, Randabstände usw.) nach dem bauaufsichtlichen Verwendbarkeitsnachweis zu verwenden.

(NA.16) Für vorgebohrte Sperrhölzer nach NCI NA.3.5.1 dürfen folgende charakteristische Werte der Lochleibungsfestigkeit angenommen werden:

— für vorgebohrte Sperrhölzer:

$$f_{h,k} = 0{,}11 \cdot (1 - 0{,}01 \cdot d) \cdot \rho_k \text{ N/mm}^2 \qquad \text{(NA.126)}$$

Dabei ist

ρ_k charakteristische Rohdichte in kg/m³;

d Durchmesser in mm.

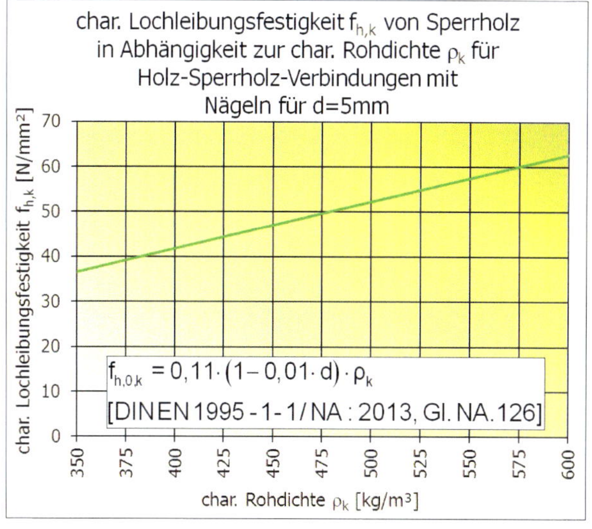

Bild K.161 — Charakteristische Lochleibungsfestigkeit $f_{h,k}$ von Sperrholz in Abhängigkeit von der charakteristischen Rohdichte ρ_k für Bolzen und Stabdübel (d = 10 mm)

(NA.17) Für vorgebohrte OSB-Platten nach NCI NA.3.5.2 und vorgebohrte kunstharzgebundene Spanplatten nach NCI NA.3.5.3 dürfen folgende charakteristische Werte der Lochleibungsfestigkeit angenommen werden:

— für vorgebohrte Platten:

$$f_{h,k} = 50 \cdot d^{-0,6} \cdot t^{0,2} \text{ N/mm}^2 \qquad \text{(NA.127)}$$

Dabei ist

d Durchmesser in mm;

t Plattendicke in mm.

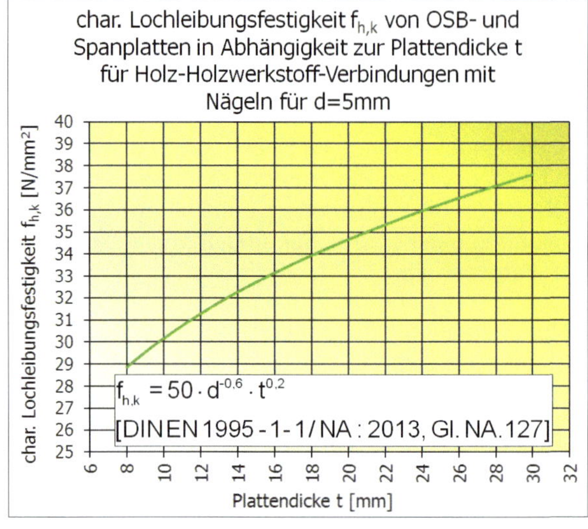

Bild K.162 — Charakteristische Lochleibungsfestigkeit $f_{h,k}$ von vorgebohrten OSB- und Spanplatten in Abhängigkeit von der Plattendicke t

(NA.18) Als Mindestrandabstände von Nägeln in zementgebundenen Spanplatten dürfen die Angaben für Holzwerkstoff-Holz-Nagelverbindungen verwendet werden.

8.3.1.4 Stahlblech-Holz-Nagelverbindungen

(1) Als Mindestabstände der Nägel vom Hirnholzende und vom Rand gelten die Werte nach Tabelle 8.2. Als Mindestnagelabstände untereinander gelten die mit einem Faktor 0,70 multiplizierten Werte nach Tabelle 8.2.

Für *a* gilt $a_1 = 0{,}7\ a_1$ nach Tabelle 8.2 unter Beachtung von vorgebohrt oder nicht vorgebohrt.

NCI Zu 8.3.1.4 „Stahlblech-Holz-Nagelverbindungen“

(NA.2) Die Regeln für Holz-Holz-Verbindungen nach Abschnitt NCI zu 8.3.1.2 gelten sinngemäß.

(NA.3) Abweichend von Gleichung (NA.115) oder (NA.117) darf der charakteristische Wert der Tragfähigkeit je Scherfuge und Nagel für Verbindungen von Stahlblechen und Bauteilen aus Nadelvollholz, Brettschichtholz, Balkenschichtholz oder Furnierschichtholz angenommen werden zu:

$$F_{v,Rk} = A \cdot \sqrt{2 \cdot M_{y,Rk} \cdot f_{h,k} \cdot d} \qquad \text{(NA.128)}$$

Dabei ist

A der Faktor nach Tabelle NA.15;

$f_{h,k}$ der charakteristische Wert der Lochleibungsfestigkeit des Holzes.

(NA.4) Bei einschnittigen Stahlblech-Holz-Nagelverbindungen mit profilierten Nägeln darf der charakteristische Wert der Tragfähigkeit $F_{v,Rk}$ nach Gleichung (NA.128) um einen Anteil $\Delta F_{v,Rk}$ erhöht werden:

$$\Delta F_{v,Rk} = \min\{0{,}5 \cdot F_{v,Rk}\,;\; 0{,}25 \cdot F_{ax,Rk}\} \quad \text{(NA.129)}$$

Dabei ist

$F_{ax,Rk}$ der Ausziehwiderstand des profilierten Nagels nach Gleichung (8.23).

Tabelle NA.15 — Werte des Faktors A in Gleichung (NA.128) und der erforderlichen Holzdicken in Stahlblech-Holz-Nagelverbindungen

	1	2	3	4
1	**Stahlblech (vorgebohrt)**	**Faktor A in Gleichung (NA.128)**	**Erforderliche Mittelholzdicke t_{req} (zweischnittige Verbindung)**	**Erforderliche Dicke t_{req} in allen anderen Fällen**
2	innen liegend oder dick und außen liegend	1,4	$10 \cdot d$	$10 \cdot d$
3	dünn und außen liegend	1,0	$7 \cdot d$	$9 \cdot d$
Zur Definition der dicken bzw. dünnen Stahlbleche siehe 8.2.3(1).				

(NA.5) Abweichend von den Gleichungen (NA.116), (NA.118) und (NA.119) dürfen die in Tabelle NA.15 angegebenen Mindestholzdicken t_{req} für Stahlblech-Holz-Nagelverbindungen angenommen werden.

Mindestens 2 mm dick bei profilierten Nägeln nach Tragfähigkeitsklasse 3 entsprechend der Einstufung in DIN 1052-10 und mit $d_{Nagel} \leq 2\,t$

(NA.6) Die Annahme dicker Stahlbleche gilt als erfüllt, wenn die Bedingungen aus 8.2.3(1) erfüllt sind, sowie für mindestens 2 mm dicke Stahlbleche, die mit profilierten Nägeln (Sondernägeln) der Tragfähigkeitsklasse 3 und mit einem Durchmesser von höchstens dem Doppelten der Stahlblechdicke angeschlossen sind.

Dickes Stahlblech bei Nägeln $t_{Blech} \geq 1{,}0\, d_{Nagel}$

8.3.2 Beanspruchung in Richtung der Nagelachse (Herausziehen)

(1)P Nägel, die für ständige oder lang andauernde Beanspruchungen in Richtung der Nagelachse verwendet werden, müssen ein Gewinde aufweisen.

ANMERKUNG In DIN EN 14592 ist die folgende Definition für Nägel mit Gewinde festgelegt: Nagel, dessen Schaft über einen Teil seiner Länge profiliert oder verformt ist, mit mindestens 4,5 d (dem 4,5-Fachen des Nenndurchmessers), und der einen charakteristischen Ausziehparameter $f_{ax,k}$ von mindestens oder mehr als 6 N/mm² aufweist, bei Messung an Holz mit einer charakteristischen Dichte von 350 kg/m³, wenn bei 20 °C und 65 % relativer Luftfeuchte auf Massekonstanz konditioniert.

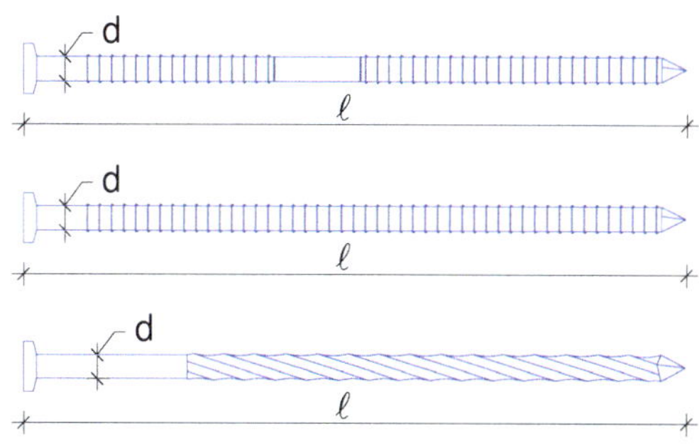

Profilierter Nagel, Sondernagel (Rillennagel)

Bild K.163 — Profilierte Nägel für Nagelverbindungen von Holz und Holzwerkstoffen nach DIN EN 14592, Bild 1 (Nägel können rund oder quadratisch sein)

(2) Bei profilierten Nägeln sollte nur die Länge des profilierten Schaftteiles für die Übertragung von Kräften in Schaftrichtung in Rechnung gestellt werden.

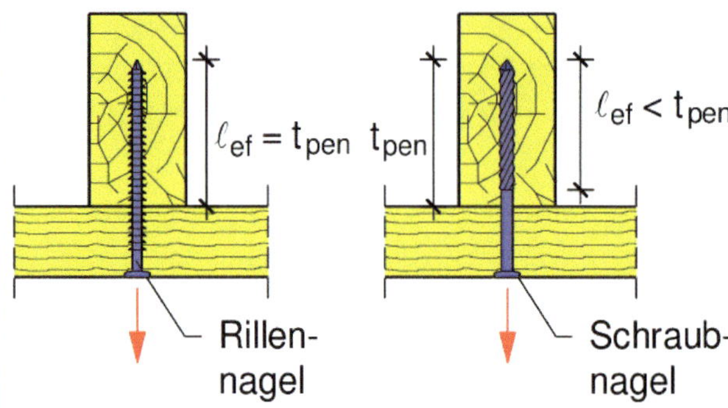

Bild K.164 — Wirksame Länge des profilierten Schaftteils bei Beanspruchung in Richtung des Nagels

Nach DIN 20000-6, Abschnitt 3.3.1.3 beziehen sich die charakteristischen Werte der Ausziehparameter für profilierte Nägel auf die profilierte Länge ohne Nagelspitze.

(3) Nägel in Hirnholz sind in der Regel für die Übertragung von Kräften in Schaftrichtung als ungeeignet anzusehen.

(4) Der charakteristische Wert des Ausziehwiderstandes von Nägeln, $F_{ax,Rk}$, bei Nagelung rechtwinklig zur Faserrichtung [Bild 8.8 (a)] und bei Schrägnagelung [Bild 8.8 (b)] ist in der Regel als der kleinere der Werte aus den nachfolgenden Gleichungen anzunehmen:

— für Nägel mit anderem als glattem Schaft, wie in DIN EN 14592 definiert:

$$F_{ax,Rk} = \begin{cases} f_{ax,k}\, d\, t_{pen} & \text{(a)} \\ f_{head,k}\, d_h^2 & \text{(b)} \end{cases} \tag{8.23}$$

— für glattschaftige Nägel:

$$F_{ax,Rk} = \begin{cases} f_{ax,k}\, d\, t_{pen} & \text{(a)} \\ f_{ax,k}\, d\, t + f_{head,k}\, d_h^2 & \text{(b)} \end{cases} \tag{8.24}$$

Dabei ist

$f_{ax,k}$ der charakteristische Wert der Ausziehfestigkeit auf der Seite der Nagelspitze;

$f_{head,k}$ der charakteristische Wert der Kopfdurchziehfestigkeit;

d der Nageldurchmesser nach 8.3.1.1;

t_{pen} die Eindringtiefe auf der Seite der Nagelspitze oder Länge des profilierten Schaftteils im Bauteil mit der Nagelspitze, unter Abzug der Länge der Nagelspitze;

Der charakteristische Wert des Ausziehparameters für (profilierte) Nägel bezieht sich auf die profilierte Länge ohne Nagelspitze [34]. Für die Eindringtiefe t_{pen} nach DIN EN 1995-1-1:2010, Gleichung (8.23a) ist der profilierte Schaftteil im Bauteil ohne Nagelspitze anzusetzen.

t die Dicke des Bauteils auf der Seite des Nagelkopfes;

d_h der Kopfdurchmesser des Verbindungsmittels.

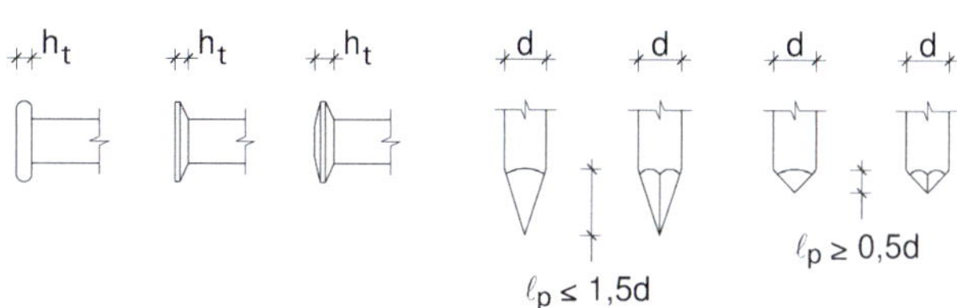

Bild K.165 — Geometrie von Nagelköpfen und Nagelspitzen (Bild 2 in DIN EN 14592)

Die üblichen Nagelspitzenlängen liegen nach DIN EN 14592 zwischen 1,0 d und 1,5 d. Die maximal möglichen Nagelspitzenlängen können 2,5 d betragen. Daraus folgt, dass auf der sicheren Seite liegend bei der Bestimmung der wirksamen Einschlagtiefe 2,5 d von der Eindringteife oder der Länge des profilierten Schaftteils abzuziehen ist, wenn die Länge der Nagelspitze nicht bekannt ist.

(5) Die charakteristischen Werte der Festigkeiten $f_{ax,k}$ und $f_{head,k}$ sollten durch Versuche in Übereinstimmung mit DIN EN 1382, DIN EN 1383 und DIN EN 14358 bestimmt werden, wenn nachfolgend nichts anderes festgelegt ist.

(6) Für glattschaftige Nägel mit einer Eindringtiefe auf der Seite der Nagelspitze von mindestens 12 d sollten die charakteristischen Werte der Auszieh- und Kopfdurchziehfestigkeiten den folgenden Gleichungen entnommen werden:

$$f_{ax,k} = 20 \cdot 10^{-6} \rho_k^2 \quad (8.25)$$

$$f_{head,k} = 70 \cdot 10^{-6} \rho_k^2 \quad (8.26)$$

Dabei ist

ρ_k der charakteristische Wert der Rohdichte des Holzes in kg/m³.

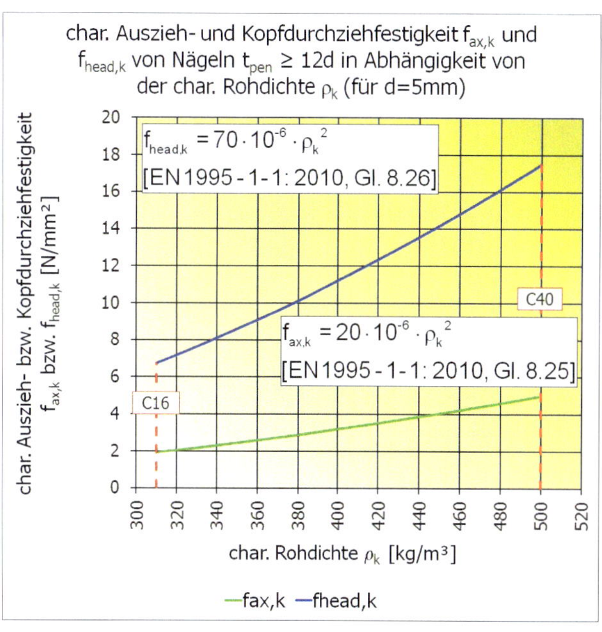

Bild K.166 — Charakteristische Auszieh- und Kopfdurchziehfestigkeit von Nägeln mit $t_{pen} \ge 12\ d$ in Abhängigkeit von der charakteristischen Rohdichte des Holzes

(7) Für glattschaftige Nägel sollte die Eindringtiefe t_{pen} mindestens 8 d betragen. Für Nägel mit einer Eindringtiefe auf der Seite der Nagelspitze unter 12 d sollte die Ausziehfestigkeit mit (t_{pen} /4d – 2) multipliziert werden. Für Nägel mit profiliertem Schaft sollte die Eindringtiefe mindestens 6 d betragen. Für Nägel mit einer Eindringtiefe auf der Seite der Nagelspitze unter 8 d sollte die Ausziehfestigkeit mit (t_{pen} /2d – 3) multipliziert werden.

(8) Für Bauholz, das mit einer der Fasersättigung entsprechenden oder diese übersteigenden Holzfeuchte eingebaut wird und voraussichtlich unter Lasteinwirkung austrocknet, sind die Werte von $f_{ax,k}$ und $f_{head,k}$ mit 2/3 zu multiplizieren.

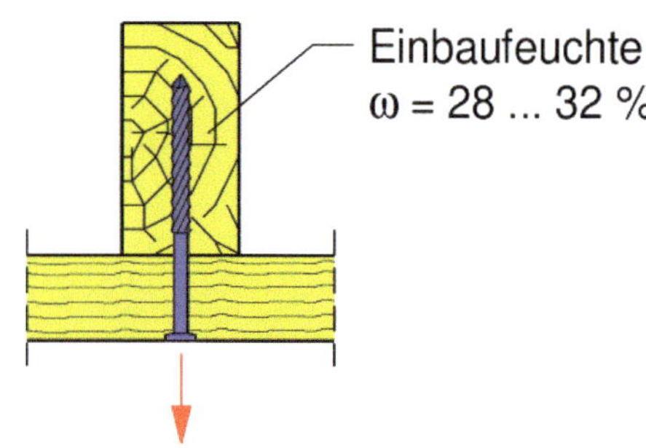

Bild K.167 — Reduzierte Ausziehfestigkeit bzw. Kopfdurchziehfestigkeit bei Bauholz mit hoher Einbaufeuchte

Es gilt für die Parameter in Tabelle NA.16:

$$f_{ax,k} = \frac{2}{3} \cdot f_{ax,k,\text{Tabelle NA.16}}$$

$$f_{head,k} = \frac{2}{3} \cdot f_{head,k,\text{Tabelle NA.16}}$$

(9) Die Abstände rechtwinklig zur Nagelachse beanspruchter Nägel gelten auch für in Schaftrichtung beanspruchte Nägel.

(10) Bei Schrägnagelung sollte der Abstand zum belasteten Hirnholzende mindestens 10 d betragen [siehe Bild 8.8 (b)]. Es sollten mindestens zwei schräg eingeschlagene Nägel in einer Verbindung vorhanden sein.

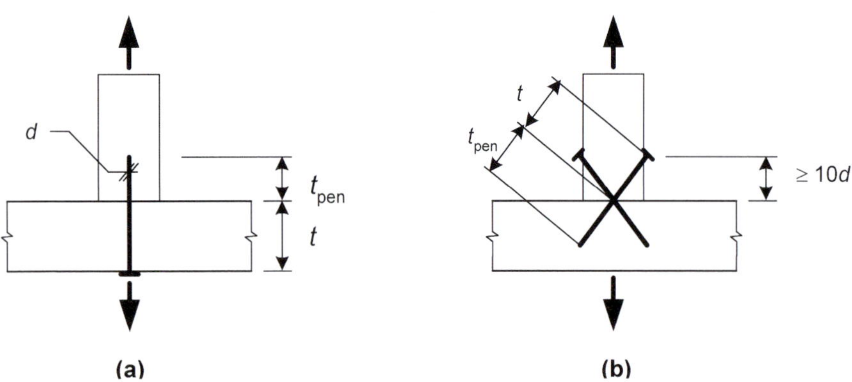

Bild 8.8 — (a) Nagelung rechtwinklig zur Faserrichtung und (b) Schrägnagelung

NCI Zu 8.3.2 „Beanspruchung in Richtung der Nagelachse (Herausziehen)"

(NA.11) 8.3.2(1)P gilt nicht für glattschaftige Nägel und profilierte Nägel der Tragfähigkeitsklasse 1 im Anschluss von Koppelpfetten, wenn infolge einer Dachneigung von höchstens 30° die Nägel dauernd auf Herausziehen beansprucht werden. In solchen Fällen ist der charakteristische Wert der Ausziehfestigkeit $f_{ax,k}$ nur mit 60 % in Rechnung zu stellen. Glattschaftige Nägel in vorgebohrten Nagellöchern dürfen nicht auf Herausziehen beansprucht werden.

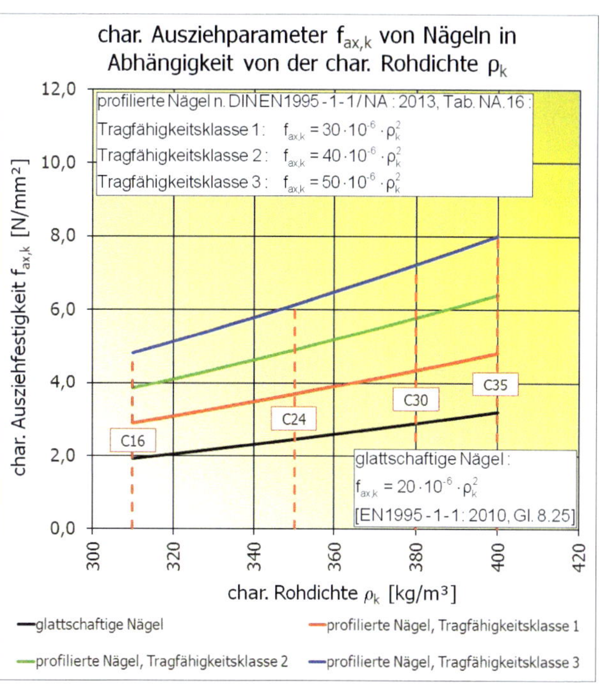

Bild K.168 — Charakteristische Ausziehfestigkeit $f_{ax,k}$ von Nägeln in Abhängigkeit von der charakteristischen Rohdichte ρ_k

$f_{ax,k}$ für glattschaftige Nägel und profilierte Nägel mit Zuordnung in eine Tragfähigkeitsklasse nach DIN 1052-10 in Verbindung mit DIN 20000-6 in Abhängigkeit von ρ_k

[Achtung! Glattschaftige Nägel sind für ständige und lang dauernde Beanspruchung in Stiftachse nicht geeignet, außer Ausnahme in (NA.11).]

(NA.12) Werden Nägel nach DIN EN 14592 verwendet, die nach DIN 20000-6 einer Tragfähigkeitsklasse zugeordnet wurden, so dürfen die charakteristischen Werte für die Ausziehparameter und die Kopfdurchziehparameter nach Tabelle NA.16 bestimmt werden.

Tabelle NA.16 — Charakteristische Werte für die Ausziehparameter $f_{ax,k}$ und die Kopfdurchziehparameter $f_{head,k}$ in N/mm² für Nägel

	1	2	3	4
1	**Nageltyp**	$f_{ax,k}$	**Nageltyp**	$f_{head,k}$
2	profilierte Nägel der Tragfähigkeitsklasse		profilierte Nägel der Tragfähigkeitsklasse	
3	1	$30 \cdot 10^{-6} \cdot \rho_k^2$	A	$60 \cdot 10^{-6} \cdot \rho_k^2$
4	2	$40 \cdot 10^{-6} \cdot \rho_k^2$	B	$80 \cdot 10^{-6} \cdot \rho_k^2$
5	3	$50 \cdot 10^{-6} \cdot \rho_k^2$	C	$100 \cdot 10^{-6} \cdot \rho_k^2$
6	—	—	D	$120 \cdot 10^{-6} \cdot \rho_k^2$
7	—	—	E	$140 \cdot 10^{-6} \cdot \rho_k^2$
8	—	—	F	$160 \cdot 10^{-6} \cdot \rho_k^2$
Charakteristische Rohdichte ρ_k in kg/m³, jedoch höchstens 500 kg/m³				

(NA.13) Bei Verbindungen mit profilierten Nägeln in vorgebohrten Nagellöchern darf der charakteristische Ausziehparameter $f_{ax,k}$ in Gleichung (8.23) nur zu 70 % in Ansatz gebracht werden, wenn der Bohrlochdurchmesser nicht größer als der Kerndurchmesser des profilierten Nagels ist. Bei größerem Bohrlochdurchmesser darf der profilierte Nagel nicht auf Herausziehen beansprucht werden. Für $f_{ax,k}$ und $f_{head,k}$ dürfen die in Tabelle NA.16 angegebenen Werte in Rechnung gestellt werden.

Es sollte nicht vorgebohrt werden. Wird doch vorgebohrt mit $d \leq d_{Kern}$, so gilt für $f_{ax,k} = 0{,}7 f_{ax,k}$

Ist $d > d_{Kern}$, dann ist $F_{ax,Rk} = 0$.

(NA.14) Die charakteristischen Werte der Parameter aus (5) sind in der jeweiligen CE-Kennzeichnung nach DIN EN 14592 enthalten.

Achtung! $f_{ax,k}$ und $f_{head,k}$ sind auf der Verpackung mit der CE-Kennzeichnung angegeben!

(NA.15) Beim Anschluss von Massivholzplatten, Sperrholzplatten, OSB-Platten, kunstharzgebundenen Spanplatten oder zementgebundenen Spanplatten darf für den charakteristischen Wert des Kopfdurchziehparameters $f_{head,k}$ nach Tabelle NA.16 höchstens der Wert der Tragfähigkeitsklasse C in Rechnung gestellt werden, und dies nur dann, wenn diese Platten mindestens 20 mm dick sind. Die charakteristische Rohdichte ρ_k ist dabei mit 380 kg/m³ in Rechnung zu stellen. Für Platten mit einer Dicke zwischen 12 mm und 20 mm darf in allen Fällen nur mit $f_{head,k} = 8$ N/mm² gerechnet werden. Bei geringeren Plattendicken als 12 mm darf mit $F_{ax,Rk} = 400$ N gerechnet werden.

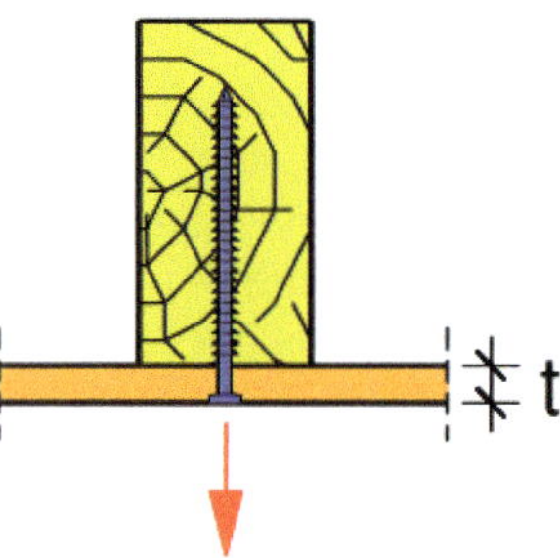

$t \geq 20$ mm, $f_{head,k} \leq 100 \cdot 10^{-6} \cdot \rho_k^2$ ($\rho_k = 380$ in kg/m³)
$12 < t \leq 20$ mm, $f_{head,k} = 8$ N/mm²
$t < 20$ mm, $F_{ax,Rk} = 400$ N

Bild K.169 — Charakteristische Kopfdurchziehparameter beim Anschluss von Massivholz-, Sperrholz-, OSB-, kunstharz- und zementgebundenen Spanplatten

(NA.16) Bei glattschaftigen Nägeln ist die Eindringtiefe auf der Seite der Nagelspitze rechnerisch auf $t_{pen} = 20\,d$ zu begrenzen.

8.3.3 Kombinierte Beanspruchung von Nägeln

(1) Bei Verbindungen, die durch eine Kombination aus Lasten in Richtung der Nagelachse ($F_{ax,Ed}$) und rechtwinklig zur Nagelachse ($F_{v,Ed}$) beansprucht werden, sollten die folgenden Bedingungen erfüllt sein:

— für glattschaftige Nägel:

$$\frac{F_{ax,Ed}}{F_{ax,Rd}} + \frac{F_{v,Ed}}{F_{v,Rd}} \leq 1 \quad (8.27)$$

— für Nägel mit anderem als glattem Schaft, wie in DIN EN 14592 definiert:

$$\left(\frac{F_{ax,Ed}}{F_{ax,Rd}}\right)^2 + \left(\frac{F_{v,Ed}}{F_{v,Rd}}\right)^2 \leq 1 \quad (8.28)$$

Dabei sind

$F_{ax,Rd}$ und $F_{v,Rd}$ Bemessungswerte der Tragfähigkeiten der Verbindungen unter Lasten in Richtung der Nagelachse bzw. rechtwinklig zur Nagelachse.

NCI Zu 8.3.3 „Kombinierte Beanspruchung von Nägeln“

— für glattschaftige Nägel bei Koppelpfettenanschlüssen

$$\left(\frac{F_{ax,Ed}}{F_{ax,Rd}}\right)^{1,5} + \left(\frac{F_{v,Ed}}{F_{v,Rd}}\right)^{1,5} \leq 1 \quad (NA.130)$$

8.4 Verbindungen mit Klammern

(1) Die Bestimmungen aus 8.3, außer 8.3.1.1(4) und 8.3.1.1(6) sowie 8.3.1.2(7), gelten für runde oder nahezu runde oder rechteckige Klammern mit abgeschrägten oder symmetrischen Schenkelspitzen.

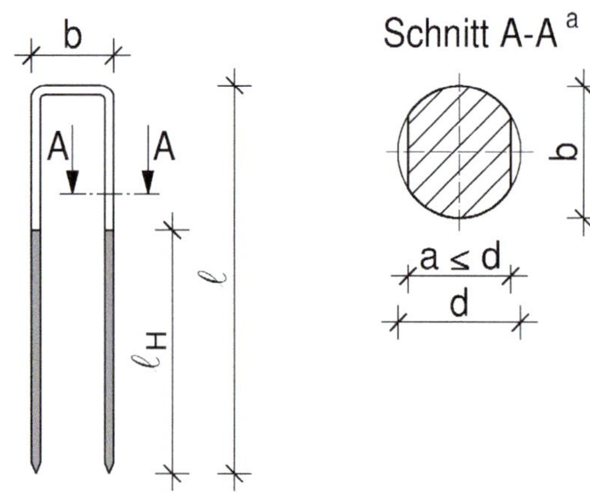

a vergrößert

Legende

d Durchmesser des Klammerrohdrahtes
a, b Querschnittsmaße des Schaftteiles
b Rückenbreite
ℓ Schaftlänge
ℓ_H Länge des beharzten Schaftteiles

Bild K.170 — Form und Maße von Klammern (schematisch – Bild A.1 in DIN 1052-10)

(2) Bei Klammern mit Rechteckquerschnitt sollte als Durchmesser d die Quadratwurzel aus dem Produkt beider Abmessungen gewählt werden.

(3) Die Breite b des Klammerrückens sollte mindestens 6 d und die Einbindetiefe t_2 mindestens 14 d betragen, siehe Bild 8.9.

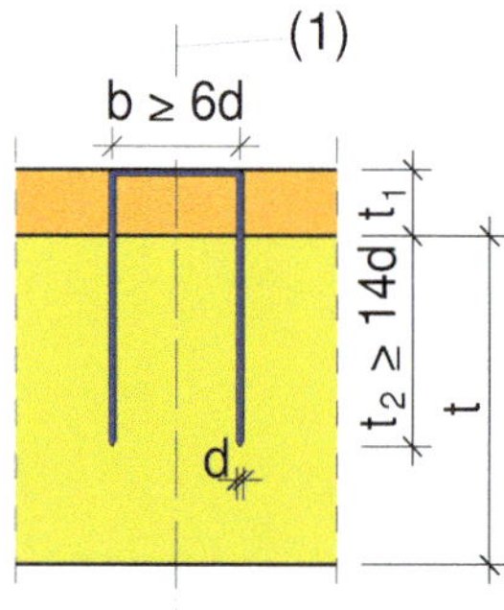

Legende

(1) Klammermittelpunkt

Bild K.171 — Klammerverbindung

(4) Ein Anschluss sollte mindestens zwei Klammern enthalten.

(5) Der Bemessungswert der Tragfähigkeit rechtwinklig zum Klammerschaft pro Klammer und Scherfuge sollte wie derjenige zweier Nägel mit gleichem Durchmesser angenommen werden, vorausgesetzt, dass der Winkel zwischen dem Klammerrücken und der Faserrichtung des Holzes unter dem Klammerrücken mindestens 30° beträgt, siehe Bild 8.10. Beträgt der Winkel zwischen Klammerrücken und der Faserrichtung des Holzes unter dem Klammerrücken weniger als 30°, dann sollte

der Bemessungswert der Tragfähigkeit rechtwinklig zum Klammerschaft mit dem Faktor 0,7 multipliziert werden.

(6) Für Klammern aus einem Draht mit einer Mindestzugfestigkeit von 800 N/mm² sollte das folgende charakteristische Fließmoment je Klammerschaft angenommen werden:

$$M_{y,Rk} = 150\, d^3 \qquad (8.29)$$

Dabei ist

$M_{y,Rk}$ das charakteristische Fließmoment in Nmm;

d der Durchmesser des Klammerschafts in mm.

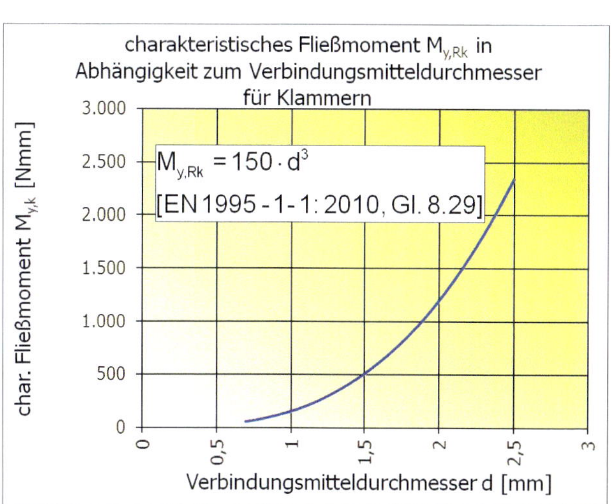

Bild K.172 — Charakteristisches Fließmoment $M_{y,Rk}$ von Klammern in Abhängigkeit vom Durchmesser des Klammerschaftes

Lt. DIN 1052-10 ist $1{,}0 \le d \le 2{,}1$ mm.

(7) Bei einer Reihe von n Klammern in Faserrichtung sollte die Tragfähigkeit in dieser Richtung unter Verwendung der wirksamen Anzahl von Verbindungsmitteln $n_{ef} = n$ bestimmt werden.

(8) Die Mindestabstände von Klammern sind in Tabelle 8.3 angegeben und in Bild 8.10 dargestellt, wobei Θ der Winkel zwischen Klammerrücken und Faserrichtung ist.

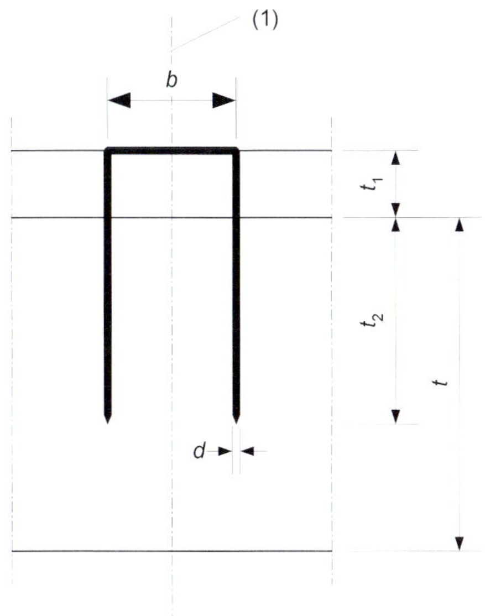

Legende

(1) Klammermittelpunkt

Bild 8.9 — Klammerabmessungen

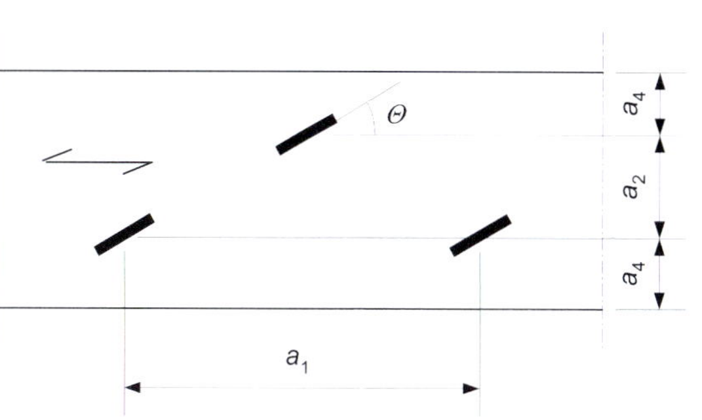

Bild 8.10 — Definitionen der Abstände bei Klammerverbindungen

Tabelle 8.3 — Mindestabstände von Klammern

Abstände (siehe Bild 8.7)		Winkel	Mindestabstände
a_1	(in Faserrichtung) für $\theta \geq 30°$ für $\theta < 30°$	$0° \leq \alpha \leq 360°$	$(10 + 5 \mid \cos \alpha \mid) d$ $(15 + 5 \mid \cos \alpha \mid) d$
a_2	(rechtwinklig zur Faserrichtung)	$0° \leq \alpha \leq 360°$	$15 d$
$a_{3,t}$	(beanspruchtes Hirnholzende)	$-90° \leq \alpha \leq 90°$	$(15 + 5 \mid \cos \alpha \mid) d$
$a_{3,c}$	(unbeanspruchtes Hirnholzende)	$90° \leq \alpha \leq 270°$	$15 d$
$a_{4,t}$	(beanspruchter Rand)	$0° \leq \alpha \leq 180°$	$(15 + 5 \mid \sin \alpha \mid) d$
$a_{4,c}$	(unbeanspruchter Rand)	$180° \leq \alpha \leq 360°$	$10 d$

NCI Zu 8.4 „Verbindungen mit Klammern"

(NA.9) Abweichend von 8.2.2 und 8.2.3 darf die Tragfähigkeit von Klammerverbindungen auch nach den in diesem Dokument angegebenen vereinfachten Regeln zu 8.3 ermittelt werden.

(NA.10) Für Gipsplatten-Holz-Verbindungen sind nur Klammern nach DIN 1052-10 zulässig. Für faserverstärkte Gipsplatten sind nur Klammern mit bauaufsichtlichem Verwendbarkeitsnachweis zulässig. Die charakteristischen Werte zur Bemessung der Klammerverbindungen und die konstruktiven Regeln (Klammerabstände, Randabstände usw.) sind dem bauaufsichtlichen Verwendbarkeitsnachweis zu entnehmen.

(NA.11) Bei Anschlüssen von Holzwerkstoffen dürfen die Klammerrücken nicht mehr als 2 mm tief versenkt werden, müssen jedoch mindestens bündig mit der Oberfläche des Holzwerkstoffes eingetrieben werden. Ein bündiger Abschluss des Klammerrückens mit der Plattenoberfläche gilt als nicht versenkt. Bei versenkter Anordnung der Klammerrücken müssen die Mindestdicken der Holzwerkstoffe um 2 mm erhöht werden.

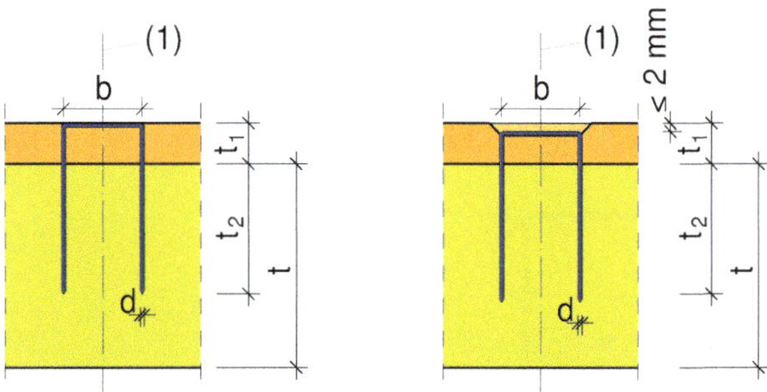

Bild K.173 — Maximal mögliche Versenkung von Klammern bei Anschlüssen von Holzwerkstoffplatten

(NA.12) Klammern können beharzt sein.

(NA.13) Klammern können bei Beanspruchung in Schaftrichtung wie zwei profilierte Nägel der Tragfähigkeitsklasse 2 des gleichen Durchmessers nach Tabelle NA.16 betrachtet werden, wenn sie beharzt sind und die Anforderungen nach DIN 1052-10 erfüllen, vorausgesetzt, dass der Winkel zwischen dem Klammerrücken und der Faserrichtung des Holzes mindestens 30° beträgt. Andernfalls sind sie wie glattschaftige Nägel zu betrachten.

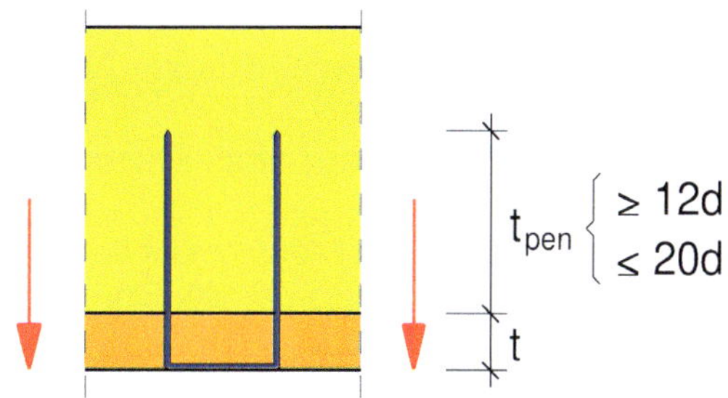

Bild K.174 — Beanspruchung von Klammern in Schaftrichtung mit Eignungsprüfung nach DIN 1052-10, Anlage A

(NA.14) Für Klammern darf in Bezug auf die Bestimmung der wirksamen Anzahl von Verbindungsmitteln n_{ef} eine versetzte Anordnung angenommen werden.

(NA.15) Bei der Bestimmung des Ausziehwiderstandes nach Gleichung (8.23) ist für Klammern anstelle d_h^2 das Produkt aus Klammerdurchmesser und Klammerrückenbreite anzusetzen.

(NA.16) Bei Beanspruchung auf Herausziehen gilt:

— die wirksame Eindringtiefe t_{pen} muss mindestens 12 d betragen. Dabei darf bei beharzten Klammern nicht mehr als die beharzte Länge, bei allen Klammern jedoch höchstens 20 d, in Rechnung gestellt werden.

— Der charakteristische Wert $f_{ax,k}$ des Ausziehparameters muss bei Klammerverbindungen, die mit einer Holzfeuchte über 20 % hergestellt werden, auf 1/3 abgemindert werden.

— Beträgt der Winkel zwischen Holzfaserrichtung und Klammerrücken weniger als 30°, darf der charakteristische Wert der Tragfähigkeit einer Klammer nur zu 70 % in Rechnung gestellt werden.

— Beim Anschluss von Massivholzplatten, Sperrholzplatten und Faserplatten darf der charakteristische Wert der Tragfähigkeit nur dann in Rechnung gestellt werden, wenn die Platten mindestens 6 mm dick sind, für OSB-Platten oder kunstharzgebundene Spanplatten, wenn die Platten mindestens 8 mm dick sind.

— Die Mindestabstände und Eindringtiefen sind wie bei rechtwinklig zu ihrer Achse beanspruchten Klammern einzuhalten.

Nach DIN 1052-10, Abschnitt 4.5 dürfen in der Klasse der Lasteinwirkungsdauer lang oder ständig bei Beanspruchung auf Herausziehen nur Klammern mit bauaufsichtlichem Verwendbarkeitsnachweis verwendet werden.
Für tragende Holz-Holz- oder Holzwerkstoff-Holz-Verbindungen sind beharzte Klammern mit einer Querschnittsfläche von 1,7 mm^2 $\leq A_s \leq$ 3,5 mm^2 und für tragende Gipswerkstoff-Holz-Verbindungen mit einer Querschnittsfläche von 0,78 mm^2 $\leq A_s \leq$ 2,0 mm^2 mit einer Prüfbescheinigung nach Anhang A in DIN 1052-10 zu verwenden.

8.5 Verbindungen mit Bolzen

8.5.1 Beanspruchung rechtwinklig zur Bolzenachse (Abscheren)

8.5.1.1 Allgemeines und Holz-Holz-Bolzenverbindungen

(1) Bei Bolzen sollte für das Fließmoment der folgende charakteristische Wert angenommen werden:

$$M_{\text{y,Rk}} = 0{,}3 f_{\text{u,k}}\, d^{2{,}6} \tag{8.30}$$

Dabei ist

$M_{\text{y,Rk}}$ der charakteristische Wert des Fließmomentes in Nmm;

$f_{\text{u,k}}$ der charakteristische Wert der Zugfestigkeit in N/mm²;

d der Durchmesser des Bolzens in mm.

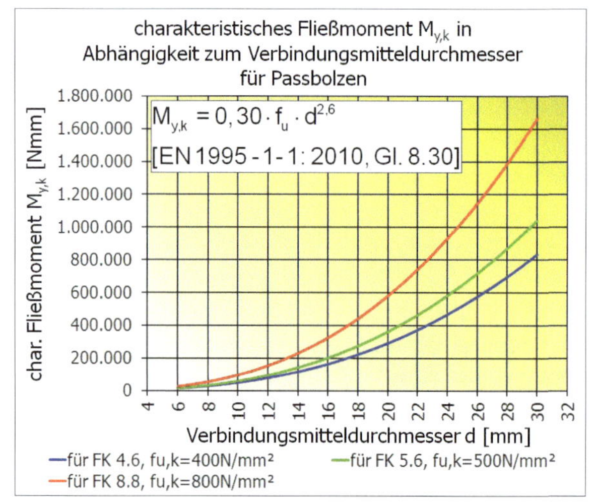

Bild K.175 — Charakteristisches Fließmoment $M_{\text{y,k}}$ in Abhängigkeit vom Bolzendurchmesser für verschiedene Stahlgüten

(2) Für Bolzen bis zu einem Durchmesser von 30 mm gelten die folgenden charakteristischen Werte der Lochleibungsfestigkeiten in Holz und Furnierschichtholz LVL bei einem Winkel α zur Faserrichtung:

$$f_{\text{h},\alpha,\text{k}} = \frac{f_{\text{h,0,k}}}{k_{90} \sin^2 \alpha + \cos^2 \alpha} \tag{8.31}$$

$$f_{\text{h,0,k}} = 0{,}082\,(1 - 0{,}01\, d)\, \rho_{\text{k}} \tag{8.32}$$

Dabei ist

$$k_{90} = \begin{cases} 1{,}35 + 0{,}015\, d & \text{für Nadelhölzer} \\ 1{,}30 + 0{,}015\, d & \text{für Furnierschnittholz LVL} \\ 0{,}90 + 0{,}015\, d & \text{für Laubhölzer} \end{cases} \tag{8.33}$$

$f_{\text{h,0,k}}$ der charakteristische Wert der Lochleibungsfestigkeit in Faserrichtung des Holzes in N/mm²;

ρ_{k} der charakteristische Wert der Rohdichte des Holzes in kg/m³;

α der Winkel zwischen Kraft- und Faserrichtung;

d der Bolzendurchmesser in mm.

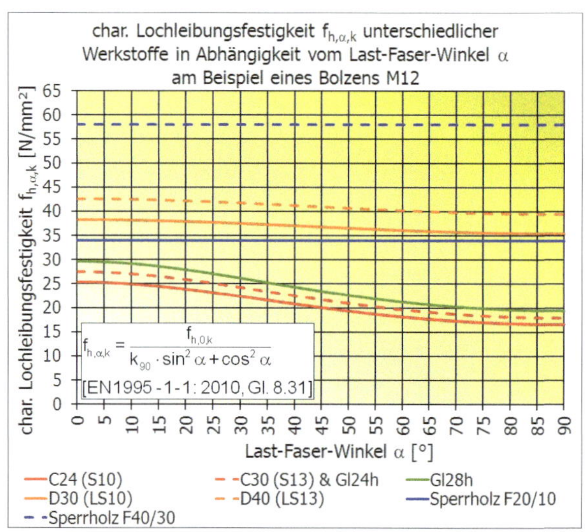

Bild K.176 — Charakteristische Lochleibungsfestigkeit $f_{\text{h},\alpha,\text{k}}$ unterschiedlicher Werkstoffe in Abhängigkeit vom Last-Faser-Winkel α am Beispiel eines Bolzens M12

(3) Die Mindestabstände untereinander sowie von den Hirnholzenden und Rändern sollten Tabelle 8.4 mit den Symbolen nach Bild 8.7 entnommen werden.

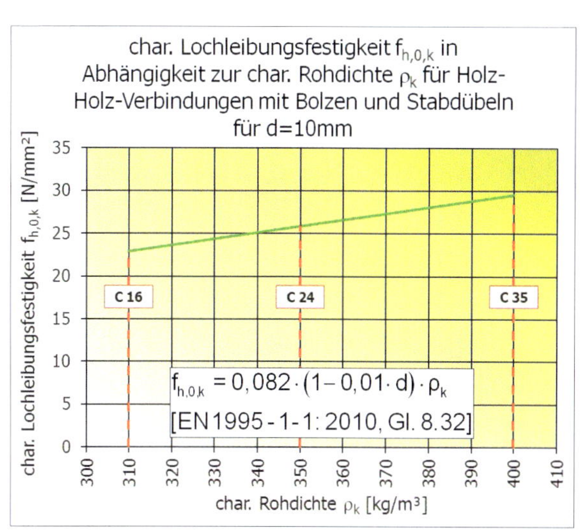

Bild K.177 — Charakteristische Lochleibungsfestigkeit $f_{h,0,k}$ in Abhängigkeit zur charakteristischen Rohdichte ρ_k für Schrauben und Bolzen $d = 10$ mm

Tabelle 8.4 — Mindestabstände von Bolzen

Abstände (siehe Bild 8.7)		**Winkel**	**Mindestabstände**
a_1	(in Faserrichtung)	$0° \leq \alpha \leq 360°$	$(4 + \mid\cos\alpha\mid)\,d$
a_2	(rechtwinklig zur Faserrichtung)	$0° \leq \alpha \leq 360°$	$4\,d$
$a_{3,t}$	(beanspruchtes Hirnholzende)	$-90° \leq \alpha \leq 90°$	max (7 d; 80 mm)
$a_{3,c}$	(unbeanspruchtes Hirnholzende)	$90° \leq \alpha < 150°$	$(1 + 6\sin\alpha)\,d$
		$150° \leq \alpha < 210°$	$4\,d$
		$210° \leq \alpha \leq 270°$	$(1 + 6\,\lvert\sin\alpha\rvert)\,d$
$a_{4,t}$	(beanspruchter Rand)	$0° \leq \alpha \leq 180°$	max [$(2 + 2\sin\alpha)\,d$; $3d$]
$a_{4,c}$	(unbeanspruchter Rand)	$180° \leq \alpha \leq 360°$	$3\,d$

(4) Bei einer Reihe mit n Bolzen in Faserrichtung des Holzes sollte die Tragfähigkeit, für Kräfte in Faserrichtung des Holzes, in dieser Richtung mit einer wirksamen Bolzenanzahl n_{ef} berechnet werden. Dabei ist:

$$n_{ef} = \min \begin{cases} n \\ n^{0,9} \sqrt[4]{\dfrac{a_1}{13d}} \end{cases} \tag{8.34}$$

Dabei ist

a_1 der Abstand in Faserrichtung;

d der Verbindungsmitteldurchmesser;

n die Anzahl der Bolzen in der Reihe.

Bei Kräften rechtwinklig zur Faserrichtung ist die wirksame Anzahl der Verbindungsmittel anzunehmen zu

$$n_{ef} = n \tag{8.35}$$

Bei Kraft-Faser-Winkeln zwischen 0° und 90° sind Zwischenwerte zwischen den Werten nach (8.34) und (8.35) linear einzuschalten.

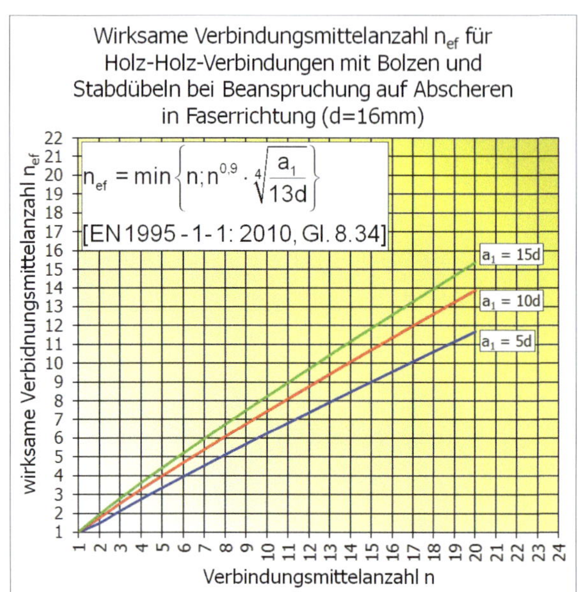

Bild K.178 — n_{ef} für Bolzen und Stabdübel (Die maximale Anzahl der Verbindungsmittel ist nicht beschränkt.)

(5) Anforderungen an die Mindestmaße und Dicken von Unterlegscheiben sind für jeden Bolzendurchmesser in 10.4.3 festgelegt.

Die dort geforderten Mindestmaße erfüllen die Scheiben nach DIN EN ISO 7094.

8.5.1.2 Holzwerkstoff-Holz-Bolzenverbindungen

(1) Für Sperrholz sollte bei allen Winkeln zur Faserrichtung der Deckfurniere der folgende Wert für die Lochleibungsfestigkeit in N/mm² angenommen werden:

$$f_{h,k} = 0{,}11\ (1 - 0{,}01\ d)\ \rho_k \tag{8.36}$$

Dabei ist

ρ_k der charakteristische Wert der Rohdichte des Sperrholzes in kg/m³;

d der Bolzendurchmesser in mm.

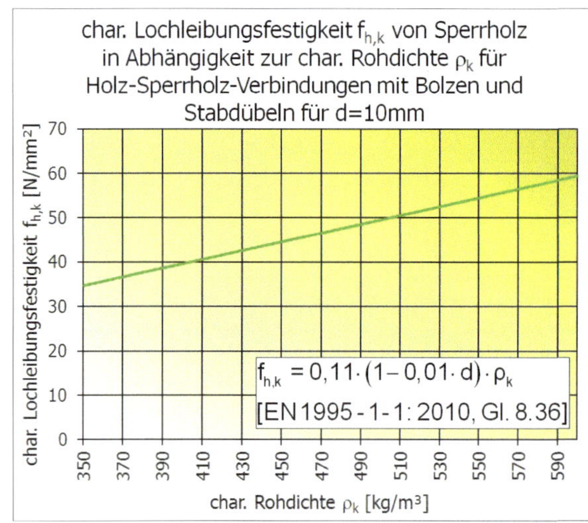

Bild K.179 — Charakteristische Lochleibungsfestigkeit $f_{h,k}$ von Sperrholz in Abhängigkeit von der charakteristischen Rohdichte ρ_k für Bolzen und Stabdübel (d = 10 mm)

(2) Für Spanplatten und OSB-Platten sollte bei allen Winkeln zur Faserrichtung der Decklagen der folgende Wert für die Lochleibungsfestigkeit in N/mm² angenommen werden:

$$f_{h,k} = 50\ d^{-0,6}\ t^{0,2} \tag{8.37}$$

Dabei ist

d der Bolzendurchmesser in mm;

t die Plattendicke in mm.

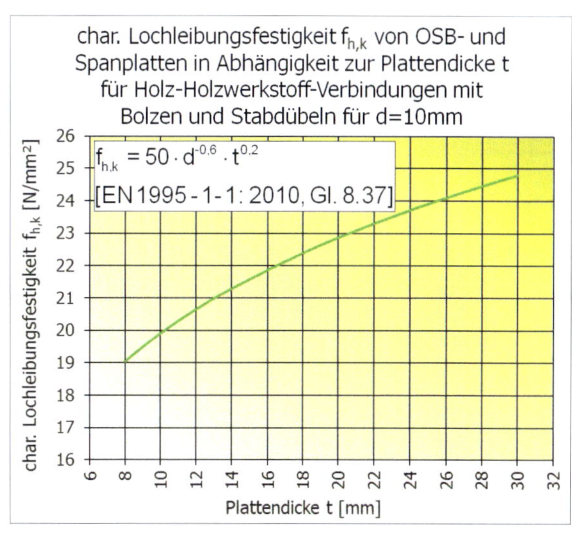

Bild K.180 — Charakteristische Lochleibungsfestigkeit $f_{h,k}$ von Holzwerkstoffen in Abhängigkeit von der Plattendicke t für Bolzen und Stabdübel (d = 10 mm)

8.5.1.3 Stahl-Holz-Bolzenverbindungen

(1) Es gelten die Festlegungen nach 8.2.3.

8.5.2 Beanspruchung in Richtung der Bolzenachse (Herausziehen)

(1) Die Tragfähigkeit in Richtung der Bolzenachse und der Ausziehwiderstand eines Bolzens sollten als der kleinere der beiden folgenden Werte angenommen werden:

- Zugfestigkeit des Bolzens;
- Tragfähigkeit der Unterlegscheibe oder (bei Stahlblech-Holz-Verbindungen) des Stahlbleches.

Die Ermittlung der Zugfestigkeit eines Bolzens erfolgt nach DIN EN 1993-1:2010.

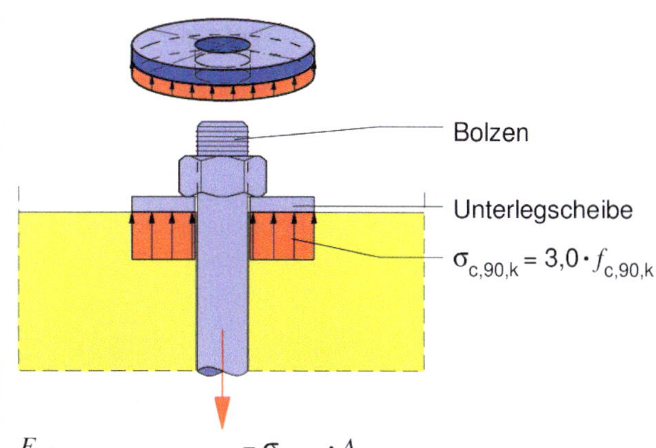

Bild K.181 — Charakteristische Zugtragfähigkeit der Bolzenverbindung bei Einhaltung der Querdruckfestigkeit des Holzes

(2) Die Tragfähigkeit einer Unterlegscheibe sollte unter Annahme eines charakteristischen Wertes der Druckfestigkeit in der Berührungsfläche von 3,0 $f_{c,90,k}$ berechnet werden.

(3) Die Tragfähigkeit eines Stahlbleches sollte auf diejenige einer kreisrunden Unterlegscheibe mit dem kleineren Wert als

— 12 t, mit t als Stahlblechdicke,

— 4 d, mit d als Bolzendurchmesser

als Durchmesser begrenzt werden.

NCI NA.8.5.3 Vereinfachte Regeln für Bolzen und Gewindestangen

(NA.1) Abweichend von 8.2.2 und 8.2.3 darf die Tragfähigkeit von Bolzenverbindungen auch nach den in NCI NA.8.2.4, NCI NA.8.2.5 und den in diesem Dokument zu 8.2.1 angegebenen vereinfachten Regeln ermittelt werden.

(NA.2) Anstelle von Bolzen dürfen auch Gewindestangen nach DIN 976-1 verwendet werden.

(NA.3) Die Durchmesser der Löcher für Gewindestangen dürfen max. 1 mm größer sein als der Nenndurchmesser (= Gewindeaußendurchmesser) der Gewindestange.

(NA.4) Auf Abscheren beanspruchte Bolzen- und Gewindestangenverbindungen sind nicht in Dauerbauten zu verwenden, bei denen es auf Steifigkeit und Formbeständigkeit der Konstruktion ankommt.

(NA.5) Für die Berechnung des charakteristischen Wertes des Fließmomentes nach Gleichung (8.30) ist bei Gewindestangen für d der Mittelwert aus Kerndurchmesser und Gewindeaußendurchmesser einzusetzen.

(NA.6) Tragende, auf Abscheren beanspruchte Verbindungen mit Bolzen und Gewindestangen sollten mindestens vier Scherflächen besitzen. Dabei sollten mindestens zwei Verbindungsmittel vorhanden sein. Verbindungen mit nur einem Verbindungsmittel sind zulässig, falls der charakteristische Wert der Tragfähigkeit nur zur Hälfte in Rechnung gestellt wird.

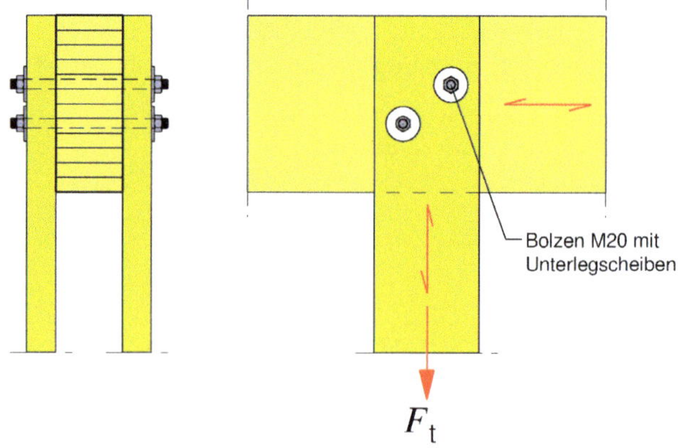

Bild K.182 — Mindestanzahl von Verbindungsmitteln und Scherflächen bei tragenden Bolzen oder Gewindestangen

(NA.7) Wird das Spalten des Holzes durch eine Verstärkung rechtwinklig zur Faserrichtung verhindert, darf für die wirksame Anzahl der Verbindungsmittel nach Gleichung (8.34) $n_{ef} = n$ gesetzt werden. Für a_1 darf auch bei einem Winkel $0° < \alpha < 90°$ der Mindestwert nach Tabelle 8.4 für $\alpha = 0°$ eingesetzt werden.

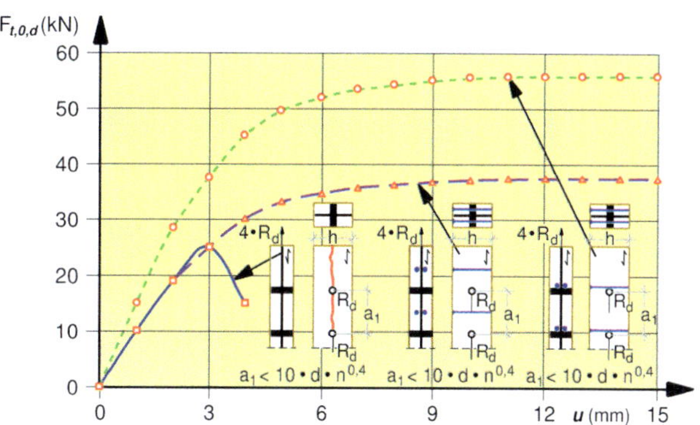

Bild K.183 — Lastverformungskurven von spaltgefährdeten und unterschiedlich verstärkten Stabdübelverbindungen (aus [38])

Eine Verstärkung der Bolzenverbindung mit quer zu den Bolzen angeordneten Vollgewindeschrauben verhindert das Spalten des Holzes (s. Bild K.183). Es gilt dann $n_{ef} = n$.

(NA.8) In den Fugen nachgiebig verbundener Bauteile sowie in den Verbindungen zwischen Rippen und Beplankung aussteifender Scheiben darf $n_{ef} = n$ gesetzt werden.

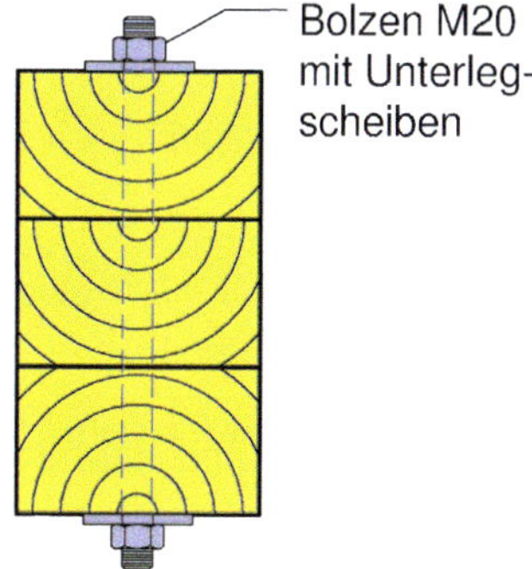

Bild K.184 — Nachgiebig verbundener dreiteiliger Balken (es gilt $n_{ef} = n$)

(NA.9) Bei Verbindungen mit Bolzen darf der nach den in NCI NA.8.2.4, NCI NA.8.2.5 und den in NCI Zu 8.2.1 angegebenen vereinfachten Regeln berechnete charakteristische Wert der Tragfähigkeit $F_{v,Rk}$ um einen Anteil $\Delta F_{v,Rk}$ erhöht werden:

$$\Delta F_{v,Rk} = \min\{0{,}25 \cdot F_{v,Rk}; 0{,}25 \cdot F_{ax,Rk}\} \quad \text{(NA.131)}$$

Dabei ist $F_{ax,Rk}$ der charakteristische Wert der Tragfähigkeit des Bolzens in Richtung der Bolzenachse, siehe 8.5.2.

8.6 Verbindungen mit Stabdübeln oder Passbolzen

(1) Es gelten die Festlegungen nach 8.5.1, mit Ausnahme von 8.5.1.1(3).

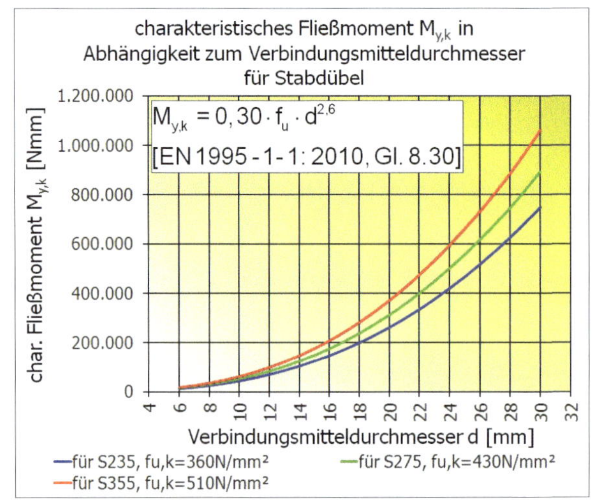

Bild K.185 — Charakteristisches Fließmoment $M_{y,k}$ in Abhängigkeit vom Stabdübeldurchmesser für verschiedene Stahlgüten

(2) Der Stabdübeldurchmesser sollte kleiner als 30 mm und größer als 6 mm sein.

(3) Die Mindestabstände untereinander sowie von den Hirnholzenden und Rändern sind in Tabelle 8.5 mit den Symbolen nach Bild 8.7 angegeben.

(4) Anforderungen an Toleranzen für Stabdübellöcher enthält 10.4.4.

Tabelle 8.5 — Mindestabstände von Stabdübeln untereinander sowie von den Hirnholzenden und Rändern

Abstände untereinander sowie von den Hirnholzenden und Rändern (siehe Bild 8.7)	**Winkel** zur Faserrichtung	**Mindestabstände** untereinander sowie von den Hirnholzenden
a_1 (in Faserrichtung)	$0° \leq \alpha \leq 360°$	$(3 + 2 \lvert\cos\alpha\rvert)\,d$
a_2 (rechtwinklig zur Faserrichtung)	$0° \leq \alpha \leq 360°$	$3\,d$
$a_{3,t}$ (beanspruchtes Hirnholzende)	$-90° \leq \alpha \leq 90°$	max (7 d; 80 mm)
$a_{3,c}$ (unbeanspruchtes Hirnholzende)	$90° \leq \alpha < 150°$	$a_{3,t} \lvert\sin\alpha\rvert$
	$150° \leq \alpha < 210°$	max (3,5 d; 40 mm)
	$210° \leq \alpha \leq 270°$	$a_{3,t} \lvert\sin\alpha\rvert$
$a_{4,t}$ (beanspruchter Rand)	$0° \leq \alpha \leq 180°$	max [(2 + 2 sin α) d; 3 d]
$a_{4,c}$ (unbeanspruchter Rand)	$180° \leq \alpha \leq 360°$	$3\,d$

NCI Zu 8.6 „Verbindungen mit Stabdübeln oder Passbolzen“

(NA.5) Sofern nicht ausdrücklich anders festgelegt, gelten die nachfolgend angegebenen Regeln für Stabdübel auch für Passbolzen.

(NA.6) Abweichend von 8.2.2 und 8.2.3 darf die Tragfähigkeit von Stabdübelverbindungen auch nach den in NCI NA.8.2.4, NCI NA.8.2.5 und den in diesem Dokument zu 8.2.1 angegebenen vereinfachten Regeln ermittelt werden.

(NA.7) Die Löcher für Stabdübel sind im Holz mit dem Nenndurchmesser des Stabdübels zu bohren. Bei Stahlblech-Holz-Verbindungen dürfen die Durchmesser der Löcher im Stahlteil max. 1 mm größer sein als der Nenndurchmesser des Stabdübels. Bei außen liegenden Stahlblechen sind anstelle der Stabdübel Passbolzen zu verwenden. Dabei muss zur Aufnahme von Lochleibungskräften der volle Schaftquerschnitt des Passbolzens auf die erforderliche Länge vorhanden sein.

(NA.8) Tragende Verbindungen mit Stabdübeln sollten mindestens vier Scherflächen besitzen. Dabei sollten mindestens zwei Stabdübel vorhanden sein. Verbindungen mit nur einem Stabdübel sind zulässig, falls der charakteristische Wert der Tragfähigkeit nur zur Hälfte in Rechnung gestellt wird.

(NA.9) Wird das Spalten des Holzes durch eine Verstärkung rechtwinklig zur Faserrichtung verhindert, darf für die wirksame Anzahl der Verbindungsmittel nach Gleichung (8.34) $n_{ef} = n$ gesetzt werden. Für a_1 darf auch bei einem Winkel $0° < \alpha < 90°$ der Mindestwert nach Tabelle 8.5 für $\alpha = 0°$ eingesetzt werden.

s. Bild K.183

(NA.10) In biegesteifen Verbindungen mit einem Stabdübelkreis in den Fugen nachgiebig verbundener Bauteile sowie in den Verbindungen zwischen Rippen und Beplankung aussteifender Scheiben darf $n_{ef} = n$ gesetzt werden.

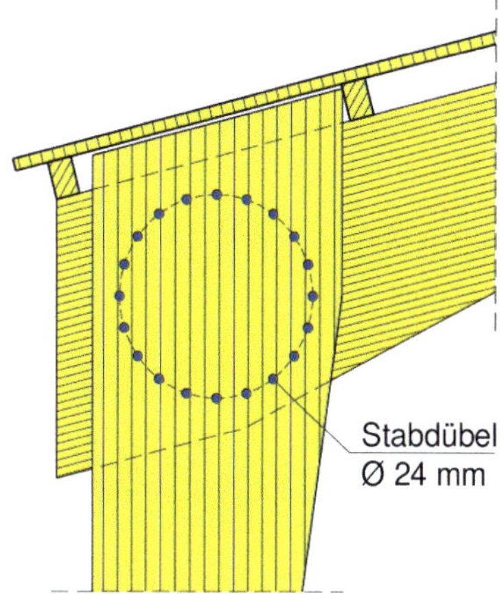

Bild K.186 — Biegesteife Rahmenecke mit einem Stabdübelkreis (es gilt $n_{ef} = n$)

(NA.11) In biegesteifen Verbindungen mit mehreren Stabdübelkreisen, z. B. Rahmenecken, ist die wirksame Anzahl n_{ef} wie folgt zu bestimmen:

$$n_{ef} = 0{,}85 \cdot n \qquad \text{(NA.132)}$$

Dabei ist

n die Gesamtanzahl der Stabdübel in den Stabdübelkreisen.

Wird das Spalten des Holzes durch eine Verstärkung rechtwinklig zur Faserrichtung verhindert, darf $n_{ef} = n$ gesetzt werden.

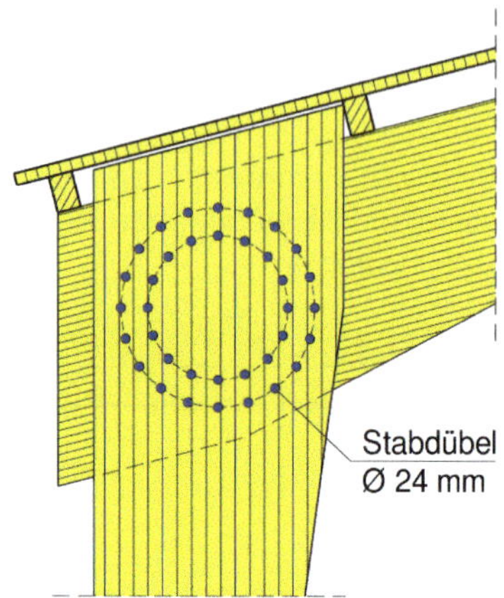

Bild K.187 — Biegesteife Rahmenecke mit 2 Stabdübelkreisen (es gilt $n_{ef} = 0{,}85 \cdot n$)

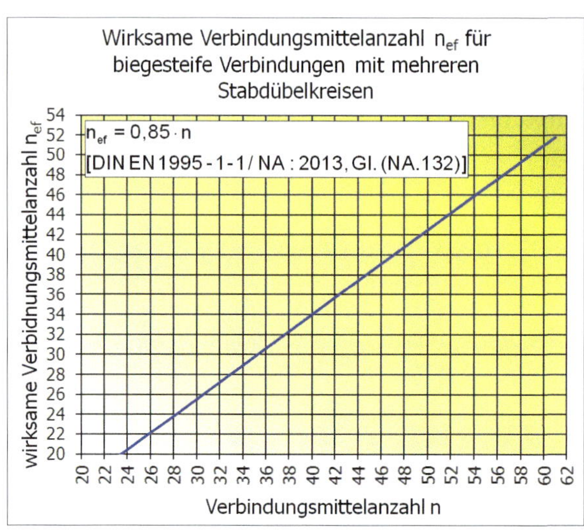

Bild K.188 — n_{ef} für biegesteife Verbindungen mit mehreren Stabdübelkreisen (Die Verbindungsmittelanzahl ist nicht beschränkt.)

(NA.12) Bei Verbindungen mit Passbolzen darf der nach den in NCI NA.8.2.4, NCI NA.8.2.5 und den in NCI Zu 8.2.1 angegebenen vereinfachten Regeln berechnete charakteristische Wert der Tragfähigkeit $F_{v,Rk}$ um einen Anteil $\Delta F_{v,Rk}$ erhöht werden:

$$\Delta F_{v,Rk} = \min\{0{,}25 \cdot F_{v,Rk};\, 0{,}25 \cdot F_{ax,Rk}\} \qquad \text{(NA.133)}$$

Dabei ist $F_{ax,Rk}$ der charakteristische Wert der Tragfähigkeit des Passbolzens in Richtung der Bolzenachse.

8.7 Verbindungen mit Holzschrauben

8.7.1 Beanspruchung rechtwinklig zur Schraubenachse (Abscheren)

(1)P Bei der Bestimmung der Tragfähigkeit ist der Einfluss des Schraubengewindes durch Verwendung eines wirksamen Durchmessers d_{ef} zu berücksichtigen, wenn das Fließmoment und die Lochleibungsfestigkeit des Schraubengewindes ermittelt werden. Bei der Bestimmung der Abstände und der wirksamen Anzahl an Schrauben ist der Außendurchmesser d zu verwenden.

Gemäß Anlage 2.5/1 E in [34] gilt DIN EN 1995-1-1: 2010 in Verbindung mit DIN EN 1995-1-1/NA:2013 für stiftförmige Verbindungsmitteln nach DIN EN 14592. Es gilt die zugehörige Anwendungsnorm DIN 20000-6. Diese gilt auch für gehärtete Schrauben und unabhängig von der Überzugsart nach DIN EN 14592, Abschnitt 3.12.

(2) Für Schrauben mit teilweise glattem Schaft, bei denen der Außendurchmesser des Gewindeteils gleich dem Schaftdurchmesser ist, gelten die Festlegungen in 8.2, vorausgesetzt, dass

— der Durchmesser des glatten Schafts als wirksamer Durchmesser d_{ef} angenommen wird;

— die Einbindetiefe des glatten Schaftes in das Holz mit der Schraubenspitze nicht weniger als 4 d beträgt.

(3) Sind die Bedingungen nach (2) nicht erfüllt, dann ist in der Regel die Tragfähigkeit der Schraube unter Verwendung eines wirksamen Durchmessers d_{ef} zu berechnen, der das 1,1-Fache des Gewindekerndurchmessers beträgt.

(4) Für Schrauben mit einem Durchmesser $d_{ef} > 6$ mm gelten die Festlegungen aus 8.5.1.

Es gelten die Regeln wie für Bolzen.

(5) Für Schrauben mit einem Durchmesser $d_{ef} \leq 6$ mm gelten die Festlegungen aus 8.3.1.

Es gelten die Regeln wie für Nägel.

(6) Anforderungen an die Ausführung und die Kontrolle von Schraubenverbindungen enthält 10.4.5.

NCI Zu 8.7.1 „Beanspruchung rechtwinklig zur Schraubenachse (Abscheren)“

(NA.7) Die Tragfähigkeit von Verbindungen mit Holzschrauben mit einem Nenndurchmesser (Gewindeaußendurchmesser) $d > 6$ mm darf abweichend von 8.2.2 und 8.2.3 auch nach den in NCI NA.8.2.4, NCI NA.8.2.5 und den in diesem Dokument zu 8.2.1 angegebenen vereinfachten Regeln ermittelt werden.

Schrauben mit $d > 6$ mm verhalten sich unter Abscherbeanspruchung wie Bolzen.

(NA.8) Die Tragfähigkeit von Verbindungen mit Holzschrauben mit einem Nenndurchmesser $d \leq 6$ mm darf abweichend von 8.2.2 und 8.2.3 auch nach den in diesem Dokument zu 8.3 angegebenen vereinfachten Regeln ermittelt werden.

Schrauben mit $d \leq 6$ mm verhalten sich unter Abscherbeanspruchung wie Nägel.

(NA.9) Eine tragende Schraubenverbindung muss mindestens zwei Holzschrauben enthalten. Dies gilt nicht für die Befestigung von Schalungen, Latten (Trag- und Konterlatten) und Windrispen, auch nicht für die Befestigung von Sparren, Pfetten und dergleichen auf Bindern und Rähmen sowie von Querriegeln an Rahmenhölzern, wenn das Bauteil mit mindestens zwei Holzschrauben angeschlossen ist.

(NA.10) Für Gipswerkstoff-Holz-Verbindungen sind nur Schnellbauschrauben nach DIN 1052-10 zulässig. Für faserverstärkte Gipsplatten sind nur Schrauben mit bauaufsichtlichem Verwendbarkeitsnachweis zulässig. Die charakteristischen Werte zur Bemessung der Schraubenverbindungen und die konstruktiven Regeln (Schraubenabstände, Randabstände usw.) sind dem bauaufsichtlichen Verwendbarkeitsnachweis zu entnehmen.

(NA.11) Bei einschnittigen Verbindungen mit Holzschrauben darf der nach den in NCI NA.8.2.4, NCI NA.8.2.5 und den in NCI Zu 8.2.1 angegebenen vereinfachten Regeln berechnete charakteristische Wert der Tragfähigkeit $F_{\mathrm{v,Rk}}$ um einen Anteil $\Delta F_{\mathrm{v,Rk}}$ erhöht werden:

$$\Delta F_{\mathrm{v,Rk}} = \min\{F_{\mathrm{v,Rk}}; 0{,}25 \cdot F_{\mathrm{ax,Rk}}\} \qquad \text{(NA.134)}$$

Dabei ist $F_{\mathrm{ax,Rk}}$ der charakteristische Wert des Ausziehwiderstandes der Schraube nach den Gleichungen (8.38) bzw. (8.40a) sowie (8.40b) und (8.40c). Bei Stahlblech-Holz-Verbindungen darf der Fall des Kopfdurchziehens unbeachtet bleiben.

8.7.2 Beanspruchung in Richtung der Schraubenachse

(1)P Beim Nachweis der Beanspruchbarkeit von in Richtung der Schraubenachse beanspruchten Schrauben müssen die folgenden Versagensmechanismen berücksichtigt werden:

— das Ausziehversagen des eingeschraubten Gewindeteils der Schraube;

— das Abreißversagen des Kopfes von Schrauben, die in Verbindung mit Stahlblechen verwendet werden; der Abreißwiderstand des Schraubenkopfes sollte größer sein als die Zugfestigkeit der Schraube;

— das Durchziehversagen des Schraubenkopfes;

— das Abreißen der Schraube auf Zug;

— das Knickversagen der Schraube bei Druckbelastung;

— das Scherversagen entlang des Umfanges einer Gruppe von Schrauben, die in Verbindung mit Stahlblechen verwendet wurde (Blockscherversagen).

(2) Die Mindestabstände untereinander sowie von Hirnholzenden und Rändern bei in Richtung der Schraubenachse beanspruchten Schrauben, siehe Bild 8.11a, sollten aus Tabelle 8.6 entnommen werden, vorausgesetzt, die Holzdicke $t \geq 12\ d$.

Tabelle 8.6 — Mindestabstände untereinander sowie von Hirnholzenden und Rändern bei in Richtung der Schraubenachse beanspruchten Schrauben

Mindest-Schraubenabstand in einer parallel zur Faserrichtung und Schraubenachse liegenden Ebene a_1	**Mindest-Schraubenabstand rechtwinklig zu einer parallel zur Faserrichtung und Schraubenachse liegenden Ebene** a_2	**Mindestabstand der Hirnholzenden zum Schwerpunkt des Schraubengewindes im Bauteil** $a_{1,CG}$	**Mindestrandabstand des Schwerpunkts des Schraubengewindes im Bauteil** $a_{2,CG}$
$7\ d$	$5\ d$	$10\ d$	$4\ d$

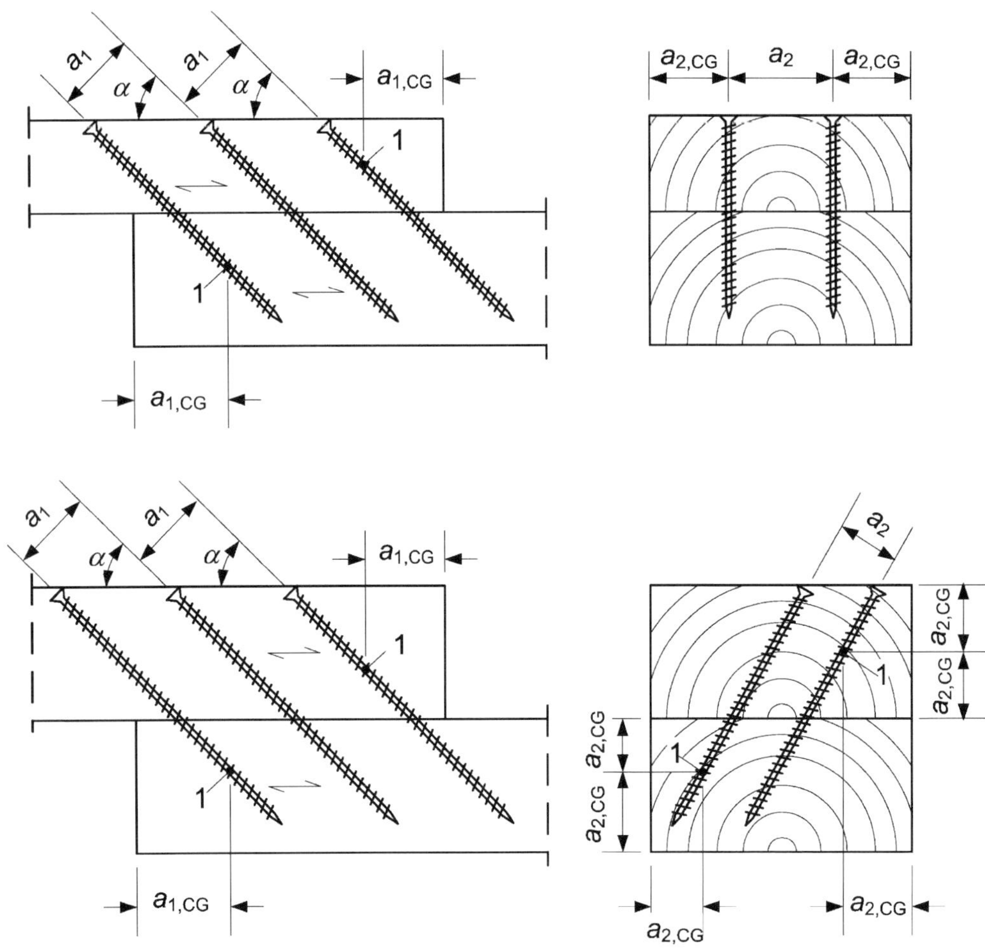

Legende

1 Schwerpunkt des Schraubengewindes im Bauteil

Bild 8.11.a — Abstände untereinander sowie von Hirnholzenden und Rändern

(3) Die geringste Einbindetiefe des Gewindeteils auf der Seite der Schraubenspitze sollte 6 d betragen.

(4) Bei Verbindungen von Nadelhölzern mit Schrauben nach DIN EN 14592 mit:

— 6 mm $\leq d \leq$ 12 mm

— 0,6 $\leq d_1/d \leq$ 0,75

wobei

d der Außendurchmesser des Gewindes ist;

d_1 der Innendurchmesser des Gewindes ist,

sollte der charakteristische Ausziehwiderstand angenommen werden zu:

$$F_{\mathrm{ax,\alpha,Rk}} = \frac{n_{\mathrm{ef}}\, f_{\mathrm{ax,k}}\, d\, \ell_{\mathrm{ef}}\, k_{\mathrm{d}}}{1{,}2\cos^2\alpha + \sin^2\alpha} \qquad (8.38)$$

Dabei ist

$$f_{\mathrm{ax,k}} = 0{,}52\, d^{-0{,}5}\, \ell_{\mathrm{ef}}^{-0{,}1}\, \rho_{\mathrm{k}}^{0{,}8} \qquad (8.39)$$

$$k_{\mathrm{d}} = \min\begin{cases} \dfrac{d}{8} \\ 1 \end{cases} \qquad (8.40)$$

$F_{\mathrm{ax},\alpha,\mathrm{Rk}}$ der charakteristische Wert des Ausziehwiderstands der Verbindung unter einem Winkel α zur Faserrichtung in N;

$f_{\mathrm{ax,k}}$ der charakteristische Wert der Ausziehfestigkeit rechtwinklig zur Faserrichtung in N/mm²;

n_{ef} die wirksame Anzahl von Schrauben, siehe 8.7.2(8);

ℓ_{ef} die Eindringtiefe des Gewindeteils in mm;

ρ_{k} der charakteristische Wert der Rohdichte in kg/m³;

α der Winkel zwischen der Schraubenachse und der Faserrichtung mit $\alpha \geq 30°$.

ANMERKUNG Versagensmechanismen im Stahl oder im Holz um die Schraube sind spröde, d. h. mit kleiner Bruchverformung, und deshalb ist die Möglichkeit einer Spannungsumlagerung begrenzt.

(5) Sind die Anforderungen in Bezug auf den in (4) gegebenen Außen- und Innendurchmesser des Gewindes nicht erfüllt, sollte der charakteristische Ausziehwiderstand $F_{\mathrm{ax},\alpha,\mathrm{Rk}}$ angenommen werden zu:

$$F_{\mathrm{ax},\alpha,\mathrm{Rk}} = \frac{n_{\mathrm{ef}}\, f_{\mathrm{ax,k}}\, d\, \ell_{\mathrm{ef}}}{1{,}2\cos^2\alpha + \sin^2\alpha}\left(\frac{\rho_{\mathrm{k}}}{\rho_{\mathrm{a}}}\right)^{0{,}8} \qquad (8.40a)$$

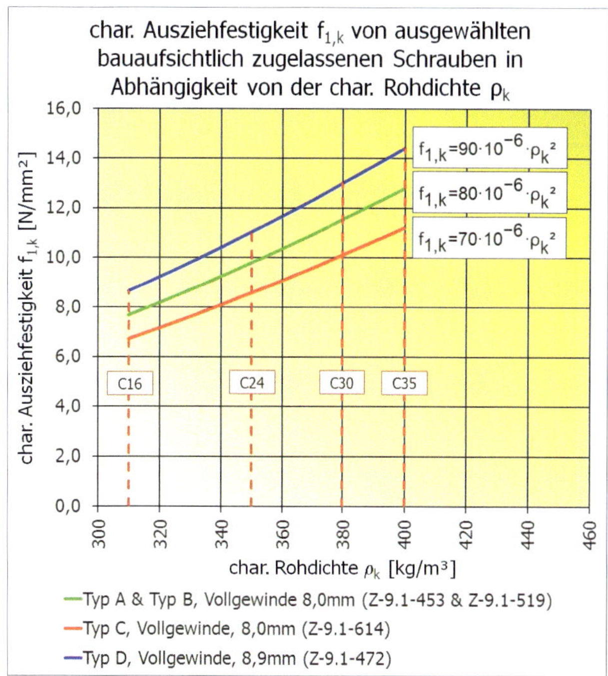

Bild K.189 — Charakteristische Ausziehfestigkeit $f_{1,k}$ in Abhängigkeit von der charakteristischen Rohdichte ρ_k für verschiedene bauaufsichtlich zugelassene Schrauben

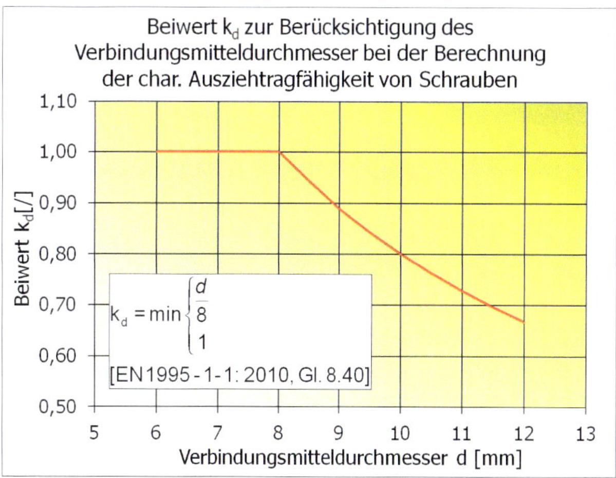

Bild K.190 — Beiwert k_d zur Berücksichtigung des Verbindungsmitteldurchmessers bei der Berechnung der charakteristischen Ausziehtragfähigkeit von Schrauben

Dabei ist

$f_{ax,k}$ der nach DIN EN 14592 bestimmte charakteristische Ausziehparameter rechtwinklig zur Faserrichtung für die zugehörige Rohdichte ρ_a;

ρ_a die zugehörige Rohdichte für $f_{ax,k}$ in kg/m³;

die weiteren Symbole sind in (4) erklärt.

(6) Der charakteristische Durchziehwiderstand von Verbindungen mit in Richtung der Schraubenachse beanspruchten Schrauben sollte angenommen werden zu:

$$F_{ax,\alpha,Rk} = n_{ef}\, f_{head,k}\, d_h^2 \left(\frac{\rho_k}{\rho_a}\right)^{0,8} \tag{8.40b}$$

Dabei ist

$F_{ax,\alpha,Rk}$ der charakteristische Durchziehwiderstand der Verbindung unter einem Winkel α zur Faserrichtung in N mit $\alpha \geq 30°$;

$f_{head,k}$ der charakteristische Durchziehparameter der Schraube, bestimmt nach DIN EN 14592 für die zugehörige Rohdichte ρ_a;

d_h der Durchmesser des Schraubenkopfes in mm;

die weiteren Symbole sind in (4) erklärt.

(7) Die charakteristische Zugfestigkeit der Verbindung (Abreißwiderstand des Schraubenkopfes oder Zugwiderstand des Schaftes) $F_{t,Rk}$ sollte angenommen werden zu:

$$F_{t,Rk} = n_{ef} f_{tens,k} \tag{8.40c}$$

Dabei ist

$f_{tens,k}$ der charakteristische Zugwiderstand der Schraube, bestimmt nach DIN EN 14592;

n_{ef} die wirksame Anzahl der Schrauben, siehe 8.7.2(8).

(8) Bei einer Verbindung mit einer Schraubengruppe, die durch eine Kraftkomponente in Schaftrichtung beansprucht wird, beträgt die wirksame Anzahl der Schrauben:

$$n_{ef} = n^{0,9} \tag{8.41}$$

Dabei ist

n_{ef} die wirksame Anzahl der Schrauben;

n die Anzahl der Schrauben, die in einer Verbindung zusammenwirken.

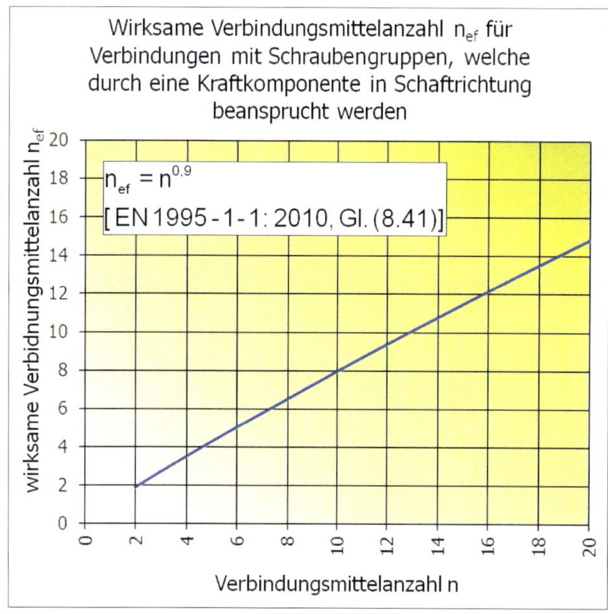

Bild K.191 — n_{ef} für Verbindungen mit Schraubengruppen, die durch eine Kraftkomponente in Richtung der Schraubenachse beansprucht werden (Die Verbindungsmittelanzahl ist nicht beschränkt.)

8.7.3 Kombinierte Beanspruchung von Schrauben

(1) Bei geschraubten Verbindungen, die durch eine Kombination von Kräften in Schaftrichtung und rechtwinklig dazu beansprucht werden, sollte die Bedingung (8.28) erfüllt sein.

$$\left(\frac{F_{ax,Ed}}{F_{ax,Rd}}\right)^2 + \left(\frac{F_{v,Ed}}{F_{v,Rd}}\right)^2 \leq 1 \qquad \text{Gl. (8.28)}$$

8.8 Verbindungen mit Nagelplatten

8.8.1 Allgemeines

(1)P Nagelplattenverbindungen dürfen nur Nagelplatten gleichen Typs, Größe und Orientierung enthalten, die auf beiden Seiten der Holzbauteile in gleicher Weise angeordnet sind.

Nagelplatten als Verbindungsmittel werden hauptsächlich in vorgefertigten Bauteilen wie Fachwerkträger, Verbundbalken und Trägern eingesetzt. Die Anforderungen für derartige Bauteile regelt DIN EN 14250 in Verbindung mit DIN 20000-6. Anwendungsbezogene Anforderungen an Nagelplatten regelt DIN EN 1454 in Verbindung mit DIN 20000-4.

(2) Die nachfolgenden Festlegungen gelten nur für Nagelplatten mit zwei orthogonalen Hauptrichtungen.

ANMERKUNG Absatz (2) bezieht sich auf die Abschnitte in 8.8.2 und nicht auf (NA.3) bis (NA.7).

(NA.3) Bei der Anwendung von Nagelplatten sind die Regelungen der DIN 20000-4 sowie der DIN 20000-6 zu beachten.

(NA.4) Angaben zur Mindestanschlusskraft einer Verbindung (d. h. für zwei Nagelplatten) sind in Absatz 9.2.1(8) enthalten. Für den Nachweis der Nageltragfähigkeit darf angenommen werden, dass diese Mindestanschlusskraft im Schwerpunkt der einzelnen Anschlussflächen angreift. Der Bemessungswert des Widerstandes muss dabei ausgehend vom kleinsten Wert der Nageltragfähigkeiten aus allen Winkelkombinationen von α und β ermittelt werden. Für die Plattentragfähigkeit ist jeder Schnitt entlang der Verbindungsfugen der miteinander verbundenen Stäbe nachzuweisen. Dabei darf die Mindestanschlusskraft parallel zur Verbindungsfuge als Druckscheren sowie rechtwinklig zur Verbindungsfuge mit Zug und Druck im Schwerpunkt des Anschlusses angesetzt werden.

(NA.5) Angaben zu Transport- und Montagezuständen sind in Abschnitt NCI Zu 10.6 enthalten.

(NA.6) Bei Auflagerungen von Nagelplattenbindern am Obergurt, wie in Bild NA.15 exemplarisch dargestellt, darf die Querkraft nicht nach DIN EN1995-1-1: 2010-12, 6.1.7(3) oder NCI Zu 6.1.7 (NA.5) abgemindert werden.

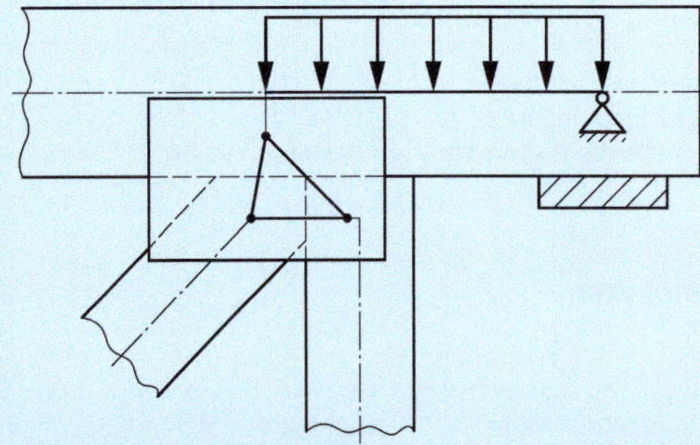

Bild NA.15 — Auflagerung von Nagelplattenbindern ohne auflagernahe Einzellast am Obergurt

(NA.7) Bei Auflagerungen am Obergurt, bei denen der Auflagerpunkt im Systemknoten angenommen wird, ist durch konstruktive Maßnahmen eine Rissbildung im Obergurt zu verhindern. Die Nagelplatte ist dabei so zu legen, dass sie entweder 90 % der Höhe des Obergurtes abdeckt (siehe Bild NA.16) oder dass der Schwerpunkt der Anschlussfläche über dem Auflager liegt (siehe Bild NA.17).

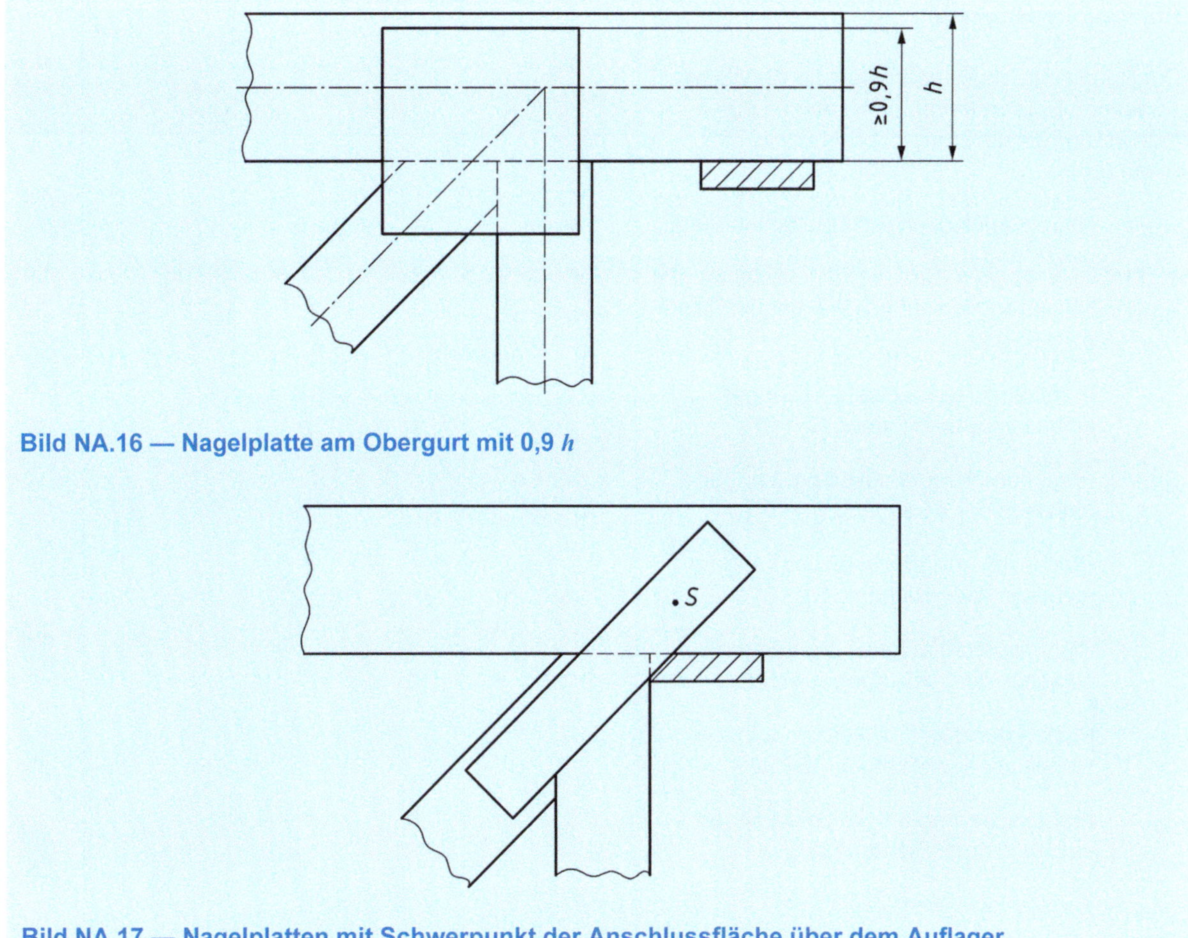

Bild NA.16 — Nagelplatte am Obergurt mit 0,9 h

Bild NA.17 — Nagelplatten mit Schwerpunkt der Anschlussfläche über dem Auflager

8.8.2 Nagelplattengeometrie

(1) Die Formelzeichen zur Beschreibung einer Verbindung mit Nagelplatten sind in Bild 8.11 dargestellt und wie folgt definiert:

x-Richtung Hauptrichtung der Nagelplatte;

y-Richtung Richtung rechtwinklig zur Hauptrichtung der Nagelplatte;

α Winkel zwischen x-Richtung und der Kraftrichtung (Zug: $0° \leq \gamma < 90°$, Druck: $90° \leq \gamma < 180°$);

β Winkel zwischen Faserrichtung des Holzes und der Kraftrichtung;

γ Winkel zwischen x-Richtung und der Fugenrichtung;

A_{ef} gesamte Kontaktfläche zwischen Nagelplatte und Holz, reduziert um einen 5 mm breiten Streifen zu den Holzrändern und einen Streifen zu den Hirnholzenden von einer Breite, die der 6-fachen Nenndicke des Verbindungsmittels entspricht;

ℓ Länge der Platte längs der Fuge.

8.8.3 Plattentragfähigkeiten

(1)P Die Nagelplatte muss charakteristische Werte für die folgenden Eigenschaften besitzen, die aus Versuchen in Übereinstimmung mit DIN EN 1075 ermittelt wurden:

$f_{a,0,0}$ Nageltragfähigkeit pro Flächeneinheit für $\alpha = 0°$ und $\beta = 0°$;

$f_{a,90,90}$ Nageltragfähigkeit pro Flächeneinheit für $\alpha = 90°$ und $\beta = 90°$;

$f_{t,0}$ Plattenzugtragfähigkeit pro Längeneinheit in der x-Richtung ($\alpha = 0°$);

$f_{c,0}$ Plattendrucktragfähigkeit pro Längeneinheit in der x-Richtung ($\alpha = 0°$);

$f_{v,0}$ Plattenschertragfähigkeit pro Längeneinheit in der x-Richtung ($\alpha = 0°$);

$f_{t,90}$ Plattenzugtragfähigkeit pro Längeneinheit in der y-Richtung ($\alpha = 90°$);

$f_{c,90}$ Plattendrucktragfähigkeit pro Längeneinheit in der y-Richtung ($\alpha = 90°$);

$f_{v,90}$ Plattenschertragfähigkeit pro Längeneinheit in der y-Richtung ($\alpha = 90°$);

k_1, k_2, α_0 Konstante.

(2)P Um die Bemessungswerte der Zug-, Druck- und Scherfestigkeiten der Nagelplatte zu berechnen, ist der Wert für k_{mod} zu 1,0 anzunehmen.

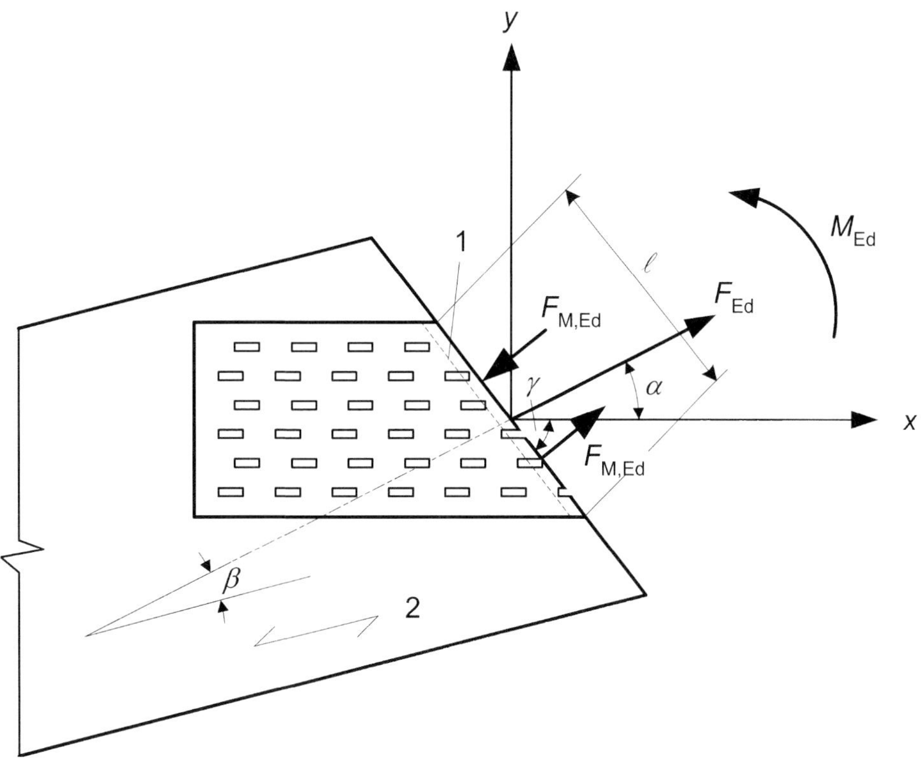

Legende

1 Begrenzung der wirksamen Anschlussfläche

2 Faserrichtung des Holzes

Bild 8.11 — Geometrie einer Nagelplattenverbindung, beansprucht durch eine Kraft F_{Ed} und ein Moment M_{Ed}

8.8.4 Nageltragfähigkeiten

(1) Der charakteristische Wert der Nageltragfähigkeit je Platte $f_{a,\alpha,\beta,k}$ sollte entweder aus Versuchen abgeleitet oder berechnet werden zu:

$$f_{a,\alpha,\beta,k} = \max \begin{cases} f_{a,\alpha,0,k} - \left(f_{a,\alpha,0,k} - f_{a,90,90,k} \right) \dfrac{\beta}{45^\circ} \\ f_{a,0,0,k} - \left(f_{a,0,0,k} - f_{a,90,90,k} \right) \sin\left[\max(\alpha, \beta) \right] \end{cases}$$

für $\beta \leq 45^\circ$, oder (8.42)

$$f_{a,\alpha,\beta,k} = f_{a,0,0,k} - \left(f_{a,0,0,k} - f_{a,90,90,k} \right) \sin\left[\max(\alpha, \beta) \right]$$

für $45^\circ < \beta \leq 90^\circ$ (8.43)

(2) Der charakteristische Wert der Nageltragfähigkeit je Platte in Faserrichtung des Holzes sollte angenommen werden zu:

$$f_{a,\alpha,0,k} = \begin{cases} f_{a,0,0,k} + k_1\,\alpha & \text{für } \alpha \leq \alpha_0 \\ f_{a,0,0,k} + k_1\,\alpha_0 + k_2(\alpha - \alpha_0) & \text{für } \alpha_0 < \alpha \leq 90^\circ \end{cases}$$

(8.44)

Die Konstanten k_1, k_2 und α_0 sollten auf der Basis von Versuchen nach DIN EN 1075, ausgewertet in Übereinstimmung mit dem Verfahren aus DIN EN 14545, für den jeweiligen Plattentyp bestimmt werden.

8.8.5 Tragfähigkeitsnachweise

8.8.5.1 Nageltragfähigkeit

(1) Der Bemessungswert der Nagelbelastung $\tau_{F,d}$ infolge einer Kraft F_{Ed} und der Bemessungswert der Nagelbelastung $\tau_{M,d}$ infolge eines Momentes M_{Ed} für eine einzelne Nagelplatte sollten angenommen werden zu:

$$\tau_{F,d} = \frac{F_{A,Ed}}{A_{ef}} \tag{8.45}$$

$$\tau_{M,d} = \frac{M_{A,Ed}}{W_p} \tag{8.46}$$

mit

$$W_p = \int_{A_{ef}} r \, dA \tag{8.47}$$

Dabei ist

$F_{A,Ed}$ der Bemessungswert der Kraft, bei Zugbeanspruchung positiv anzusetzen, die auf eine einzelne Nagelplatte im Schwerpunkt der wirksamen Anschlussfläche einwirkt (d. h. die Hälfte der Gesamtkraft im Holzbauteil);

$M_{A,Ed}$ der Bemessungswert des Moments, das auf eine einzelne Nagelplatte im Schwerpunkt der wirksamen Anschlussfläche einwirkt;

dA die zu integrierende Nagelplattenfläche;

r der Abstand vom Schwerpunkt der wirksamen Nagelplattenfläche zur segmentären Nagelplattenfläche dA;

A_{ef} die wirksame Anschlussfläche.

(2) Vereinfachend darf als Alternative zu Gleichung (8.47) W_p konservativ angenähert werden zu:

$$W_p = \frac{A_{ef}\, d}{4} \tag{8.48}$$

mit

$$d = \sqrt{\left(\frac{A_{ef}}{h_{ef}}\right)^2 + h_{ef}^2} \tag{8.49}$$

Dabei ist

h_{ef} die größte Höhe der wirksamen Anschlussfläche rechtwinklig zur längsten Seite.

(3) Druckkontakt zwischen Holzstäben darf in Rechnung gestellt werden, um den Wert von F_{Ed} bei Druckbeanspruchung abzumindern, vorausgesetzt, dass die Fuge zwischen den Holzteilen im Mittel nicht größer als 1,5 mm und als Größtwert nicht größer als 3 mm ist. In solchen Fällen ist die Verbindung für einen Bemessungswert der Druckkraft von mindestens $F_{A,Ed}/2$ zu bemessen.

Nur die rechtwinklig zur Holzoberfläche wirkende Komponente von F_{Ed} sollte reduziert zu werden.

(4) Druckkontakt zwischen den Holzstäben von gedrückten Gurtstößen darf, wenn $F_{Ed} \leq 0$ ist, dadurch berücksichtigt werden, dass die einzelne Nagelplatte für den Bemessungswert einer Kraft $F_{A,Ed}$ und den Bemessungswert eines Momentes $M_{A,Ed}$ nach folgender Gleichung bemessen wird:

$$F_{A,Ed} = \frac{F_x}{|F_x|}\sqrt{F_x^2 + (F_{Ed} \sin\beta)^2} \tag{8.50}$$

$$M_{A,Ed} = \frac{M_{Ed}}{2} \tag{8.51}$$

Dabei ist

$$F_x = \frac{F_{Ed} \cos\beta}{2} + \frac{3|M_{Ed}|}{2h}$$

F_{Ed} der Bemessungswert der Gurtnormalkraft, die auf eine einzelne Nagelplatte wirkt (Druck oder null);

M_{Ed} der Bemessungswert des Moments im Gurt, das auf eine einzelne Nagelplatte wirkt;

h die Gurthöhe.

(5) Die folgende Bedingung sollte erfüllt sein:

$$\left(\frac{\tau_{F,d}}{f_{a,\alpha,\beta,d}}\right)^2 + \left(\frac{\tau_{M,d}}{f_{a,0,0,d}}\right)^2 \leq 1$$

8.8.5.2 Plattentragfähigkeit

(1) In jeder Verbindungsfuge sollten die Kräfte in den beiden Hauptrichtungen angenommen werden zu:

$$F_{x,Ed} = F_{Ed} \cos\alpha \pm 2\, F_{M,Ed} \sin\gamma \tag{8.53}$$

$$F_{y,Ed} = F_{Ed} \sin\alpha \pm 2\, F_{M,Ed} \cos\gamma \tag{8.54}$$

Dabei ist

F_{Ed} der Bemessungswert der Kraft in einer Einzelplatte (d. h. die Hälfte der Gesamtkraft im Holzteil);

$F_{M,Ed}$ der Bemessungswert der Kraft aus dem Moment auf eine Einzelplatte ($F_{M,Ed} = 2\, M_{Ed}/l$).

ANMERKUNG F_{Ed} darf um den Druckkontakt, ermittelt nach 8.8.5.1 (3), reduziert werden.

(2) Die folgende Bedingung sollte erfüllt sein:

$$\left(\frac{F_{x,Ed}}{F_{x,Rd}}\right)^2 + \left(\frac{F_{y,Ed}}{F_{y,Rd}}\right)^2 \le 1 \tag{8.55}$$

Dabei sind

$F_{x,Ed}$ und $F_{y,Ed}$ die Bemessungswerte der Kräfte in x- und y-Richtung;

$F_{x,Rd}$ und $F_{y,Rd}$ die zugehörigen Bemessungswerte der Plattentragfähigkeit. Sie werden in Schnitten in oder rechtwinklig zu den Hauptachsen ermittelt aus der größten der charakteristischen Tragfähigkeiten auf der Grundlage der nachfolgenden Beziehungen für die charakteristische Plattentragfähigkeit in diesen Richtungen:

$$F_{x,Rk} = \max \begin{cases} \left| f_{n,0,k}\, \ell \sin\left[\gamma - \gamma_0 \sin(2\gamma)\right]\right| \\ \left| f_{v,0,k}\, \ell \cos\gamma \right| \end{cases} \tag{8.56}$$

$$F_{y,Rk} = \max \begin{cases} \left| f_{n,90,k}\, \ell \cos\gamma \right| \\ k\, f_{v,90,k}\, \ell \sin\gamma \end{cases} \tag{8.57}$$

mit

$$f_{n,0,k} = \begin{cases} f_{t,0,k} & \text{für } F_{x,Ed} > 0 \\ f_{c,0,k} & \text{für } F_{x,Ed} \le 0 \end{cases}$$

$$f_{n,90,k} = \begin{cases} f_{t,90,k} & \text{für } F_{y,Ed} > 0 \\ f_{c,90,k} & \text{für } F_{y,Ed} \leq 0 \end{cases} \tag{8.59}$$

$$k = \begin{cases} 1 + k_v \sin(2\gamma) & \text{für } F_{x,Ed} > 0 \\ 1 & \text{für } F_{x,Ed} \leq 0 \end{cases} \tag{8.60}$$

Dabei sind γ_0 und k_v Konstanten, die aus Scherversuchen in Übereinstimmung mit DIN EN 1075, ausgewertet in Übereinstimmung mit den Verfahren aus DIN EN 14545, für den jeweiligen Plattentyp bestimmt werden.

(3) Wenn die Nagelplatte mehr als zwei Verbindungsfugen überdeckt, dann sollten die Kräfte in jedem geraden Teil der Verbindungsfuge derart bestimmt werden, dass der Gleichgewichtszustand erfüllt ist und dass die Bedingung nach Gleichung (8.55) in jedem geraden Teil der Verbindungsfuge erfüllt ist. Alle kritischen Schnitte sollten berücksichtigt werden.

8.9 Verbindungen mit Ring- und Scheibendübeln

(1) Bei Verbindungen mit Ringdübeln des Typs A oder Scheibendübeln des Typs B nach DIN EN 912 und DIN EN 14545 mit Durchmessern bis zu 200 mm sollte die charakteristische Tragfähigkeit in Faserrichtung $F_{v,0,Rk}$ je Dübel und Scherfuge angenommen werden zu:

$$F_{v,0,Rk} = \min \begin{cases} k_1\, k_2\, k_3\, k_4 \left(35\, d_c^{1,5}\right) & \text{(a)} \\ k_1\, k_3\, h_e \left(31{,}5\, d_c\right) & \text{(b)} \end{cases} \tag{8.61}$$

Dabei ist

$F_{v,0,Rk}$ der charakteristische Wert der Tragfähigkeit in Faserrichtung des Holzes in N;

d_c der Dübeldurchmesser in mm;

h_e die Einbindetiefe in mm;

k_i die Modifikationsbeiwerte mit $i = 1$ bis 4, wie nachstehend definiert.

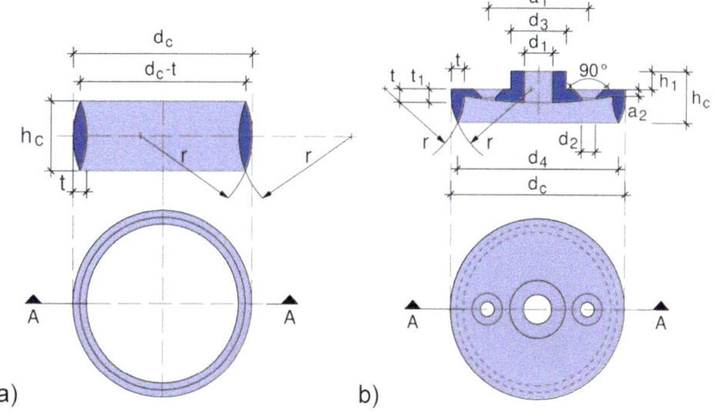

Legende

a) Ringdübel Typ A1

b) Scheibendübel Typ B1

Bild K.192 — Zweiseitiger Ringdübel des Typs A1 und einseitiger Scheibendübel des Typs B1 (nach DIN EN 912)

(2) Die Mindestdicke der Seitenhölzer sollte 2,25 h_e und die des Mittelholzes 3,75 h_e betragen. Dabei ist h_e die Einbindetiefe, siehe Bild 8.12.

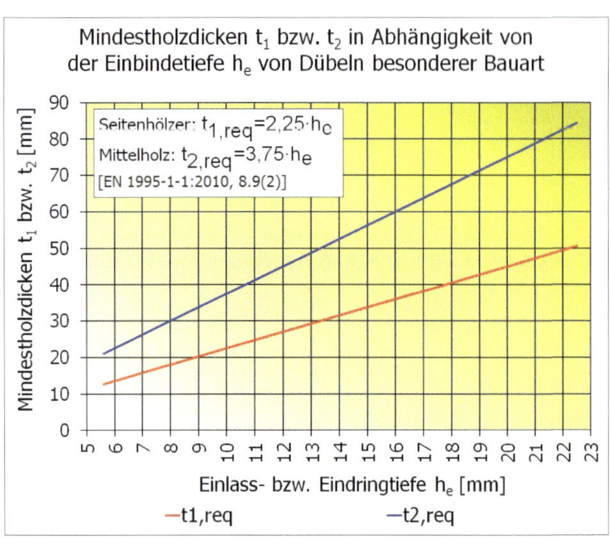

Bild K.193 — Mindestholzdicken $t_{1,req}$ und $t_{2,req}$ in Abhängigkeit von der Einbindetiefe h_e für Dübel besonderer Bauart

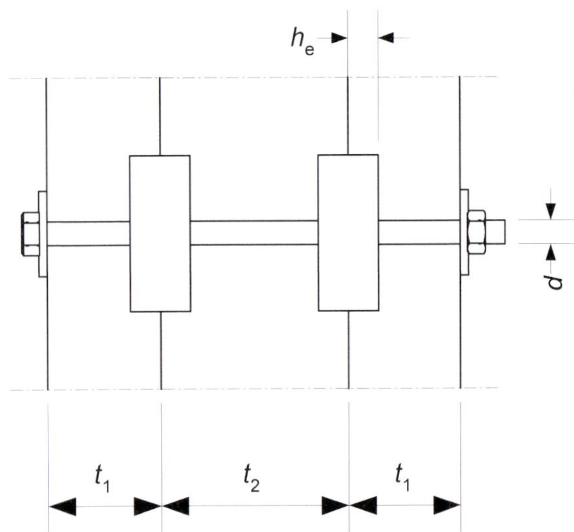

Bild 8.12 — Abmessungen von Verbindungen mit Ring- und Scheibendübeln besonderer Bauart

(3) Der Beiwert k_1 sollte angenommen werden zu:

$$k_1 = \min \begin{cases} 1 \\ \dfrac{t_1}{3h_e} \\ \dfrac{t_2}{5h_e} \end{cases} \tag{8.62}$$

(4) Der Beiwert k_2 für beanspruchte Hirnholzenden (–30° ≤ α ≤ 30°) sollte angenommen werden zu:

$$k_2 = \min\begin{cases} k_a \\ \dfrac{a_{3,t}}{2d_c} \end{cases} \tag{8.63}$$

Dabei ist

$$k_a = \begin{cases} 1{,}25 & \text{bei Verbindungen mit einem Dübel pro Scherfuge} \\ 1{,}0 & \text{bei Verbindungen mit mehr als einem Dübel pro Scherfuge} \end{cases} \tag{8.64}$$

$a_{3,t}$ in Tabelle 8.7 angegeben.

Für andere Werte von α ist $k_2 = 1{,}0$.

(5) Der Beiwert k_3 sollte angenommen werden zu:

$$k_3 = \min\begin{cases} 1{,}75 \\ \dfrac{\rho_k}{350} \end{cases} \tag{8.65}$$

Dabei ist

ρ_k der charakteristische Wert der Rohdichte des Holzes in kg/m³.

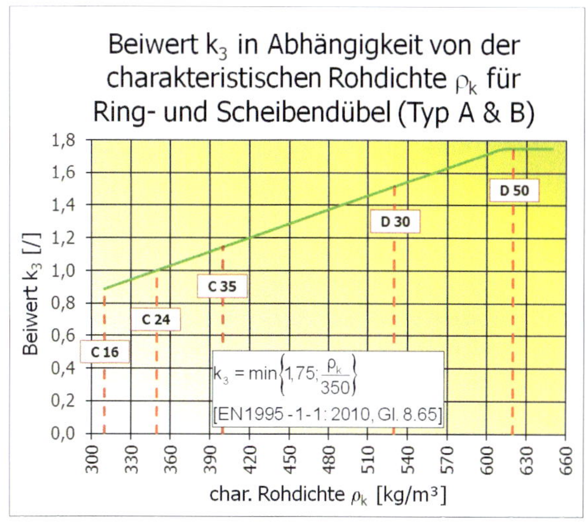

Bild K.194 — Beiwert k_3 in Abhängigkeit von der charakteristischen Rohdichte für Ring- und Scheibendübel (Typ A & B nach DIN EN 912)

(6) Der Beiwert k_4 hängt von den verbundenen Baustoffen ab und sollte angenommen werden zu:

$$k_4 = \begin{cases} 1{,}0 & \text{für Holz-Holz-Verbindungen} \\ 1{,}1 & \text{für Stahlblech-Holz-Verbindungen} \end{cases} \tag{8.66}$$

(7) Bei Verbindungen mit einem Dübel je Scherfuge darf bei unbeanspruchtem Hirnholzende ($150° \leq \alpha \leq 210°$) die Bedingung (a) in Gleichung (8.61) unbeachtet bleiben.

(8) Bei einer Kraftrichtung unter einem Winkel α zur Faserrichtung des Holzes sollte die charakteristische Tragfähigkeit $F_{\alpha,Rk}$ je Dübel und je Scherfuge nach der folgenden Beziehung ermittelt werden:

$$F_{v,\alpha,Rk} = \frac{F_{v,0,Rk}}{k_{90} \sin^2\alpha + \cos^2\alpha} \tag{8.67}$$

mit

$$k_{90} = 1{,}3 + 0{,}001\, d_c \tag{8.68}$$

Dabei ist

$F_{v,0,Rk}$ der charakteristische Wert der Tragfähigkeit je Dübel und Scherfuge für Kraftrichtung in Faserrichtung nach (8.61);

d_c der Dübeldurchmesser in mm.

(9) Die Mindestabstände untereinander sowie zu den Hirnholzenden und Rändern sind in Tabelle 8.7 mit den Symbolen nach Bild 8.7 angegeben.

Tabelle 8.7 — Mindestabstände untereinander sowie von den Hirnholzenden und Rändern von Ring- und Scheibendübeln besonderer Bauart

Abstände untereinander sowie von den Hirnholzenden und Rändern (siehe Bild 8.7)	**Winkel zur Faserrichtung**	**Mindestabstände untereinander sowie von den Hirnholzenden und Rändern**
a_1 (in Faserrichtung)	$0° \leq \alpha \leq 360°$	$(1{,}2 + 0{,}8\, \lvert \cos \alpha \rvert)\, d_c$
a_2 (rechtwinklig zur Faserrichtung)	$0° \leq \alpha \leq 360°$	$1{,}2\, d_c$
$a_{3,t}$ (beanspruchtes Hirnholzende)	$-90° \leq \alpha \leq 90°$	$2{,}0\, d_c$
$a_{3,c}$ (unbeanspruchtes Hirnholzende)	$90° \leq \alpha < 150°$	$(0{,}4 + 1{,}6\, \lvert \sin \alpha \rvert)\, d_c$
	$150° \leq \alpha < 210°$	$1{,}2\, d_c$
	$210° \leq \alpha \leq 270°$	$(0{,}4 + 1{,}6\, \lvert \sin \alpha \rvert)\, d_c$
$a_{4,t}$ (beanspruchter Rand)	$0° \leq \alpha \leq 180°$	$(0{,}6 + 0{,}2\, \lvert \sin \alpha \rvert)\, d_c$
$a_{4,c}$ (unbeanspruchter Rand)	$180° \leq \alpha \leq 360°$	$0{,}6\, d_c$

(10) Wenn die Dübel versetzt angeordnet werden, siehe Bild 8.13, dann sollten die Mindestabstände in und rechtwinklig zur Faserrichtung die folgende Bedingung erfüllen:

$$(k_{a1})^2 + (k_{a2})^2 \geq 1 \quad \text{mit} \quad \begin{cases} 0 \leq k_{a1} \leq 1 \\ 0 \leq k_{a2} \leq 1 \end{cases} \tag{8.69}$$

Dabei ist

k_{a1} der Abminderungsbeiwert für den Mindestabstand a_1 in Faserrichtung;

k_{a2} der Abminderungsbeiwert für den Mindestabstand a_2 rechtwinklig zur Faserrichtung.

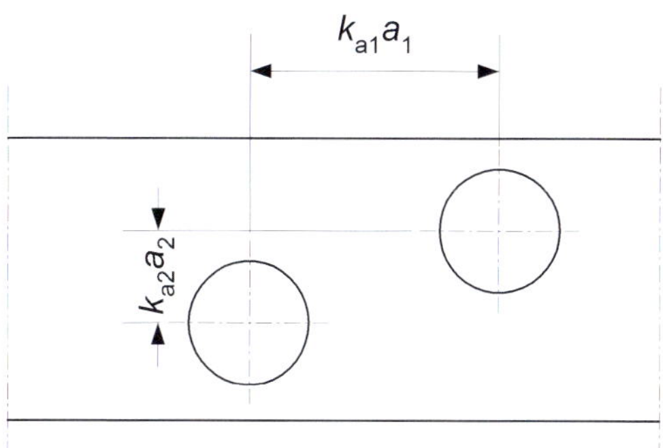

Bild 8.13 — Verringerte Abstände für Dübel besonderer Bauart

(11) Der Abstand in Faserrichtung $k_{a1}\ a_1$ darf zusätzlich um einen Faktor $k_{s,red}$ mit $0{,}5 \leq k_{s,red} \leq 1$ verringert werden, vorausgesetzt, dass die Tragfähigkeit mit dem Faktor

$$k_{R,red} = 0{,}2 + 0{,}8\ k_{s,red} \tag{8.70}$$

abgemindert wird.

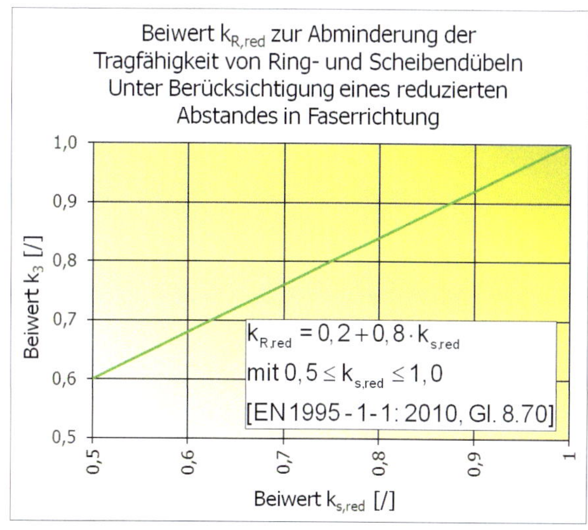

Bild K.195 — Beiwert $k_{R,red}$ zur Abminderung der Tragfähigkeit von Ring- und Scheibendübeln mit reduziertem Abstand in Faserrichtung

(12) Für eine Reihe von Dübeln in Faserrichtung des Holzes sollte die Tragfähigkeit in dieser Richtung unter Berücksichtigung der wirksamen Anzahl n_{ef} von Dübeln berechnet werden, wobei:

$$n_{ef} = 2 + \left(1 - \frac{n}{20}\right)(n - 2) \tag{8.71}$$

Dabei ist

n_{ef} die wirksame Anzahl von Dübeln besonderer Bauart;

n die Anzahl von Dübeln besonderer Bauart in einer Linie in Faserrichtung des Holzes.

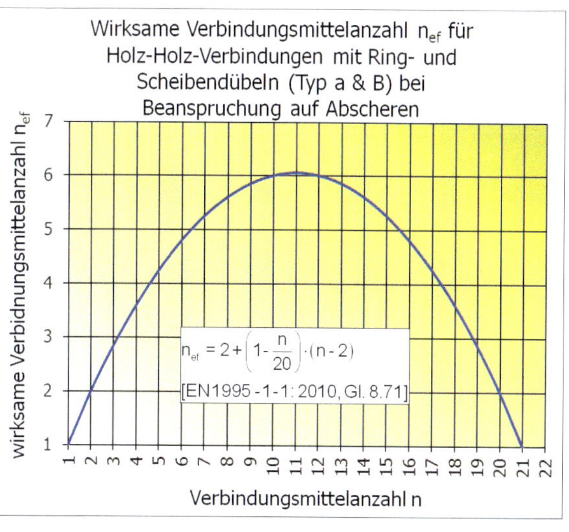

Bild K.196 — n_{ef} für Verbindungen mit Ring- und Scheibendübeln (Typ A & B)

Nach der DIN 1052:2008-12 sollten mehr als 10 Dübel hintereinander nicht in Rechnung gestellt werden.

(13) Dübel besonderer Bauart sind dann als in einer Linie angeordnet zu betrachten, wenn
$k_{a2}a_2 < 0{,}5\ k_{a1}a_1$.

NCI Zu 8.9 „Verbindungen mit Ring- und Scheibendübeln"

(NA.14) Bei Ringdübeln mit Dübeldurchmessern $d_c \leq 95$ mm und bei zweiseitigen Scheibendübeln mit Zähnen oder Dornen mit Dübeldurchmessern $d_c \leq 117$ mm dürfen für den Anschluss von Vollholz-, Brettschichtholz-, Balkenschichtholz- oder Furnierschichtholzquerschnitten an Brettschichtholz die Werte für die charakteristischen Tragfähigkeiten auch dann in Rechnung gestellt werden, wenn die Bolzen durch profilierte Nägel oder Holzschrauben ersetzt werden. Das gilt auch bei Scheibendübeln des Typs B1 und einseitigen Scheibendübeln mit Zähnen oder Dornen entsprechender Dübeldurchmesser für den Anschluss von Stahlteilen an Brettschichtholz. Der charakteristische Wert des Ausziehwiderstandes $F_{ax,Rk}$ der profilierten Nägel oder Holzschrauben muss mindestens das 0,25-Fache der charakteristischen Tragfähigkeit einer Verbindungseinheit betragen. Bei Scheibendübeln mit Zähnen oder Dornen darf dabei die Tragfähigkeit des profilierten Nagels oder der Holzschraube nicht in Rechnung gestellt werden.

(NA.15) Bei der Ermittlung von Querschnittsschwächungen durch Verbindungen mit Dübeln besonderer Bauart sind die in Tabelle NA.17 angegebenen Dübelfehlflächen ΔA und die Schwächung durch die Bohrlöcher für die Verbolzung zu berücksichtigen. Die Länge der Bohrlöcher darf hierbei rechnerisch um die Einlass-/Einpresstiefe h_e der Dübel verringert werden.

(NA.16) Dübel besonderer Bauart aus Aluminiumlegierung dürfen nur in den Nutzungsklassen 1 und 2 verwendet werden.

Tabelle NA.17 — Dübelfehlflächen

Dübeltyp	**Dübeldurchmesser** d_c mm	**Rechenwert für die Dübelfehlfläche** ΔA mm²
A1 und B1	65	980
A1 und B1	80	1200
A1 und B1	95	1430
A1	126	1890
A1 und B1	128	2880
A1 und B1	160	3600
A1 und B1	190	4280
C1 und C2	50	170
C1 und C2	62	300
C1 und C2	75	420
C1 und C2	95	670
C1 und C2	117	1000
C1	140	1240
C1	165	1490
C3	$73 \cdot 130$ ($a_1 \cdot a_2$)	1110
C4	$73 \cdot 130$ ($a_1 \cdot a_2$)	1110
C5	100 (Seitenlänge)	430
C5	130 (Seitenlänge)	690
C10	50	460
C10	65	590
C10	80	750
C10	95	900
C10	115	1040
C11	50	540
C11	65	710
C11	80	870
C11	95	1070
C11	115	1240

8.10 Verbindungen mit Scheibendübeln mit Zähnen

(1) Der charakteristische Wert der Tragfähigkeit von Verbindungen mit Scheibendübeln mit Zähnen sollte als die Summe der charakteristischen Tragfähigkeit der Scheibendübel mit Zähnen und der charakteristischen Tragfähigkeit der zugehörigen Bolzen nach 8.5 angenommen werden.

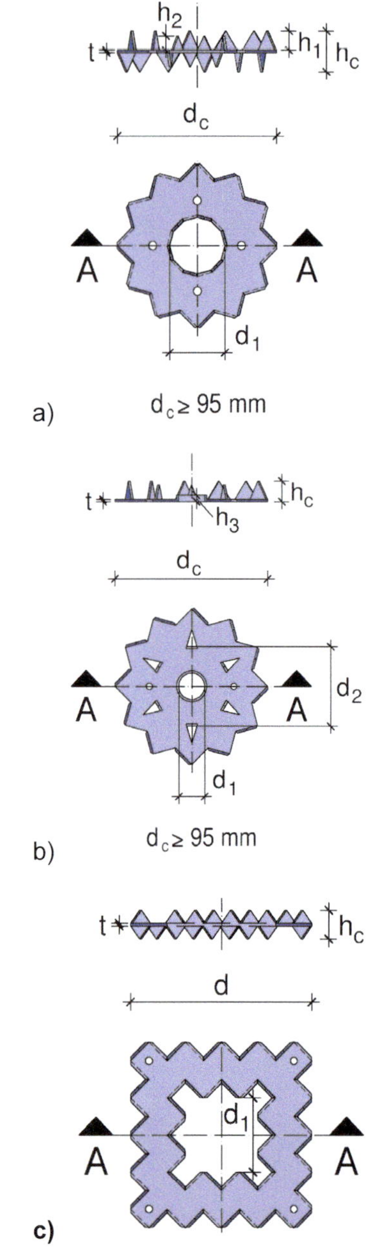

Legende

a) Scheibendübel mit Zähnen des Typs C1

b) Scheibendübel mit Zähnen des Typs C2

c) Scheibendübel mit Zähnen des Typs C5

Bild K.197 — Zwei- und einseitige Scheibendübel mit Zähnen, Typ C1, C2 und C5 nach DIN EN 912 (weitere Typen s. DIN EN 912)

(2) Der charakteristische Wert der Tragfähigkeit $F_{v,Rk}$ von Scheibendübeln mit Zähnen Typ C nach DIN EN 912 (einseitig: Typen C2, C4, C7, C9, C11; doppelseitig: Typen C1, C3, C5, C6, C8, C10) und DIN EN 14545 sollte angenommen werden zu:

$$F_{v,Rk} = \begin{cases} 18\, k_1 k_2 k_3\, d_c^{1,5} & \text{für Typen C1 bis C9} \\ 25\, k_1 k_2 k_3\, d_c^{1,5} & \text{für Typen C10 bis C11} \end{cases} \tag{8.72}$$

Dabei ist

$F_{v,Rk}$ charakteristischer Wert der Tragfähigkeit pro Scheibendübel mit Zähnen in N;

k_i Modifikationsbeiwerte mit $i = 1$ bis 3, wie nachstehend definiert;

d_c
- Durchmesser der Scheibendübel mit Zähnen der Typen C1, C2, C6, C7, C10 und C11 in mm;
- Seitenlänge der Scheibendübel mit Zähnen der Typen C5, C8 und C9 in mm;
- Wurzel aus dem Produkt der Seitenlängen der Scheibendübel mit Zähnen der Typen C3 und C4 in mm.

(3) Es gilt Absatz 8.9 (2).

(4) Der Beiwert k_1 sollte angenommen werden zu:

$$k_1 = \min \begin{cases} 1 \\ \dfrac{t_1}{3h_e} \\ \dfrac{t_2}{5h_e} \end{cases} \tag{8.73}$$

Dabei ist

t_1 die Seitenholzdicke;

t_2 die Mittelholzdicke;

h_e die Einbindetiefe der Zähne des Dübels.

(5) Der Beiwert k_2 sollte angenommen werden zu:

— für die Typen C1 bis C9:

$$k_2 = \min \begin{cases} 1 \\ \dfrac{a_{3,t}}{1,5\, d_c} \end{cases} \tag{8.74}$$

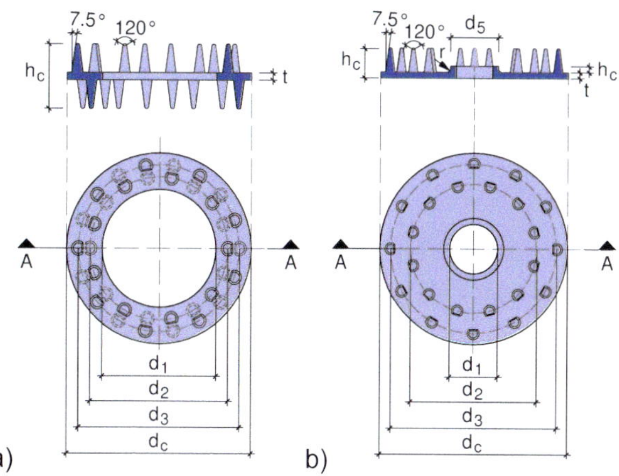

Legende

a) Scheibendübel mit Dornen des Typs C10

b) Scheibendübel mit Dornen des Typs C11

Bild K.198 — Zwei- und einseitige Scheibendübel mit Dornen (Typ C10 und Typ C11 nach DIN EN 912)

Dabei ist

$$a_{3,t} = \max\begin{cases} 1{,}1\, d_c \\ 7\, d \\ 80 \text{ mm} \end{cases} \qquad (8.75)$$

Dabei ist

d der Bolzendurchmesser in mm;

d_c wie in (2) erläutert.

— für die Typen C10 und C11:

$$k_2 = \min\begin{cases} 1 \\ \dfrac{a_{3,t}}{2{,}0\, d_c} \end{cases} \qquad (8.76)$$

mit

$$a_{3,t} = \max\begin{cases} 1{,}5\, d_c \\ 7\, d \\ 80 \text{ mm} \end{cases} \qquad (8.77)$$

Dabei ist

d der Bolzendurchmesser in mm;

d_c wie in (2) erläutert.

(6) Der Beiwert k_3 sollte angenommen werden zu:

$$k_3 = \min\begin{cases} 1{,}5 \\ \dfrac{\rho_k}{350} \end{cases} \qquad (8.78)$$

Dabei ist

ρ_k der charakteristische Wert der Rohdichte des Holzes in kg/m³.

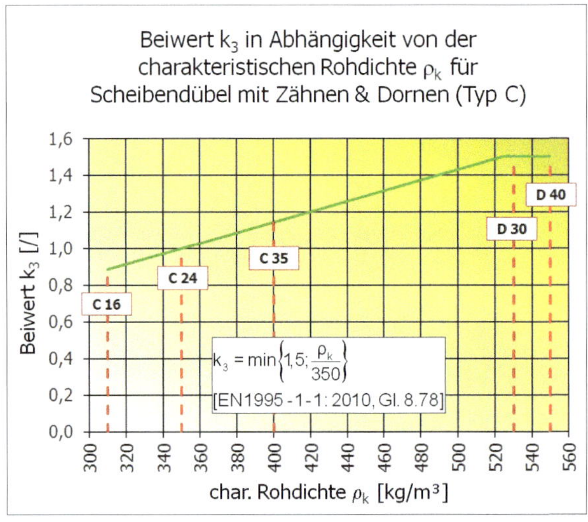

Bild K.199 — Beiwert k_3 in Abhängigkeit von der charakteristischen Rohdichte für Scheibendübel mit Zähnen und Dornen (Typ C)

(7) Für Scheibendübel mit Zähnen der Typen C1 bis C9 sind die Mindestabstände untereinander sowie von den Hirnholzenden und Rändern in Tabelle 8.8 mit den Symbolen nach Bild 8.7 angegeben.

(8) Für Scheibendübel mit Zähnen der Typen C10 und C11 sind die Mindestabstände untereinander sowie von den Hirnholzenden und Rändern in Tabelle 8.9 mit den Symbolen nach Bild 8.7 angegeben.

(9) Wenn Scheibendübel mit Zähnen der Typen C1, C2, C6 und C7 mit kreisrunder Form versetzt angeordnet werden, gilt 8.9 (10).

(10) Für Bolzen in Verbindungen mit Scheibendübeln mit Zähnen gilt 10.4.3.

Tabelle 8.8 — Mindestabstände untereinander sowie von den Hirnholzenden und Rändern von Scheibendübeln mit Zähnen der Typen C1 bis C9

Abstände untereinander sowie von den Hirnholzenden und Rändern (siehe Bild 8.7)		Winkel zur Faserrichtung	Mindestabstände untereinander sowie von den Hirnholzenden und Rändern
a_1	(in Faserrichtung)	$0° \leq \alpha \leq 360°$	$(1{,}2 + 0{,}3\ \lvert\cos\alpha\rvert)\ d_c$
a_2	(rechtwinklig zur Faserrichtung)	$0° \leq \alpha \leq 360°$	$1{,}2\ d_c$
$a_{3,t}$	(beanspruchtes Hirnholzende)	$-90° \leq \alpha \leq 90°$	$1{,}5\ d_c$
$a_{3,c}$	(unbeanspruchtes Hirnholzende)	$90° \leq \alpha < 150°$	$(0{,}9 + 0{,}6\ \lvert\sin\alpha\rvert)\ d_c$
		$\leq \alpha < 210°$	$1{,}2\ d_c$
		$210° \leq \alpha \leq 270°$	$(0{,}9 + 0{,}6\ \lvert\sin\alpha\rvert)\ d_c$
$a_{4,t}$	(beanspruchter Rand)	$0° \leq \alpha \leq 180°$	$(0{,}6 + 0{,}2\ \lvert\sin\alpha\rvert)\ d_c$
$a_{4,c}$	(unbeanspruchter Rand)	$180° \leq \alpha \leq 360°$	$0{,}6\ d_c$

Tabelle 8.9 — Mindestabstände von Scheibendübeln mit Zähnen der Typen C10 und C11

Abstände (siehe Bild 8.7)		Winkel	Mindestabstand
a_1	(in Faserrichtung)	$0° \leq \alpha \leq 360°$	$(1{,}2 + 0{,}8\ \lvert\cos\alpha\rvert)\ d_c$
a_2	(rechtwinklig zur Faserrichtung)	$0° \leq \alpha \leq 360°$	$1{,}2\ d_c$
$a_{3,t}$	(beanspruchtes Hirnholzende)	$-90° \leq \alpha \leq 90°$	$2{,}0\ d_c$
$a_{3,c}$	(unbeanspruchtes Hirnholzende)	$90° \leq \alpha < 150°$	$(0{,}4 + 1{,}6\ \lvert\sin\alpha\rvert)\ d_c$
		$150° \leq \alpha < 210°$	$1{,}2\ d_c$
		$210° \leq \alpha \leq 270°$	$(0{,}4 + 1{,}6\ \lvert\sin\alpha\rvert)\ d_c$
$a_{4,t}$	(beanspruchter Rand)	$0° \leq \alpha \leq 180°$	$(0{,}6 + 0{,}2\ \lvert\sin\alpha\rvert)\ d_c$
$a_{4,c}$	(unbeanspruchter Rand)	$180° \leq \alpha \leq 360°$	$0{,}6\ d_c$

NCI Zu 8.10 „Verbindungen mit Scheibendübeln mit Zähnen“

(NA.11) Es gelten die Anforderungen und Festlegungen nach NCI Zu 8.9, Absatz (NA.14) bis Absatz (NA.16) sowie NA.8.11.

(NA.12) Für eine Reihe von Verbindungseinheiten in Faserrichtung des Holzes darf die wirksame Anzahl n_{ef} nach Gleichung (8.71) berechnet werden.

Nach der DIN 1052:2008-12 sollten mehr als 10 Dübel hintereinander nicht in Rechnung gestellt werden.

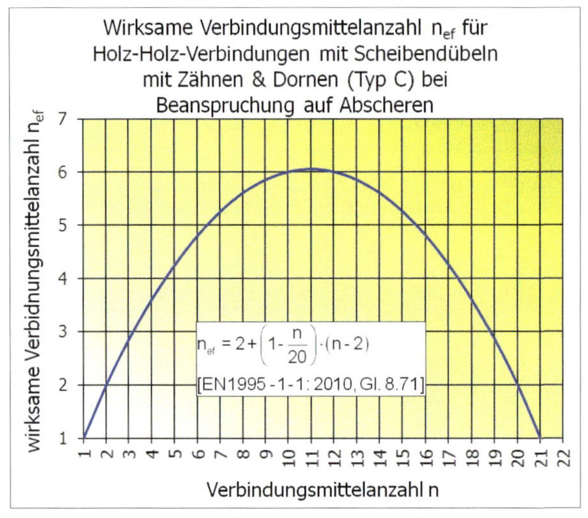

Bild K.200 — n_{ef} für Verbindungen mit Scheibendübeln mit Zähnen & Dornen (Typ C)

NCI NA.8.11 Verbindungen mit Ring- und Scheibendübeln in Hirnholzflächen

(NA.1) Ringdübel des Typs A1 mit Durchmessern $d_c \leq 126$ mm, Scheibendübel mit Zähnen des Typs C1 mit Durchmessern $d_c \leq 140$ mm sowie Scheibendübel mit Dornen des Typs C10 dürfen in rechtwinklig oder schräg ($\varphi \geq 45°$) zur Faserrichtung verlaufenden Hirnholzflächen von Vollholz, Brettschichtholz oder Balkenschichtholz eingebaut und zur Übertragung von Auflagerkräften herangezogen werden (siehe Bild NA.18). Zum Zusammenhalten der Verbindung sind die nach Tabelle NA.18, Zeile 2 und Tabelle NA.19, Zeilen 2, 3 und 4 zu den jeweiligen Dübeln besonderer Bauart gehörenden Bolzendurchmesser zu verwenden. Das Vollholz muss bei Herstellung der Verbindung eine Feuchte unterhalb 20 % besitzen.

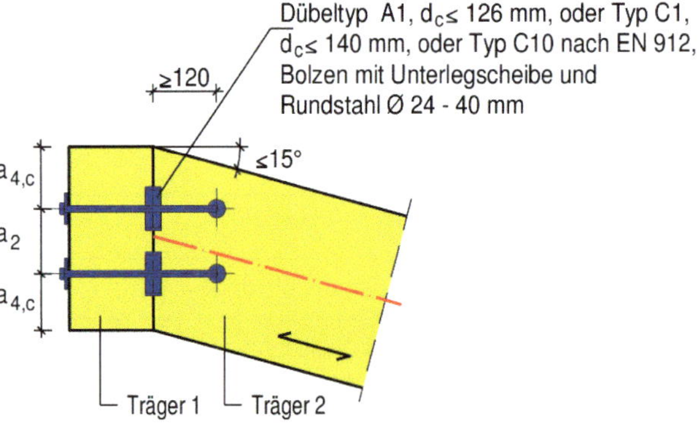

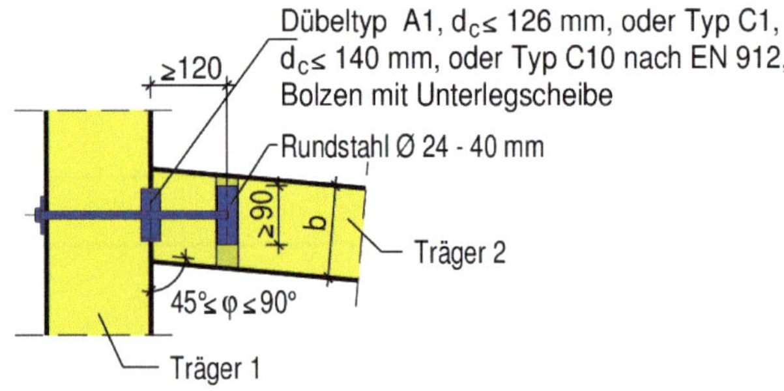

Bild K.201 — Hirnholzverbindungen mit Dübeln besonderer Bauart

Tabelle NA.18 — Anforderungen an die Bolzendurchmesser d_b in Hirnholzanschlüssen mit Ringdübeln

	1	2	3	4
1	**Dübeltyp nach DIN EN 912**	d_c mm	d_b mm min.	d_b mm max.
2	A1	≤ 130	12	24

Tabelle NA.19 — Anforderungen an die Bolzendurchmesser d_b in Hirnholzanschlüssen mit Scheibendübeln mit Zähnen oder Dornen

	1	2	3	4
1	**Dübeltyp nach DIN EN 912**	d_c mm	d_b mm min.	d_b mm max.
2	C1	≤ 75	10	d_1 [a]
3	C1	≥ 95	10	30
4	C10		10	30

[a] d_1 ist der Durchmesser des Mittelloches.

(NA.2) Die Lagesicherung wird durch Bolzen über zugehörige Unterlegscheiben nach 10.4.3 unter dem Bolzenkopf sowie eine Klemmvorrichtung am Bolzenende gewährleistet. Die Klemmvorrichtung besteht entweder aus einem Rundstahl mit Querbohrung und Innengewinde, einem entsprechenden Formstück oder einer Unterlegscheibe mit Mutter.

(NA.3) Die Breiten der anzuschließenden Träger dürfen die in Tabelle NA.20 angegebenen Mindestwerte nicht unterschreiten. Die Dübel besonderer Bauart sind mittig in die Hirnholzflächen der anzuschließenden Träger (Nebenträger) unter Beachtung der in Tabelle NA.20 angegebenen Mindestwerte für die Randabstände und die Abstände untereinander einzubauen.

(NA.4) Beträgt die charakteristische Rohdichte der miteinander verbundenen Bauteile mindestens 350 kg/m³, dann darf für Ringdübel des Typs A1 der charakteristische Wert $F_{v,H,Rk}$ der Tragfähigkeit einer Verbindungseinheit (Dübel und zugehöriger Bolzen) in einem Hirnholzanschluss angenommen werden zu:

$$F_{v,H,Rk} = \frac{k_H}{(1{,}3 + 0{,}001 \cdot d_c)} \cdot F_{v,0,Rk} \qquad \text{(NA.135)}$$

Dabei ist

$F_{v,o,Rk}$ der charakteristischer Wert der Tragfähigkeit einer Verbindungseinheit nach Gleichung (8.61);

k_H der Beiwert zur Berücksichtigung des Einflusses des Hirnholzes des anzuschließenden Trägers;

d_c der Dübeldurchmesser in mm.

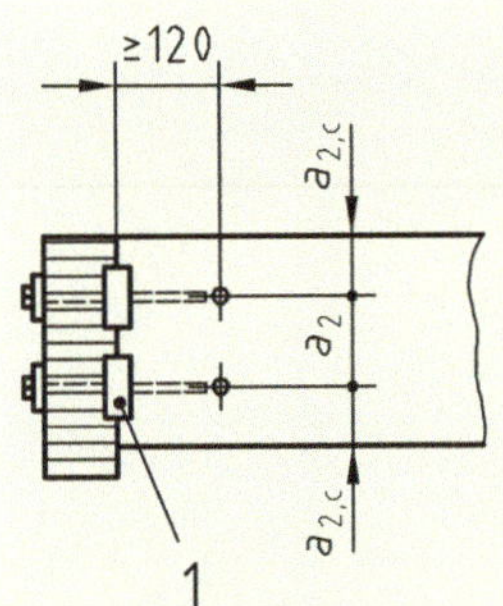

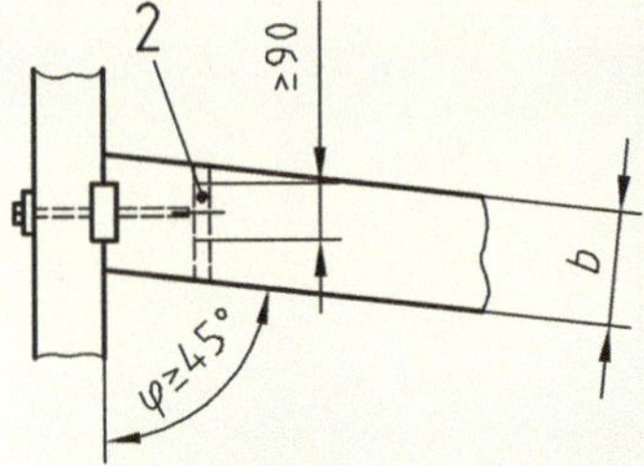

Legende

1 Dübel, Typ nach NCI NA.8.11 (NA.1)

2 Rundstahl Ø 24 bis 40 mm

Bild NA.18 — Ausbildung eines Hirnholzanschlusses mit Dübeln besonderer Bauart

Hirnholzverbindung an der Ecke von Randträgern eines Trägerrostes, Dübel Typ A1 (ohne Endüberstand, da Verdrehen der Träger konstruktiv verhindert)

Anschluss Haupt- und Nebenträger

Bild K.202 — Ausgeführte Hirnholzanschlüsse

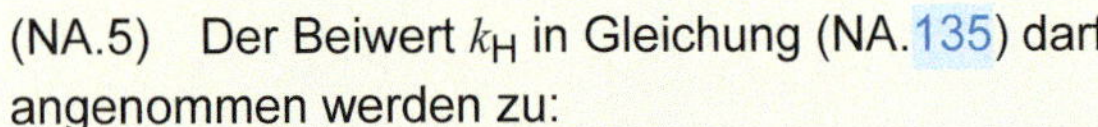

(NA.5) Der Beiwert k_H in Gleichung (NA.135) darf angenommen werden zu:

$k_H = 0{,}65$ bei einem oder zwei Dübeln hintereinander;

$k_H = 0{,}80$ bei drei, vier oder fünf Dübeln hintereinander.

(NA.6) Beträgt die charakteristische Rohdichte der miteinander verbundenen Bauteile mindestens 350 kg/m³, jedoch nicht mehr als 500 kg/m³, dann darf für Scheibendübel mit Zähnen des Typs C1 und Scheibendübel mit Dornen des Typs C10 der charakteristische Wert $F_{v,H,Rk}$ der Tragfähigkeit einer Verbindungseinheit in einem Hirnholzanschluss angenommen werden zu:

$$F_{v,H,Rk} = 14 \cdot d_c^{1,5} + 0{,}8 \cdot F_{b,90,Rk} \qquad \text{(NA.136)}$$

Dabei ist

$F_{b,90,Rk}$ die charakteristische Tragfähigkeit des verwendeten Bolzens oder der Gewindestange nach Gleichung (NA.117) mit der charakteristischen Lochleibungsfestigkeit $f_{h,1,k}$ nach Gleichung (8.31) für $\alpha = 90°$.

(NA.7) Hirnholzanschlüsse mit charakteristischen Rohdichten der zu verbindenden Bauteile unter 350 kg/m³ sind unzulässig.

Der Beiwert k_3 ist bei Hirnholzanschlüssen mit 1,0 anzunehmen.

(NA.8) Die Bemessungswerte der Tragfähigkeiten von Hirnholzanschlüssen mit Ring- und Scheibendübeln betragen:

$$F_{v,H,Rd} = n_c \cdot \frac{k_{mod} \cdot F_{v,H,Rk}}{\gamma_M} \qquad \text{(NA.137)}$$

Dabei ist

$F_{v,H,Rk}$ der charakteristische Wert der Tragfähigkeit einer Verbindungseinheit nach der Gleichung (NA.135) bzw. (NA.136);

n_c die Anzahl der Verbindungseinheiten in einem Anschluss mit $n_c \leq 5$;

γ_M der Teilsicherheitsbeiwert für Verbindungen nach Tabelle NA.2 oder Tabelle NA.3.

Tabelle NA.20 — Anforderungen an die Holzmaße und die Dübelabstände bei Hirnholzanschlüssen mit Dübeln besonderer Bauart

	1	2	3	4	5
1	**Dübeltyp**	**Dübeldurch-messer** d_c mm	**Breite des anzuschließenden Trägers** mm min.	**Rand-abstand** $a_{2,c}$ mm min.	**Abstand der Dübel untereinander** a_2 mm min.
2	A1	65	110	55	80
3		80	130	65	95
4		95	150	75	110
5		126	200	100	145
6	C1	50	100	50	55
7		62	115	55	70
8		75	125	60	90
9		95	140	70	110
10		117	170	85	130
11		140	200	100	155
12	C10	50	100	50	65
13		65	115	60	85
14		80	130	65	100
15		95	150	75	115
16		115	170	85	130

9 Zusammengesetzte Bauteile und Tragwerke

9.1 Zusammengesetzte Bauteile

9.1.1 Geklebte Biegestäbe mit schmalen Stegen

Nach DIN 1052-10, Abschnitt 6.8 bedürfen geklebte Biegestäbe mit schmalen Stegen eines bauaufsichtlichen Verwendbarkeitsnachweises (s. Übersicht in [3]).

(1) Wenn eine geradlinige Dehnungsverteilung über die Querschnittshöhe des Stabes angenommen wird, sollten die Normalspannungen in den Holzgurten die nachfolgenden Bedingungen erfüllen:

$$\sigma_{f,c,max,d} \leq f_{m,d} \tag{9.1}$$

$$\sigma_{f,t,max,d} \leq f_{m,d} \tag{9.2}$$

$$\sigma_{f,c,d} \leq k_c f_{c,0,d} \tag{9.3}$$

$$\sigma_{f,t,d} \leq f_{t,0,d} \tag{9.4}$$

Dabei ist

- $\sigma_{f,c,max,d}$ der Bemessungswert der Randspannung im Druckgurt;
- $\sigma_{f,t,max,d}$ der Bemessungswert der Randspannung im Zuggurt;
- $\sigma_{f,c,d}$ der Bemessungswert der Schwerpunktspannung im Druckgurt;
- $\sigma_{f,t,d}$ der Bemessungswert der Schwerpunktspannung im Zuggurt;
- k_c der Knickbeiwert.

Geklebte Biegestäbe bestehen häufig aus verschiedenartigen Holzwerkstoffen (Gurt aus Voll- oder Furnierschichtholz; Steg aus Hartfaser- oder OSB-Werkstoffen) mit unterschiedlichem Kriechverhalten. Innerhalb des Querschnitts kommt es zu nicht mehr vernachlässigbaren Schnittkraftumlagerungen. In diesem Fall sind die Nachweise im Anfangszustand ($t = 0$) und im Endzustand ($t = \infty$) zu ermitteln. Für die Berechnung im Anfangszustand ist der Elastizitätsmodul nach Gl. (2.15) zugrunde zu legen. Für die Nachweise im Endzustand ($t = \infty$) wird der Einfluss des Kriechens durch Division des E-Moduls durch $(1 + \psi_2 \cdot k_{def})$ nach Gl. (2.10) berücksichtigt.

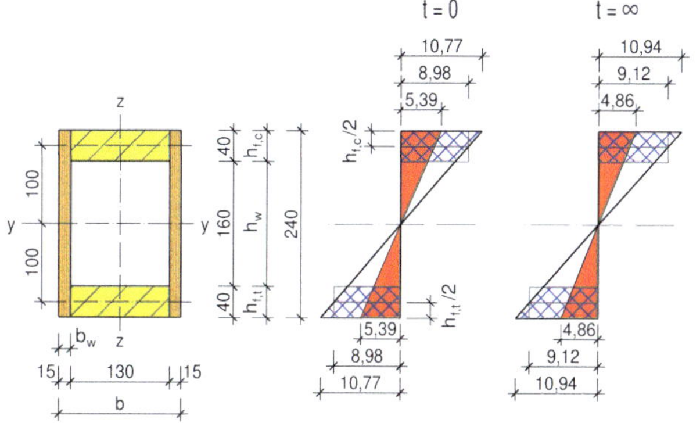

Bild K.203 — Beispiel für das Spannungsbild eines geklebten Deckenträgers, Spannweite $\ell = 4{,}5$ m, Gurte: Vollholz C24, Stege: Sperrholz

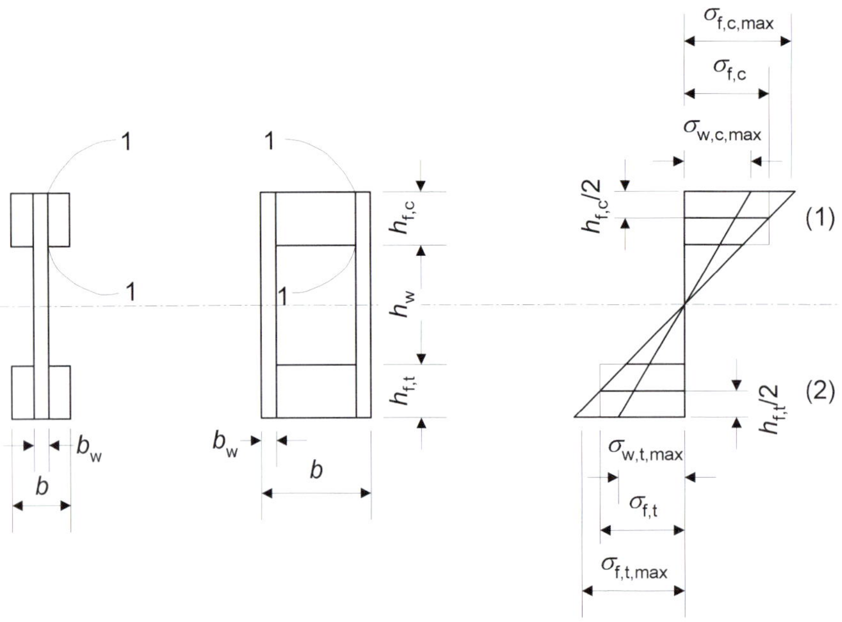

Legende

1 Druck
2 Zug

Bild 9.1 — Dünnstegige Biegestäbe (Stegträger)

(3) Der Knickbeiwert k_c darf (konservativ besonders für Kastenträger) nach 6.3.2 ermittelt werden mit:

$$\lambda_z = \sqrt{12}\left(\frac{\ell_c}{b}\right) \tag{9.5}$$

Dabei ist

ℓ_c der Abstand zwischen den Stellen, an denen ein seitliches Ausweichen des Druckgurtes verhindert wird;

b siehe Bild 9.1.

Wird hinsichtlich des seitlichen Ausknickens ein besonderer Nachweis für den Biegestab als Ganzes geführt, dann darf $k_c = 1{,}0$ angenommen werden.

(4) Die Normalspannungen in den Stegen sollten die folgenden Bedingungen erfüllen:

$$\sigma_{w,c,d} \leq f_{c,w,d} \tag{9.6}$$

$$\sigma_{w,t,d} \leq f_{t,w,d} \tag{9.7}$$

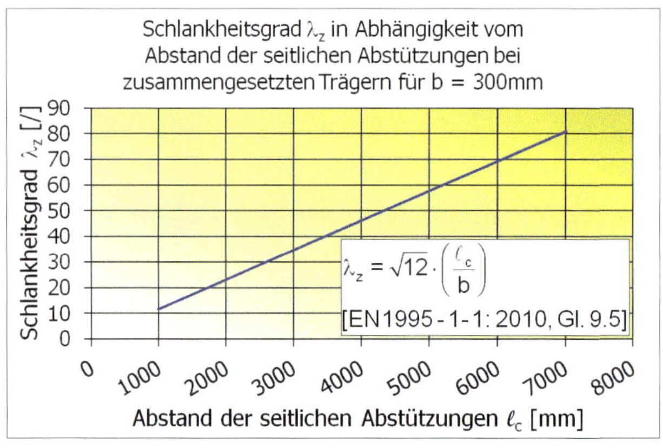

Bild K.204 — Schlankheitsgrad λ_z für den Knicknachweis von zusammengesetzten Bauteilen in Abhängigkeit vom Abstand der seitlichen Abstützung

Dabei sind

$\sigma_{w,c,d}$ und $\sigma_{w,t,d}$ die Bemessungswerte der Druck- und Zugspannungen in den Stegen;

$f_{c,w,d}$ und $f_{t,w,d}$ die Bemessungswerte der Biegedruck- und Biegezugfestigkeiten der Stege.

(5) Wenn andere Werte nicht bekannt sind, sind für die Bemessungswerte der Biegedruck- und Biegezugfestigkeiten der Stege die Bemessungswerte der Zug- oder Druckfestigkeiten anzunehmen.

(6)P Es ist nachzuweisen, dass geklebte Stöße eine ausreichende Festigkeit besitzen.

(7) Falls kein genauerer Beulnachweis geführt wird, ist nachzuweisen, dass:

$$h_w \leq 70\, b_w \tag{9.8}$$

und

$$F_{v,w,Ed} \leq \begin{cases} b_w h_w \left(1 + \dfrac{0,5\left(h_{f,t} + h_{f,c}\right)}{h_w}\right) f_{v,0,d} & \text{für } h_w \leq 35 b_w \\ 35 b_w^2 \left(1 + \dfrac{0,5\left(h_{f,t} + h_{f,c}\right)}{h_w}\right) f_{v,0,d} & \text{für } 35 b_w \leq h_w \leq 70 b_w \end{cases} \tag{9.9}$$

Dabei ist

$F_{v,w,Ed}$ der Bemessungswert der Schubbeanspruchung in jedem Steg;

h_w die lichte Steghöhe;

$h_{f,c}$ die Druckgurthöhe;

$h_{f,t}$ die Zuggurthöhe;

b_w die Stegdicke jedes Steges;

$f_{v,0,d}$ der Bemessungswert der Schubfestigkeit bei Scheibenbeanspruchung.

(8) Für Stege aus Holzwerkstoffen ist in der Regel in den Schnitten 1-1 in Bild 9.1 nachzuweisen, dass:

$$\tau_{mean,d} \leq \begin{cases} f_{v,90,d} & \text{für } h_f \leq 4\, b_{ef} \\ f_{v,90,d} \left(\dfrac{4\, b_{ef}}{h_f}\right)^{0,8} & \text{für } h_f > 4\, b_{ef} \end{cases} \tag{9.10}$$

Dabei ist

$\tau_{mean,d}$ der Bemessungswert der als gleichmäßig über die Breite des Schnittes 1-1 verteilt angenommenen Schubspannung;

$f_{v,90,d}$ der Bemessungswert der Rollschubfestigkeit des Steges;

h_f entweder $h_{f,c}$ oder $h_{f,t}$.

$$b_{ef} = \begin{cases} b_w & \text{für Kastenträger} \\ b_w/2 & \text{für I-Träger} \end{cases} \qquad (9.11)$$

Für den Grenzzustand der Gebrauchstauglichkeit sind die Durchbiegungen mit den Mittelwerten der Steifigkeitsmoduln zu ermitteln. Der Einfluss des Kriechens wird bei unterschiedlichen k_{def}-Werten durch den Mittelwert nach Gl. (2.13) berücksichtigt. Bei geklebten dünnstegigen Trägern ist die Schubverformung zu berücksichtigen.

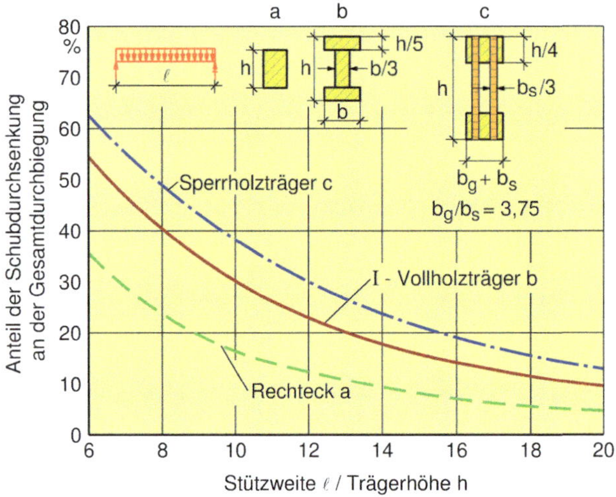

Bild K.205 — Einfluss der Schubverformung auf die Durchbiegung bei verschiedenen Trägerquerschnitten mit *E* und *G* nach DIN 1052:1988/1996 (aus [47])

9.1.2 Geklebte Tafelelemente

Sofern nicht in DIN EN 14732 geregelt, gelten zusätzliche Anforderungen nach DIN 1052-10, Abschnitt 6.7 zur Holzfeuchte, Feuchtedifferenz, Klebefuge sowie zu den Rippen- und Beplankungsbaustoffen. Der Pressdruck für die Verklebung darf auch durch Schraubenpressklebung aufgebracht werden.

(1) Nachfolgend wird eine geradlinige Dehnungsverteilung über die Höhe der Elemente angenommen.

(2)P Beim Festigkeitsnachweis geklebter Tafelelemente ist die ungleichmäßige Spannungsverteilung über die Beplankungsbreite infolge Schubverformungen und Ausbeulens der Beplankung zu berücksichtigen.

(3) Wenn kein genauerer Nachweis geführt wird, sollte das Element als eine Anzahl von I-Trägern oder U-Trägern (siehe Bild 9.2) mit den folgenden wirksamen Beplankungsbreiten b_{ef} betrachtet werden:

— für I-Querschnitte

$$b_{ef} = b_{c,ef} + b_w \qquad \text{(oder } b_{t,ef} + b_w\text{)} \qquad (9.12)$$

— für U-Querschnitte

$$b_{ef} = 0{,}5\ b_{c,ef} + b_w \qquad \text{(oder } 0{,}5\ b_{t,ef} + b_w\text{)} \qquad (9.13)$$

Die Werte für $b_{c,ef}$ und $b_{t,ef}$ sollten nicht größer als der unter Berücksichtigung der Schubverformung ermittelte Größtwert nach Tabelle 9.1 angenommen werden. Außerdem ist in der Regel der Wert für $b_{c,ef}$ nicht größer als der unter Berücksichtigung des Ausbeulens der Beplankung ermittelte Größtwert nach Tabelle 9.1 anzunehmen.

(4) Größtwerte der wirksamen Breiten unter Berücksichtigung der Einflüsse der Schubverformung und des Ausbeulens der Beplankung sollten Tabelle 9.1 entnommen werden; dabei ist ℓ die Feldlänge des Elementes.

Tabelle 9.1 — Größtwerte der wirksamen Beplankungsbreiten unter Berücksichtigung des Einflusses der Schubverformung und des Ausbeulens

Beplankung	Schubverformung	Ausbeulen
Sperrholz mit der Faserrichtung der Deckfurniere:		
— parallel zu den Stegen	$0{,}1\ \ell$	$20\ h_f$
— rechtwinklig zu den Stegen	$0{,}1\ \ell$	$25\ h_f$
OSB-Platten	$0{,}15\ \ell$	$25\ h_f$
Holzspanplatten oder Holzfaserplatten mit beliebiger Faserorientierung	$0{,}2\ \ell$	$30\ h_f$

NCI Zu 9.1.2 „Geklebte Tafelelemente“

Anmerkung zu Tabelle 9.1:

ANMERKUNG 1 Furnierschichtholz mit Querlagen darf wie Sperrholz behandelt werden.

ANMERKUNG 2 Brettsperrholz darf wie OSB-Platten behandelt werden.

(5) Wenn kein genauerer Beulnachweis geführt wird, sollte die tatsächliche Beplankungsbreite nicht größer als die doppelte wirksame Beplankungsbreite infolge des Ausbeulens nach Tabelle 9.1 sein.

(6) Für die Rippen von Tafelelementen ist in der Regel für die Schnitte 1-1 eines I-förmigen Querschnitts in Bild 9.2 nachzuweisen, dass:

$$\tau_{\text{mean,d}} \leq \begin{cases} f_{\text{v,90,d}} & \text{für } b_{\text{w}} \leq 8\,h_{\text{f}} \\ f_{\text{v,90,d}}\left(\dfrac{8\,h_{\text{f}}}{b_{\text{w}}}\right)^{0,8} & \text{für } b_{\text{w}} > 8\,h_{\text{f}} \end{cases} \tag{9.14}$$

Dabei ist

$\tau_{\text{mean,d}}$ der Bemessungswert der Schubspannung im Schnitt 1-1 bei gleichmäßig verteilt angenommener Spannungsverteilung;

$f_{\text{v,90,d}}$ der Bemessungswert der Rollschubfestigkeit der Beplankung.

Im Schnitt 1-1 eines U-förmigen Querschnitts sollte der gleiche Nachweis erfüllt sein, wobei jedoch 8 h_{f} durch $4h_{\text{f}}$ zu ersetzen ist.

(7) Die Normalspannungen in den Beplankungen sollten unter Berücksichtigung der jeweiligen wirksamen Beplankungsbreite die folgenden Bedingungen erfüllen:

$$\sigma_{\text{f,c,d}} \leq f_{\text{f,c,d}} \tag{9.15}$$

$$\sigma_{\text{f,t,d}} \leq f_{\text{f,t,d}} \tag{9.16}$$

Dabei ist

$\sigma_{\text{f,c,d}}$ der Bemessungswert der mittleren Druckspannung in der Beplankung;

$\sigma_{\text{f,t,d}}$ der Bemessungswert der mittleren Zugspannung in der Beplankung;

$f_{\text{f,c,d}}$ der Bemessungswert der Druckfestigkeit der Beplankung;

$f_{\text{f,t,d}}$ der Bemessungswert der Zugfestigkeit der Beplankung.

(8)P Es ist nachzuweisen, dass geklebte Stöße eine ausreichende Festigkeit besitzen.

(9) Die Normalspannungen in den Holzrippen sollten die Bedingungen (9.6) bis (9.7) nach 9.1.1 erfüllen.

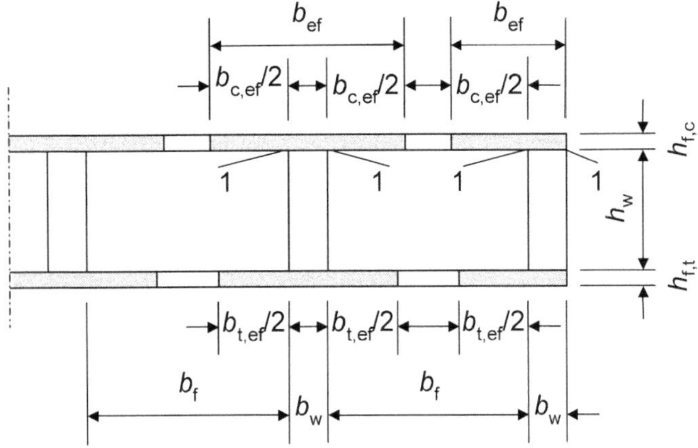

Bild 9.2 — Tafelelement

9.1.3 Nachgiebig verbundene Biegestäbe

(1)P Wenn der Querschnitt eines tragenden Bauteiles aus mehreren Teilen mit Hilfe von mechanischen Verbindungsmitteln zusammengesetzt ist, ist der Einfluss der Nachgiebigkeit in den Verbindungen zu berücksichtigen.

(2) Für Berechnungen ist in der Regel eine geradlinige Beziehung zwischen Kräften und Verformungen anzunehmen.

(3) Wenn der Verbindungsmittelabstand in Längsrichtung gemäß dem Schubkraftverlauf zwischen s_{min} und s_{max} ($\leq 4\ s_{min}$) abgestuft wird, darf ein effektiver Verbindungsmittelabstand s_{ef} wie folgt angesetzt werden:

$$s_{ef} = 0{,}75\ s_{min} + 0{,}25\ s_{max} \qquad (9.17)$$

ANMERKUNG Ein Verfahren zur Berechnung der Tragfähigkeit nachgiebig zusammengesetzter Biegestäbe enthält der Anhang B (informativ).

NCI Zu 9.1.3 „Nachgiebig verbundene Biegestäbe"

(NA.4) Für Teilquerschnitte aus Beton darf der Elastizitätsmodul E_{cm} nach DIN EN 1992-1-1 und DIN EN 1991-1-1/NA angesetzt werden. Beim Nachweis für den Endzustand darf vereinfachend das Kriechen des Betonteilquerschnitts durch Division des Elastizitätsmoduls durch 3,5 berücksichtigt werden.

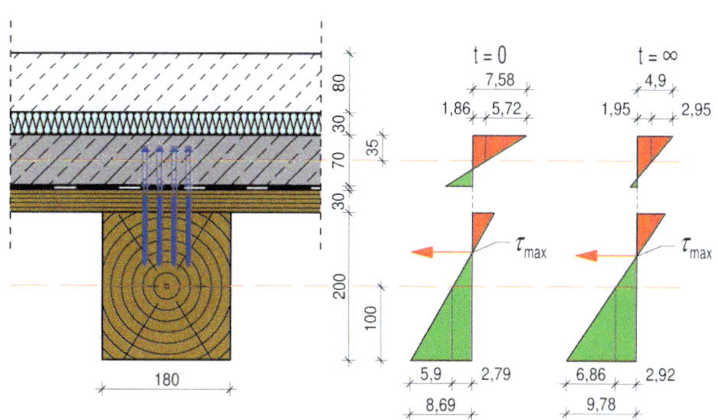

Bild K.206 — Beispiel für den Querschnitt einer HBV-Decke, Ertüchtigung einer Altbaudecke mit Verbesserung des Schallschutzes und Einhaltung der Grenzwerte für Gebrauchstauglichkeit Schwingungen, $\ell = 5{,}0$ m, $E_d = 7{,}8$ kN/m

(NA.5) Bestehen die Teilquerschnitte eines Verbundbauteils aus unterschiedlichen Baustoffen, ist bei der Ermittlung der Schnittgrößen der Teilquerschnitte das unterschiedliche Verformungsverhalten dieser Baustoffe während der Nutzungsdauer zu berücksichtigen. Die Schnittgrößen sind erforderlichenfalls für den Anfangs- und den Endzustand zu berechnen.

9.1.4 Druckstäbe mit nachgiebigen und geklebten Verbindungen

(1)P Beim Festigkeitsnachweis sind Verformungen infolge von Nachgiebigkeiten der Verbindungen durch Schub und Biegung in Zwischenhölzern, Bindehölzern, Einzelstäben und Gurten sowie infolge von Normalspannungen in Gitterstäben zu berücksichtigen.

ANMERKUNG Ein Verfahren zur Berechnung der Tragfähigkeit von I- und kastenförmigen Druckstäben, gespreizten Druckstäben und vergitterten Druckstäben enthält der Anhang C (informativ).

9.2 Zusammengesetzte Tragwerke

9.2.1 Fachwerke

(1) Für Fachwerke, die vorwiegend in den Knotenpunkten belastet werden, ist in der Regel die Summe der Verhältnisse der kombinierten Biege- und Normaldruckspannungen nach den Gleichungen (6.19) und (6.20) auf 0,9 zu begrenzen.

(2) Für Druckstäbe sollte beim Knicknachweis in Fachwerkebene im Allgemeinen die wirksame Knicklänge als der Abstand zwischen zwei benachbarten Wendepunkten der Knickbiegelinie zugrunde gelegt werden.

(3) Bei ausschließlich aus Dreiecken aufgebauten Fachwerkbindern sollte die wirksame Knicklänge von Druckstäben als Länge der Systemlinie angenommen werden (siehe Bild 5.1), wenn es sich um

- Einfeldstäbe ohne Endeinspannung,
- über zwei oder mehr Felder durchlaufende Stäbe ohne Querlasten

handelt.

(4) Wenn bei einem vollständig aus Dreiecken aufgebauten Fachwerkbinder in Nagelplattenbauweise nach 5.4.3 ein vereinfachtes Nachweisverfahren gewählt wird, dürfen die folgenden wirksamen Knicklängen angenommen werden (siehe Bild 9.3):

- bei durchlaufenden Stäben mit nur unwesentlichen Endmomenten und Biegespannungen aus Querlasten, die mindestens 40 % der Druckspannungen ausmachen:
  - in einem Endfeld: das 0,8-Fache der Länge der Systemlinie;
  - in einem Innenfeld: das 0,6-Fache der Länge der Systemlinie;
  - im Knoten: das 0,6-Fache der größeren Länge der Längen der anschließenden Systemlinien;

- bei durchlaufenden Stäben mit wesentlichen Endmomenten und Biegespannungen aus Querlasten, die mindestens 40 % der Druckspannungen ausmachen:
  - im Endfeld mit Endmoment: 0,0 (d. h. kein Ausknicken);
  - im vorletzten Feld: das 1,0-Fache der Länge der Systemlinie;
  - übrige Felder und Knoten: wie oben für Stäbe mit nur unwesentlichen Endmomenten beschrieben;
  - in allen anderen Fällen: das 1,0-Fache der Länge der Systemlinie.

Bei der Bemessung von Bauteilen mit Druckbeanspruchung und Verbindungen sollten die berechneten Druckkräfte um 10 % erhöht werden.

(5) Wenn für Fachwerke, die nur in den Knotenpunkten belastet werden, ein vereinfachtes Bemessungsverfahren angewendet wird, sind in der Regel die Ausnutzungsgrade der Zug- und Druckfestigkeiten und der Tragfähigkeiten der Verbindungen auf 70 % zu begrenzen.

(6)P Das Ausknicken der Fachwerkstäbe aus der Binderebene ist zu überprüfen.

(7)P Die Verbindungen müssen in der Lage sein, Kräfte zu übertragen, die während Transport und Montage auftreten.

(8) Alle Verbindungen sollten in der Lage sein, eine Kraft $F_{\mathrm{r,d}}$ zu übertragen, die in jeder Richtung in der Binderebene einwirken kann. $F_{\mathrm{r,d}}$ ist in der Regel anzunehmen als Last mit kurzer Einwirkungsdauer in der Nutzungsklasse 2 mit dem Wert:

$$F_{\mathrm{r,d}} = 1{,}0 + 0{,}1\,L \qquad (9.18)$$

Dabei ist

$F_{\mathrm{r,d}}$ in kN;

L Gesamtlänge des Fachwerkbinders in m.

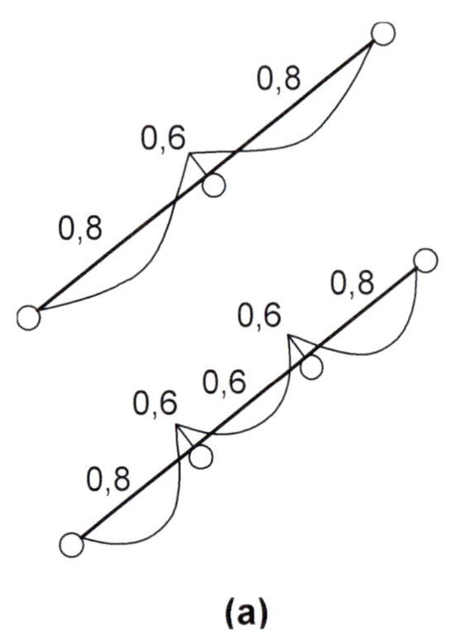

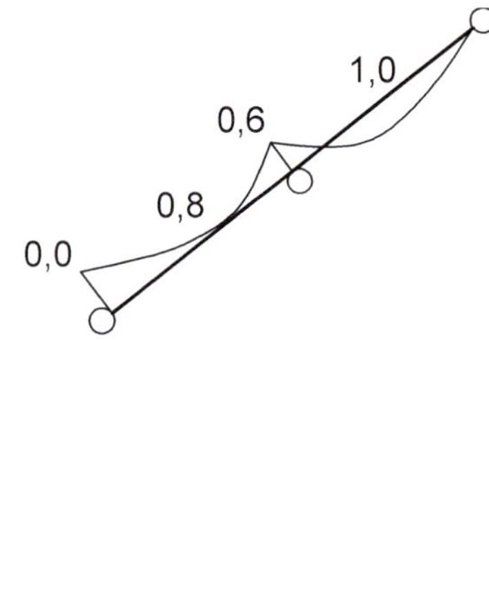

(a) **(b)**

Legende

(a) unwesentliche Endmomente
(b) wesentliche Endmomente

Bild 9.3 — Momentenlinien und wirksame Knicklängen

NCI Zu 9.2.1 „Fachwerke"

(NA.9) Die in Bild 9.3 angegebenen Knicklängen dürfen nach [NA.5] und [NA.6] nur angewandt werden, wenn folgende zwei Bedingungen erfüllt sind:

— Ausführung von Druckstößen mindestens mit der Biegesteifigkeit des Stabes oder Nachweis des Biegemoments nach Theorie II. Ordnung.

— Vorhandene Stabendmomente dürfen nicht zu einer Vergrößerung der Knicklängen führen.

Die in Tabelle NA.24 angegebenen Knicklängen dürfen nach [NA.5] und [NA.6] nur angewandt werden, wenn folgende Bedingung erfüllt ist:

— ausreichende Einspannung der betrachteten Stäbe über Nagelplatten in anschließende Füllstäbe.

9.2.2 Fachwerke mit Nagelplattenverbindungen

(1)P Fachwerke mit Nagelplattenverbindungen müssen die Anforderungen entsprechend DIN EN 14250 erfüllen.

DIN EN 14250 regelt die Werkstoff-, Produkt- und Dokumentationsanforderungen an vorgefertigte Fachwerkträger mit Nagelplattenverbindungen mit Längen bis 35 m. Nach [34] gilt zusätzlich DIN 20000-4.

(2) Es gelten die Anforderungen von 5.4.1 und 9.2.1.

(3) Bei vollständig aus Dreiecken aufgebauten Fachwerkbindern, bei denen eine kleine Einzellast (z. B. eine Mannlast) eine Komponente rechtwinklig zum Stab von weniger als 1,5 kN hat und $\sigma_{c,d} < 0,4 f_{c,d}$ und $\sigma_{t,d} < 0,4 f_{t,d}$, dürfen die Anforderungen nach 6.2.3 und 6.2.4 ersetzt werden durch:

$$\sigma_{m,d} \leq 0{,}75\, f_{m,d} \qquad (9.19)$$

(4) Die kleinste Einbindetiefe der Nagelplatte in jedem Holzstab sollte mindesten 40 mm oder ein Drittel der Stabhöhe betragen; der größere Wert ist maßgebend.

(5) Nagelplatten in Gurtstößen sollten mindestens 2/3 der erforderlichen Stabhöhe überdecken.

9.2.3 Dach- und Deckenscheiben

Zu Dachscheiben aus Stahltrapezelementen im Holzbau s. [52].

9.2.3.1 Allgemeines

(1) Dieser Abschnitt gilt für einfach unterstützte Scheiben, wie z. B. Decken oder Dächer, die aus Platten aus Holzwerkstoffen bestehen, die über mechanische Verbindungsmittel mit einem Holzrippenwerk verbunden sind.

(2) Die Tragfähigkeit von Verbindungsmitteln an den Plattenrändern darf mit dem Faktor 1,2 gegenüber den Werten nach Abschnitt 8 erhöht angenommen werden.

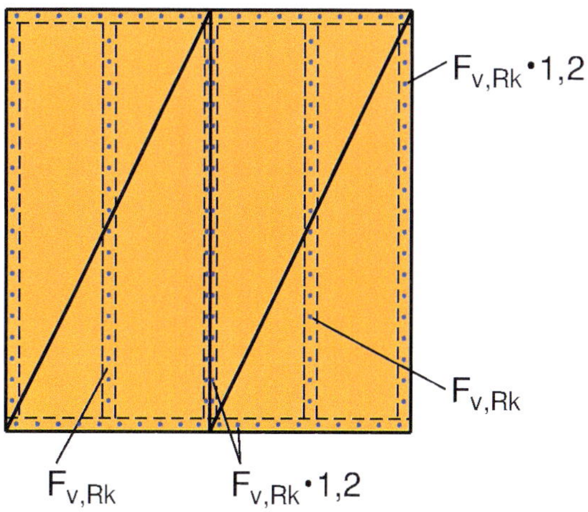

Bild K.207 — Tragfähigkeit von Verbindungsmitteln nach DIN EN 1995-1-1:2010, Abschnitt 9.2.3.1 (2)

9.2.3.2 Vereinfachter Nachweis von Dach- und Deckenscheiben

(1) Scheiben, die durch eine Gleichstreckenlast belastet sind (siehe Bild 9.4), sollten unter den folgenden Voraussetzungen nach dem in diesem Abschnitt angegebenen vereinfachten Verfahren berechnet werden:

— die Spannweite ℓ liegt zwischen 2 b und 6 b, mit b als Scheibenhöhe;

— für die Bemessung im Grenzzustand der Tragfähigkeit ist das Versagen der Verbindungsmittel (nicht der Beplankungen) maßgebend;

— die Beplankungen werden in Übereinstimmung mit den Detailregelungen in 10.8.1 befestigt.

(2) Falls kein genauerer Nachweis geführt wird, sollten die Randrippen für die Aufnahme des größten Biegemomentes in der Scheibe bemessen werden.

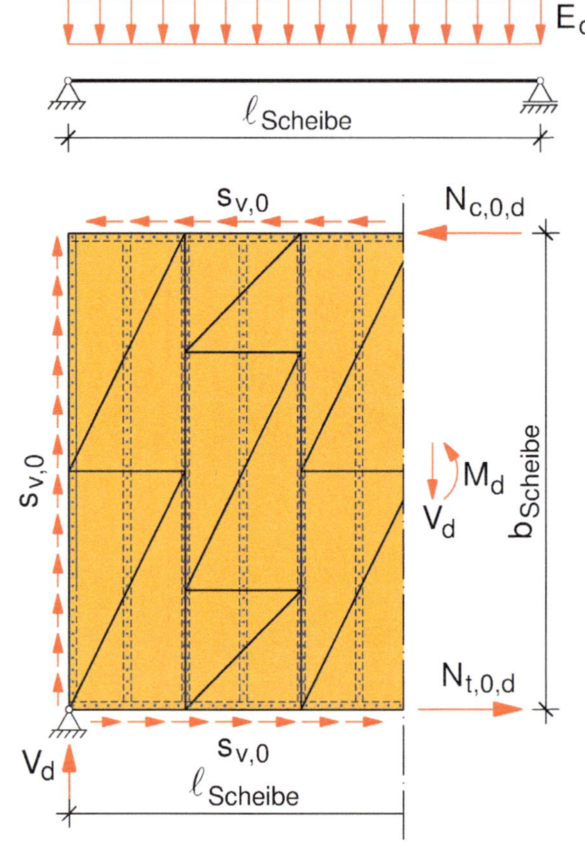

Bild K.208 — Statisches System

Bemessungswert der Gurtkräfte:

$$N_{\mathrm{c,d,Gurt}} = -\frac{\max M_{\mathrm{d}}}{b_{\mathrm{Scheibe}}}$$

$$N_{\mathrm{t,d,Gurt}} = +\frac{\max M_{\mathrm{d}}}{b_{\mathrm{Scheibe}}}$$

(3) Die Schubkräfte in der Scheibe sollten als gleichmäßig über die Scheibenhöhe verteilt angenommen werden.

Bemessungswert des Schubflusses der Beplankung in N/mm

$$s_{\mathrm{v,0,d}} = \frac{\max V_{\mathrm{d}}}{b_{\mathrm{Scheibe}}} \quad \text{mit} \quad \max V_{\mathrm{d}} = \frac{E_{\mathrm{d}} \cdot \ell_{\mathrm{Scheibe}}}{2}$$

(4) Wenn die Holzwerkstoffplatten versetzt angeordnet sind (siehe Bild 9.4), darf der Nagelabstand entlang den nicht durchlaufenden Plattenstößen mit dem Faktor 1,5 (bis zu einem Größtwert von 150 mm) ohne Reduzierung der Tragfähigkeit erhöht werden.

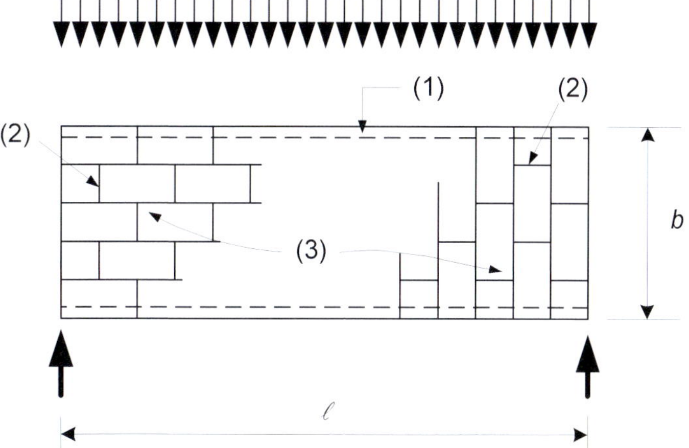

Legende

(1) Randbalken
(2) nicht durchgehende Stöße
(3) Plattenanordnungen

Bild 9.4 — Scheibenbeanspruchung und versetzte Plattenanordnungen

NCI Zu 9.2.3.2 „Vereinfachter Nachweis von Dach- und Deckenscheiben“

(NA.5) Auch Scheiben mit einer Spannweite ℓ kleiner 2 b dürfen nach dem in diesem Abschnitt angegebenen vereinfachten Verfahren berechnet werden, wenn in Lastrichtung über die Scheibenhöhe durchgehende Rippen die Lasten gleichmäßig in die Scheibe einleiten oder die Scheibenhöhe rechnerisch nur zur halben Spannweite der Tafel angenommen wird.

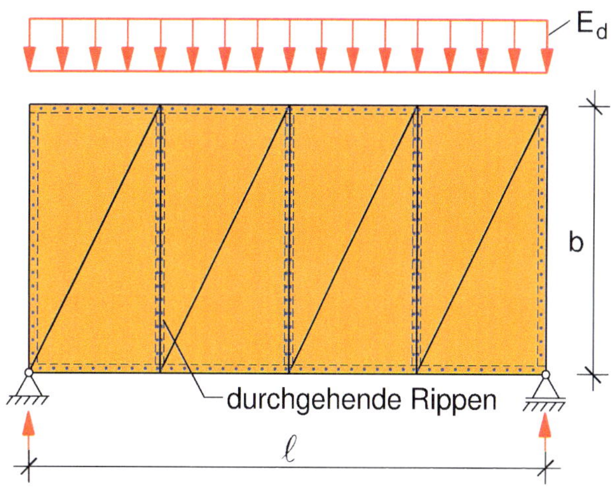

Bild K.209 — Scheiben mit $\ell < 2\,b$ mit in Lastrichtung durchgehenden Rippen

(NA.6) Für Dach- und Deckenscheiben ist ein Nachweis der Tragfähigkeit der Platten zu führen. Wenn kein genauerer Nachweis geführt wird, darf der Nachweis vereinfacht als Schubspannungsnachweis in der Beplankung geführt werden.

Der Schubfluss darf über die Scheibenhöhe als konstant angenommen werden.

Nachweis Tragfähigkeit der Platten

$$\frac{s_{\mathrm{v,0,d}}}{f_{\mathrm{v,0,d}}} \leq 1{,}0$$

Die aus dem Abstand von Rippenachsen und Beplankungsmittelflächen und aus diskontinuierlichen und rechtwinklig zu den Rippenachsen gerichteten Kräften resultierenden zusätzlichen Beanspruchungen der Beplankung dürfen durch eine Verringerung der Schubtragfähigkeit der Platten mit dem Faktor 0,5 bei beidseitiger und 0,33 bei einseitiger Beplankung berücksichtigt werden.

Das Beulen der Beplankung ist bei Plattendicken t kleiner 1/35 des Rippenabstands b_r durch eine Verminderung der Tragfähigkeit mit dem Faktor 35 t / b_r zu berücksichtigen.

Bei freien Plattenrändern gilt zusätzlich (NA.9).

(NA.7) Die Stützkräfte und Beanspruchungen von über mehrere Felder durchlaufenden Tafeln dürfen näherungsweise ohne Berücksichtigung einer Durchlaufwirkung bestimmt werden.

(NA.8) Die Lasteinleitung in die Scheibe ist nachzuweisen. Der Nachweis der Einleitung konstanter Linienlasten kann entfallen, wenn eines der folgenden Kriterien zutrifft:

— bei Einleitung von Druckkräften über Rippen in Lastrichtung;

Die Beanspruchbarkeit der Beplankung als längenbezogene Schubfestigkeit kann nach DIN EN 1995-1-1/NA:2013, NCI Zu 9.2.3.2 (NA.6) analog DIN 1052:2008, Gl. (123) ermittelt werden.

[DIN 1052:2008, Gl. (123)]

$$f_{\mathrm{v,0,d}} = \min \begin{cases} k_{\mathrm{v,1}} \cdot \dfrac{F_{\mathrm{f,Rd}}}{s} \\ k_{\mathrm{v,1}} \cdot k_{\mathrm{v,2}} \cdot f_{\mathrm{v,d}} \cdot t \\ k_{\mathrm{v,1}} \cdot k_{\mathrm{v,2}} \cdot f_{\mathrm{v,d}} \cdot 35 \cdot \dfrac{t^2}{b_{\mathrm{r}}} \end{cases}$$

Es gelten die Bezeichnungen:

$s_{\mathrm{v,0,d}}$ Bemessungswert des Schubflusses der Beplankung in N/mm;

$f_{\mathrm{v,0,d}}$ Bemessungswert der längenbezogenen Schubfestigkeit der Beplankung unter Berücksichtigung der Tragfähigkeit der Verbindung und der Platten sowie des Beulens in N/mm²;

$s_{\mathrm{v,90,d}}$ Bemessungswert der längenbezogenen Beanspruchung der Beplankung in N/mm;

$F_{\mathrm{f,Rd}}$ Bemessungswert der Tragfähigkeit eines Verbindungsmittels auf Abscheren in N;

s Abstand der Verbindungsmittel untereinander in mm;

$k_{\mathrm{v,1}}$ Beiwert zur Berücksichtigung der Anordnung und Verbindungsart der Platten;

$k_{\mathrm{v,2}}$ Beiwert zur Berücksichtigung der Zusatzbeanspruchung nach Abschnitt NCI zu 9.2.3.2 (NA.6);

t Dicke der Platten in mm;

b_{r} Abstand der Rippen in mm.

$k_{\mathrm{v,1}} = 1{,}0$, wenn DIN EN 1995-1-1/NA, NCI Zu 9.2.3.2 (NA.12) gilt

$k_{\mathrm{v,1}} = 1{,}2$, wenn DIN EN 1995-1-1, Abschnitt 9.2.3.1 (2) gilt

$k_{\mathrm{v,2}} = 0{,}5$ (beidseitige Beplankung)

$k_{\mathrm{v,2}} = 0{,}33$ (einseitige Beplankung)

— wenn die Scheibenhöhe b kleiner $\ell/4$ ist oder wenn bei größerer Scheibenhöhe der Nachweis mit einer rechnerischen Scheibenhöhe von $b = \ell/4$ geführt wird;

— bei auf den oberen und unteren Rand gleich verteilter Last, wenn die Scheibenhöhe b kleiner $\ell/2$ ist oder wenn bei größerer Scheibenhöhe der Nachweis mit einer rechnerischen Scheibenhöhe von $b = \ell/2$ geführt wird;

— bei verteilt über die Scheibenhöhe angreifenden Lasten.

(NA.9) Abweichend von den Detailregelungen in 10.8.1 sind freie Plattenränder quer zu den Rippen zulässig, wenn folgende Bedingungen eingehalten werden:

— die Platten sind um mindestens einen Rippenabstand a_r versetzt angeordnet;

— der Rippenabstand a_r beträgt höchstens das 0,75-Fache der Seitenlänge der Platten in Rippenrichtung;

— die Platten sind auch an die Rippen, auf denen die Platten nicht gestoßen sind, mit Nägeln im Abstand a_1 angeschlossen;

— die Stützweite ℓ der Tafel beträgt weniger als 12,5 m oder es sind höchstens drei Plattenreihen vorhanden;

— die Tafelhöhe b in Lastrichtung beträgt mindestens $\ell/4$;

— der Bemessungswert der Einwirkungen ist nicht größer als 5,0 kN/m;

— die Schubtragfähigkeit der Tafel wird mit dem Faktor 2/3 vermindert.

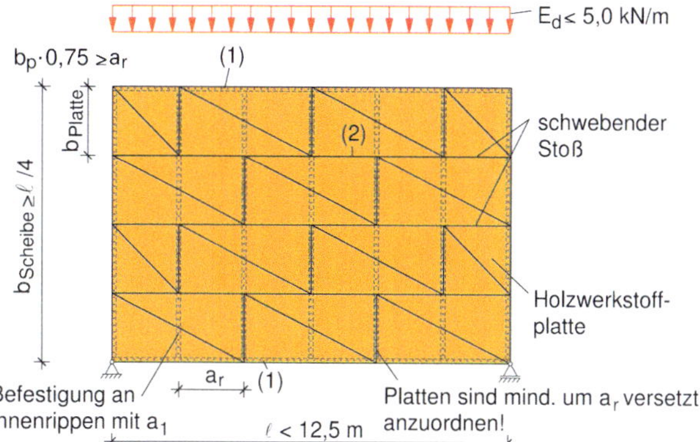

Legende

(1) Randbalken,

(2) nicht durchgehender Stoß

Bild K.210 — Anforderungen an Dach- und Deckenscheiben mit freien Plattenrändern quer zu den Rippen gemäß DIN EN 1995-1-1/NA:2013, Abschnitt NCI Zu 9.2.3.2 (NA.9), Voraussetzung Stützweite ℓ der Tafel beträgt weniger als 12,5 m

$$f_{v,0,d} = \frac{2}{3} \cdot f_{v,0,d}$$

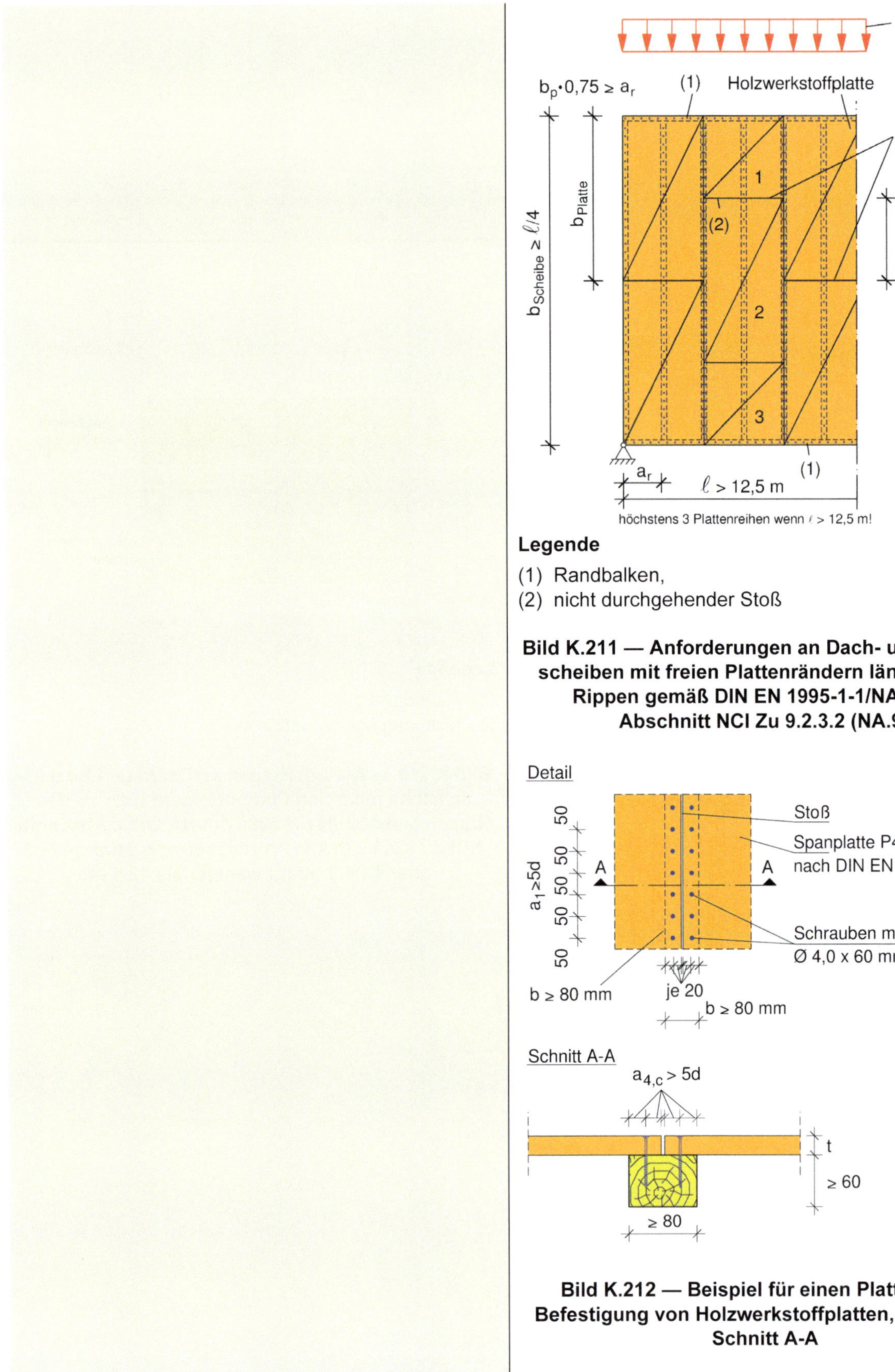

Legende

(1) Randbalken,

(2) nicht durchgehender Stoß

Bild K.211 — Anforderungen an Dach- und Deckenscheiben mit freien Plattenrändern längs zu den Rippen gemäß DIN EN 1995-1-1/NA:2013, Abschnitt NCI Zu 9.2.3.2 (NA.9)

Bild K.212 — Beispiel für einen Plattenstoß, Befestigung von Holzwerkstoffplatten, Detail und Schnitt A-A

(NA.10) Als Randabstände der Verbindungsmittel für Platten und Rippen darf bei Tafeln mit allseitig schubsteif verbundenen Plattenrändern das Maß $a_{4,c}$ gewählt werden. In Randbereichen, in denen die Rippen rechtwinklig zu ihrer Stabachse beansprucht werden, können andere Randabstände erforderlich sein. Bei allen Tafeln mit freien Plattenrändern nach Absatz (NA.9) muss als Randabstand der Verbindungsmittel das Maß $a_{4,t}$ für $\alpha = 90°$ gewählt werden.

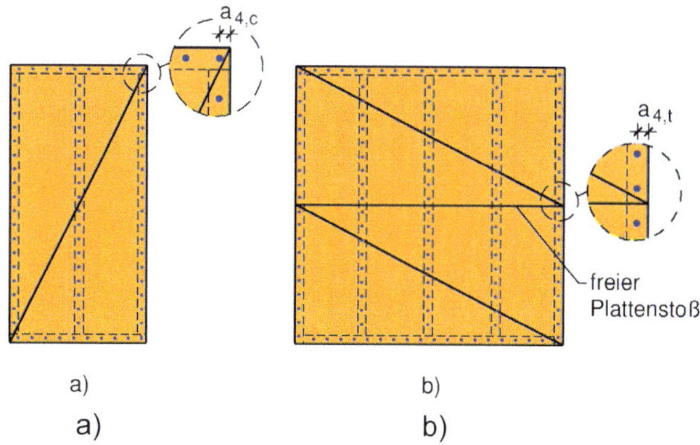

Legende

a) mit allseitig schubsteif verbundenen Plattenrändern

b) mit freien Plattenrändern nach Absatz (NA.9)

Bild K.213 — Randabstände der Verbindungsmittel für Platten und Rippen bei Dach- und Deckenscheiben

(NA.11) Die Randrippen von Scheiben dürfen nicht gestoßen sein, oder die Stöße sind verformungsarm auszuführen. Stöße sind verformungsarm in diesem Sinne, wenn der Bemessungswert der Tragfähigkeit des Stoßes größer als der 1,5-fache Bemessungswert der Beanspruchung ist.

(NA.12) Für Dach- und Deckentafeln ist ein Nachweis der Tafeldurchbiegung nicht erforderlich, wenn

— die Tafelhöhe mindestens $\ell/4$ beträgt;

— die Seitenlänge der Platten mindestens 1,0 m beträgt;

— der Verbindungsmittelabstand a_1 an allen nicht freien Plattenrändern der Tafel eingehalten wird;

— die Erhöhung der charakteristischen Werte der Tragfähigkeit der Verbindungsmittel nach 9.2.3.1 (2) nicht in Anspruch genommen wird.

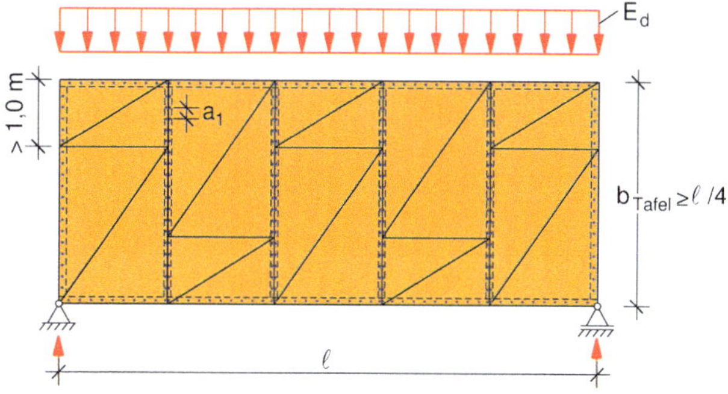

Bild K.214 — Geometrische Voraussetzungen für Dach- und Deckentafeln, bei denen ein Nachweis der Durchbiegung nicht erforderlich ist (Erhöhung 1,2 · $F_{f,Rk}$ nach Abschnitt NCI Zu 9.2.3.1 (2) darf nicht genutzt werden)

(NA.13) Aussparungen in mittragenden Beplankungen dürfen beim Nachweis der Spannungen vernachlässigt werden, wenn auf einer Fläche von 2,5 m^2 einer Tafel die Gesamtfläche aller Aussparungen höchstens 300 cm^2 beträgt. Dabei darf die größte Ausdehnung der einzelnen Öffnung 200 mm nicht überschreiten; dieser Höchstwert gilt auch für die Summe aller Aussparungsbreiten innerhalb des Quer-schnitts einer Tafel. Bei nicht vernachlässigbaren Aussparungen oder anderen Unterbrechungen der Beplankung rechtwinklig zur Spannrichtung der Tafel (z. B. Beplankungsstöße) dürfen höchstens die durch die Unterbrechung begrenzten Teilfeldlängen eingesetzt werden.

$\sum A \leq 300$ cm^2 pro Bezugsfläche von 2,5 m^2

$\sum b \leq 200$ mm pro Bezugsfläche von 2,5 m^2

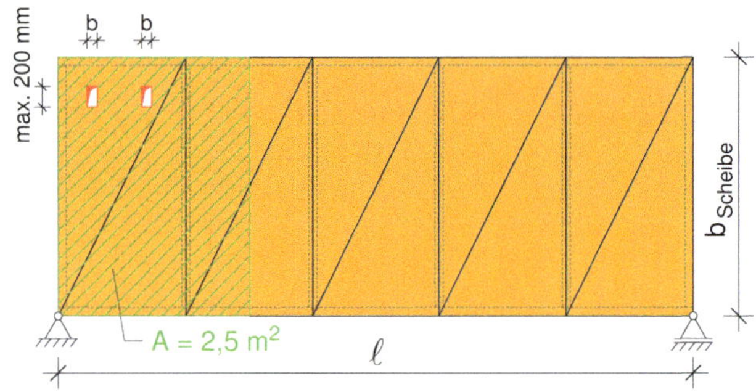

Bild K.215 — Maximale Größen von Aussparungen in mittragenden Beplankungen, die beim Nachweis der Spannungen vernachlässigt werden dürfen

Zur Berücksichtigung größerer Öffnungen s. [51].

9.2.4 Wandscheiben

9.2.4.1 Allgemeines

(1)P Wandscheiben sind sowohl für horizontale als auch für vertikale Lasteinwirkungen zu bemessen.

(2)P Die Wand muss angemessen gehalten werden, um ein Kippen oder Gleiten zu verhindern.

(3)P Wandscheiben, für die eine bestimmte Wandscheibentragfähigkeit vorgesehen ist, müssen in ihrer Ebene durch Plattenwerkstoffe, Diagonalaussteifungen oder biegesteife Verbindungen ausgesteift werden.

(4)P Die Wandscheibentragfähigkeit ist entweder durch Versuche nach DIN EN 594 oder durch Berechnungen unter Verwendung geeigneter analytischer Methoden oder Berechnungsmodelle zu bestimmen.

(5)P Die Bemessung von Wandscheiben muss sowohl den Aufbau der Baustoffe als auch den geometrischen Wandaufbau der betrachteten Wand berücksichtigen.

(6)P Die Reaktion von Wandscheiben zufolge Einwirkungen ist so zu begrenzen, dass die Konstruktion eine angemessene Gebrauchstauglichkeit behält.

(7) Für Wandscheiben werden zwei alternative vereinfachte Nachweisverfahren in 9.2.4.2 und 9.2.4.3 angegeben.

ANMERKUNG Verfahren A in 9.2.4.2 wird empfohlen. Informationen zu nationalen Anforderungen können im Nationalen Anhang enthalten sein.

NDP Zu 9.2.4.1(7) Nachweisverfahren für Wandscheiben

(NA.1) Es ist die Anwendungsregel 9.2.4.2 – Vereinfachter Nachweis von Wandscheiben – Verfahren A anzuwenden.

9.2.4.2 Vereinfachter Nachweis von Wandscheiben – Verfahren A

(1) Das vereinfachte Verfahren in diesem Unterabschnitt ist in der Regel nur anwendbar für Wandscheiben mit einer Endverankerung, d. h., ein vertikales Bauteil am Scheibenende ist unmittelbar mit der Unterkonstruktion verbunden.

(2) Der Bemessungswert der Tragfähigkeit $F_{\mathrm{v,Rd}}$ (der Bemessungswert der Scheibenbeanspruchbarkeit) unter einer Kraft $F_{\mathrm{v,Ed}}$, die am Kopf einer auskragenden, gegen Abheben (durch vertikale Einwirkungen oder durch Verankerungskräfte) gesicherten Tafel einwirkt, sollte mit der nachfolgend angegebenen vereinfachten Bemessung für Wände ermittelt werden. Die Regel gilt für Wände aus einer oder mehreren Tafeln, wobei jede Wandtafel aus einer einseitigen Plattenbeplankung auf einem Holzrahmen besteht. Dabei wird vorausgesetzt, dass:

— der Abstand der Verbindungsmittel entlang des Umfanges jeder Platte konstant ist;

— die Breite einer jeden Platte mindestens $h/4$ beträgt.

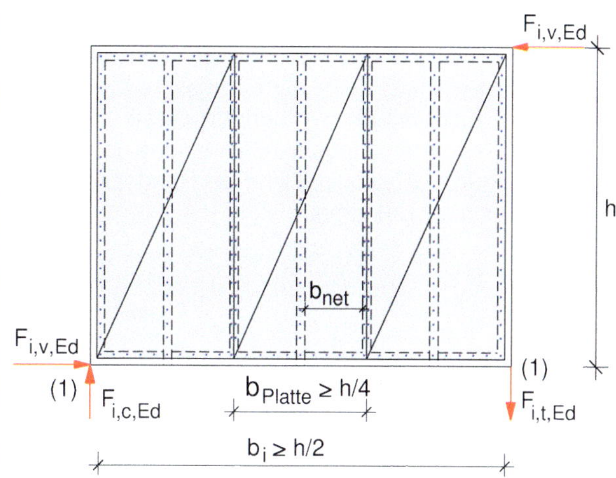

Legende

(1) Befestigung

Bild K.216 — Wand aus mehreren Wandtafeln unter horizontaler Scheibenbeanspruchung

(3) Für eine aus mehreren Wandtafeln zusammengesetzte Wand sollte der Bemessungswert der Wandscheibentragfähigkeit einer Wand aus

$$F_{\mathrm{v,Rd}} = \sum F_{\mathrm{i,v,Rd}} \qquad (9.20)$$

berechnet werden mit

$F_{\mathrm{i,v,Rd}}$ Bemessungswert der Wandscheibentragfähigkeit der Wandtafel nach 9.2.4.2(4) und 9.2.4.2(5).

(4) Der Bemessungswert der Wandscheibentragfähigkeit jeder Wandtafel $F_{\mathrm{i,v,Rd}}$ gegenüber der Kraft $F_{\mathrm{i,v,Ed}}$ nach Bild 9.5 sollte berechnet werden aus

Siehe Bild 9.6.

$$F_{\mathrm{i,v,Rd}} = \frac{F_{\mathrm{f,Rd}} \cdot b_{\mathrm{i}} \cdot c_{\mathrm{i}}}{s} \qquad (9.21)$$

Dabei ist

$F_{\mathrm{f,Rd}}$ der Bemessungswert der Beanspruchbarkeit auf Abscheren eines einzelnen Verbindungsmittels;

b_{i} die Wandscheibenbreite;

s der Verbindungsmittelabstand;

$$c_i = \begin{cases} 1 & \text{für } b_i \ge b_0 \\ \dfrac{b_i}{b_0} & \text{für } b_i \ge b_0 \end{cases} \tag{9.22}$$

Dabei ist

$b_0 = h/2$;

h die Wandhöhe.

(5) Für die Verbindungsmittel entlang den Rändern einer einzelnen Platte sollte der Bemessungswert nach Abschnitt 8 mit dem Faktor 1,2 erhöht werden. Bei der Ermittlung des Verbindungsmittelabstandes nach den Anforderungen in Abschnitt 8 sind die Ränder als unbeansprucht anzunehmen.

$$F_{i,v,Rd} = \frac{1{,}2 \cdot F_{f,Rd} \cdot b_i \cdot c_i}{s}$$

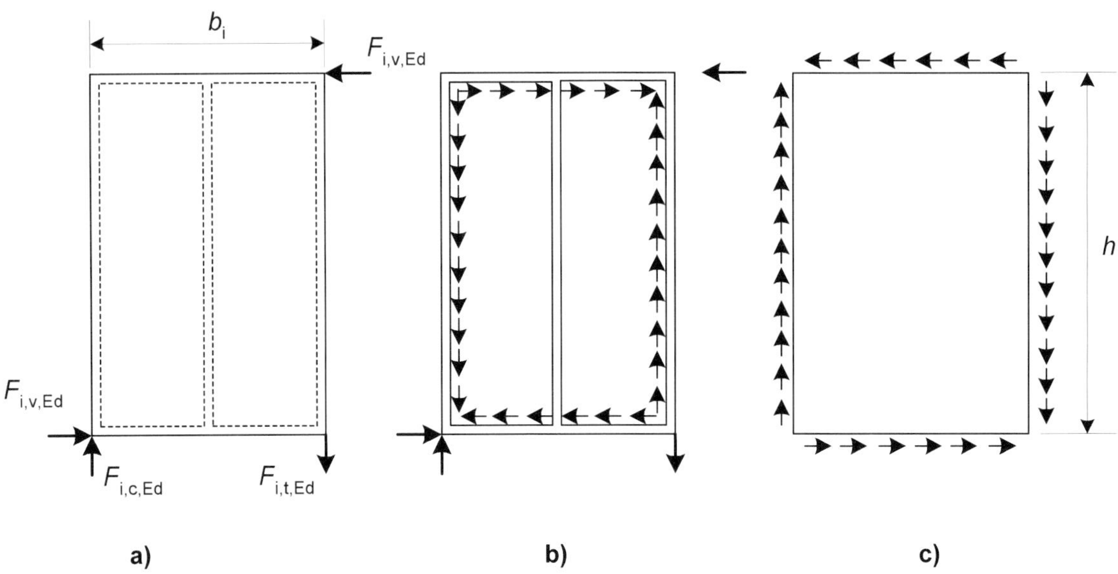

Bild 9.5 — Einwirkende Kräfte auf: a) Wandscheibe; b) Stabwerk; c) Beplankung

(6) Wandscheiben mit Tür- oder Fensteröffnungen sollten für die Beanspruchbarkeit als Wandscheibe nicht in Rechnung gestellt werden.

Gemäß Bild 9.6 wäre das ohne Scheibe (2).

(7) Für Wandscheiben mit beidseitiger Beplankung gelten die folgenden Festlegungen:

— Wenn die Beplankungen und die Verbindungsmittel gleicher Art und gleicher Abmessung sind, dann ist die gesamte Wandscheibentragfähigkeit der Wand als Summe der Wandscheibentragfähigkeiten der einzelnen Seiten anzunehmen.

$$F_{v,Rd,ges} = F_{v,Rd,Außenseite} + F_{v,Rd,Innenseite}$$

— Werden unterschiedliche Beplankungen verwendet, dann dürfen, wenn kein anderer Nachweis geführt wird, 75 % der Wandscheibentragfähigkeit der schwächeren Seite in Rechnung gestellt werden, wenn Verbindungsmittel mit ähnlichen Verschiebungsmoduln verwendet werden.

$$F_{v,Rd,ges} = F_{v,Rd,1} + 0{,}75 \cdot F_{v,Rd,2}$$

mit

$$F_{v,Rd,1} > F_{v,Rd,2}$$

Andernfalls sollten nicht mehr als 50 % in Rechnung gestellt werden.

(8) Die äußeren Kräfte $F_{i,c,Ed}$ und $F_{i,t,Ed}$ nach Bild 9.5 sollten berechnet werden aus:

$$F_{i,c,Ed} = F_{i,t,Ed} = \frac{F_{i,v,Ed}\, h}{b_i} \quad (9.23)$$

Dabei ist

h die Wandhöhe.

(9) Die Kräfte $F_{i,c,Ed}$ und $F_{i,t,Ed}$ können entweder auf die Beplankungen der benachbarten Wandscheibe oder in die darüber- oder darunterliegende Konstruktion weitergeleitet werden. Werden Zugkräfte in die darunterliegende Konstruktion eingeleitet, dann sollte die Scheibe durch steife Verbindungsmittel verankert sein. Stabilitätsversagen der Rahmenstützen ist in der Regel nach 6.3.2 zu überprüfen. Wo die Enden vertikaler Bauteile auf horizontale Bauteile Druckkräfte übertragen, sollten die Druckspannungen rechtwinklig zur Faserrichtung der horizontalen Bauteile nach 6.1.5 nachgewiesen werden.

(10) Äußere Lasten, die in Wandscheiben mit Tür- und Fensteröffnungen und in Wandscheiben geringerer Breite auftreten, siehe Bild 9.6, sollten auf ähnliche Weise in die obere oder untere Konstruktion weitergeleitet werden.

$$F_{v,Rd,ges} = F_{v,Rd,1} + 0{,}5 \cdot F_{v,Rd,2}$$

mit

$$F_{v,Rd,1} > F_{v,Rd,2}$$

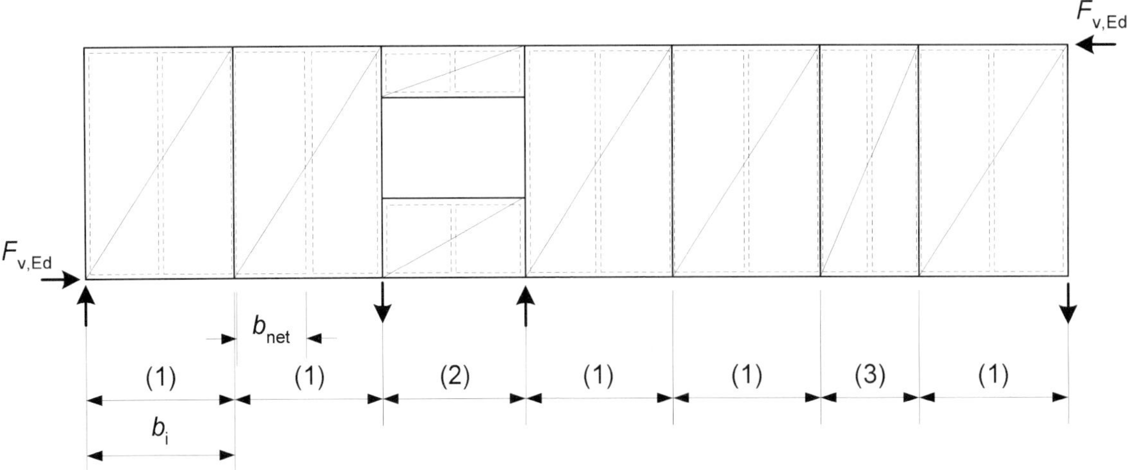

Legende

(1) Wandscheibe mit normaler Breite
(2) Wandscheibe mit Fenster
(3) Wandscheibe mit kleinerer Breite

Bild 9.6 — Beispiel für die Zusammensetzung von Wandscheiben mit einer Wandtafel mit Fensteröffnung und einer Wandscheibe geringerer Breite

(11) Beulen infolge Schubbeanspruchung der Beplankung darf vernachlässigt werden, wenn

$$\frac{b_{\text{net}}}{t} \leq 100$$

Dabei ist

b_{net} der lichte Abstand zwischen den Pfosten;

t die Beplankungsdicke.

Siehe Bild K.216.

(12) Damit der Mittelpfosten für die Beplankung als Unterstützung herangezogen werden kann, sollte der Abstand der Verbindungsmittel auf dem Mittelpfosten nicht mehr als doppelt so groß sein wie der Abstand der Verbindungsmittel entlang der Beplankungsränder.

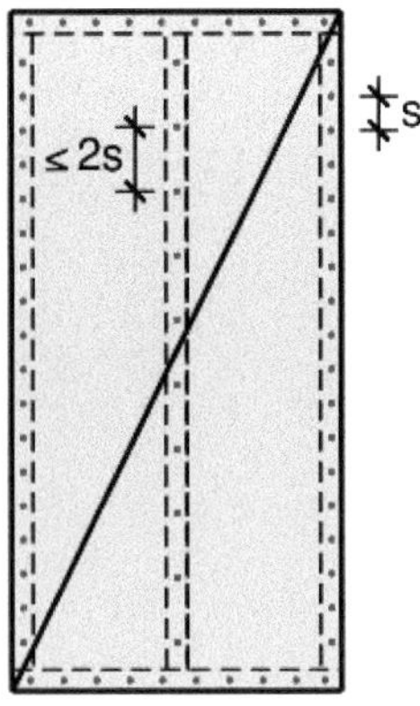

Bild K.217 — Abstand der Verbindungsmittel bei Mittelpfosten für die Beplankung nach DIN EN 1995-1-1:2010, Abschnitt 9.2.4.2(12)

(13) Wenn eine Wand aus vorgefertigten Wandtafeln besteht, sollte die Übertragung der Schubkräfte zwischen den einzelnen Wandtafeln nachgewiesen werden.

(14) In den Kontaktflächen zwischen vertikalen Pfosten und horizontalen Holzbauteilen sollten die Druckspannungen rechtwinklig zur Faserrichtung in den Holzbauteilen nachgewiesen werden.

NCI Zu 9.2.4.2 „Vereinfachter Nachweis von Wandscheiben – Verfahren A“

(NA.15) Einzelne Öffnungen in der Beplankung dürfen bei der Berechnung der Beanspruchungen vernachlässigt werden, wenn sie kleiner als 200 mm · 200 mm sind. Bei mehreren Öffnungen muss hierbei die Summe der Längen kleiner als 10 % der Tafellänge und die Summe der Höhen kleiner als 10 % der Tafelhöhe sein. Die Auswirkungen größerer Öffnungen sind nachzuweisen.

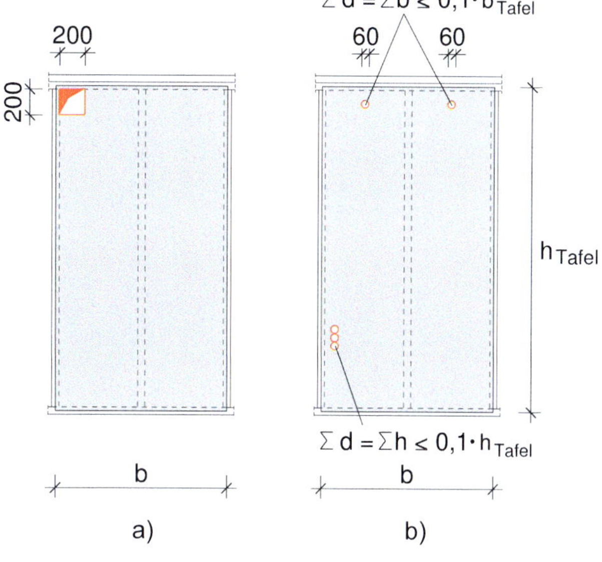

Legende

a) eine einzelne Aussparung
b) mehrere Aussparungen in einer Tafel

Bild K.218 — Ohne Nachweis erlaubte Aussparungen der Beplankung am Beispiel einer tragenden Wandtafel

(NA.16) Die Tragfähigkeit der Beplankung ist nachzuweisen. Wenn kein genauerer Nachweis geführt wird, darf der Nachweis vereinfacht als Schubspannungsnachweis in der Beplankung geführt werden. Die maximale Beanspruchung der Beplankung ergibt sich dabei aus dem Schubfluss, der der Tragfähigkeit der Verbindung zwischen Rippen und Beplankung entspricht. Es ist folgender Nachweis zu führen:

$$\frac{\tau_{\text{d}}}{f_{\text{v,d}}} = \frac{F_{\text{f,Rd}}/(t \cdot s)}{f_{\text{v,d}}} \leq 1 \qquad \text{(NA.138)}$$

Dabei ist

τ_{d} der Bemessungswert der Schubspannung in der Beplankung;

$f_{\text{v,d}}$ der Bemessungswert der Schubfestigkeit der Beplankung bei Scheibenbeanspruchung;

$F_{\text{f,Rd}}$ der Bemessungswert der Beanspruchbarkeit auf Abscheren eines einzelnen Verbindungsmittels;

s der Verbindungsmittelabstand;

t die Beplankungsdicke.

Die aus dem Abstand von Rippenachsen und Beplankungsmittelflächen und aus diskontinuierlichen und rechtwinklig zu den Rippenachsen gerichteten Kräften resultierenden zusätzlichen Beanspruchungen der Beplankung dürfen durch eine Verringerung der Schubtragfähigkeit der Platten mit dem Faktor 0,5 bei beidseitiger und 0,33 bei einseitiger Beplankung berücksichtigt werden.

Gleichung (NA.138) für beidseitige Beplankung:

$$\frac{F_{r,Rd} / (t \cdot s)}{0{,}5 \cdot f_{v,d}} \leq 1$$

Gleichung (NA.138) für einseitige Beplankung:

$$\frac{F_{r,Rd} / (t \cdot s)}{0{,}33 \cdot f_{v,d}} \leq 1$$

Das Beulen der Beplankung ist bei Plattendicken kleiner 1/35 des Rippenabstands durch eine Verminderung der Schubtragfähigkeit mit dem Faktor 35 t / b_{net} zu berücksichtigen.

Gleichung (NA.138) mit Berücksichtigung der Beulen der Beplankung bei $t < \frac{1}{35} \cdot b_{net}$:

$$\frac{F_{r,Rd} / (t \cdot s)}{\frac{35\,t}{b_{net}} \cdot f_{v,d}} \leq 1$$

b_{net} (b_{net} siehe Bild 9.6 bzw. Bild K.216)

Der Rechenwert der Schubfestigkeit des Plattenwerkstoffs darf bei diesem Nachweis nicht höher als die niedrigste Zugfestigkeit des Plattenmaterials für Scheibenbeanspruchung angesetzt werden.

Für die Beplankung gilt dann $f_{v,d} \leq {}_{min} f_{t,d}$ bei Scheibenbeanspruchung

(NA.17) Für die Auswirkung von Imperfektionen einer vertikal beanspruchten Wand in Form einer Schrägstellung darf die folgende horizontale Ersatzlast angewendet werden:

$$F_{Ed} = \frac{q_{Ed} \cdot \ell}{70} \quad \text{(NA.128)}$$

Dabei ist ℓ die Länge der Wand, die durch die Linienlast q_{Ed} vertikal beansprucht wird. F_{Ed} wirkt als Kräftepaar am oberen und unteren Rand der Wand auf die aussteifenden Bauteile ein.

Die horizontale Verformung der Bauteile aus dieser Ersatzlast F_{Ed} und anderen äußeren Einwirkungen darf h/100 nicht überschreiten.

(NA.18) Für Wandtafeln (siehe Bild 9.7) ist eine Berücksichtigung der Auswirkungen von Imperfektionen in Form einer Schrägstellung und ein Nachweis der horizontalen Verformung nicht erforderlich, wenn

— die Tafellänge mindestens h/3 beträgt;

— die Breite der Platten mindestens h/4 beträgt;

— die Tafel direkt in einer steifen Unterkonstruktion gelagert ist;

— die Erhöhung der charakteristischen Werte der Tragfähigkeit der Verbindungsmittel nach 9.2.4.2(5) nicht in Anspruch genommen wird.

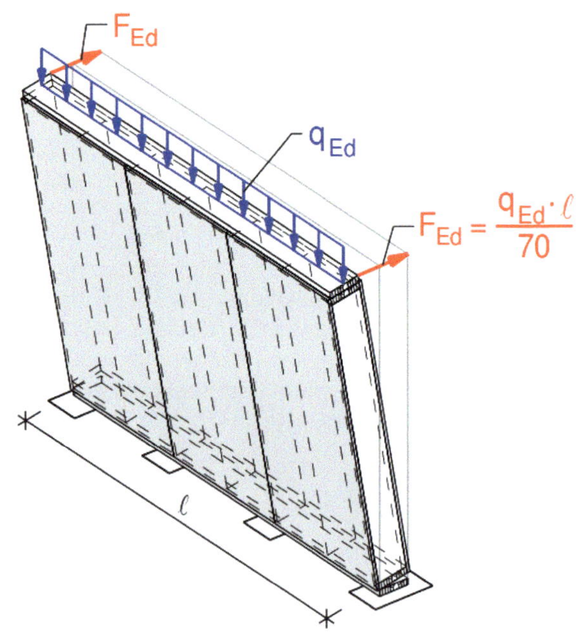

Bild K.219 — Schrägstellung der Wand und die hieraus entstehenden Umlenkkräfte F_{Ed}

(NA.19) Als Randabstand der Verbindungsmittel für Platten und Rippen darf bei Wandscheiben mit allseitig schubsteif verbundenen Plattenrändern das Maß $a_{4,c}$ gewählt werden.

(NA.20) Bei Wandscheiben, die nach diesem Abschnitt berechnet werden, darf die Beplankung horizontal einmal gestoßen sein, wenn die Plattenränder schubsteif verbunden sind. Wenn kein genauerer Nachweis der Verformung geführt wird und die Plattenbreite kleiner als 0,5 h ist, ist bei Scheiben mit horizontalem Stoß der Bemessungswert der Tragfähigkeit unter Horizontallast um 1/6 abzumindern.

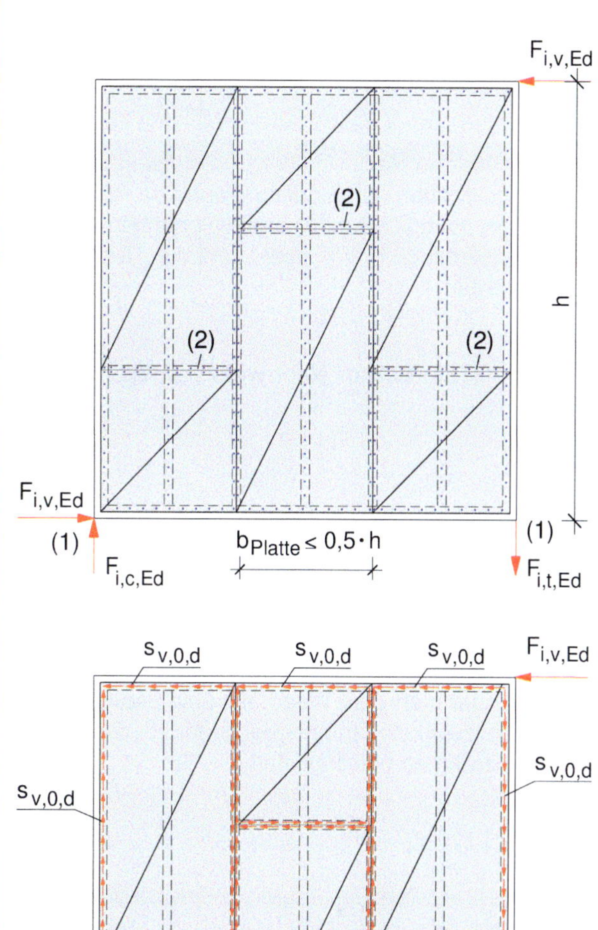

Wenn $b_{\text{Platte}} \leq 0,5 \cdot h$, dann ist $f_{v,0,d} \cdot 5/6$.

Legende

(1) Befestigung

(2) Rahmenholz

Bild K.220 — Wandtafel unter horizontaler Scheibenbeanspruchung (horizontal einmal gestoßen; Voraussetzung: Platten auf einem Rahmenholz gestoßen [s. auch Bild 10.1] und schubsteif verbunden)

(NA.21) Für den Nachweis der Durchleitung von Rippendruckkräften durch quer verlaufende Rippen (Schwellen) nach 9.2.4.2(14) darf die charakteristische Tragfähigkeit mit 20 % erhöhten Werten in Rechnung gestellt werden.

Bei schlanken Wandtafeln steigen bei horizontaler Beanspruchung die Verformungen an. Ohne Verformungsnachweis sollte Gl. (NA.138) dann nachgewiesen werden.

$$\frac{F_{\mathrm{r,Rd}}/(t\cdot s)}{\frac{5}{6}\cdot f_{\mathrm{v,d}}}\leq 1$$

9.2.4.3 Vereinfachter Nachweis von Wandscheiben – Verfahren B

Nach NDP Zu 9.2.4.1(7), (NA.1) gilt für Deutschland nur das Vereinfachte Verfahren von Wandscheiben Verfahren A.

9.2.4.3.1 Aufbau von Wand und Beplankung (Voraussetzung für den vereinfachten Nachweis)

(1) Eine Gesamtwand (siehe Bild 9.7) besteht aus einer oder mehreren Wänden, jede Wand bestehend aus einer oder mehreren Wandtafeln mit Beplankungen aus Holzwerkstoffen entsprechend 3.5, die auf einem Holzrahmen befestigt sind.

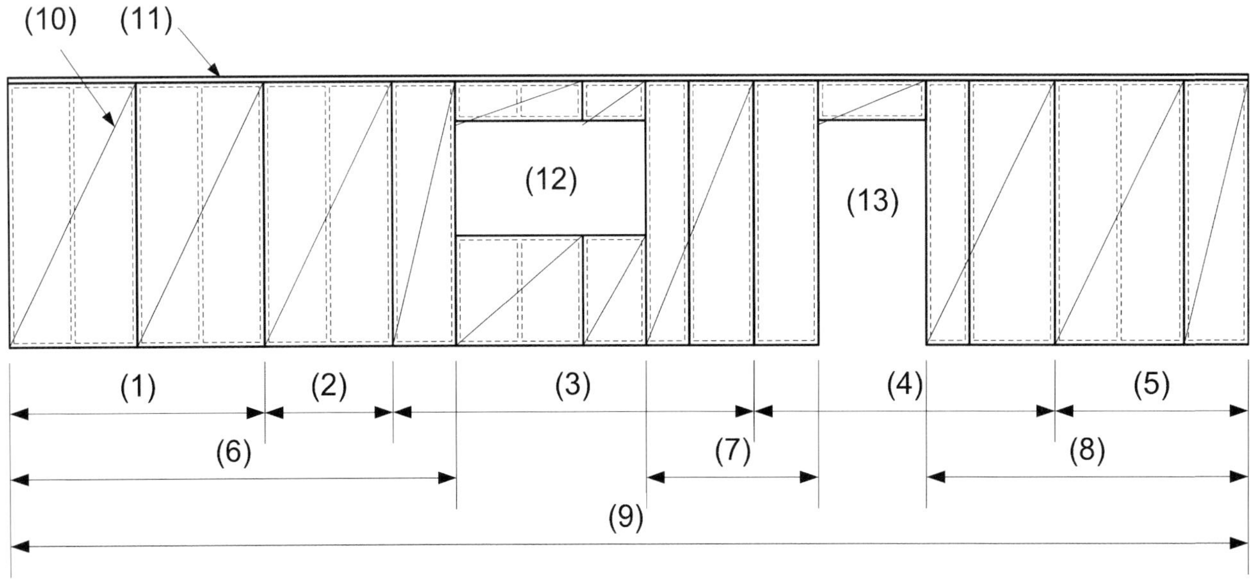

Legende

(1) Wandtafel 1
(2) Wandtafel 2
(3) Wandtafel 3
(4) Wandtafel 4
(5) Wandtafel 5
(6) Wand 1
(7) Wand 2
(8) Wand 3
(9) Wandscheibe
(10) Beplankung
(11) Kopfrippe
(12) Fenster
(13) Tür

Bild 9.7 — Beispiel für eine Wandscheibe, bestehend aus mehreren Wandtafeln

(2) Bei einer Wandtafel, die an der Wandscheibentragfähigkeit beteiligt werden soll, sollte die Scheibenbreite mindestens 1/4 der Scheibenhöhe betragen. Die Befestigung der Beplankung an den Holzrippen sollte entweder über Nägel oder über Schrauben erfolgen, und die Verbindungsmittel sollten gleichmäßig entlang des Umfanges der Beplankung angeordnet sein. Verbindungsmittel im inneren Bereich einer Beplankung sollten höchstens mit dem doppelten Verbindungsmittelabstand wie bei den Verbindungsmitteln an den Rändern angeordnet werden.

(3) Wenn in einer Wandtafel eine Öffnung eingebaut ist, dann sind in der Regel die Wandtafelbereiche mit den Breiten neben den Öffnungen als gesonderte Wandscheiben zu betrachten.

(4) Wenn Wandtafeln zu einer Wand zusammengefügt werden,

- sollten die Kopfrippen jeder einzelnen Wandtafel durch ein Bauteil oder eine Konstruktion über die Tafelstöße hinweg durchgehend verbunden werden;
- sollte die erforderliche vertikale Beanspruchbarkeit der Verbindung zwischen zwei Wandscheiben ermittelt werden, sie sollte aber mindestens einen Bemessungswert der Beanspruchbarkeit von 2,5 kN/m haben;
- sollten die Wandtafeln, wenn sie zu einer Gesamtwand zusammengefügt werden, entweder durch Verankerung mit der Unterkonstruktion oder durch die ständigen Einwirkungen oder durch eine Kombination von beiden gegen Kippen und Gleiten gesichert sein.

9.2.4.3.2 Bemessungsverfahren

(1) Der Bemessungswert der Wandscheibentragfähigkeit $F_{\mathrm{v,Rd}}$ entsprechend einer Kraft $F_{\mathrm{v,Ed}}$ am Kopfende einer auskragenden Wand, die gegen Abheben und Gleiten durch vertikale Einwirkungen und/oder Verankerung gesichert ist, sollte nach dem folgenden vereinfachten Verfahren für die Wandkonstruktion, wie sie in 9.2.4.3.1 definiert ist, ermittelt werden.

(2) Für eine Gesamtwand aus mehreren Wänden ist in der Regel der Bemessungswert der Wandscheibentragfähigkeit $F_{\mathrm{v,Rd}}$ zu berechnen aus:

$$F_{\mathrm{v,Rd}} = \sum F_{\mathrm{i,v,Rd}} \tag{9.24}$$

Dabei ist

$F_{\mathrm{i,v,Rd}}$ der Bemessungswert der Wandscheibentragfähigkeit nach folgendem Absatz (3).

(3) Der Bemessungswert der Wandscheibentragfähigkeit einer Wand i, $F_{i,v,Rd}$ sollte berechnet werden aus:

$$F_{i,v,Rd} = \frac{F_{f,Rd}\, b_i}{s_0} k_d\, k_{i,q}\, k_s\, k_n \qquad (9.25)$$

Dabei ist

- $F_{f,Rd}$ der Bemessungswert der Beanspruchbarkeit eines einzelnen Verbindungsmittels auf Abscheren;
- b_i die Wandlänge in m;
- s_0 der Grundwert des Abstandes der Verbindungsmittel in m, siehe (4) unten;
- k_d der Dimensionsbeiwert für die Wand, siehe (4) unten;
- $k_{i,q}$ der Beiwert für die gleichmäßig verteilte Last für die Wand i, siehe (4) unten;
- k_s der Beiwert für den Abstand der Verbindungsmittel, siehe (4) unten;
- k_n der Beiwert für das Beplankungsmaterial, siehe (4) unten.

(4) Die Werte für s_0, k_d, $k_{i,q}$, k_s und k_n sind in der Regel zu berechnen zu:

$$s_0 = \frac{9{,}7\, d}{\rho_k} \qquad (9.26)$$

Dabei ist

- s_0 der Grundwert des Abstandes der Verbindungsmittel in m;
- d der Durchmesser des Verbindungsmittels in mm;
- ρ_k die charakteristische Rohdichte des Holzrahmens in kg/m^3.

$$k_d = \begin{cases} \dfrac{b_i}{h} & \text{für } \dfrac{b_i}{h} \le 1{,}0 \quad \text{(a)} \\ \left(\dfrac{b_i}{h}\right)^{0{,}4} & \text{für } \dfrac{b_i}{h} > 1{,}0 \text{ und } b_i \le 4{,}8\text{ m} \quad \text{(b)} \\ \left(\dfrac{4{,}8}{h}\right)^{0{,}4} & \text{für } \dfrac{b_i}{h} > 1{,}0 \text{ und } b_i > 4{,}8\text{ m} \quad \text{(c)} \end{cases} \qquad (9.27)$$

mit h als Wandhöhe in m;

$$k_{i,q} = 1 + \left(0{,}083\, q_i - 0{,}000\,8\, q_i^2\right)\left(\frac{2{,}4}{b_i}\right)^{0{,}4} \qquad (9.28)$$

Dabei ist

q_i die äquivalente gleichmäßig verteilte Vertikallast auf der Wand in kN/m mit $q_i \geq 0$, siehe (5) unten;

$$k_s = \frac{1}{0{,}86 \frac{s}{s_0} + 0{,}57} \tag{9.29}$$

Dabei ist

s der Abstand der Verbindungsmittel entlang des Umfanges der Beplankung;

$$k_n = \begin{cases} 1{,}0 & \left[\text{für einseitige Beplankung (a)}\right] \\ \dfrac{F_{i,v,Rd,max} + 0{,}5\, F_{i,v,Rd,min}}{F_{i,v,Rd,max}} & \left[\text{für beidseitige Beplankung (b)}\right] \end{cases} \tag{9.30}$$

Dabei ist

$F_{i,v,Rd,max}$ die Wandscheibentragfähigkeit der stärkeren Beplankung;

$F_{i,v,Rd,min}$ die Wandscheibentragfähigkeit der schwächeren Beplankung.

(5) Die gleichwertige Vertikallast q_i für die Berechnung von $k_{i,q}$ ist in der Regel nur aus den ständigen Einwirkungen und möglichen Auswirkungen des Windes zusammen mit den äquivalenten Einwirkungen aus Einzellasten, einschließlich Verankerungslasten, die auf die Scheibe einwirken, zu bestimmen. Um den Beiwert $k_{i,q}$ zu berechnen, sollten konzentrierte vertikale Lasten unter der Annahme, dass die Wand ein starrer Körper ist, in eine gleichwertige gleichmäßig verteilte Last umgerechnet werden, z. B. für die Last $F_{i,vert,Ed}$, die auf die Wand wie in Bild 9.8 einwirkt:

$$q_i = \frac{2\, a\, F_{i,vert,Ed}}{b_i^2} \tag{9.31}$$

Dabei ist

a der horizontale Abstand der Kraft F von der windabgewandten Ecke der Wand;

b die Breite der Wand.

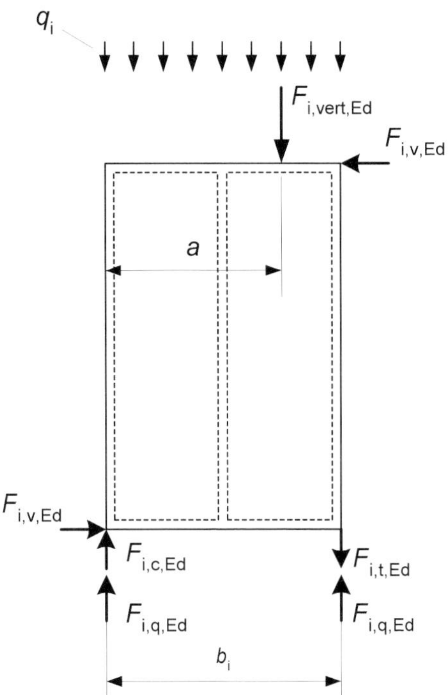

Bild 9.8 — Bestimmung der gleichwertigen vertikalen Einwirkung q_i und der Reaktionskräfte aus den vertikalen und horizontalen Einwirkungen

(6) Die äußeren Kräfte $F_{i,c,Ed}$ und $F_{i,t,Ed}$ (siehe Bild 9.8) aus der horizontalen Einwirkung $F_{i,v,Ed}$ auf die Wand i sollten berechnet werden aus

$$F_{i,c,Ed} = F_{i,t,Ed} = \frac{F_{i,v,Ed}\, h}{b_i} \tag{9.32}$$

Dabei ist

h die Höhe der Wand.

Diese äußeren Kräfte können entweder auf die benachbarte Scheibe über die vertikale Scheibenverbindung oder auf die Konstruktion oberhalb oder unterhalb der Wand weitergeleitet werden. Wenn Zugkräfte auf die Unterkonstruktion weitergeleitet werden sollen, sollte die Scheibe mit steifen Verbindungsmitteln verankert werden. Druckbeanspruchte Bauteile sind auf Stabilitätsversagen nach 6.3.2 zu überprüfen. Wenn horizontale Bauteile durch vertikale Bauteile auf Druck beansprucht werden, sollten die Druckspannungen rechtwinklig zur Faserrichtung der horizontalen Bauteile nach 6.1.5 nachgewiesen werden.

(7) Schubbeulen der Beplankung darf vernachlässigt werden, wenn

$$\frac{b_{net}}{t} \leq 100$$

Dabei ist

b_{net} der lichte Abstand zwischen den Pfosten;

t die Beplankungsdicke.

NCI NA.9.2.4 Verbretterte Wandscheiben

Siehe [31]

(NA.1) Werden Wandtafeln mit diagonaler Brettschalung ausgebildet, so dürfen die Nachweise für die durch eine horizontale Kraft F_v verursachten Beanspruchungen vereinfachend am statischen Fachwerkmodell aus den vier Randrippen und einer Druckdiagonalen geführt werden, wobei die Tafellänge größer als die halbe und kleiner als die zweifache Tafelhöhe sein muss.

(NA.2) Die Brettschalung ist im Bereich der ganzen Tafel mit den gleichen Anschlüssen und Materialien herzustellen. Die Randrippen sind in den Ecken zug- und druckfest zu verbinden.

(NA.3) Die Brettschalung und der Anschluss der Schalung an die Rippen sind für die Kraft der Druckdiagonalen zu bemessen.

(NA.4) Für den Nachweis der Schalung dürfen rechnerisch Bretter berücksichtigt werden, die innerhalb einer ideellen Breite der Druckdiagonalen $b_d = 0{,}2\,\ell$, höchstens jedoch $b_d = 0{,}2\,h$ angeordnet sind. Dabei ist ℓ die Länge und h die Höhe der Tafel. Als Knicklänge ℓ_{ef} ist die Länge der Diagonalen zwischen den stützenden Rippen einzusetzen.

(NA.5) Beim Anschluss der Brettschalung an die Rippen darf die erforderliche Nagel- oder Schraubenzahl auf die Länge $\ell/2 + h/2$ gleichmäßig verteilt werden, wobei entsprechend Absatz (NA.2) die Brettschalung umlaufend in gleicher Art an die Rippen anzuschließen ist.

9.2.5 Verbände

9.2.5.1 Allgemeines

(1)P Tragwerke, die sonst nicht ausreichend steif sind, sind so auszusteifen, dass ein Versagen oder übermäßige Verformungen verhindert werden.

(2)P Zusätzliche Beanspruchungen aus geometrischen und strukturellen Imperfektionen sowie aus Verformungen nach Theorie II. Ordnung (einschließlich der Anteile aus Verschiebungen in Verbindungen) sind zu berücksichtigen.

(3)P Die Aussteifungskräfte sind aufgrund der ungünstigsten Kombination der strukturellen Imperfektionen und Verformungen aus Theorie II. Ordnung zu bestimmen.

9.2.5.2 Druckbeanspruchte Einzelbauteile

(1) Bei druckbeanspruchten Einzelbauteilen, die eine seitliche Abstützung in Abständen *a* (siehe Bild 9.9) erfordern, sollte die anfängliche Imperfektion zwischen den Auflagern (Vorkrümmung) *a*/500 für Bauteile aus Brettschichtholz und Furnierschichtholz und *a*/300 für andere Bauteile nicht überschreiten.

(2) Jede Zwischenabstützung sollte eine Mindestfedersteifigkeit aufweisen von:

$$C = k_{\mathrm{s}} \frac{N_{\mathrm{d}}}{a} \tag{9.34}$$

Dabei ist

k_{s} der Modifikationsbeiwert;

N_{d} der Bemessungswert der mittleren Druckkraft im Bauteil;

a die Stablänge (siehe Bild 9.9).

ANMERKUNG Für k_{s} siehe Anmerkung in 9.2.5.3(1).

(3) Der Bemessungswert der Stabilisierungskraft F_{d} an jeder Abstützung ist in der Regel anzunehmen zu:

$$F_{\mathrm{d}} = \begin{cases} \dfrac{N_{\mathrm{d}}}{k_{\mathrm{f,1}}} & \text{für Vollholz} \\ \dfrac{N_{\mathrm{d}}}{k_{\mathrm{f,2}}} & \text{für Brettschichtholz und Furnierschichtholz LVL} \end{cases} \tag{9.35}$$

Dabei sind

$k_{\mathrm{f,1}}$ und $k_{\mathrm{f,2}}$ Modifikationsbeiwerte.

ANMERKUNG Für $k_{\mathrm{f,1}}$ und $k_{\mathrm{f,2}}$ siehe Anmerkung in 9.2.5.3(1).

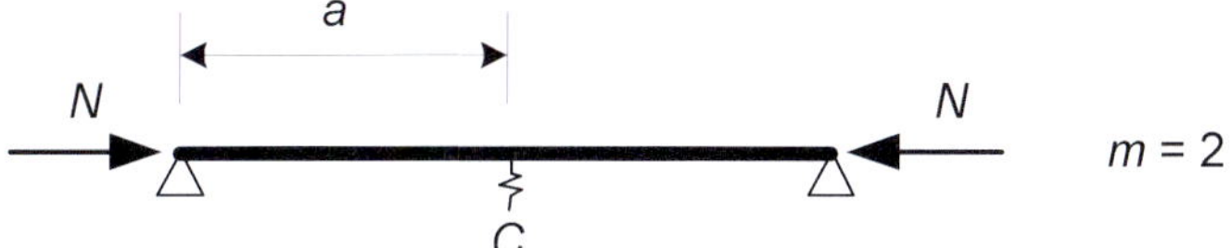

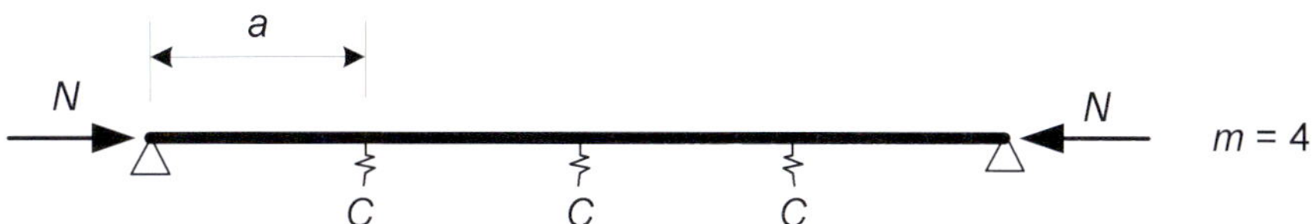

Bild 9.9 — Beispiele für druckbeanspruchte Einzelbauteile mit seitlichen Abstützungen

(4) Der Bemessungswert der Stabilisierungskraft F_d für den Druckgurt eines rechteckigen Biegestabes ist in der Regel zu bestimmen nach 9.2.5.2(3) mit:

$$N_d = (1 - k_{crit}) \frac{M_d}{h} \tag{9.36}$$

Der Wert für k_{crit} sollte nach 6.3.3(4) für den nicht gestützten Biegestab bestimmt werden, und M_d ist der Bemessungswert des Größtmoments im Biegestab der Höhe h.

9.2.5.3 Aussteifung von Trägern und Fachwerken

(1) Für eine Reihe von n parallelen Bauteilen, die in den Knotenpunkten A, B (siehe Bild 9.10) seitliche Abstützungen benötigen, sollte ein Aussteifungsverband vorgesehen werden, der zusätzlich zu den äußeren horizontalen Lasteinwirkungen (z. B. Wind) in der Lage sein sollte, die nachfolgend angegebene innere Aussteifungskraft je Längeneinheit q aufzunehmen:

$$q_d = k_\ell \frac{n N_d}{k_{f,3}\, \ell} \tag{9.37}$$

Dabei ist

$$k_\ell = \min \begin{cases} 1 \\ \sqrt{\dfrac{15}{\ell}} \end{cases} \tag{9.38}$$

N_d der Bemessungswert der mittleren Druckkraft im Druckglied;

ℓ die Gesamtlänge des Aussteifungsverbands in m;

$k_{f,3}$ der Modifikationsbeiwert.

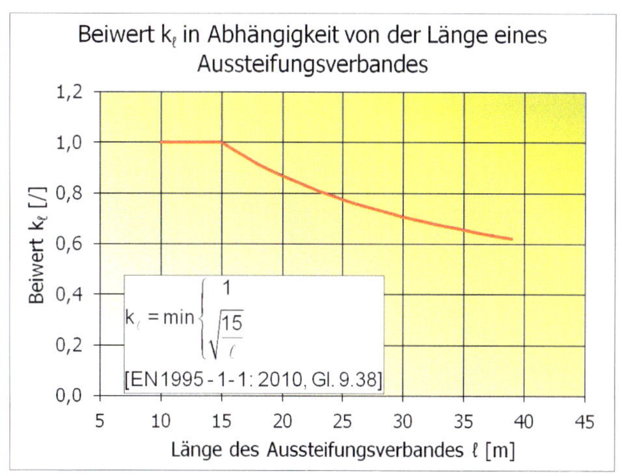

Bild K.221 — Beiwert k_ℓ zur Berechnung der inneren Aussteifungskraft von Verbänden

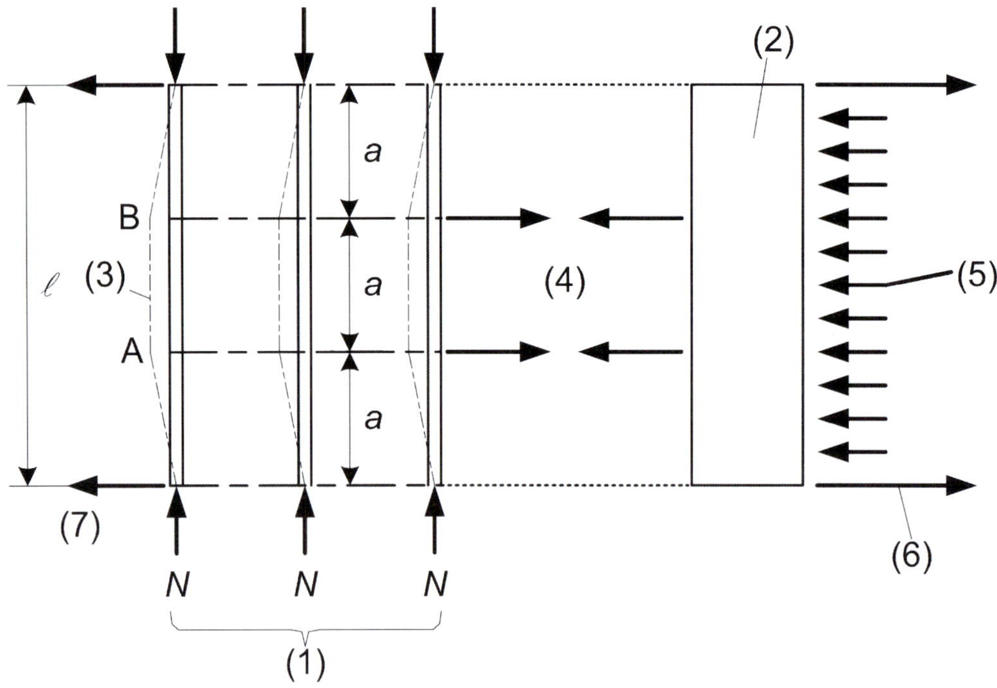

Legende

(1) *n* Trägersysteme
(2) Aussteifungsverband
(3) Durchbiegung des Trägersystems infolge von Imperfektionen und Verformungen aus Theorie II. Ordnung
(4) Aussteifungskräfte
(5) Äußere Einwirkung auf den Aussteifungsverband
(6) Reaktionskräfte des Aussteifungsverbands aus äußerer Einwirkung
(7) Reaktionskräfte des Trägersystems aus Aussteifungskräften

Bild 9.10 — Träger- oder Fachwerksystem mit seitlichem Aussteifungsverband

ANMERKUNG Die Werte für die Modifikationsbeiwerte k_s, $k_{f,1}$, $k_{f,2}$ und $k_{f,3}$ hängen von Einflüssen wie der baulichen Ausführung, Spannweite usw. ab. ~~Ein Wertebereich ist in Tabelle 9.2 angegeben, wobei die empfohlenen Werte unterstrichen sind.~~ Informationen zu nationalen Anforderungen können im Nationalen Anhang enthalten sein

~~Tabelle 9.2 — Empfohlene Werte für die Modifikationsbeiwerte~~

~~Modifikationsbeiwert~~	~~Bereich~~
~~k_s~~	~~4 bis 1~~
~~$k_{f,1}$~~	~~50 bis 80~~
~~$k_{f,2}$~~	~~80 bis 100~~
~~$k_{f,3}$~~	~~30 bis 80~~

NDP Zu 9.2.5.3(1) Modifikationsbeiwerte für die Aussteifung von Biegestäben und Fachwerkssystemen

(NA.1) Für die Anwendung der Gleichungen (9.34), (9.35) und (9.37) sind die Modifikationsbeiwerte der Tabelle NA.21 zu entnehmen.

Tabelle NA.21 — Modifikationsbeiwerte k_s und $k_{f,i}$

1	Modifikationsbeiwert	Wert
2	k_s	4
3	$k_{f,1}$	50
4	$k_{f,2}$	80
5	$k_{f,3}$	30

(2) Die horizontale Ausbiegung des Aussteifungsverbands aus q_d und anderen äußeren Einwirkungen (z. B. Wind) sollte $\ell/500$ nicht übersteigen.

NCI Zu 9.2.5.3 „Aussteifung von Trägern und Fachwerken"

ANMERKUNG Die Berechnung der horizontalen Ausbiegung ist mit den Steifigkeitswerten nach den Gleichungen (2.15) und (2.16) und den durch den Teilsicherheitsbeiwert γ_M dividierten Verschiebungsmoduln K_u nach Gleichung (2.1) zu berechnen.

(NA.3) Für einen durch einachsige Biegung beanspruchten Biegestab dürfen die Schnittgrößen nach Theorie I. Ordnung berechnet werden. 6.3.3 gibt ein Verfahren zum Nachweis kippgefährdeter Stäbe mit Gabellagerung an den Auflagern und konstantem Rechteckquerschnitt an.

(NA.4) Die Auflager der Biegestäbe sollten so bemessen werden, dass je Auflager ein Moment nach Gleichung (NA.140) durch die Gabellagerung oder einen entsprechenden Verband aufgenommen werden kann.

$$M_{tor,d} = M_d/80 \qquad \text{(NA.140)}$$

Dabei ist

M_d der Bemessungswert des größten Biegemoments im Stab.

Der Nachweis der Querschnittstragfähigkeit an Auflagern darf bei Bauteilen ohne Berücksichtigung der Torsionsspannungsanteile aus Gabelmoment erfolgen, wenn die mit der Ersatzstablänge ℓ_{ef} ermittelte Kippschlankheit $\lambda_{ef} = \frac{\ell_{ef} \cdot h}{b^2} \leq 225$ ist und die Stabilisierungskräfte im Bereich der Auflagergabel abgeleitet werden.

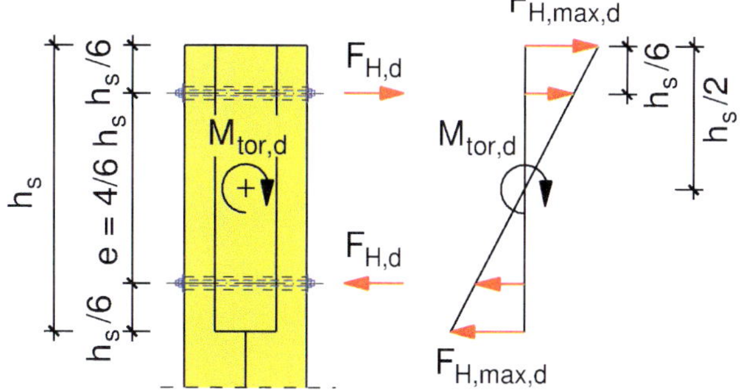

Bild K.222 — Beispiel für die Konstruktion einer Gabel mit Torsionsmoment

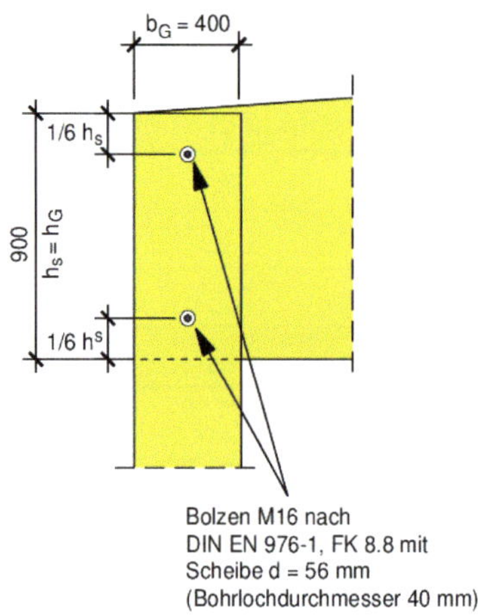

Bild K.223 — Seitenansicht der Konstruktion einer Gabel, Anordnung der Bolzen

Der Bohrlochdurchmesser für die Bolzen ist wesentlich größer zu wählen. In Abhängigkeit von der Klimabeanspruchung kommt es zu Quell- und Schwindverformungen, die bei normalen Bolzenlöchern $d_{\text{Bohrung}} = d_{\text{Bolzen}}$ + 1 mm zur Rissbildung infolge Behinderung der Schwindverformung führen.

(NA.5) Für andere Nachweisverfahren darf die spannungslose seitliche Vorverformung zu

$e = \frac{l}{400} \cdot k_\ell$ angenommen werden.

Dabei ist k_ℓ mit DIN EN 1995-1-1:2010-12, Gleichung (9.38) zu ermitteln.

NCI NA.9.3 Flächentragwerke aus zusammengeklebten oder nachgiebig miteinander verbundenen Schichten

NCI NA.9.3.1 Flächen aus Schichten

(NA.1) Die aus den Schnittgrößen berechneten Spannungen sind den Bemessungswerten der Festigkeiten gegenüberzustellen. Bei Querschnitten aus verschiedenen Schichten gilt dies für jede Schicht i eines Querschnittes. Dabei sind die Spannungen in den Hauptrichtungen (in der Regel Faserrichtung und rechtwinklig dazu, siehe Bild NA.1) aus Platten- und Scheibenbeanspruchung zu betrachten. Gleichzeitiges Auftreten von verschiedenen Spannungen ist zu berücksichtigen.

(NA.2) Die folgenden Bedingungen für die Beanspruchung in Faserrichtung müssen in jeder Schicht erfüllt sein:

$$\frac{\sigma_{t,0,d}}{f_{t,0,d}} + \frac{\sigma_{m,d}}{f_{m,d}} \leq 1 \qquad \text{(NA.141)}$$

$$\frac{\sigma_{c,0,d}}{f_{c,0,d}} + \frac{\sigma_{m,d}}{f_{m,d}} \leq 1 \qquad \text{(NA.142)}$$

$$\left(\frac{\tau_d}{f_{v,d}}\right)^2 + \left(\frac{\tau_{drill,d}}{f_{v,d}}\right)^2 \leq 1 \qquad \text{(NA.143)}$$

Dabei ist

$\sigma_{t,0,d}$ der Bemessungswert der Zugspannung in Faserrichtung im Schwerpunkt der Schicht;

$\sigma_{c,0,d}$ der Bemessungswert der Druckspannung in Faserrichtung im Schwerpunkt der Schicht;

$\sigma_{m,d}$ der Bemessungswert der Biegespannung in Faserrichtung der Schicht;

$\tau_{drill,d}$ der Bemessungswert der Drillspannung aus dem Drillmoment m_{xy} in der Schicht (entspricht τ_{xy} in Bild NA.1);

τ_d der Bemessungswert der Schubspannung aus Querkraft q_x.

(NA.3) Die folgenden Bedingungen für die Beanspruchung rechtwinklig zur Faserrichtung und den Rollschub müssen in jeder Schicht erfüllt sein:

$$\frac{\sigma_{t,90,d}}{f_{t,90,d}} + \frac{\tau_{R,d}}{f_{R,d}} \leq 1 \qquad \text{(NA.144)}$$

$$\frac{\sigma_{c,90,d}}{f_{c,90,d}} + \frac{\tau_{R,d}}{f_{R,d}} \leq 1 \qquad \text{(NA.145)}$$

Dabei ist

$\sigma_{t,90,d}$ der Bemessungswert der Zugspannung rechtwinklig zur Faserrichtung in der Schicht aus Biegung und Normalkraft;

ANMERKUNG Bei Schichten aus Schnittholz darf mit $E_{90} = 0$ gerechnet werden. Damit wird rechnerisch $\sigma_{t,90,d} = 0$.

$\sigma_{c,90,d}$ der Bemessungswert der Druckspannung rechtwinklig zur Faserrichtung in der Schicht aus Biegung und Normalkraft;

$\tau_{R,d}$ der Bemessungswert der Rollschubspannung in der Schicht;

$f_{R,d}$ der Bemessungswert der Rollschubfestigkeit. Der charakteristische Wert der Rollschubfestigkeit $f_{R,d}$ darf für alle Festigkeitsklassen mit 1,0 N/mm² in Rechnung gestellt werden.

(NA.4) Bei zusammengeklebten Schichten gilt für den Nachweis der Klebfuge Abschnitt NA.11.

(NA.5) Bei Schichten, die mit mechanischen Verbindungsmitteln verbunden sind, gilt für den Nachweis der Schubübertragung Abschnitt 8.

NCI NA.9.3.2 Flächen aus Vollholzlamellen

(NA.1) Beim Nachweis der Tragwirkung in Faserrichtung dürfen die Bemessungswerte der Biege- und Schubfestigkeit um einen Systembeiwert k_{sys} erhöht in Rechnung gestellt werden:

$$f_{m,\ell,d} = k_{sys} \cdot f_{m,d} \quad \text{(NA.146)}$$

$$f_{v,\ell,d} = k_{sys} \cdot f_{v,d} \quad \text{(NA.147)}$$

Dabei ist

$f_{m,d}$ der Bemessungswert der Biegefestigkeit der Lamelle;

$f_{v,d}$ der Bemessungswert der Schubfestigkeit der Lamelle;

k_{sys} der Systembeiwert nach Bild 6.12.

Die Anzahl der mitwirkenden Lamellen n ergibt sich wie folgt:

$$n = b_{ef} / b_{lam} \quad \text{(NA.148)}$$

Dabei ist

b_{ef} die mitwirkende Breite; $b_{ef} = M_{Träger}/m_{Platte}$;

$M_{Träger}$ das Biegemoment aus Trägerberechnung;

m_{Platte} das Biegemoment aus Plattenberechnung;

b_{lam} die Breite der Lamelle nach Bild NA.2.

(NA.2) Für die Spannungen rechtwinklig zur Lamellenrichtung, die aus einer Teilflächenbelastung herrühren, müssen die Bedingungen der Gleichungen (NA.144) und (NA.145) für den Querschnittsrand und die Querschnittsmitte erfüllt sein.

(NA.3) Bei Flächen aus nachgiebig verbundenen Lamellen und Teilflächenbelastung ist die Querkraftübertragung von Lamelle zu Lamelle über stiftförmige Verbindungsmittel nach Abschnitt 8 nachzuweisen.

(NA.4) Bei Flächen aus zusammengespannten Lamellen und Teilflächenbelastung muss folgende Bedingung erfüllt sein:

$$q_{v,d} \leq \mu_d \cdot \sigma_{p,min} \cdot h \qquad \text{(NA.149)}$$

Dabei ist

$q_{v,d}$ der Bemessungswert der Querkraft, die von Lamelle zu Lamelle zu übertragen ist;

$\sigma_{p,min}$ die geringste verbleibende Langzeitquerdruckspannung infolge der Vorspannung;

h die Dicke der Platte;

μ_d der Bemessungswert für den Reibungskoeffizienten:

sägerau–sägerau	0,3
gehobelt–gehobelt	0,2
sägerau–gehobelt	0,2
Holz–Beton	0,4

NCI NA.9.3.3 Theorie II. Ordnung, Stabilitätsnachweise

(NA.1) Die Schnittgrößen ebener Flächen mit Druckkräften aus Scheibenbeanspruchung sind nach Theorie II. Ordnung zu berechnen. Dabei sind für die Schnittgrößenermittlung die durch den Teilsicherheitsbeiwert γ_M dividierten Mittelwerte der Steifigkeitskennwerte zu verwenden. Dies ist nicht erforderlich, wenn die folgende Bedingung erfüllt ist:

$$\ell_{ef} \cdot \sqrt{\frac{N_d \cdot \gamma_M}{E_{0,mean} \cdot I}} \leq 1 \qquad \text{(NA.150)}$$

Dabei ist

ℓ_{ef} Ersatzstablänge der Fläche; bei Wänden ist ℓ_{ef} die Geschosshöhe oder der halbe Abstand der Aussteifungen durch Querwände (der kleinere Wert ist maßgebend);

$E_{0,mean} \cdot I$ Biegesteifigkeit für die Breite $b = 1$ nach NA.5.6;

N_d Druckkraft für die Breite $b = 1$.

(NA.2) Schalen sind auf Beulen zu untersuchen, sofern die Beulsicherheit nicht offensichtlich ist.

(NA.3) Der Beulnachweis von Flächen zusammengesetzter Bauteile ist erbracht, wenn die Bedingungen nach Tabelle 9.1 bzw. die Bedingungen nach den Gleichungen (9.8) und (9.9) eingehalten sind.

10 Ausführung und Überwachung

10.1 Allgemeines

(1)P Die Bestimmungen des Abschnitts 10 enthalten Voraussetzungen für die Anwendbarkeit der Bemessungsregeln dieser Norm.

10.2 Baustoffe

(1) Die Ausmittigkeit, die in der Mitte zwischen den Unterstützungen gemessen wird, sollte bei Druckstäben und kippgefährdeten Biegestäben sowie in Rahmenteilen auf 1/500 der Länge bei Bauteilen aus Brettschichtholz oder Furnierschichtholz und auf 1/300 der Länge bei Bauteilen aus tragendem Vollholz begrenzt werden. Die Krümmungsbeschränkungen in den meisten Sortierverfahren sind für die Auswahl des Baustoffs für diese Bauteile nicht ausreichend, so dass daher ihrer Geradheit besondere Aufmerksamkeit geschenkt werden sollte.

(2) Bauholz und Holzwerkstoffe sowie tragende Bauteile sollten nicht unnötigerweise ungünstigeren klimatischen Bedingungen ausgesetzt werden als denjenigen im späteren Gebrauchszustand.

Holzbaustoffe sind vor Witterung geschützt zu transportieren, zu lagern und zu montieren. Bis zur Fertigstellung des Gebäudes sind sie in Einbaulagen ebenfalls vor Witterung zu schützen (s. auch DIN 68800-2, Abschnitt 5.1).

(3) Bauholz sollte vor dem Einbau möglichst auf die Holzfeuchte getrocknet werden, die der Gleichgewichtsfeuchte im fertiggestellten Bauwerk entspricht. Wenn infolge Schwindens nur geringfügige Auswirkungen zu erwarten sind oder wenn unvertretbar geschädigte Teile ausgewechselt werden, können höhere Feuchten bei der Errichtung der Konstruktion zugelassen werden, jedoch nur, wenn sichergestellt ist, dass das Bauholz auf die gewünschte Feuchte nachtrocknen kann.

Siehe detaillierte Regelungen in DIN 68800-2, Abschnitt 5.1.2.

10.3 Geklebte Verbindungen

(1) Wenn die Festigkeit der Klebfugen eine Voraussetzung für die Bemessung im Grenzzustand der Tragfähigkeit ist, dann sollte die Herstellung der geklebten Verbindungen einer Qualitätskontrolle unterliegen, um sicherzustellen, dass die Zuverlässigkeit und die Qualität der Verbindung der technischen Spezifikation entsprechen.

Es gelten hierzu zusätzlich die Regeln der DIN 1052-10, Abschnitt 5.
Betriebe, die Klebearbeiten zur Herstellung oder Instandsetzung tragender Holzbauteile ausführen wollen, müssen deshalb gegenüber einer dafür anerkannten Prüfstelle einen Eignungsnachweis erbringen.
Verzeichnis der Betriebe mit Eignungsnachweis zum Kleben tragender Bauteile siehe www.mpa.uni-stuttgart.de.

(2) Die Empfehlungen des Klebstoffherstellers hinsichtlich des Klebstoffansatzes, der Umgebungsbedingungen für den Klebstoffauftrag und des Aushärtens, des Feuchtegehalts der Bauteile und aller relevanter Faktoren für die ordnungsgemäße Verwendung des Klebstoffes sollten befolgt werden.

(3) Bei Klebstoffen, die vor Erreichen der vollen Festigkeit eine Konditionierungsphase nach dem anfänglichen Aushärten benötigen, sollte eine Beanspruchung der Verbindung während der notwendigen Zeitdauer unterbleiben.

NCI Zu 10.3 „Geklebte Verbindungen"

(NA.4) Es gelten die Regelungen aus DIN 1052-10.

DIN 1052-10:2012 enthält als bauaufsichtlich eingeführte Norm [34] nationale Festlegungen zu Materialeigenschaften sowie zur Ausführung und Überwachung von Klebungen bei Holztragwerken, insbesondere zum Nachweis der Eignung zum Kleben von tragenden Holzbauteilen, zur Schraubenpressklebung, Verstärkung mit eingeklebten Stäben, Verstärkung mit angeklebten Platten, geklebten Tafelelementen und geklebten Verbundbauteilen.

10.4 Verbindungen mit mechanischen Verbindungsmitteln

10.4.1 Allgemeines

(1)P Baumkanten, Risse, Äste oder andere Wuchsunregelmäßigkeiten sind im Bereich einer Verbindung derart zu begrenzen, dass die Tragfähigkeit der Verbindung nicht verringert wird.

Insbesondere bei Zuganschlüssen sollte das zur Anwendung kommende Holz möglichst keine wuchsbedingten Fehler aufweisen (z. B. größere Äste oder Schrägfaserigkeit).

10.4.2 Nägel

(1) Wenn nicht anders geregelt, sollten Nägel rechtwinklig zur Faserrichtung des Holzes eingetrieben werden. Dabei sollten die Nagelköpfe bündig mit der Holzoberfläche abschließen.

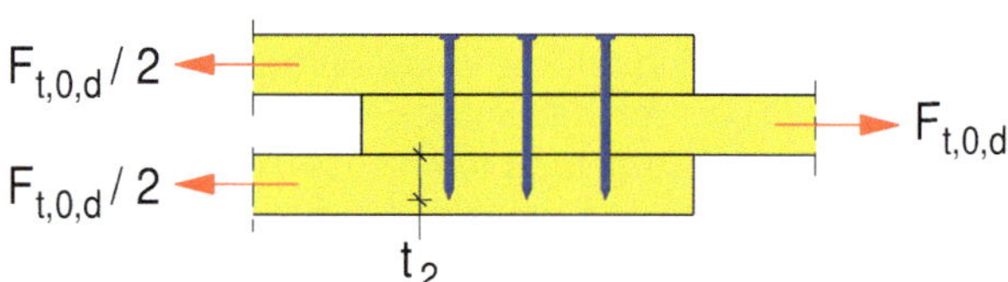

Bild K.224 — Nägel rechtwinklig zur Faserrichtung angeordnet

(2) Wenn nicht anders vereinbart, sollte eine Schrägnagelung in Übereinstimmung mit Bild 8.8 (b) ausgeführt werden.

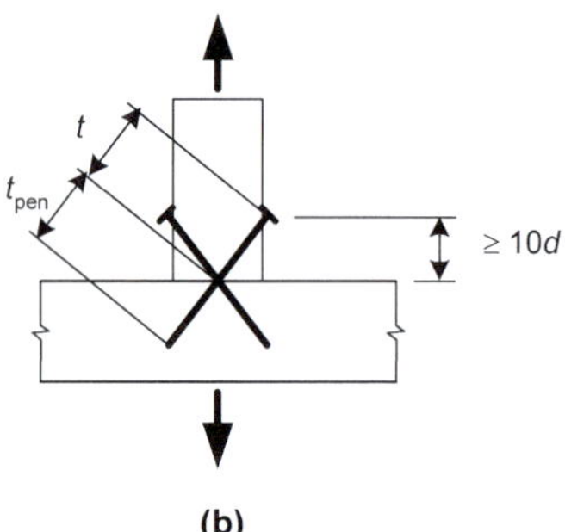

Bild 8.8 — Schrägnagelung nach Bild 8.8 (b)

(3) Der Durchmesser vorgebohrter Löcher sollte 0,8 d nicht übersteigen, wobei d der Nageldurchmesser ist.

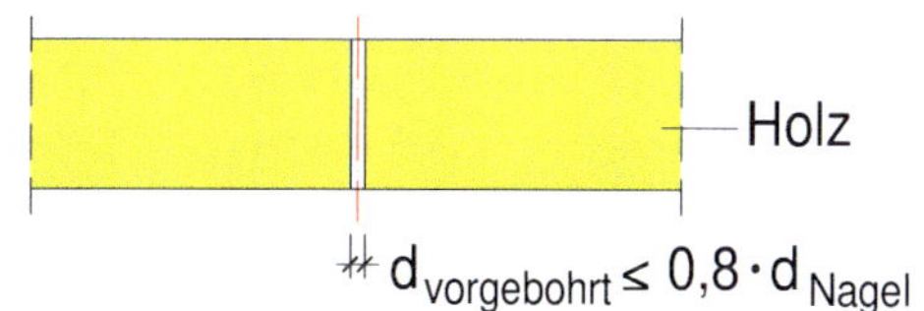

Bild K.225 — Vorbohren von Löchern im Holz

NCI Zu 10.4.2 „Nägel"

(NA.4) Nagellöcher in Stahlblechen sollen einen Durchmesser haben, der nicht mehr als 1 mm größer ist als der Nageldurchmesser d. Wird rechnerisch eine Einspannung des Nagels in ein dickes Stahlblech angesetzt, so darf der Durchmesser der Nagellöcher im Stahlblech maximal um 0,1 d größer sein als der Nageldurchmesser d.

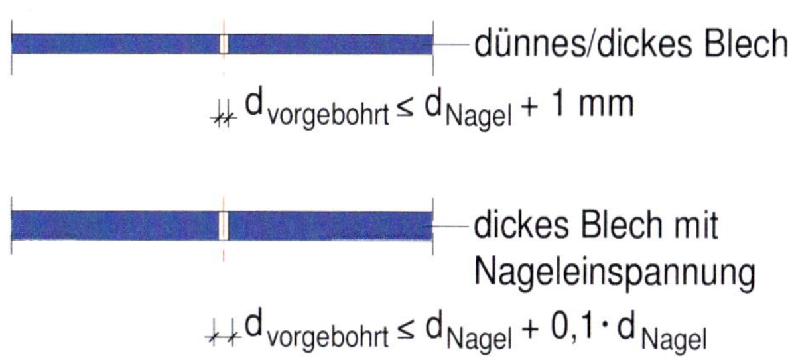

Bild K.226 — Vorbohren von Löchern in Stahlblechen

10.4.3 Bolzen und Unterlegscheiben

(1) Bolzenlöcher im Holz sollten nicht mehr als 1 mm größer als der Bolzendurchmesser sein. Bolzenlöcher in Stahlblechen sollten einen Durchmesser haben, der nicht mehr als 2 mm oder 0,1 d (der größere Wert ist maßgebend) größer als der Bolzendurchmesser d ist.

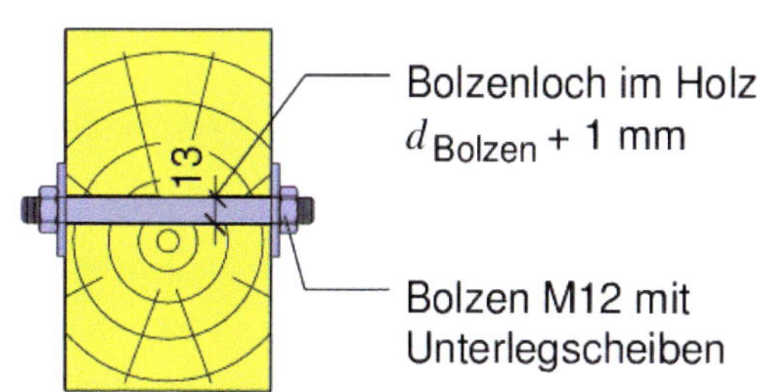

Bild K.227 — Bolzenverbindung mit Bolzenloch mit $d_{\text{Bolzen}} + 1$ mm

(2) Unter dem Kopf und unter der Mutter sollten Unterlegscheiben mit einer Seitenlänge oder einem Durchmesser von mindestens 3 d und einer Dicke von mindestens 0,3 d angeordnet werden. Die Unterlegscheiben sollten vollflächig anliegen.

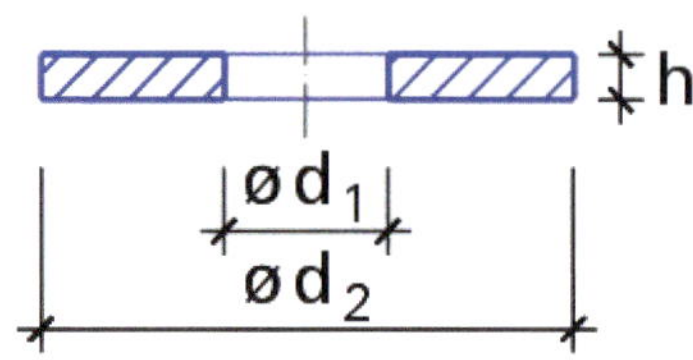

Maße in Millimeter

Nenngröße (Gewinde-Nenndurchmesser d)	Lochdurchmesser d_1		Außendurchmesser d_2		Dicke h		
	min.= Nennmaß	max.	max.= Nennmaß	min.	Nennmaß	max.	min.
6	6,60	6,96	22,0	20,7	2	2,3	1,7
8	9,00	9,36	28,0	26,7	3	3,6	2,4
10	11,0	11,43	34,0	32,4	3	3,6	2,4
12	13,5	13,93	44,0	42,4	4	4,6	3,4
16	17,5	18,2	56,0	54,1	5	6	4
20	22,00	22,84	72,0	70,1	6	7	5
24	26,00	26,84	85,0	82,8	6	7	5
30	33	34	105,0	102,8	6	7	5

Bild K.228 — Unterlegscheiben nach Bild 1 und Tabelle 1 in DIN EN ISO 7094 (Auszug)

(3) Bolzen und Schlüsselschrauben sollten derart angezogen werden, dass die Bauteile eng aneinanderliegen. Damit die Tragfähigkeit und die Steifigkeit der Konstruktion gewährleistet sind, sollten sie bei Bedarf nachgezogen werden, wenn das Holz die Ausgleichsfeuchte erreicht hat.

(4) Die Anforderungen an die kleinsten Durchmesser in Tabelle 10.1 gelten für Bolzen mit Dübeln besonderer Bauart mit:

d_c Durchmesser des Dübels besonderer Bauart in mm;

d Durchmesser des Bolzens in mm;

d_1 Durchmesser des Bolzenloches im Dübel besonderer Bauart.

Tabelle 10.1 — Anforderungen an Bolzendurchmesser bei Verwendung mit Dübeln besonderer Bauart

Dübeltyp nach DIN EN 912	d_c mm	d **mindestens** mm	d **höchstens** mm
A1–A6	≤130	12	24
A1, A4, A6	>130	0,1 d_c	24
B		$d_1 - 1$	d_1

10.4.4 Stabdübel und Passbolzen

(1) Der kleinste Durchmesser der Stabdübel beträgt 6 mm. Die Toleranzen für den Durchmesser von Stabdübeln betragen –0/+0,1 mm. Vorgebohrte Löcher in den Holzbauteilen sollten keinen größeren Durchmesser haben als den des Stabdübels.

	1	2
1	Durchmesser d mm	Abfassung f mm
2	6	1
3	8	1
4	10	1,5
5	12	2
6	16	2,5
7	20	3
8	24	3,5

Bild K.229 — Vorzugsmaße für Stabdübel nach DIN 1052:2008, Tabelle G.10

10.4.5 Schrauben

(1) Bei selbstbohrenden Schrauben in Nadelholz mit einem Durchmesser des glatten Schaftteils von $d \leq 6$ mm ist ein Vorbohren nicht erforderlich. Bei sämtlichen Schrauben in Laubholz und bei Schrauben in Nadelholz mit einem Durchmesser von $d > 6$ mm ist das Vorbohren mit folgenden Anforderungen erforderlich:

— das Führungsloch für den Schaft sollte den gleichen Durchmesser wie der Schaft und die gleiche Tiefe wie die Länge des gewindefreien Schaftteils aufweisen;

— das Führungsloch für den Gewindeteil sollte einen Durchmesser von etwa 70 % des Schaftdurchmessers aufweisen.

(2) Bei Rohdichten des Holzes über 500 kg/m³ sollte der erforderliche Durchmesser für das Vorbohren durch Prüfungen ermittelt werden.

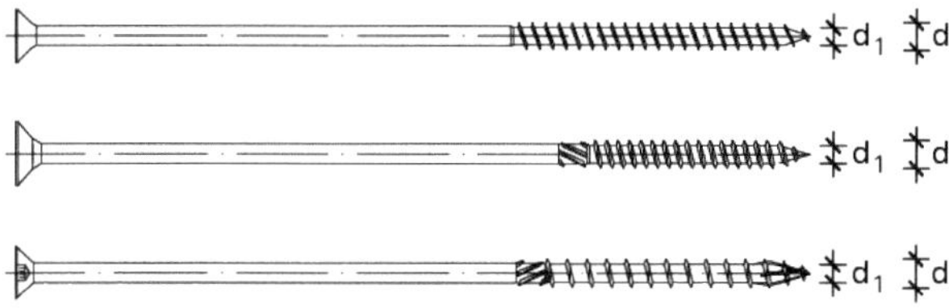

Bild K.230 — Teilgewindeschrauben nach verschiedenen allgemeinen bauaufsichtlichen Zulassungen

(3)P Wenn das Vorbohren auf selbstbohrende Schrauben angewendet wird, darf der Durchmesser des Führungslochs nicht größer als der Innendurchmesser des Gewindes d_1 sein.

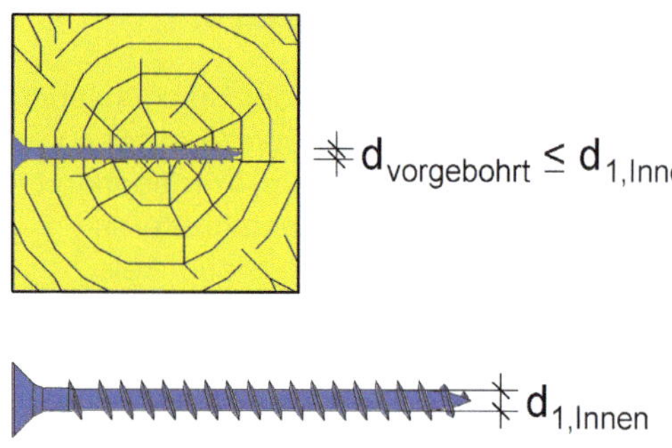

Bild K.231 — Vorbohren bei selbstbohrenden Schrauben mit bauaufsichtlichem Verwendbarkeitsnachweis

10.5 Zusammenbau von Bauteilen

(1) Die Konstruktion sollte derart zusammengefügt werden, dass Überbeanspruchungen der Bauteile und Verbindungen ausgeschlossen werden. Verdrehte, gerissene oder an den Anschlüssen schlecht passende Bauteile sollten ausgewechselt werden.

10.6 Transport und Montage

(1) Eine Überbeanspruchung der Bauteile während der Lagerung, des Transportes und der Montage sollte vermieden werden. Wird die Konstruktion anders als im fertigen Bauwerk belastet oder unterstützt, dann sollten diese vorübergehenden Bedingungen als ein wesentlicher Lastfall einschließlich möglicher dynamischer Beanspruchungen behandelt werden. Bei Rahmentragwerken oder Portalrahmen beispielsweise sollte besonders darauf geachtet werden, beim Aufrichten aus der horizontalen in die vertikale Lage Verwindungen zu vermeiden.

NCI Zu 10.6 „Transport und Montage“

(NA.2) Bei ebenen Rahmentragwerken und Fachwerkbindern in Nagelplattenbauweise darf der Nachweis der Transport- und Montagezustände inklusive dem Aufrichten von der liegenden in die stehende Lage als erfüllt angesehen werden, wenn die Anforderungen nach den Absätzen (NA.3) bis (NA.8) eingehalten sind:

(NA.3) Für die Ermittlung der Bemessungswerte der Bauteilwiderstände darf für Transport- und Montagezustände die Klasse der Lasteinwirkungsdauer „sehr kurz“ (siehe Tabelle 2.1) zugrunde gelegt werden.

(NA.4) Die Holzdicke der Stäbe beträgt mindestens

$$b = \frac{1{,}8 \cdot \ell^2}{f_{m,k}} \qquad \text{(NA.151)}$$

Dabei ist

ℓ Gesamtlänge des Trägers in m;

$f_{m,k}$ charakteristischer Wert der Biegefestigkeit des Holzes in N/mm².

(NA.5) Die Plattenbeanspruchungen von Firstknoten und von Stößen der Ober- und Untergurte sind nach den Gleichungen (8.53) bis (8.60) für eine Mindestzugkraft F_{Ed} je Nagelplatte zu bemessen, die rechtwinklig zur Fuge der zu verbindenden Gurte wirkt:

$$F_{Ed} = 0{,}2 \cdot h \cdot \ell^2 \text{ N, je Nagelplatte} \qquad \text{(NA.152)}$$

Dabei ist

h Gurthöhe in mm;

ℓ Gesamtlänge des Trägers in m.

(NA.6) Bei Firstknoten und bei Stößen der Ober- und Untergurte sind die Anschlüsse jeder Nagelplatte an die Gurte für eine Mindestzugkraft F_{Ed} nach Gleichung (NA.152) und eine zusätzliche, in der Fuge, rechtwinklig zur Binderebene wirkende Querkraft V_{Ed} nachzuweisen:

$$V_{Ed} = 1{,}25 \cdot b \cdot h \cdot \ell \cdot 10^{-3} \text{ N, je Nagelplatte} \qquad \text{(NA.153)}$$

Dabei ist

b, h Querschnittsabmessungen des Gurtes in mm;

ℓ Gesamtlänge des Trägers in m.

(NA.7) Für die gleichzeitige Beanspruchung der Nägel auf Abscheren und Herausziehen ist folgende Bedingung einzuhalten:

$$\frac{\tau_{F,d}}{f_{a,\alpha,\beta,d}} + \frac{s_{ax,d}}{f_{ax,d}} \leq 1{,}0 \qquad \text{(NA.154)}$$

Dabei ist

$\tau_{F,d}$ Bemessungswert der Nagelbelastung auf Abscheren mit F_{Ed} nach Gleichung (NA.152) $\tau_{F,d} = F_{Ed}/A_{ef}$;

$f_{a,\alpha,\beta,d}$ Bemessungswert des Widerstandes gegen Abscheren;

$s_{ax,d}$ Bemessungswert der Nagelbelastung auf Herausziehen mit V_{Ed} nach Gleichung (NA.153) $s_{ax,d} = V_{Ed}/\ell_{s,1}$;

$f_{ax,d}$ Bemessungswert des Widerstandes gegen Herausziehen;

$\ell_{s,1}$ Länge des von der Platte abgedeckten Bereichs der Fuge, gemessen in Fugenrichtung. Die Länge $\ell_{s,1}$ ist unter Berücksichtigung des Abzugs von Randstreifen mit einer Breite von 5 mm zu ermitteln, wenn der Randabstand der Nagelplatte zum freien Holzrand < 5 mm ist.

(NA.8) Die charakteristischen Werte der Widerstände sind dem jeweiligen bauaufsichtlichen Verwendbarkeitsnachweis der Nagelplatten zu entnehmen.

10.7 Überwachung

(1) Es wird vorausgesetzt, dass ein Überwachungsplan folgende Punkte enthält:

- Herstellungs- und Ausführungsüberwachung im Werk und auf der Baustelle;
- Überwachung nach Fertigstellung der Tragkonstruktion.

ANMERKUNG 1 Es wird vorausgesetzt, dass die Kontrolle der Konstruktion Folgendes einschließt:

- Vorprüfungen, z. B. Prüfung der Eignung der Baustoffe und der Herstellungsverfahren;
- Identifizierung und Überprüfung der Baustoffe, z. B.:
  - bei Holz und Holzwerkstoffen: Holzart, Sortierklasse, Kennzeichnung, Vorbehandlungen und Feuchte;
  - bei geklebten Konstruktionen: Klebstofftyp, Herstellungsverfahren, Klebfugenqualität;
  - bei Verbindungsmitteln: Art, Korrosionsschutz;
- Transport, Baustellenlagerung, Umgang mit den Baustoffen;
- Überprüfung der korrekten Abmessungen und der Geometrie;
- Überprüfung des Zusammenbaus und der Montage;
- Überprüfung konstruktiver Einzelheiten, z. B.:
  - Anzahl der Nägel, Bolzen usw.;
  - Bohrlochgrößen, einwandfreies Vorbohren der Löcher;
  - Abstände untereinander, von den Hirnholzenden und von den Rändern;
  - Rissbildungen;
- Schlussüberprüfung des Ergebnisses des Herstellungsprozesses, z. B. durch visuelle Inspektion oder durch Probebelastung.

ANMERKUNG 2 Es wird vorausgesetzt, dass ein Überwachungsprogramm die Überwachungsmaßnahmen enthält (Inspektion, Wartung), die während der Nutzung auszuführen sind, wenn eine dauerhafte Übereinstimmung mit den ursprünglichen Annahmen für das Projekt nicht angemessen sichergestellt ist.

ANMERKUNG 3 Es wird vorausgesetzt, dass alle Informationen für Nutzung und Wartung einer Konstruktion der Person oder Behörde zur Verfügung gestellt werden, die für das fertiggestellte Bauwerk verantwortlich ist.

10.8 Besondere Regeln für Scheiben

10.8.1 Decken- und Dachscheiben

(1) Das in 9.2.3.2 angegebene vereinfachte Rechenverfahren geht davon aus, dass Beplankungen, die nicht auf Rippen oder Querhölzern gestoßen sind, miteinander z. B. durch Rahmenhölzer verbunden sind, wie in Bild 10.1 dargestellt. Es sollten andere als glattschaftige Nägel nach DIN EN 14592 oder aber Schrauben verwendet werden. Der Größtabstand entlang der Ränder der Beplankung sollte 150 mm betragen. In anderen Bereichen sollte der Größtabstand 300 mm betragen.

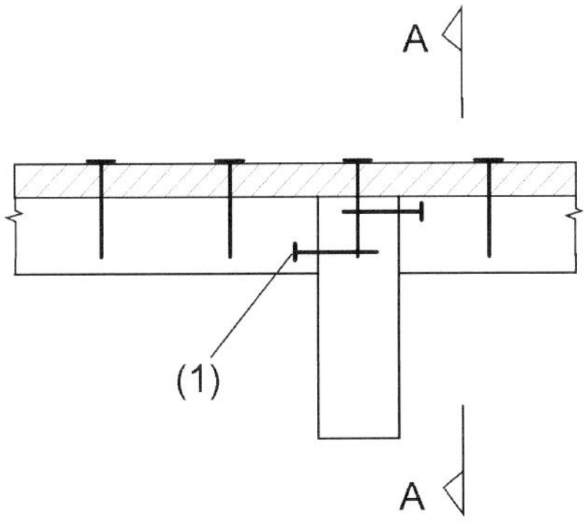

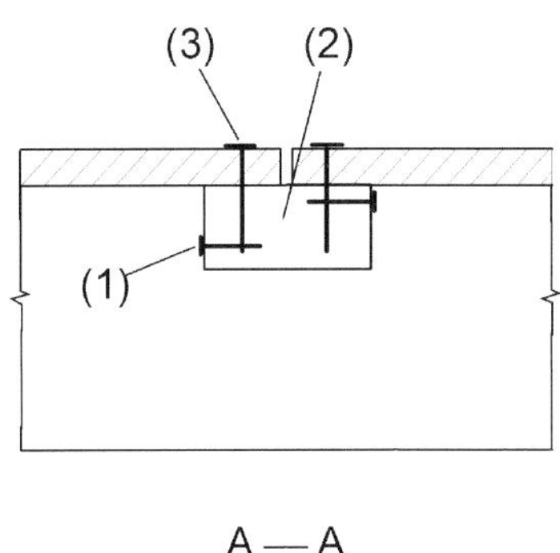

Legende

(1) Rahmenholz, durch Schrägnagelung an Rippen oder Querhölzer angeschlossen
(2) Rahmenholz
(3) Beplankung auf Rahmenholz genagelt

Bild 10.1 — Beispiele für die Verbindung einer Beplankung, die nicht auf einer Rippe oder einem Querholz gestoßen ist

10.8.2 Wandscheiben

(1) Das in 9.2.4.2 und 9.2.4.3 angegebene vereinfachte Rechenverfahren geht davon aus, dass die Befestigungen der Beplankung mit einem größten Verbindungsmittelabstand entlang der Ränder von 150 mm für Nägel und von 200 mm für Schrauben erfolgen. An den Zwischenpfosten sollte der maximale Abstand nicht größer als der doppelte Abstand in den Randpfosten bzw. 300 mm (der kleinere Wert ist maßgebend) sein. Siehe Bild 10.2.

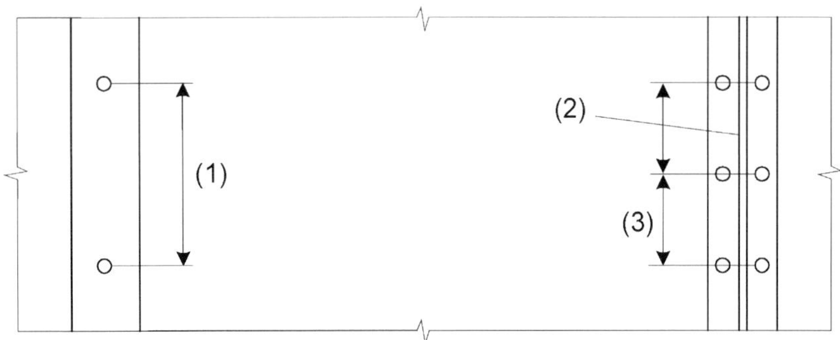

Legende

(1) Nagelabstand auf Zwischenpfosten höchstens 300 mm
(2) Plattenrand
(3) Nagelabstand höchstens 150 mm

Bild 10.2 — Befestigung der Beplankung

10.9 Besondere Regeln für Nagelplattenbinder

10.9.1 Herstellung

ANMERKUNG Anforderungen an die Herstellung von Nagelplattenbindern enthält DIN EN 14250.

DIN EN 14250 legt die Werkstoff-, Produkt- und Dokumentationsanforderungen von Nagelplattenkonstruktionen fest.

10.9.2 Montage

(1) Die Binder sollten vor Befestigung der endgültigen Aussteifungen auf Geradheit und lotrechte Ausrichtung überprüft werden.

(2) Bei der Binderherstellung sollten die Stäbe keine Verdrehungen und Krümmungen aufweisen, die die Grenzwerte nach DIN EN 14250 übersteigen. Wenn jedoch Stäbe, die sich zwischen der Herstellung und der Montage der Binder verformt haben, ohne Beschädigung des Holzes oder der Verbindungen wieder dauerhaft gerade gerichtet werden können, darf der Binder als gebrauchstauglich angesehen werden.

(3) Die größte Krümmungsamplitude a_{bow}, die nach der Montage eines jeden Binders auftreten kann, sollte begrenzt werden. Damit im fertigen Dachtragwerk hinreichend gesichert ist, dass die Krümmung nicht zunehmen kann, sollte der zulässige Größtwert des Krümmungsmaßes zu $a_{bow,perm}$ angenommen werden.

ANMERKUNG ~~Der empfohlene Bereich von $a_{bow,perm}$ beträgt 10 mm bis 50 mm.~~ Die Nationalen Anhänge können Hinweise zu den zulässigen Größtwerten enthalten.

NDP Zu 10.9.2(3) Montage von Nagelplattenbindern: Größtwert für die spannungslose seitliche Auslenkung

Der zulässige Größtwert für die spannungslose seitliche Auslenkung beträgt $a_{bow,perm,max}$ = min (ℓ/400; 50 mm).

ℓ = Abstand zwischen den Auflagern (in mm)

Die spannungslose seitliche Auslenkung ist bei der Ermittlung der Beanspruchungen und Verformungen der stabilisierenden Bauteile zu berücksichtigen.

(4) Die größte Lotabweichung a_{dev} nach der Montage eines Binders von der echten lotrechten Ausrichtung sollte begrenzt werden. Der zulässige Wert der größten Lotabweichung sollte zu $a_{dev,perm}$ angenommen werden.

ANMERKUNG ~~Der empfohlene Bereich von $a_{dev,perm}$ beträgt 10 mm bis 50 mm.~~ Die Nationalen Anhänge können Hinweise zu den zulässigen Größtwerten enthalten.

NDP Zu 10.9.2(4) Montage von Nagelplattenbindern: Größtwert für die Schiefstellung

Der zulässige Größtwert für die Schiefstellung beträgt $a_{dev,perm,max}$ = 50 mm. Die Schiefstellung ist bei der Ermittlung der Beanspruchungen und Verformungen der stabilisierenden Bauteile zu berücksichtigen.

NCI NA.11 „Geklebte Verbindungen“

NCI NA.11.1 Allgemeines

(NA.1) Die nachfolgenden Regeln gelten für geklebte Verbindungen in tragenden Bauteilen sowie für Verbundbauteile aus Brettschichtholz und Brettsperrholz nach DIN 1052-10.

(NA.2) Für die Ausführung von Klebarbeiten zur Herstellung tragender Holzbauteile und geklebter Verbindungen muss der Hersteller bzw. der Ausführende im Besitz des jeweils erforderlichen Nachweises der Eignung sein (siehe DIN 1052-10). Ein Nachweis der Eignung muss auch für die Ausführung von Klebarbeiten zur Instandsetzung tragender Holzbauteile vorliegen. Bei Instandsetzungsmaßnahmen ist vorab eine ingenieurmäßige Bauteil-/Bauwerksanalyse hinsichtlich der Schadensursache erforderlich, auf deren Basis ein sachgerechtes Instandsetzungskonzept zu erstellen ist. Bei der Planung und Ausführung der Klebarbeiten sind die Vorgaben des Eignungsnachweises des Klebstoffs zu beachten.

Nach Tabelle 2 in DIN 1052-10 gelten 6 verschiedene Bescheinigungen als Nachweis der Eignung zum Kleben von tragenden Holzbauteilen. Vor Beginn der Arbeiten ist zu prüfen, ob der ausführende Betrieb die entsprechende Eignung nachweisen kann (s. auch aktuelles Verzeichnis der Betriebe mit Eignungsnachweis www.mpa.uni-stuttgart.de).

(NA.3) Bei flächigen Klebungen ist als Bemessungswert der Scherfestigkeit der Klebfuge der jeweils kleinere Bemessungswert der Schubfestigkeit bzw. der Rollschubfestigkeit der zu verklebenden Bauteile anzunehmen. Dies gilt nicht für den Nachweis der Klebfuge für Verstärkungen nach NA.6.8.

NCI NA.11.2 Verbindungen mit eingeklebten Stahlstäben

NCI NA.11.2.1 Allgemeines

(NA.1) Die Festlegungen gelten für Verbindungen in Bauteilen aus Holz mit eingeklebten Gewindebolzen mit metrischem Gewinde nach DIN 976-1 und gerippten Betonstabstählen nach DIN 488-1 mit einem Nenndurchmesser d von mindestens 6 mm und höchstens 30 mm.

eingeklebte Gewindebolzen nach DIN 976-1

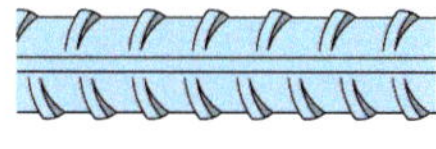

eingeklebte gerippte Betonstähle nach DIN 488

Bild K.232 — Stahlstäbe für geklebte Verbindungen nach Abschnitt NCI NA.11.2 (NA.1)

NCI NA.11.2.2 Beanspruchung rechtwinklig zur Stabachse

(NA.1) Für den Nachweis der Tragfähigkeit auf Abscheren (Beanspruchung rechtwinklig zur Stabachse) gelten die Bestimmungen nach 8.2. In den maßgebenden Gleichungen ist bei gerippten Betonstabstählen für den Durchmesser d der Nenndurchmesser einzusetzen.

Siehe Bild NA.19.

(NA.2) Sofern im Folgenden nichts anderes festgelegt ist, gelten im Übrigen die Bestimmungen für Verbindungen mit Bolzen und Gewindestangen (siehe 8.5) sinngemäß.

(NA.3) Die Mindestabstände untereinander und von den Rändern sind in Tabelle NA.22 (siehe zur Erläuterung auch Bild NA.19) angegeben.

(NA.4) Bei rechtwinklig zur Faserrichtung eingeklebten Stahlstäben dürfen die charakteristischen Werte der Lochleibungsfestigkeit nach 8.5 mit um 25 % erhöhten Werten in Rechnung gestellt werden.

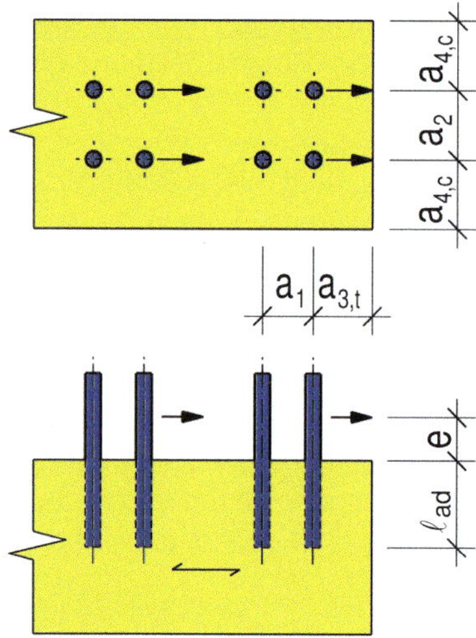

Bild K.233 — Rechtwinklig zur Faserrichtung eingeklebte Stahlstäbe bei Beanspruchung rechtwinklig zur Stabachse (Abscheren)

Tabelle NA.22 — Mindestabstände von rechtwinklig zur Stabachse beanspruchten eingeklebten Stahlstäben

	1	2
1	parallel zur Faserrichtung eingeklebte Stahlstäbe	$a_2 = 5 \cdot d$ $a_{2,c} = 2{,}5 \cdot d$ $a_{2,t} = 4 \cdot d$
2	rechtwinklig zur Faserrichtung eingeklebte Stahlstäbe	siehe Tabelle 8.5

(NA.5) Bei parallel zur Faserrichtung eingeklebten Stahlstäben dürfen die charakteristischen Werte der Lochleibungsfestigkeit zu 10 % der entsprechenden Werte bei rechtwinklig zur Faserrichtung eingeklebten Stahlstäben angenommen werden.

Siehe Bild NA.19.

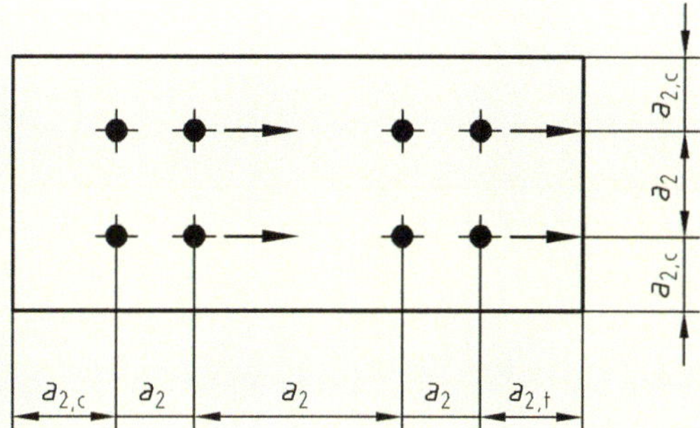

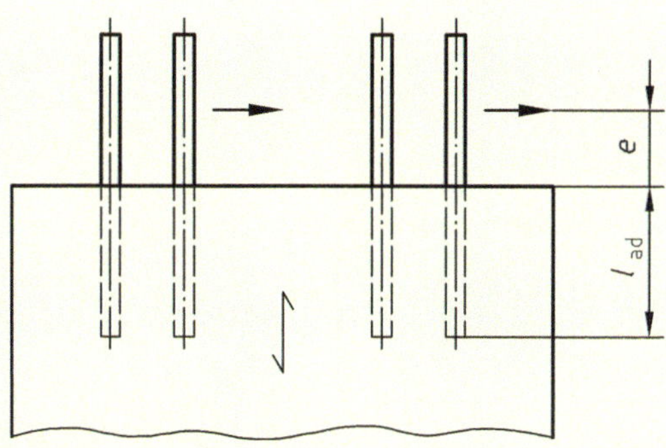

Bild NA.19 — Definition der Mindestabstände von rechtwinklig zur Stabachse beanspruchten, parallel zur Faserrichtung eingeklebten Stahlstäben

(NA.6) Liegt der Winkel zwischen Faserrichtung und der Achse des eingeklebten Stahlstabes zwischen 0° und 90°, darf der charakteristische Wert der Lochleibungsfestigkeit durch lineare Interpolation bestimmt werden.

(NA.7) Greift die Last in einem Abstand e zur Holzoberfläche an (siehe Bild NA.19), ist dies bei der Ermittlung der Tragfähigkeit der Verbindung zu berücksichtigen.

NCI NA.11.2.3 Beanspruchung in Richtung der Stabachse

(NA.1) Beim Nachweis der Tragfähigkeit eingeklebter Stahlstäbe, die in Richtung der Stabachse beansprucht werden, sind folgende Versagensmechanismen zu berücksichtigen:

Siehe Bild NA.20.

— Versagen des Stahlstabes;

— Versagen der Klebfuge bzw. des Holzes entlang der Bohrlochwandung;

— Versagen des Holzbauteils.

(NA.2) Falls eine ungleichmäßige Beanspruchung nicht ausgeschlossen werden kann, muss für die Tragfähigkeit der Verbindung die Tragfähigkeit des Stahlstabes und nicht die Festigkeit des Holzes oder der Klebfuge maßgebend sein.

(NA.3) Die Mindestabstände untereinander und von den Rändern sind in Tabelle NA.23 (siehe Bild NA.20) angegeben.

(NA.4) Der Bemessungswert des Ausziehwiderstandes von eingeklebten Stahlstäben darf berechnet werden zu:

$$F_{ax,Rd} = \min \{f_{y,d} \cdot A_{ef} ; \pi \cdot d \cdot \ell_{ad} \cdot f_{k1,d}\} \quad \text{(NA.155)}$$

Dabei ist

$f_{y,d}$ der Bemessungswert der Streckgrenze des Stahlstabes;

A_{ef} der Spannungsquerschnitt des Stahlstabes;

ℓ_{ad} die Einkleblänge des Stahlstabes;

d der Nenndurchmesser des Stahlstabes;

$f_{k1,d}$ der Bemessungswert der Klebfugenfestigkeit mit $f_{k1,k}$ nach Tabelle NA.12.

Tabelle NA.23 — Mindestabstände von in Richtung der Stabachse beanspruchten eingeklebten Stahlstäben

	1	2
1	parallel zur Faserrichtung eingeklebte Stahlstäbe	$a_2 = 5 \cdot d$ $a_{2,c} = 2{,}5 \cdot d$
2	rechtwinklig zur Faserrichtung eingeklebte Stahlstäbe	$a_1 = 4 \cdot d$ $a_2 = 4 \cdot d$ $a_{1,c} = 2{,}5 \cdot d$ $a_{2,c} = 2{,}5 \cdot d$

(NA.5) Die Einklebelänge $\ell_{ad,min}$ in mm muss mindestens betragen:

$$\ell_{ad,min} = \max \{0{,}5 \cdot d^2; 10 \cdot d\} \quad \text{(NA.156)}$$

Dabei ist

d der Nenndurchmesser des Stahlstabes in mm.

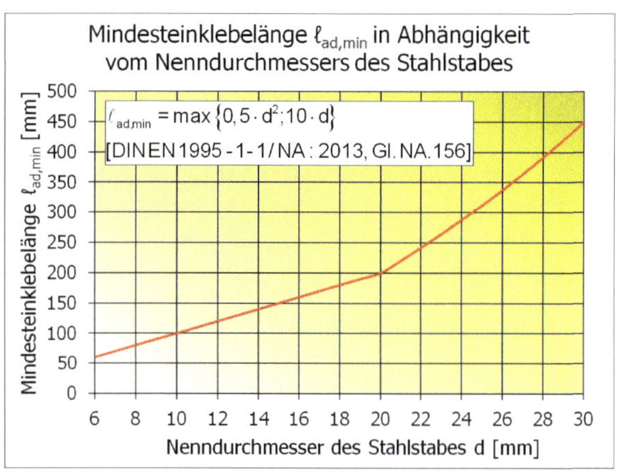

Bild K.234 — Mindesteinklebelänge von eingeklebten Stahlstäben in Abhängigkeit vom Nenndurchmesser des Stahlstabes

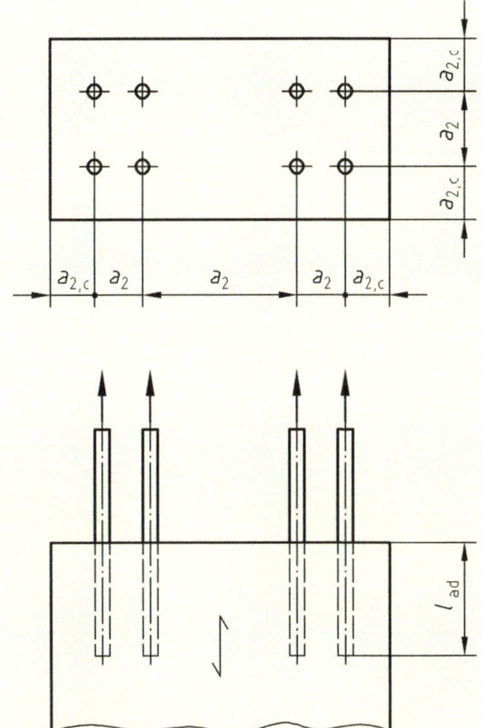

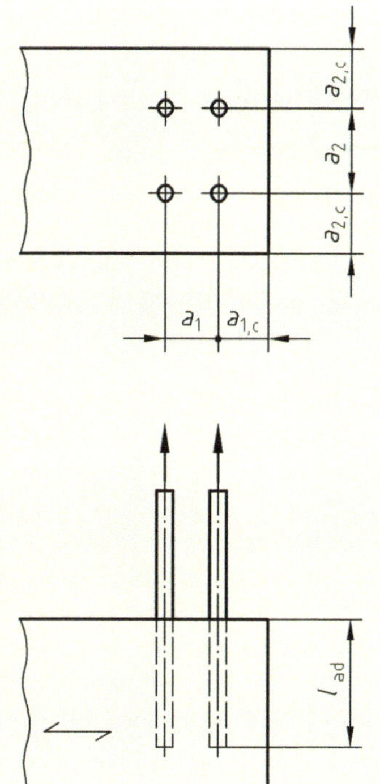

Bild NA.20 — Definition der Mindestabstände von in Richtung der Stabachse beanspruchten eingeklebten Stahlstäben

(NA.6) Für parallel zur Faserrichtung eingeklebte zugbeanspruchte Stahlstäbe ist die Zugspannung im Holz am Ende des Stahlstabes nachzuweisen. Als wirksame Querschnittsfläche des Holzes darf dabei je Stahlstab höchstens eine Fläche von 36 d^2 angesetzt werden.

(NA.7) Werden eingeklebte Stahlstäbe für Queranschlüsse verwendet, sind die durch die Kraftkomponente rechtwinklig zur Faserrichtung verursachten Querzugspannungen im Bauteil nach Gl. (8.4) nachzuweisen. Für h_e ist die projizierte Einklebelänge $\ell_{ad} \cdot \sin\alpha$ zu verwenden.

Siehe Bild NA.20.

NCI NA.11.2.4 Kombinierte Beanspruchung

(NA.1) Bei gleichzeitiger Beanspruchung von eingeklebten Stahlstäben auf Abscheren und auf Herausziehen ist nachzuweisen:

$$\left(\frac{F_{\ell a,Ed}}{F_{\ell a,Rd}}\right)^2 + \left(\frac{F_{ax,Ed}}{F_{ax,Rd}}\right)^2 \leq 1 \qquad \text{(NA.157)}$$

NCI NA.11.3 Universal-Keilzinkenverbindungen von Brettschichtholz und Balkenschichtholz

(NA.1) Universal-Keilzinkenverbindungen von Brettschichtholz nach DIN 1052 und Balkenschichtholz müssen die Anforderungen nach DIN EN 387 erfüllen. Universal-Keilzinkenverbindungen von Brettschichtholz nach DIN EN 14080 müssen die Anforderungen nach DIN EN 14080 erfüllen.

(NA.2) Brettschichtholz und Balkenschichtholz mit Universal-Keilzinkenverbindungen darf nur in den Nutzungsklassen 1 und 2 verwendet werden.

(NA.3) Bei Universal-Keilzinkenverbindungen von Brettschichtholz, bei denen die Faserrichtungen der zu verbindenden Brettschichtholzbauteile einen Winkel von 2 α einschließen und bei denen an der inneren Ecke Druckspannungen und damit über den Verlauf der Universal-Keilzinkenverbindung Querdruckspannungen auftreten (siehe Bild NA.21), muss die folgende Bedingung erfüllt sein:

$$\frac{f_{c,0,d}}{f_{c,\alpha,d}} \cdot \left(\frac{\sigma_{c,0,d}}{k_c \cdot f_{c,0,d}} + \frac{\sigma_{m,d}}{f_{m,d}} \right) \leq 1 \qquad \text{(NA.158)}$$

Beim Nachweis nach der Theorie II. Ordnung ist k_c = 1.

Dabei ist

$f_{c,\alpha,d}$ die Druckfestigkeit unter dem Winkel α nach Gleichung (NA.163); in Gleichung (NA.163) sind die Werte der Festigkeit der zu verbindenden Brettschichtholzkomponenten einzusetzen;

k_c der Knickbeiwert nach Gleichung (6.25) bzw. (6.26).

Die Spannungen $\sigma_{c,0}$ und σ_m sind mit den Schnittgrößen an den Stellen 1 und 2 (siehe Bild NA.21) und mit Querschnitten rechtwinklig zur Faserrichtung unmittelbar neben der Universal-Keilzinkenverbindung zu ermitteln (siehe Schnitte 1-1 und 2-2 in Bild NA.21).

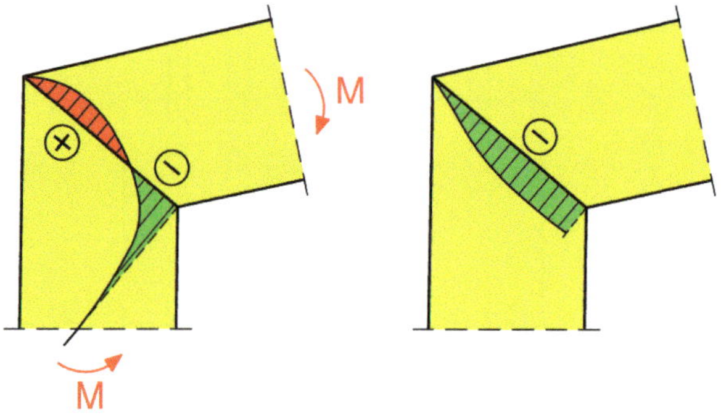

Bild K.235 — Rahmenecke mit einer Keilzinkenverbindung, Längs- und Querspannungen infolge Biegemoment mit Druckspannungen an den inneren Ecken (nach [49])

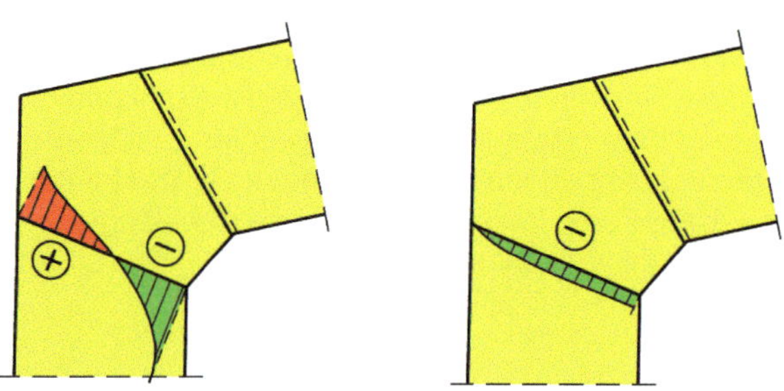

Bild K.236 — Rahmenecke mit zwei Keilzinkenverbindungen und eingesetztem Zwischenstück, Längs- und Querspannungen infolge Biegemoment mit Druckspannungen an den inneren Ecken (nach [49])

Maße in Millimeter

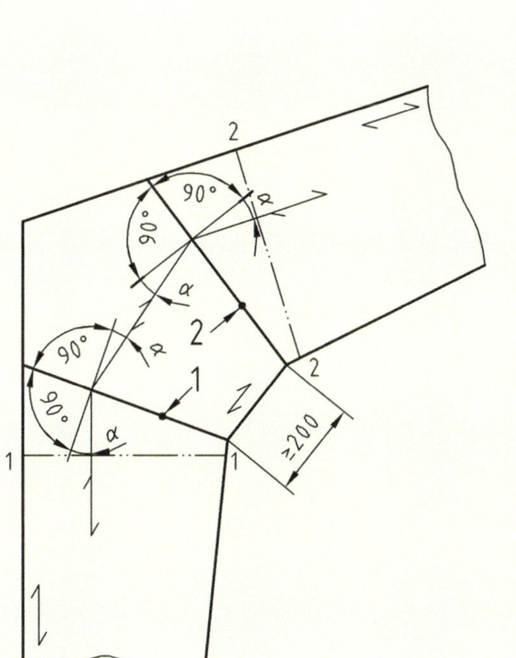

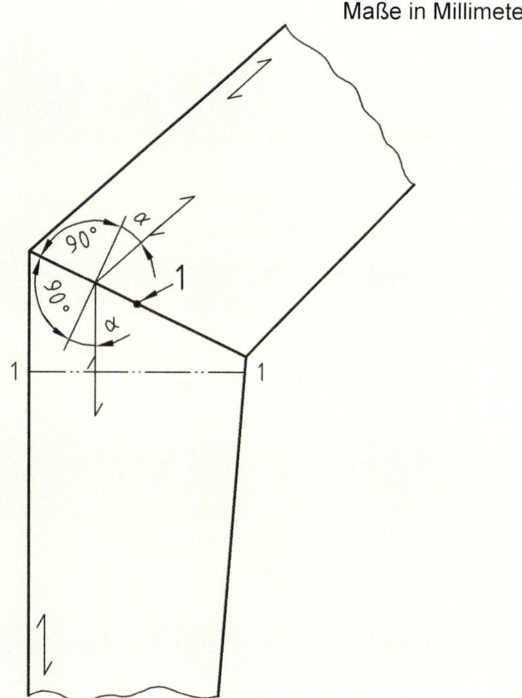

Legende

1 Stelle 1
2 Stelle 2
1 — 1 Schnitt 1-1
2 — 2 Schnitt 2-2

Bild NA.21 — Beispiele der Faserrichtung des Brettschichtholzes in Rahmenecken mit Universal-Keilzinkenverbindungen sowie maßgebende Schnitte für die Bemessung

(NA.4) Bei Universal-Keilzinkenverbindungen von Brettschichtholz, bei denen die Faserrichtungen der zu verbindenden Brettschichtholzbauteile einen Winkel von $2 \cdot \alpha$ einschließen und bei denen an der inneren Ecke Zugspannungen und damit über den Verlauf der Universal-Keilzinkenverbindung Querzugspannungen auftreten (siehe Bild NA.21), muss die folgende Bedingung erfüllt sein:

$$\frac{f_{c,0,d}}{f_{c,\alpha,d}} \cdot \left(\frac{\sigma_{c,0,d}}{k_c \cdot f_{c,0,d}} + \frac{\sigma_{m,d}}{f_{m,d}} \right) \leq 0{,}2 \qquad \text{(NA.159)}$$

Beim Nachweis nach der Theorie II. Ordnung ist $k_c = 1$.

Dabei ist

$f_{c,\alpha,d}$ die Druckfestigkeit unter dem Winkel α nach Gleichung (NA.163); in Gleichung (NA.163) sind die Werte der Festigkeit der zu verbindenden Brettschichtholzkomponenten einzusetzen;

k_c der Knickbeiwert nach Gleichung (6.25) bzw. (6.26).

Universal-Keilzinkenverbindungen sollten bei Rahmenkonstruktionen mit größeren positiven Eckmomenten nicht angewendet werden [49].

Die Spannungen $\sigma_{c,0}$ und σ_m sind mit den Schnittgrößen an den Stellen 1 und 2 (siehe Bild NA.21) und mit Querschnitten rechtwinklig zur Faserrichtung unmittelbar neben der Universal-Keilzinkenverbindung zu ermitteln (siehe Schnitte 1-1 und 2-2 in Bild NA.21).

(NA.5) Bei der Berechnung der Normalspannungen sind Querschnittsschwächungen durch die Universal-Keilzinkenverbindung zu berücksichtigen. Sie dürfen ohne genaueren Nachweis zu 20 % der Bruttoquerschnittswerte angenommen werden.

(NA.6) Zur Berücksichtigung des Einflusses von Ästen im Bereich der Universal-Keilzinkenverbindung sind für die Bemessungswerte der Zug-, Druck- und Biegefestigkeiten $f_{t,0,d}$, $f_{c,0,d}$ und $f_{m,d}$ der Brettschichtholz-Festigkeitsklassen GL 28 und höher bzw. der Balkenschichtholz-Festigkeitsklassen C24 und höher jeweils um 15 % abzumindern.

(NA.7) Für gerade Universal-Keilzinkenverbindungen in Brettschichtholz nach DIN EN 14080 ist als charakteristischer Wert der Biegefestigkeit $f_{m,k}$ der deklarierte Wert der Biegefestigkeit der Universal-Keilzinkenverbindung $f_{m,lfj,k}$ anzusetzen. Für alle übrigen Festigkeiten sind die charakteristischen Festigkeitswerte des Fügeteils mit der niedrigsten Festigkeitsklasse anzusetzen. Die Abminderungen nach (NA.5) und (NA.6) müssen dabei nicht auf den charakteristischen Wert der Biegefestigkeit angewendet werden.

NCI NA.11.4 Schäftungsverbindungen

(NA.1) Schäftungsverbindungen sind in diesem Zusammenhang faserparallele Stöße in Vollholz, Balkenschichtholz und Brettschichtholz mit Klebflächenneigungen von höchstens 1/10.

(NA.2) Es gelten die Bemessungswerte der Tragfähigkeiten der ungeschwächten Stoßteile.

(NA.3) Die Bauteile dürfen nur in den Nutzungsklassen 1 und 2 verwendet werden.

NCI NA.11.5 Verbundteile

(NA.1) Geklebte Verbundbauteile aus Brettschichtholz oder Brettschichtholz und Brettsperrholz müssen die Anforderungen nach DIN 1052-10 erfüllen.

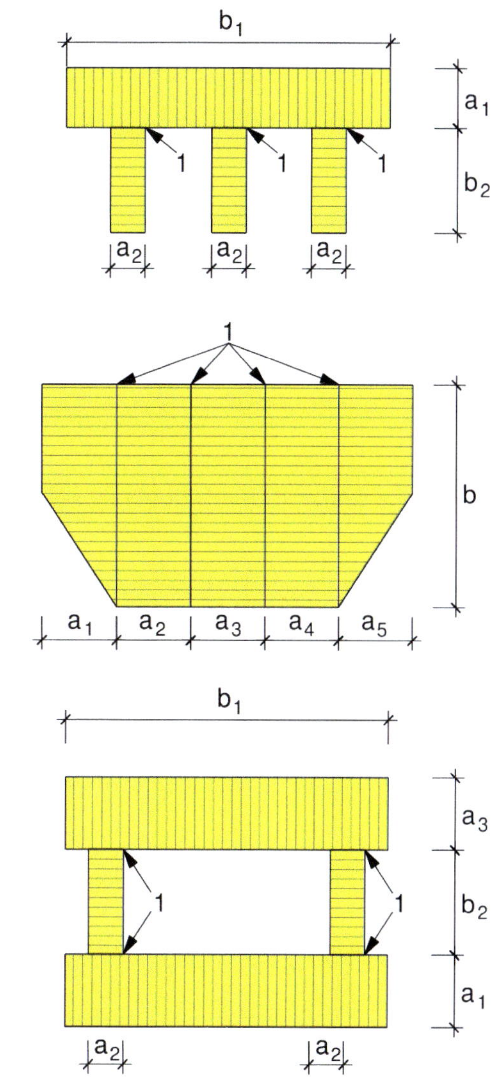

Legende

1 Blockfuge

Bild K.237 — Beispiele für mögliche Querschnittsformen von Verbundbauteilen aus Brettschichtholz (Bild 1 in DIN 1052-10)

(NA.2) Die Bauteile dürfen nur in den Nutzungsklassen 1 und 2 verwendet werden.

(NA.3) Bei gekrümmten geklebten Verbundbauteilen aus Brettschichtholz mit einem Krümmungsradius R der Einzelbauteile von $R \leq 1\,000 \cdot a$ (a = Dicke des Einzelbauteils) sind die Biegespannungen infolge äußerer Einwirkungen mit denjenigen infolge des Krümmens der Einzelbauteile zu überlagern.

(NA.4) Werden die Einzelbauteile nicht vollflächig über die gesamte Breite, sondern nur streifenförmig über Teilbereiche der Breite der Kontaktflächen miteinander verklebt, so ist dies bei der Bemessung zu berücksichtigen.

NCI NA.12 „Zimmermannsmäßige Verbindungen“

NCI NA.12.1 Versätze

(NA.1) Bei Versätzen sollte die Einschnitttiefe t_V die folgenden Bedingungen erfüllen:

$$t_V \leq \begin{cases} h/4 & \text{für } \gamma \leq 50^\circ \\ h/6 & \text{für } \gamma > 60^\circ \end{cases} \qquad \text{(NA.160)}$$

Dabei ist

h die Höhe des eingeschnittenen Holzes;

γ der Anschlusswinkel.

Zwischenwerte dürfen geradlinig interpoliert werden. Bei zweiseitigem Versatzeinschnitt (siehe Bild NA.22) darf jeder Einschnitt unabhängig vom Anschlusswinkel höchstens 1/6 der Höhe h des eingeschnittenen Holzes betragen.

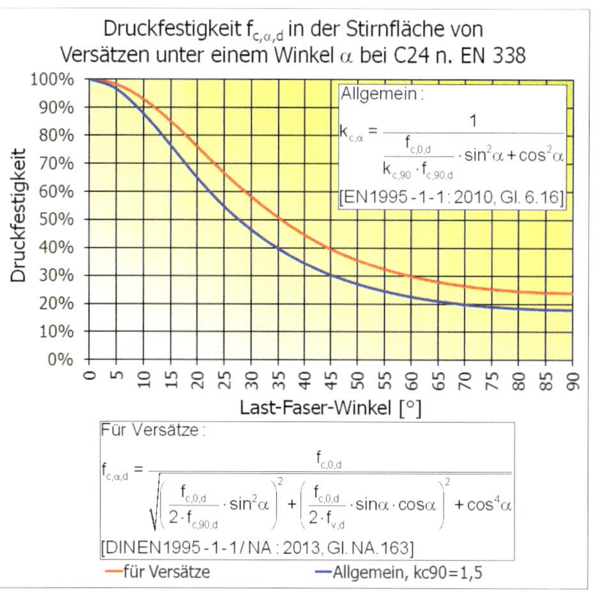

Bild K.238 — Druckfestigkeit $f_{c,\alpha,k}$ unter der Stirnfläche von Versätzen in Abhängigkeit vom Last-Faser-Winkel α für Nadelholz C24 nach DIN EN 338

Im Vergleich zum einfachen Fall des Drucks schräg zur Faser nach Gleichung 6.16 wurde die Gleichung derart modifiziert, dass höhere Bemessungswerte für Versätze erreicht werden.

(NA.2) Der Bemessungswert der Tragfähigkeit eines Versatzes ergibt sich aus dem Bemessungswert der Druckfestigkeit in der Stirnfläche des Versatzes.

Bild K.239 — Überschreitung der Festigkeit in der Stirnfläche (Stirnversatz)

(NA.3) Abweichend von 6.2.2 darf für die Druckspannungen in der Stirnfläche des Versatzes folgender Nachweis geführt werden:

$$\frac{\sigma_{c,\alpha,d}}{f_{c,\alpha,d}} \leq 1 \qquad \text{(NA.161)}$$

Dabei ist

$$\sigma_{c,\alpha,d} = \frac{F_{c,\alpha,Ed}}{A} \qquad \text{(NA.162)}$$

$$f_{c,\alpha,d} = \frac{f_{c,0,d}}{\sqrt{\left(\frac{f_{c,0,d}}{2 \cdot f_{c,90,d}} \sin^2\alpha\right)^2 + \left(\frac{f_{c,0,d}}{2 \cdot f_{v,d}} \sin\alpha \cdot \cos\alpha\right)^2 + \cos^4\alpha}} \qquad \text{(NA.163)}$$

und

- A die Stirnfläche des Versatzes;
- α der Winkel zwischen Beanspruchungsrichtung und Faserrichtung des Holzes.

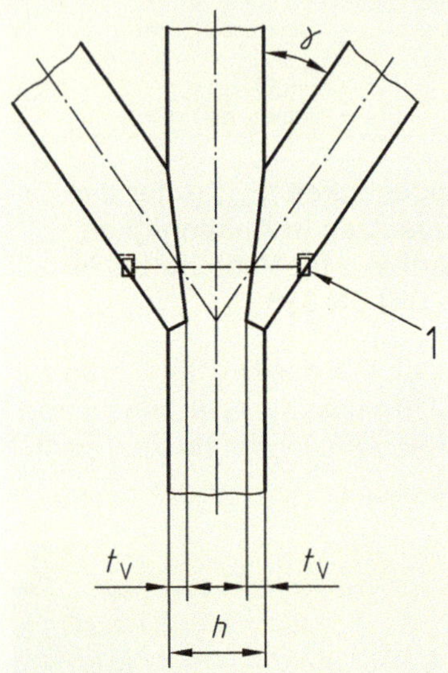

Legende

1 Lagesicherung

Bild NA.22 — Zweiseitiger Versatzeinschnitt

(NA.4) Die zum eingeschnittenen Holz parallele Druckkraftkomponente verursacht im eingeschnittenen Holz Scherspannungen, die gleichmäßig angenommen werden dürfen. Vorholzlängen > 8 t_v dürfen in diesem Fall rechnerisch nicht berücksichtigt werden. Bei der Berechnung der Querschnittsfläche für den Scherspannungsnachweis im Vorholz ist eine wirksame Breite nach 6.1.7 anzusetzen.

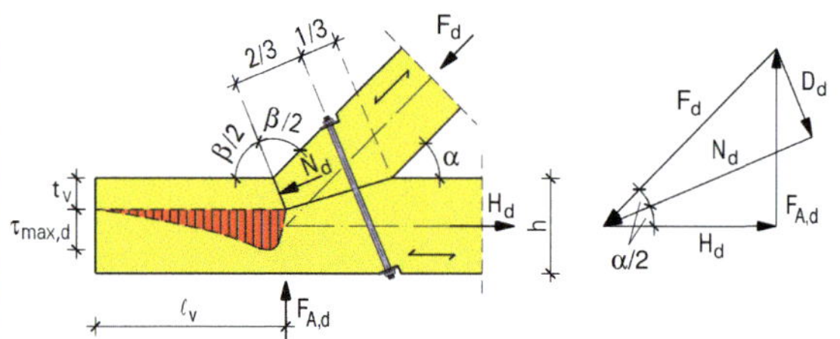

Bild K.240 — Scherspannungsverlauf bei Stirnversatz

(NA.5) Die durch Versatz verbundenen Einzelteile sind in ihrer Lage zu sichern, z. B. durch Bolzen.

NCI NA.12.2 Zapfenverbindungen

(NA.1) Für Träger bis 300 mm Höhe mit Zapfen nach Bild NA.23 beträgt der charakteristische Wert der Zapfentragfähigkeit

$$F_{\mathrm{Rk}} = \min \begin{Bmatrix} \frac{2}{3} \cdot b_{\mathrm{ef}} \cdot h_{\mathrm{e}} \cdot k_{\mathrm{z}} \cdot k_{\mathrm{v}} \cdot f_{\mathrm{v,k}}; \\ 1{,}7 \cdot b \cdot \ell_{\mathrm{z,ef}} \cdot f_{\mathrm{c,90,k}} \end{Bmatrix} \quad \text{(NA.164)}$$

Dabei sind

b_{ef} die wirksame Breite nach Gl. (6.13a)

k_v der Beiwert nach Gl. (6.62);

k_z der Beiwert, abhängig von der Geometrie des Zapfens: $k_z = \beta \cdot \{1 + 2 \cdot (1 - \beta)^2\} \cdot (2 - \alpha)$ mit $\alpha = h_e/h$ und $\beta = h_z/h_e$;

b, h_e, h_z, h, ℓ_z die Maße nach Bild NA.23.

Außerdem gelten die folgenden Mindest- und Höchstmaße:

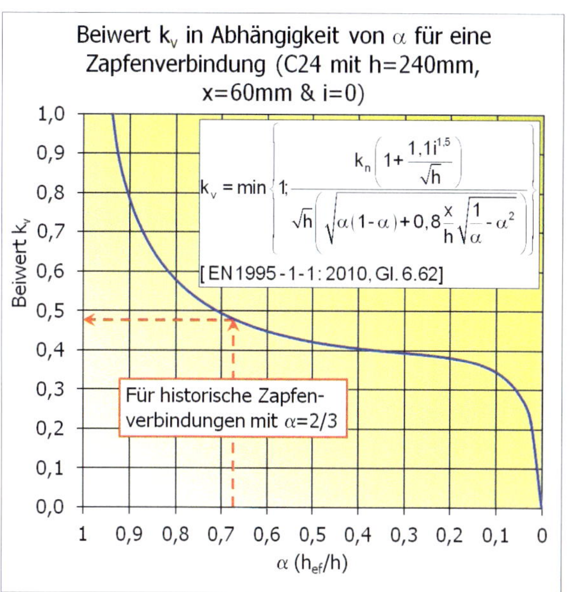

Bild K.241 — Beiwert k_v in Abhänigkeit von α für Nadelholz C24 nach DIN EN 338

$15 \text{ mm} \le \ell_z \le 60 \text{ mm}$	$1{,}5 \le h/b \le 2{,}5$	$h_o \ge h_u$	$h_u/h \le 1/3$	$h_z \ge h/6$

Maße h_o und h_u siehe Bild NA.23.

Der Zapfen muss über die ganze Länge ℓ_z im Zapfenloch aufliegen.

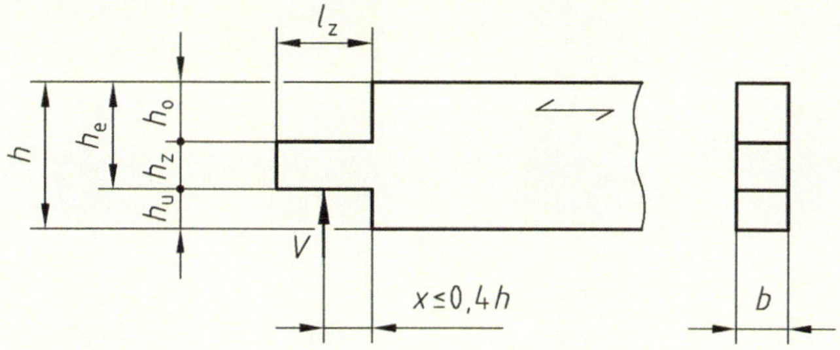

Bild NA.23 — Zapfen

(NA.2) Die Regelungen über Queranschlüsse [siehe NCI Zu NA.8.1.4(NA.4) bis (NA.13)] sind sinngemäß anzuwenden. Hierbei ist für t_{ef} die Zapfenlänge z anzunehmen.

NCI NA.12.3 Holznagelverbindungen

(NA.1) Der charakteristische Wert der Tragfähigkeit eines Eichenholznagels mit konstantem Querschnitt (z. B. rund oder achteckig) auf Abscheren in einer ein- oder zweischnittigen Holz-Holz-Verbindung darf je Scherfuge wie folgt in Rechnung gestellt werden:

$$F_{Rk} = 9{,}5 \cdot d^2 \text{ in Newton (N)} \qquad \text{(NA.165)}$$

mit 20 mm $\leq d \leq$ 30 mm.

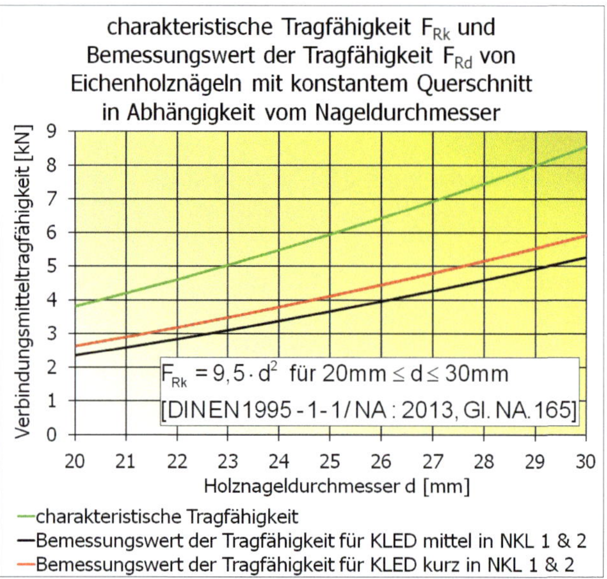

Bild K.242 — Charakteristische Tragfähigkeit F_{Rk} und Bemessungswert der Tragfähigkeit F_{Rd} von Eichenholznägeln in Abhängigkeit vom Nageldurchmesser

Da Holznägel aus Buche eine höhere Biegetragfähigkeit als Eichenholznägel haben, gilt Gleichung (NA.165) auch für Holznägel aus Buche (s. [26]).

(NA.2) Die Gleichung (NA.165) ist für Bauteile aus Holz mit $\rho_k \geq 350$ kg/m³ unabhängig vom Winkel zwischen Kraft- und Faserrichtung gültig.

(NA.3) Die erforderliche Mindestholzdicke t_{req} beträgt 2 d. Für geringere Holzdicken t ist der Wert F_{Rk} nach Gleichung (NA.165) mit dem kleineren der Verhältniswerte t_1/t_{req} bzw. t_2/t_{req} zu multiplizieren.

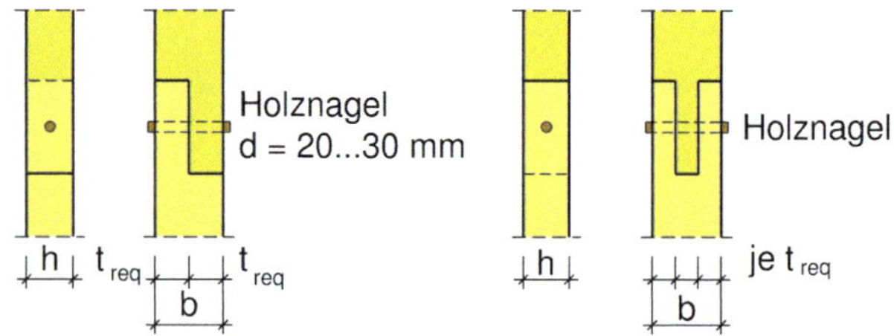

Bild K.243 — Holznagelverbindung ein- oder zweischnittig

(NA.4) Als Mindestabstände untereinander und von den Holzrändern sind unabhängig von der Faserrichtung des Holzes 2 d einzuhalten.

NCI NA.13 Knicklängenbeiwerte und Kippbeiwerte für Nachweise nach dem Ersatzstabverfahren

NCI NA.13.1 Allgemeines

(NA.1) Zur Berechnung der Querschnitts- und Verbindungssteifigkeiten sind die folgenden Moduln einzusetzen:

$$E = \frac{E_{\text{mean}}}{\gamma_{\text{M}}}; \quad G = \frac{G_{\text{mean}}}{\gamma_{\text{M}}}; \quad K = \frac{\frac{2}{3} K_{\text{ser}}}{\gamma_{\text{M}}} \qquad \text{(NA.166)}$$

NCI NA.13.2 Knicklängenbeiwerte (Biegeknicken)

(NA.1) Die Ersatzstablänge ℓ_{ef} wird mit dem Knicklängenbeiwert β nach Tabelle NA.24 berechnet:

$$\ell_{\text{ef}} = \beta \cdot s \qquad \text{(NA.167)}$$

oder

$$\ell_{\text{ef}} = \beta \cdot h$$

(NA.2) Bei Berücksichtigung der Schubsteifigkeit S wird die Ersatzstablänge:

$$\ell_{\text{ef}} = \beta \cdot s \cdot \sqrt{1 + \frac{E \cdot I \cdot \pi^2}{(\beta \cdot s)^2 \cdot S}} \qquad \text{(NA.168)}$$

oder

$$\ell_{\text{ef}} = \beta \cdot h \cdot \sqrt{1 + \frac{E \cdot I \cdot \pi^2}{(\beta \cdot h)^2 \cdot S}}$$

Für den Rechteckquerschnitt ist:

$$S = G \cdot A/1{,}2 \qquad \text{(NA.169)}$$

Für den I-Träger ist:

$$S = G_{\text{w}} \cdot b_{\text{w}} \cdot h_{\text{w,ef}} \qquad \text{(NA.170)}$$

Dabei ist

- G_{w} der Schubmodul des Steges für Scheibenbeanspruchung;
- b_{w} die Gesamtbreite des Steges;
- $h_{\text{w,ef}}$ die wirksame Höhe des Steges (Schwerpunktsabstand der Gurte).

Tabelle NA.24 — Knicklängenbeiwerte β für Stäbe

	1	2
	System	**Knicklängenbeiwert**
1	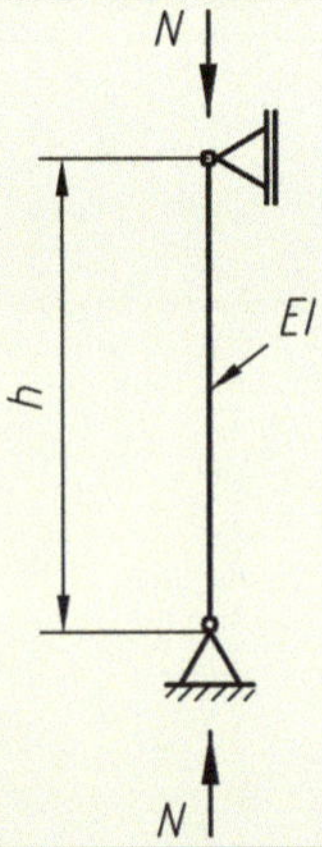 N, EI, h, N	$\beta = 1$
2	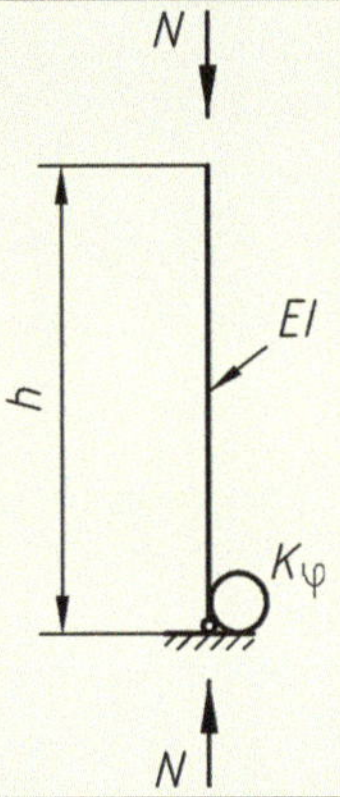 N, EI, h, K_φ, N	$\beta = \sqrt{4 + \frac{\pi^2 \cdot E \cdot I}{h \cdot K_\varphi}}$ K_φ: Federkonstante der elastischen Einspannung (Kraft · Länge/Winkel)
3	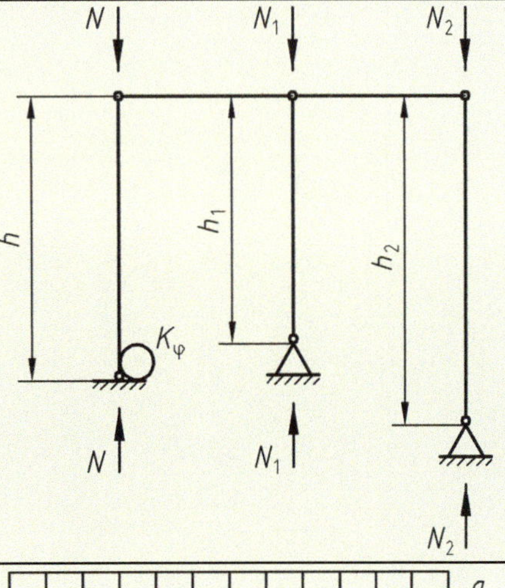 N, N_1, N_2, h, h_1, h_2, K_φ, N, N_1, N_2	$\beta = \sqrt{\left(4 + \frac{\pi^2 \cdot E \cdot I}{h \cdot K_\varphi}\right) \cdot (1+\alpha)}$ für eingespannte Stütze, mit: $\alpha = \frac{h}{N} \cdot \sum \frac{N_i}{h_i}$
4	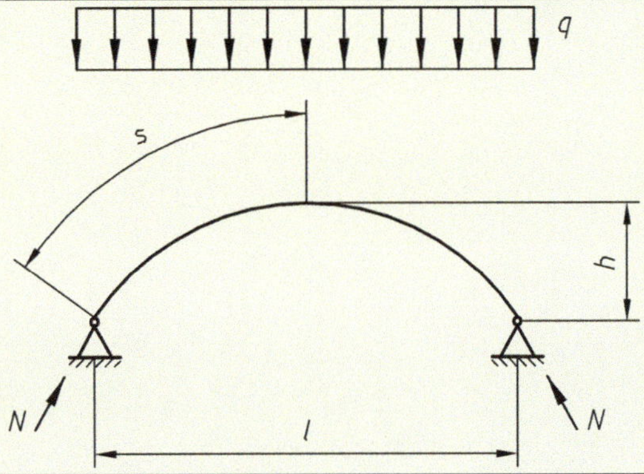 q, s, h, N, l, N	für $0{,}15 \le \frac{h}{\ell} \le 0{,}5$ und $\ell_{ef} = \beta \cdot s$ $\beta = 1{,}25$ (für antimetrisches Knicken)

Tabelle NA.24 — *(fortgesetzt)*

	1	2
	System	**Knicklängenbeiwert**
5	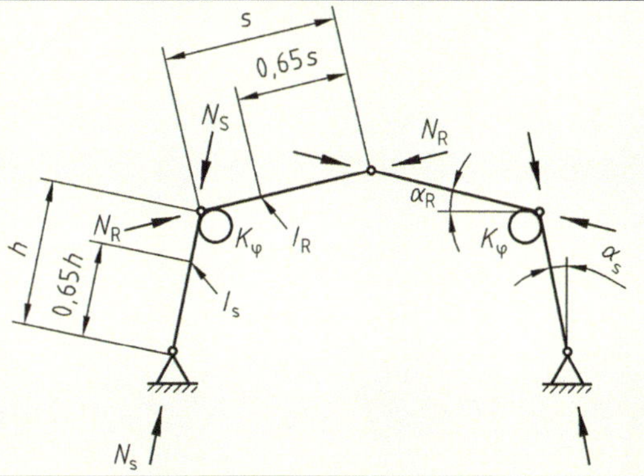	Stiel: $\ell_{ef} = \beta_S \cdot h$ ($\alpha_S \leq 15°$) $\beta_s = \sqrt{4 + \frac{\pi^2 \cdot E \cdot I_S}{h} \cdot \left(\frac{1}{K_\varphi} + \frac{s}{3 \cdot E \cdot I_R}\right) + \frac{E \cdot I_S \cdot N_R \cdot s^2}{E \cdot I_R \cdot N_S \cdot h^2}}$ Riegel: $\ell_{ef} = \beta_R \cdot s$ ($\alpha_R \leq 20°$) $\beta_R = \beta_s \cdot \sqrt{\frac{E \cdot I_R \cdot N_S}{E \cdot I_S \cdot N_R}} \cdot \frac{h}{s}$ (für antimetrisches Knicken)
6	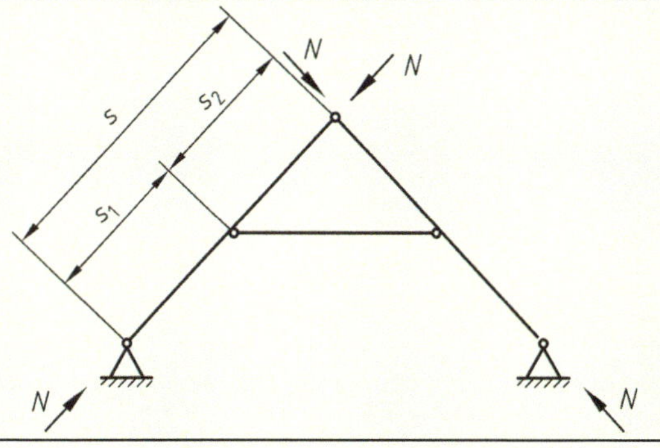	für $s_1 < 0{,}7 \cdot s$: $\beta = 0{,}8$ für $s_1 \geq 0{,}7 \cdot s$: $\beta = 1{,}0$ (für antimetrisches Knicken)
7	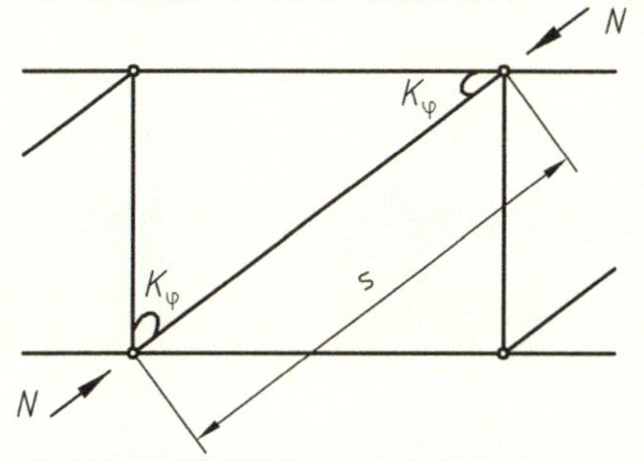	bei gelenkiger Lagerung ($K_\varphi \approx 0$): $\beta = 1{,}0$ bei nachgiebiger Einspannung ($K_\varphi >> 0$): $\beta = 0{,}8$

(NA.3) Falls kein genauerer Nachweis geführt wird, ist als Knicklänge der Gurtstäbe für das Knicken in Fachwerkebene die Länge der Systemlinien einzusetzen. Für Füllstäbe gilt Tabelle NA.24, Zeile 7, wobei für Anschlüsse mittels Versatz oder durch Dübel besonderer Bauart mit einem Bolzen oder nur durch Bolzen eine gelenkige Lagerung anzunehmen ist.

(NA.4) Bei Gurtstäben ist für das Knicken aus der Fachwerkebene der Abstand der Queraussteifungen als Knicklänge einzusetzen, bei Füllstäben stets die Länge der Systemlinien.

(NA.5) Dachlatten und Brettschalung dürfen ohne genauen Nachweis im Zusammenwirken mit einem Aussteifungsverband (z. B. Windrispe und Sparren) unter folgenden Bedingungen für Sparren und für Gurte von Fachwerkbindern als in ihrer Ebene gegen Knicken aussteifend angenommen werden:

— Spannweite des auszusteifenden Bauteils ≤ 15 m;
— Abstand der Aussteifungsverbände ≤ 10 m;
— Breite der Sparren und Gurte $b \geq 40$ mm;
— Höhe der Sparren und Gurte $\leq 4 \cdot b$;
— Sparren- bzw. Binderabstand ≤ 1,25 m;
— die Stöße der Latten und Bretter sind bei einer maximalen Stoßbreite von 1 m um mindestens 2 Binderabstände versetzt.

(NA.6) Bei Fachwerkrahmen ist für das Knicken aus der Rahmenebene (siehe Bild NA.24) für die inneren gedrückten Stäbe der Rahmenstiele als Ersatzstablänge (Knicklänge) der in Stabrichtung gemessene Abstand zwischen dem Fußpunkt und der Unterkante der Dachhaut anzunehmen ($\ell_{ef} = a + b$), wenn der innere Rahmeneckpunkt seitlich nicht gehalten ist. Dabei ist zusätzlich eine Seitenkraft von 1/100 der größten im inneren Rahmeneckpunkt einlaufenden Stabkraft an dieser Stelle zu berücksichtigen.

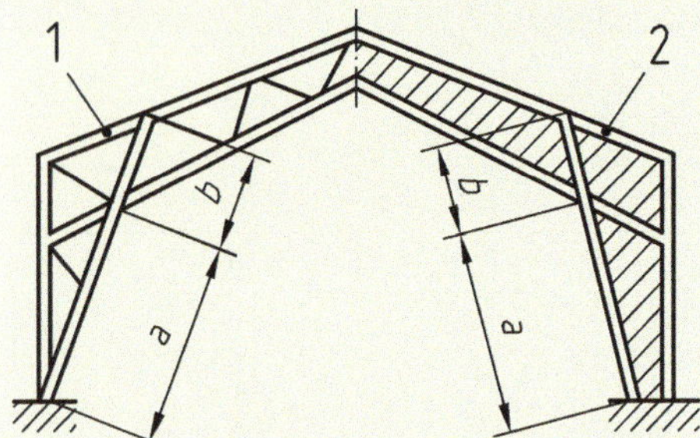

Legende

1 Fachwerkrahmen
2 Vollwandrahmen mit I-Querschnitt

Bild NA.24 — Knicken von Rahmenstielen aus der Rahmenebene

(NA.7) Bei Sparren von Kehlbalkenbindern ist für das Ausknicken aus der Systemebene als Ersatzstablänge (Knicklänge) der Abstand der Queraussteifungen maßgebend.

(NA.8) Weitere Knicklängenbeiwerte β dürfen der Fachliteratur entnommen werden.

(NA.9) Das Zusatzmoment in der elastischen Feder bei den Systemen 2, 3 und 5 nach Tabelle NA.24 darf wie folgt angenommen werden:

$$M = N \cdot \frac{h}{6} \cdot \left(\frac{1}{k_c} - 1 \right) \quad \text{(NA.171)}$$

Dabei ist

h die Querschnittshöhe des an die Feder angeschlossenen Stabes;

k_c der Knickbeiwert nach 6.3.2, Gleichungen (6.25) und (6.26) des an die Feder angeschlossenen Stabes.

Bei System 5 ist das Moment für den Stiel und den Riegel zu berechnen, das größere ist maßgebend.

NCI NA.13.3 Kippbeiwerte (Biegedrillknicken, Kippen)

(NA.1) Die Ersatzstablänge ℓ_{ef} darf mit den Beiwerten a_1 und a_2 nach Tabelle NA.25 berechnet werden:

$$\ell_{ef} = \frac{\ell}{a_1 \cdot \left[1 - a_2 \cdot \frac{a_z}{\ell} \cdot \sqrt{\frac{B}{T}}\right]} \quad \text{(NA.172)}$$

Dabei ist

ℓ die Länge des Trägers;

$B = E \cdot I_z$ die Biegesteifigkeit um die z-Achse

(Rechteckquerschnitt: $B = \frac{E \cdot b^3 \cdot h}{12}$);

$T = G \cdot I_{tor}$ die Torsionssteifigkeit

(Rechteckquerschnitt: $T \cong \frac{G \cdot b^3 \cdot h}{3}$);

a_z der Abstand des Lastangriffes vom Schubmittelpunkt (siehe Bild NA.25).

(NA.2) Beim gabelgelagerten Einfeldträger dürfen die Einflüsse einer Nachgiebigkeit K_G der Torsionseinspannung am Auflager, einer elastischen Bettung K_y gegen Verschieben und einer elastischen Bettung K_θ gegen Verdrehen durch Beiwerte α und β berücksichtigt werden:

$$\ell_{ef} = \frac{\ell}{a_1 \cdot \left[1 - a_2 \cdot \frac{a_z}{\ell} \cdot \sqrt{\frac{B}{T}}\right]} \cdot \frac{1}{\alpha \cdot \beta} \quad \text{(NA.173)}$$

Dabei ist

$$\alpha = \sqrt{\frac{1}{1 + \frac{3{,}5 \cdot T}{K_G \cdot \ell}}}; \quad \beta = \sqrt{\left(1 + \frac{K_y \cdot \ell^4}{B \cdot \pi^4}\right) \cdot \left(1 + \frac{\left(K_\theta + e^2 \cdot K_y\right) \cdot \ell^2}{T \cdot \pi^2}\right) + \frac{e \cdot K_y \cdot \ell^3}{\sqrt{B \cdot T} \pi^3}}$$

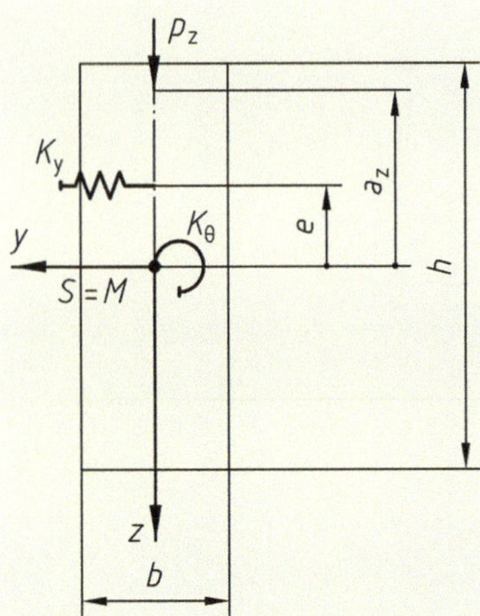

Bild NA.25 — Bezeichnungen am Rechteckquerschnitt

Dabei ist

- M der Schubmittelpunkt;
- S der Schwerpunkt;
- K_θ die elastische Bettung (Verdrehung) in N;
- K_y die elastische Bettung (Verschiebung) in N/mm²;
- K_G die Drehfeder am Auflager in Nmm;
- e der Abstand Schubmittelpunkt/Bettung in mm;
- θ die Verdrehung um die z-Achse.

(NA.3) Das kritische Kippmoment $M^0_{y,crit}$ und die kritische Biegespannung $\sigma_{m,crit}$ dürfen berechnet werden zu:

$$M^0_{y,crit} = \frac{\pi}{\ell_{ef}} \cdot \sqrt{B \cdot T} \quad \text{(NA.174)}$$

$$\sigma_{m,crit} = \frac{M^0_{y,crit}}{W_y} \quad \text{(NA.175)}$$

Dabei ist

- B die Biegesteifigkeit um die z-Achse mit $E_{0,05}$;
- T die Torsionssteifigkeit mit G_{05};
- W_y das Widerstandsmoment für die Druckspannung bei Biegung um die y-Achse.

Bei Biegestäben aus Brettschichtholz darf zur Berechnung des kritischen Kippmoments $M^0_{y,crit}$ bzw. der kritischen Biegedruckspannung $\sigma_{m,crit}$ das Produkt der 5 %-Quantilen der Steifigkeitskennwerte mit dem Faktor 1,4 multipliziert werden.

(NA.4) Dachlatten und Brettschalung dürfen ohne genauen Nachweis im Zusammenwirken mit einem Aussteifungsverband (z. B. Windrispe und Sparren) unter den Bedingungen nach NA.13.2 (NA.5) für Sparren und Gurte von Fachwerkbindern als gegen Kippen aussteifend angenommen werden.

Tabelle NA.25 — Kippbeiwerte a_1 und a_2

	System	Momentverlauf	a_1	a_2
1.1	$v = v'' = 0$, $\vartheta = 0$; x, ϑ; y, v; z; l — gabelgelagerter Einfeldträger	$M^0_{y,crit}$	1,77	0
1.2		$M^0_{y,crit}$	1,35	1,74
1.3		$M^0_{y,crit}$	1,13	1,44
1.4	Draufsicht:	$M^0_{y,crit}$	1	0
2.1	$v = v' = 0$, $\vartheta = 0$; x, ϑ; y, v; z; l — Kragarm	$M^0_{y,crit}$	1,27	1,03
2.2		$M^0_{y,crit}$	2,05	1,50
3.1	$v = v' = 0$, $\vartheta = 0$; x, ϑ; y, v; z; l — beidseitig eingespannter Träger	$M^0_{y,crit}$	6,81	0,40
3.2	Draufsicht:	$M^0_{y,crit}$	5,12	0,40
4.1	$v = v'' = 0$, $\vartheta = 0$; x, ϑ; y, v; z; l — Mittelfeld, Durchlaufträger	$M^0_{y,crit}$	1,70	1,60
4.2	Draufsicht	$M^0_{y,crit}$	1,30	1,60

Anhang A
(informativ)

Blockscherversagen von Verbindungen

(1) Bei Stahlblech-Holz-Verbindungen mit mehreren stiftförmigen Verbindungsmitteln, die durch eine Kraftkomponente in Faserrichtung nahe am Hirnholzende beansprucht werden, sollte die charakteristische Tragfähigkeit infolge Scherversagens entlang der äußeren Verbindungsmittelreihen oder infolge Zugversagens des Holzes, wie in Bildern A.1 und A.2 dargestellt, wie folgt angenommen werden:

$$F_{\mathrm{bs,Rk}} = \max \begin{cases} 1{,}5\ A_{\mathrm{net,t}}\ f_{\mathrm{t,0,k}} \\ 0{,}7\ A_{\mathrm{net,v}}\ f_{\mathrm{v,k}} \end{cases} \qquad \text{(A.1)}$$

Dabei ist

$$A_{\mathrm{net,t}} = L_{\mathrm{net,t}}\ t_1 \qquad \text{(A.2)}$$

$$A_{\mathrm{net,v}} = \begin{cases} L_{\mathrm{net,v}}\ t_1 & \begin{bmatrix}\text{Versagens-} \\ \text{mechanismen} \\ \text{(c,f,j/l,k,m)}\end{bmatrix} \\ \dfrac{L_{\mathrm{net,v}}}{2}\ (L_{\mathrm{net,t}} + 2t_{\mathrm{ef}}) & \begin{bmatrix}\text{andere Versagens-} \\ \text{mechanismen}\end{bmatrix} \end{cases} \qquad \text{(A.3)}$$

$$L_{\mathrm{net,v}} = \sum_i \ell_{\mathrm{v,i}} \qquad \text{(A.4)}$$

$$L_{\mathrm{net,t}} = \sum_i \ell_{\mathrm{t,i}} \qquad \text{(A.5)}$$

— für dünne Stahlbleche (für die in Klammern angegebenen Versagensmechanismen)

$$t_{\mathrm{ef}} = \begin{cases} 0{,}4\ t_1 & \text{(a)} \\ 1{,}4 \cdot \sqrt{\dfrac{M_{\mathrm{y,Rk}}}{f_{\mathrm{h,k}}\ d}} & \text{(b)} \end{cases} \qquad \text{(A.6)}$$

— für dicke Stahlbleche (für die in Klammern angegebenen Versagensmechanismen)

$$t_{\mathrm{ef}} = \begin{cases} 2 \cdot \sqrt{\dfrac{M_{\mathrm{y,Rk}}}{f_{\mathrm{h,k}} d}} & \text{(e)(h)} \\ t_1 \left[\sqrt{2 + \dfrac{4 M_{\mathrm{y,RK}}}{f_{\mathrm{h,k}}\ d t_1^2}} - 1\right] & \text{(d)(g)} \end{cases} \qquad \text{(A.7)}$$

Dabei ist

$F_{bs,Rk}$ der charakteristische Wert der Blockschertragfähigkeit;

$A_{net,t}$ die Nettoquerschnittsfläche rechtwinklig zur Faserrichtung des Holzes;

$A_{net,v}$ die Nettoscherfläche in Faserrichtung des Holzes;

$L_{net,t}$ die Nettobreite des Querschnitts rechtwinklig zur Faserrichtung des Holzes;

$L_{net,v}$ die gesamte Nettolänge der Scherbruchfläche;

$\ell_{v,i}$, $\ell_{t,i}$ in Bild A.1 definiert;

t_{ef} die wirksame Höhe, je nach Versagensmechanismus des Verbindungsmittels, siehe Bild 8.3;

t_1 die Dicke des Holzbauteils oder Eindringtiefe des Verbindungsmittels;

$M_{y,Rk}$ der charakteristische Wert des Fließmomentes des Verbindungsmittels;

d der Verbindungsmitteldurchmesser;

$f_{t,0,k}$ der charakteristische Wert der Zugfestigkeit des Holzbauteils;

$f_{v,k}$ der charakteristische Wert der Schubfestigkeit des Holzbauteils;

$f_{h,k}$ der charakteristische Wert der Lochleibungsfestigkeit des Holzbauteils.

ANMERKUNG Die Versagensmechanismen, die nach den obigen Gleichungen (A.3), (A.6) und (A.7) angegeben sind, beziehen sich auf das Bild 8.3.

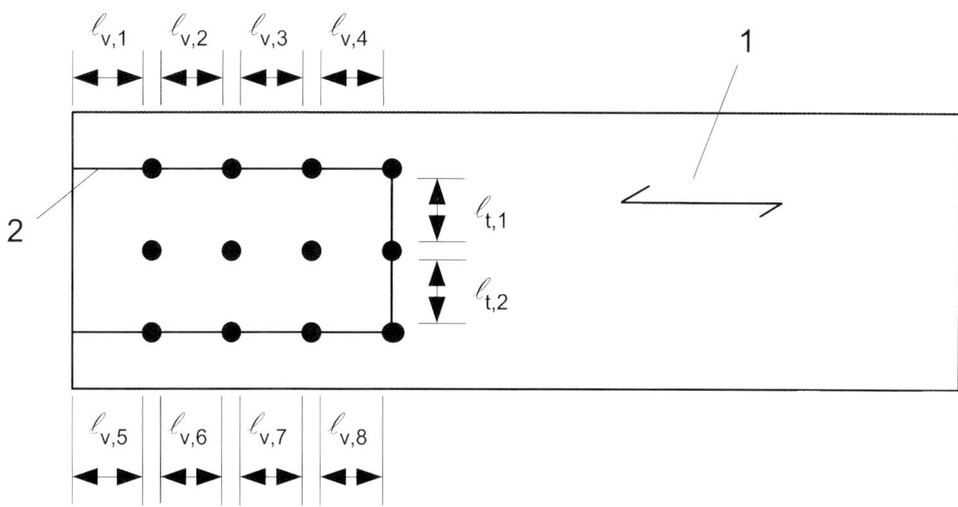

Legende

1 Faserrichtung
2 Bruchlinie

Bild A.1 — Blockscherversagen (Fall 1)

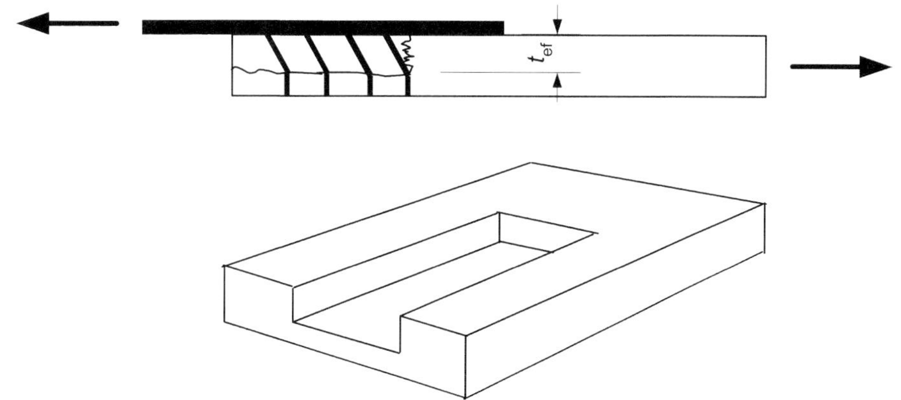

Bild A.2 — Blockscherversagen (Fall 2)

Anhang B
(informativ)

Nachgiebig verbundene Biegestäbe

B.1 Vereinfachter Nachweis

B.1.1 Querschnitte

(1) Es werden in diesem Anhang die in Bild B.1 gezeigten Querschnittsformen behandelt.

B.1.2 Annahmen

(1) Das Rechenverfahren beruht auf der linearen Elastizitätstheorie und auf folgenden Annahmen:

— Die Biegestäbe sind Einfeldträger mit einer Stützweite ℓ. Für durchlaufende Biegestäbe dürfen die nachfolgenden Gleichungen mit ℓ gleich 4/5 der Stützweite des betreffenden Feldes und für Kragstäbe mit ℓ als doppelter Kraglänge verwendet werden.

— Die einzelnen Querschnittsteile (aus Holz oder Holzwerkstoffen) sind ungestoßen oder sind mit geklebten Stößen ausgeführt.

— Die einzelnen Querschnittsteile sind miteinander durch mechanische Verbindungsmittel mit einem Verschiebungsmodul K verbunden.

— Der Abstand s der Verbindungsmittel ist entweder konstant oder entsprechend der Querkraftlinie zwischen s_{min} und s_{max}, mit $s_{max} \leq 4\, s_{min}$ abgestuft.

— Die Belastung wirkt in z-Richtung und erzeugt ein sinusförmig oder parabolisch veränderliches Biegemoment $M = M(x)$ und eine Querkraft $V = V(x)$.

B.1.3 Abstände der Verbindungsmittel

(1) Wenn ein Gurt aus zwei Teilen besteht, die an einen Steg angeschlossen sind, oder wenn ein Steg aus zwei Teilen besteht (wie z. B. in einem Kastenträger), dann wird der Abstand der Verbindungsmittel s_i aus der Summe der Verbindungsmittel je Längeneinheit in den beiden Anschlussflächen bestimmt.

B.1.4 Durchbiegungen infolge von Biegemomenten

(1) Durchbiegungen werden mit Hilfe einer wirksamen Biegesteifigkeit $(EI)_{ef}$ ermittelt, die nach B.2 bestimmt wird.

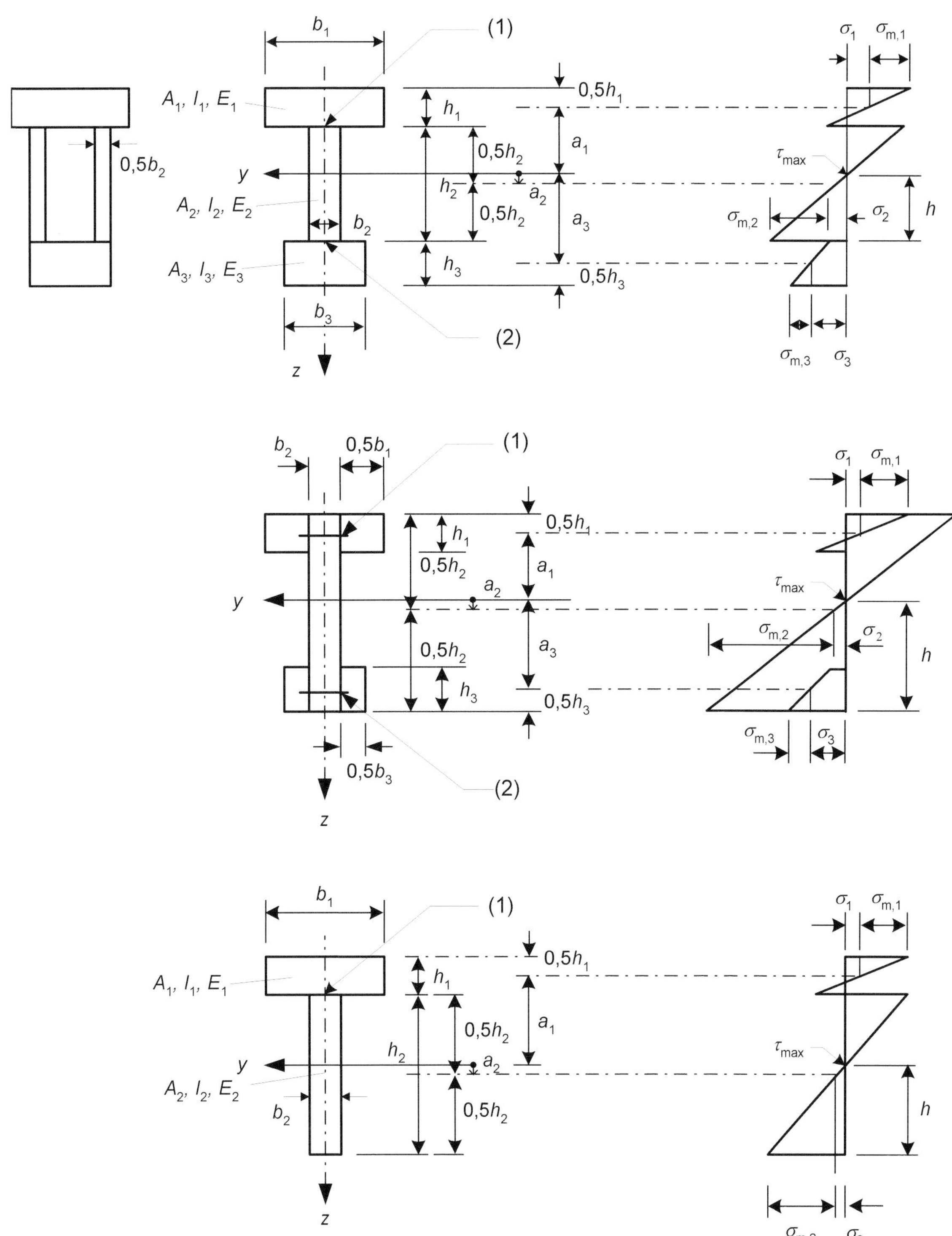

Legende

(1) Abstand: s_1 Verschiebungsmodul: K_1 Kraft: F_1

(2) Abstand: s_3 Verschiebungsmodul: K_3 Kraft: F_3

Bild B.1 — Querschnitt (links) und Verteilung der Biegespannungen (rechts). Alle Maße sind positiv, ausgenommen a_2, das in der dargestellten Richtung positiv ist

B.2 Wirksame Biegesteifigkeit

(1) Die wirksame Biegesteifigkeit sollte wie folgt angenommen werden:

$$(EI)_{ef} = \sum_{i=1}^{3} \left(E_i I_i + \gamma_i E_i A_i a_i^2 \right) \tag{B.1}$$

mit dem Mittelwert des Elastizitätsmoduls E und mit:

$$A_i = b_i h_i \tag{B.2}$$

$$I_i = \frac{b_i h_i^3}{12} \tag{B.3}$$

$$\gamma_2 = 1 \tag{B.4}$$

$$\gamma_i = \frac{1}{1 + \pi^2 \dfrac{E_i \cdot A_i \cdot s_i}{K_i \cdot \ell^2}} \quad \text{für} \quad i = 1 \quad \text{und} \quad i = 3 \tag{B.5}$$

$$a_2 = \frac{\gamma_1 E_1 A_1 (h_1 + h_2) - \gamma_3 E_3 A_3 (h_2 + h_3)}{2 \sum_{i=1}^{3} \gamma_i E_i A_i} \tag{B.6}$$

mit den Formelzeichen wie in Bild B.1 definiert:

$K_i = K_{ser,i}$ für Rechnungen im Grenzzustand der Gebrauchstauglichkeit;

$K_i = K_{u,i}$ für Rechnungen im Grenzzustand der Tragfähigkeit.

Bei T-Querschnitten gilt $h_3 = 0$.

B.3 Normalspannungen

(1) Die Normalspannungen sind in der Regel anzunehmen zu:

$$\sigma_i = \frac{\gamma_i E_i a_i M}{(EI)_{ef}} \tag{B.7}$$

$$\sigma_{m,i} = \frac{0{,}5 E_i h_i M}{(EI)_{ef}} \tag{B.8}$$

B.4 Größte Schubspannung

(1) Die größten Schubspannungen treten auf, wo die Normalspannungen zu null werden. Die größten Schubspannungen im Steg (Teil 2 in Bild B.1) sind in der Regel anzunehmen zu:

$$\tau_{2,max} = \frac{\gamma_3 E_3 A_3 a_3 + 0{,}5 E_2 b_2 h^2}{b_2 (EI)_{ef}} V \tag{B.9}$$

B.5 Beanspruchung der Verbindungsmittel

(1) Die Beanspruchung eines Verbindungsmittels ist in der Regel anzunehmen zu:

$$F_i = \frac{\gamma_i\, E_i\, A_i\, a_i\, s_i}{(EI)_{ef}} V \tag{B.10}$$

Dabei ist

$i = 1$ beziehungsweise 3;

$s_i = s_i\,(x)$ als Abstände der Verbindungsmittel, wie in B.1.3(1).

Anhang C
(informativ)

Zusammengesetzte Druckstäbe

C.1 Allgemeines

C.1.1 Annahmen

(1) Es gelten die folgenden Annahmen:

— Die Druckstäbe der Länge ℓ sind beidseits unverschieblich gelenkig gelagert.

— Die Einzelteile sind ungestoßen.

— Die Belastung ist eine Normalkraft F_c, die im geometrischen Schwerpunkt des Querschnitts angreift (siehe jedoch C.2.3).

C.1.2 Tragfähigkeit

(1) Für das Ausknicken in y-Richtung (siehe Bild C.1 und Bild C.3) ist die Tragfähigkeit in der Regel als die Summe der Tragfähigkeiten der Einzelstäbe anzunehmen.

(2) Für das Ausknicken in z-Richtung (siehe Bild C.1 und Bild C.3) sollte nachgewiesen werden, dass:

$$\sigma_{c,0,d} \leq k_c\, f_{c,0,d} \tag{C.1}$$

mit

$$\sigma_{c,0,d} = \frac{F_{c,d}}{A_{tot}} \tag{C.2}$$

Dabei ist

A_{tot} die Gesamtquerschnittsfläche;

k_c wird nach 6.3.2 mit einer bezogenen Schlankheit λ_{ef} nach C.2 bis C.4 bestimmt.

C.2 Druckstäbe mit kontinuierlicher mechanischer Verbindung

C.2.1 Wirksamer Schlankheitsgrad

(1) Der wirksame Schlankheitsgrad ist in der Regel anzunehmen zu:

$$\lambda_{ef} = \ell \sqrt{\frac{A_{tot}}{I_{ef}}} \tag{C.3}$$

Dabei ist

$$I_{ef} = \frac{(EI)_{ef}}{E_{mean}} \tag{C.4}$$

wobei $(EI)_{ef}$ berechnet wird nach Anhang B (informativ).

C.2.2 Beanspruchung der Verbindungsmittel

(1) Die Beanspruchung eines Verbindungsmittels berechnet sich nach Anhang B (informativ) mit

$$V_d = \begin{cases} \dfrac{F_{c,d}}{120\,k_c} & \text{für} \quad \lambda_{ef} < 30 \\ \dfrac{F_{c,d}\,\lambda_{ef}}{3\,600\,k_c} & \text{für} \quad 30 \leq \lambda_{ef} < 60 \\ \dfrac{F_{c,d}}{60\,k_c} & \text{für} \quad 60 \leq \lambda_{ef} \end{cases} \tag{C.5}$$

C.2.3 Kombinierte Beanspruchungen

(1) Wirken neben den Normalkräften kleine Zusatzmomente, z. B. aus Eigengewicht, dann gilt 6.3.2(3).

C.3 Mehrteilige gespreizte Stäbe mit Zwischen- oder Bindehölzern

Sind die Zwischenhölzer geklebt, so bedürfen solche Stäbe nach DIN 1052-10, Abschnitt 6.8 eines bauaufsichtlichen Verwendbarkeitsnachweises.

C.3.1 Annahmen

Es werden die in Bild C.1 dargestellten Druckstäbe betrachtet, d. h. Rahmenstäbe mit Zwischen- oder Bindehölzern. Die Verbindungen können entweder genagelt oder geklebt oder mit geeigneten Dübeln besonderer Bauart (mit Verbolzung) ausgeführt sein.

(2) Es gelten die folgenden Annahmen:

— Der Querschnitt ist aus zwei, drei oder vier gleichen Einzelstäben aufgebaut.

— Die Querschnitte sind doppeltsymmetrisch.

— Die Anzahl der Felder der Rahmenstäbe beträgt mindestens drei, d. h., die Einzelstäbe sind mindestens an den Enden und in den Drittelspunkten miteinander verbunden.

— Der lichte Abstand a zwischen den Einzelstäben beträgt höchstens das 3-Fache der Einzelstabdicke h bei Druckstäben mit Zwischenhölzern und nicht mehr als das 6-Fache der Einzelstabdicke h bei Druckstäben mit Bindehölzern.

— Die Verbindungen, die Zwischenhölzer und die Bindehölzer werden nach C.3.3 bemessen.

— Die Länge ℓ_2 des Zwischenholzes erfüllt die Bedingung $\ell_2/a \geq 1{,}5$.

— Es sind in jeder Scherfuge mindestens vier Nägel oder zwei Bolzen mit Dübeln besonderer Bauart vorhanden. Bei genagelten Rahmenstäben enthalten die Querverbindungen in Richtung des Druckstabes an den Stabenden mindestens vier Nägel in einer Reihe hintereinander.

— Die Bindehölzer erfüllen die Bedingung $\ell_2/a \geq 2$.

— Die Druckstäbe werden durch Normalkräfte beansprucht.

(3) Bei Druckstäben mit zwei Einzelstäben werden A_{tot} und I_{tot} berechnet zu:

$$A_{tot} = 2\,A \tag{C.6}$$

$$I_{tot} = \frac{b\left[(2h+a)^3 - a^3\right]}{12} \tag{C.7}$$

(4) Bei Druckstäben mit drei Einzelstäben werden A_{tot} und I_{tot} berechnet zu:

$$A_{tot} = 3\,A \tag{C.8}$$

$$I_{tot} = \frac{b\left[(3h+2a)^3 - (h+2a)^3 + h^3\right]}{12} \tag{C.9}$$

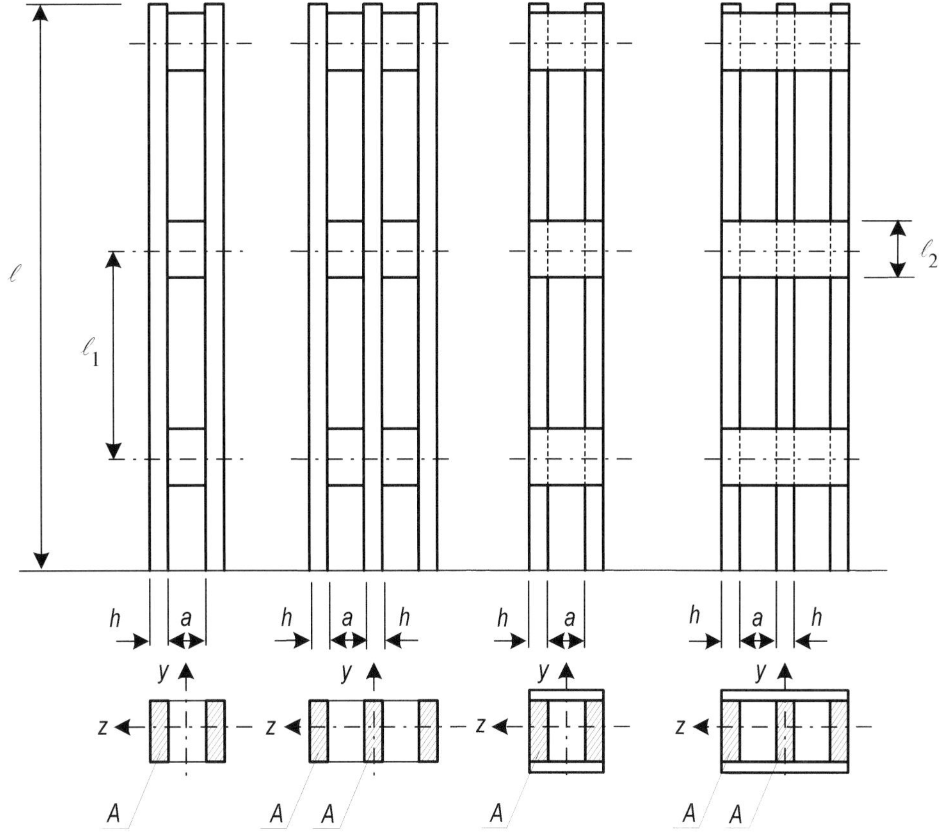

Bild C.1 — Mehrteilige gespreizte Druckstäbe

C.3.2 Tragfähigkeit bei Beanspruchung in Stabrichtung

(1) Für das Ausknicken in y-Richtung (siehe Bild C.1) entspricht die Tragfähigkeit der Summe der Tragfähigkeiten der Einzelstäbe.

(2) Für das Ausknicken in z-Richtung gilt C.1.2 mit:

$$\lambda_{ef} = \sqrt{\lambda^2 + \eta \frac{n}{2} \lambda_1^2} \quad \text{(C.10)}$$

Dabei ist

λ der Schlankheitsgrad eines einteiligen Druckstabes derselben Länge und Querschnittsfläche (A_{tot}) und demselben Wert des Flächenmoments 2. Grades (I_{tot}), d. h.:

$$\lambda = \ell \sqrt{A_{tot} / I_{tot}} \quad \text{(C.11)}$$

λ_1 der Schlankheitsgrad eines Einzelstabes, der mit einem Wert von mindestens 30 in die Gleichung (C.10) einzusetzen ist, d. h.

$$\lambda_1 = \sqrt{12 \frac{\ell_1}{h}} \qquad \text{(C.12)}$$

n die Anzahl der Einzelstäbe;

η der Beiwert nach Tabelle C.1.

Tabelle C.1 — Beiwert η

Klasse der Lasteinwirkungsdauer	Zwischenhölzer			Bindehölzer	
	geklebt	genagelt	verbolzt[a]	geklebt	genagelt
ständig/lang	1	4	3,5	3	6
mittel/kurz	1	3	2,5	2	4,5

[a] mit Dübeln besonderer Bauart

C.3.3 Beanspruchung der Verbindungsmittel sowie der Zwischen- oder Bindehölzer

(1) Die Beanspruchungen der Verbindungsmittel sowie der Binde- oder Zwischenhölzer sind in Bild C.2 dargestellt mit V_d nach Abschnitt C.2.2.

(2) Die Querkräfte in den Binde- oder Zwischenhölzern, siehe Bild C.2, sollten wie folgt berechnet werden:

$$T_d = \frac{V_d \, \ell_1}{a_1} \qquad \text{(C.13)}$$

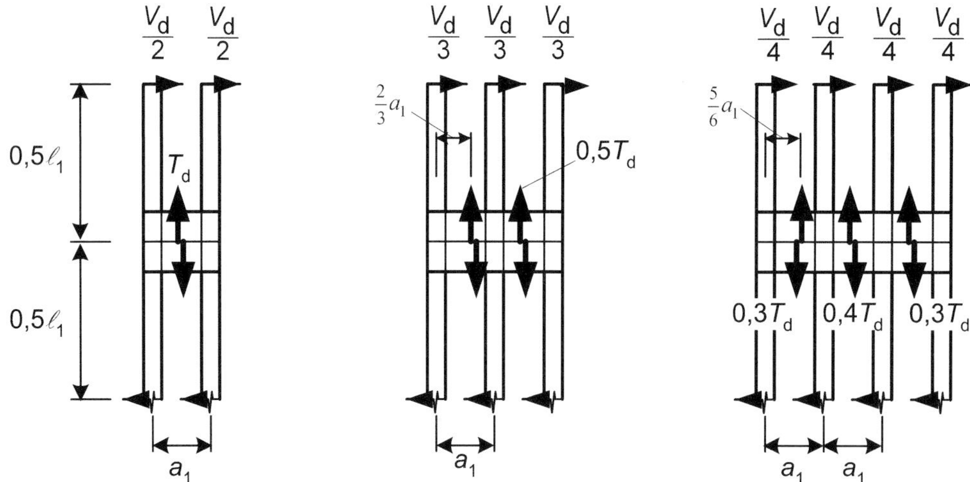

Bild C.2 — Querkraftverteilung und Belastung der Binde- oder Zwischenhölzer

C.4 Gitterstäbe mit geklebten oder genagelten Verbindungen

C.4.1 Annahmen

(1) In diesem Abschnitt werden Gitterstäbe mit N- oder V-förmiger Vergitterung und mit geklebten oder genagelten Verbindungen nach Bild C.3 behandelt.

(2) Es gelten die folgenden Annahmen:

— Der Gitterstab ist bezüglich der y- und z-Achse des Querschnitts symmetrisch. Die Vergitterung auf den beiden Seiten darf um ein Maß $\ell_1/2$ versetzt sein, wobei ℓ_1 der Knotenabstand ist.

— Es sind mindestens drei Felder vorhanden.

— Bei genagelten Stäben enthält jeder Strebenanschluss mindestens vier Nägel je Scherfuge.

— Die Stabenden sind ausgesteift.

— Der Schlankheitsgrad jedes einzelnen Gurtes mit der Netzlänge ℓ_1 beträgt höchstens 60.

— Ein lokales Ausknicken der Gurte mit den Knicklängen ℓ_1 ist ausgeschlossen.

— Die Nagelanzahl in den Pfosten (bei N-Vergitterung) beträgt mindestens $n \sin\theta$, wobei n die Anzahl der Nägel in den Diagonalen und θ der Neigungswinkel der Diagonalen ist.

C.4.2 Tragfähigkeit

(1) Für das Ausknicken in y-Richtung (siehe Bild C.3) entspricht die Tragfähigkeit der Summe den Tragfähigkeiten der Gurtstäbe.

(2) Für das Ausknicken in z-Richtung gilt C.1.2 mit:

$$\lambda_{\text{ef}} = \max\begin{cases}\lambda_{\text{tot}}\sqrt{1+\mu} \\ 1{,}05\,\lambda_{\text{tot}}\end{cases} \qquad \text{(C.14)}$$

Dabei ist

λ_{tot} der Schlankheitsgrad eines einteiligen Druckstabes derselben Länge und Querschnittsfläche und demselben Wert des Flächenmoments 2. Grades, d. h.:

$$\lambda_{\text{tot}} \approx \frac{2\,\ell}{h} \qquad \text{(C.15)}$$

μ der Beiwert, wie in (3) bis (6) nachstehend angegeben.

(3) Bei geklebter V-Vergitterung:

$$\mu = 4\frac{e^2 A_\mathrm{f}}{I_\mathrm{f}}\left(\frac{h}{\ell}\right)^2 \tag{C.16}$$

Dabei ist (siehe Bild C.3):

- e die Ausmitte der Verbindungen;
- A_f die Querschnittsfläche Einzelstab;
- I_f das Flächenträgheitsmoment 2. Grades des Einzelstabes;
- ℓ die Stablänge;
- h der Abstand der Gurte.

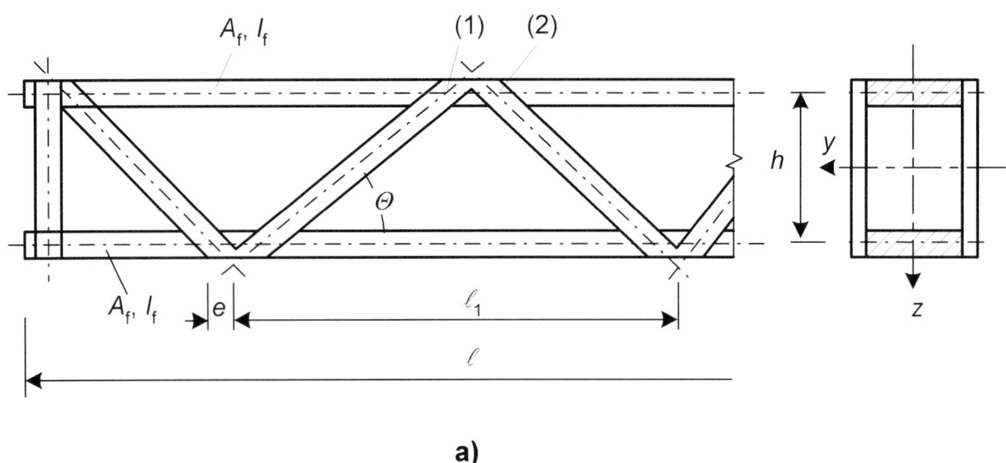

a)

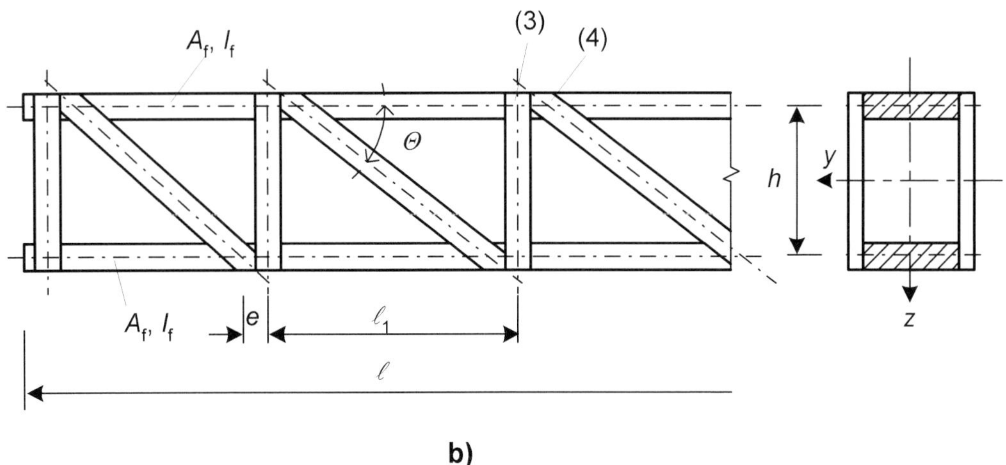

b)

Legende

(1) Nagelanzahl: n
(2) Nagelanzahl: n
(3) Nagelanzahl: $\geq n \sin \theta$
(4) Nagelanzahl: n

Bild C.3 — Gitterstäbe
(a) V-förmige Vergitterung, (b) N-förmige Vergitterung

(4) Bei geklebter N-Vergitterung:

$$\mu = \frac{e^2 A_f}{I_f}\left(\frac{h}{\ell}\right)^2 \tag{C.17}$$

(5) Bei genagelter V-Vergitterung:

$$\mu = 25\frac{h\,E_{mean}\,A_f}{\ell^2\,n\,K_u \sin 2\theta} \tag{C.18}$$

Dabei ist

n die Nagelanzahl in einer Diagonalen. Besteht eine Diagonale aus zwei oder mehr Einzelteilen, dann ist n die Summe der Nägel (nicht die Nagelanzahl je Scherfuge);

E_{mean} der Mittelwert des Elastizitätsmoduls;

K_u der Verschiebungsmodul eines Nagels für den Grenzzustand der Tragfähigkeit.

(6) Bei genagelter N-Vergitterung:

$$\mu = 50\frac{h\,E_{mean}\,A_f}{\ell^2\,n\,K_u \sin 2\theta} \tag{C.19}$$

Dabei ist

n Nagelanzahl in einer Diagonalen. Besteht eine Diagonale aus zwei oder mehr Einzelteilen, dann ist n die Summe der Nägel (nicht die Nagelanzahl pro Scherfuge);

E_{mean} Mittelwert des Elastizitätsmoduls;

K_u Verschiebungsmodul eines Nagels für den Grenzzustand der Tragfähigkeit.

C.4.3 Schubkräfte

(1) Es gilt C.2.2.

Anhang D
(informativ)

Literaturhinweise

EN 338, *Bauholz für tragende Zwecke — Festigkeitsklassen*

EN 1194, *Brettschichtholz — Festigkeitsklassen und Bestimmung charakteristischer Werte*

NCI
Literaturhinweise Nationaler Anhang

NA DIN EN 633, *Zementgebundene Spanplatten — Definition und Klassifizierung*

[NA.1] Nagelplattenbinder nach DIN 1052:2008-12, W. Bauer, Prof. Dr.-Ing H. Hartmann, K. Meier, J. Meilinger, V. Rottmüller, Jochen Scherer, Stand: Dezember 2009, Hrsg. Interessenverband Nagelplatten e. V., Göttingen

[NA.2] Technische Mitteilung 06-011 der Bundesvereinigung der Prüfingenieure für Bautechnik e. V., Berlin

[NA.3] Erläuterungen zu DIN 1052:2004-08. Entwurf, Berechnung und Bemessung von Holzbauwerken, Prof. Dr.-Ing. Hans J. Blaß, Prof. Dr.-Ing. Jürgen Ehlbeck, Prof. Dr.-Ing. Heinrich Kreuzinger, Bruderverlag

[NA.4] Erweiterung der Einsatzmöglichkeiten dünner, klebstoff- und bindemittelfreier Holzwerkstoffplatten für den Holzbau. Abschlussbericht zum Vorhaben: Integrierter Umweltschutz in der Holzwirtschaft, Prof. Dr.-Ing. Martin H. Kessel, TU Braunschweig, Marc Sandau-Wietfeldt

[NA.5] Stabilitätsprobleme der Elastostatik, Alf Pflüger, Springer-Verlag, 3. Auflage 1974

[NA.6] Statik und Stabilität der Baukonstruktionen, Christian Petersen, Vieweg-Verlag, 2. Auflage 1982

[NA.7] Winter, S.; Hamm, P.; Richter, A.: Schwingungs- und Dämpfungsverhalten von Holz- und Holz-Beton-Verbunddecken. Schlussbericht zum AiF-Forschungsvorhaben Nr. 15283. Lehrstuhl für Holzbau und Baukonstruktion, Technische Universität München, 2010

Literatur

[1] Werner, G.; Zimmer, K.: Holzbau Teil 1 und Teil 2, neu bearbeitet von Karlheinz Zimmer und Karin Lißner, 4. Auflage, Springer-Verlag, Berlin 2009/2010

[2] Lißner, K.; Rug, W.: Holzbausanierung, Grundlagen und Praxis der sicheren Ausführung, Springer-Verlag, Berlin, Heidelberg, New York 2000 (2. Auflage in Vorbereitung, Springer-Verlag, Berlin 2015)

[3] Rug, W.; Mönck, W.: Holzbau, 16. vollständig überarbeitete Fassung, Beuth Verlag, Berlin 2015

[4] Lißner, K.; Rug, W.: Ergänzende Erläuterungen für Bauten im Bestand. In: [26]

[5] ARGEBAU 2008: Hinweise und Beispiele zum Vorgehen beim Nachweis der Standsicherheit beim Bauen im Bestand, Fachkommission Bautechnik der Bauministerkonferenz (07.04.2008)

[6] Kollmann, F.: Technologie des Holzes und der Holzwerkstoffe, Band 1, Springer-Verlag, Berlin 1951

[7] Ranta-Maunus, A.: Creep and effects of moisture in timber. In: Informationsdienst holz, holzbauwerke nach EC5, Step 3, Fachverlag Holz, Düsseldorf 1995

[8] Kessel, M. H.; Sandoz, J. L.: Zur Effizienz der Festigkeitssortierung von Fichtenkantholz, Holz als Roh- und Werkstoff 47 (1989), S. 323–327

[9] Natterer, J.; Sandoz, J. L.; Rey, M.: Construction en bois, Presses Politechniques, Lausanne 2000

[10] Steiger, R.: Versuche an Fichtenkanthölzern: Biegemoment–Normalkraft–Interaktion, Institut für Baustatik und Konstruktion, ETH Zürich, Forschungsbericht, 1995

[11] EMPA/Schweiz: Über den Einfluß von Wassergehalt, Raumgewicht, Faserstellung und Jahrringstellung auf die Festigkeit und Verformbarkeit schweizerischen Fichten-, Tannen-, Lärchen-, Rotbuchen- und Eichenholzes, EMPA-Bericht 183, 1955

[12] Hoffmeyer, P.: Holz als Baustoff. In: Informationsdienst holz, holzbauwerke nach EC5, Step 1, Fachverlag Holz, Düsseldorf 1995

[13] Überwachungsgemeinschaft KVH: Technische Informationen, Wuppertal 2015 (www.kvh.eu)

[14] Mistler, H.-L.: Über die Querzugfestigkeit von Fichten-Brettschichtholz in Abhängigkeit von der Bauteilgröße und der Verteilung der Beanspruchung. In: Ingenieurholzbau in Forschung und Praxis, Bruderverlag Karlsruhe 1985

[15] Nürnberger, U.: Korrosionsverhalten der Baumetalle in der Atmosphäre und bei Kontakt mit Holz. In: Ingenieurholzbau Karlsruher Tage 2008, S. 88–102, und Ingenieurholzbau Karlsruher Tage 2009, S. 47–64

[16] Kordina, K.; Meyer-Ottens, C.: Holz Brandschutz Handbuch, 2. Auflage, DGfH, München 1994

[17] Thelandersson, S.; Larsen, H.-J.: Timber Engineering, John Wiley & Sons, West Sussex 2003

[18] Ewald, G.; Lischke, N.: Zur Torsion im Ingenieurholzbau, bauen mit holz (1984) H. 7, S. 466–469

[19] Reyer, E.; Stojić, D.: Zum genaueren Nachweis der Kippstabilität biegebeanspruchter parallelgurtiger Brettschichtholzträger mit seitlichen Zwischenabstützungen des Obergurtes nach Theorie II. Ordnung, Teil 1: Ermittlung der Kippbeiwerte, bauen mit holz (1991) H. 2, S. 100–106

[20] Möhler, K.: Zur Berechnung von Brettschichtholz-Konstruktionen, Holzbau-Statik-Aktuell, Folge 1, Mai 1976, Arge Holz, Düsseldorf

[21] Franke, B.: Zur Bewertung der Tragfähigkeit von Trägerausklinkungen in Nadelholz, Dissertation, Schriftenreihe des IKI, Heft 15, Bauhaus-Universität 2008

[22] Andriamitantsoa, L. D.: Kriechen. In: Informationsdienst holz, holzbauwerke nach EC5, Step 1, Fachverlag Holz, Düsseldorf 1995

[23] Blaß, H.-J., Beijtka, I.: Querzugverstärkungen in gefährdeten Bereichen mit selbstbohrenden Holzschrauben, Forschungsbericht Universität Karlsruhe, 2003, IRB-Verlag, T3017

[24] Schneider, J.; Schlatter, H.-P.: Sicherheit und Zuverlässigkeit im Bauwesen, Verlag der Fachvereine Zürich und BG Teubner Verlag, 1994

[25] Zimmer, K.; Lißner, K.: Zur Berechnung mehrteiliger Stützen und Träger nach Eurocode 5, Bautechnik 75 (1998), Heft 8, Ernst & Sohn

[26] Blaß, H.-J., u. a.: Erläuterungen zu DIN 1052, 2. Auflage, DGfH, München 2005

[27] Kolb, H.; Epple, A.: Verstärkung von durchbrochenen Brettschichtbindern, Forschungsbericht T1541, IRB-Verlag, Stuttgart 1985

[28] Beijtka, I.: Verstärkung von Bauteilen aus Holz mit Vollgewindeschrauben, Universität Karlsruhe, Dissertation, Berichte zum Ingenieurholzbau, Band 2, Karlsruhe 2005

[29] Beijtka, I.: Querzug- und Querdruckverstärkung – Aktuelle Forschungsergebnisse, Ingenieurholzbau Karlsruher Tage, Bruderverlag, Karlsruhe 2003

[30] Racher, P.: Mechanische Holzverbindungen – Allgemeines. In: Step 1, Düsseldorf 1995

[31] Lißner, K.; Felkel, A.; Hemmer, K.; Radovic, B.; Rug, W.; Steinmetz, D.: DIN 1052 – Praxishandbuch, 2. Auflage, Beuth Verlag, Berlin 2010

[32] Steck, G.: Die Zuverlässigkeit des Vollholzbalkens unter reiner Biegung (Dissertation). Berichte der Versuchsanstalt für Stahl, Holz und Steine der Universität Karlsruhe, 4. Folge, Heft 6, 1982

[33] Aicher, S.: 2. Stuttgarter Holzbau-Symposium (Hg.), Neueste Entwicklungen bei geklebten Holzbauteilen, Stuttgart 2012

[34] Musterliste der Technischen Baubestimmungen vom September 2014

[35] DIN 1052:2008, Entwurf, Berechnung und Bemessung von Holzbauwerken – Allgemeine Bemessungsregeln und Bemessungsregeln für den Hochbau, DIN, Berlin 2008

[36] Schickhofer, G.: BSP-Handbuch (Hg.), Holz-Massivbauweise in Brettsperrholz, 1. Auflage, Graz 2009, Institut für Holzbau und Holztechnologie und Holzbauforschung gmbh

[37] Fellmoser, P.; Blaß, H.-J.: Influence of rolling shear on strength and stiffness of structural bondech timber elements, CIB W18-Meeting, Edinburgh 2004

[38] Blaß, H-J.; Beijtka, I.; Uibel, T.: Tragfähigkeit von Verbindungen mit selbstbohrenden Holzschrauben mit Vollgewinde, Band 4 der Reihe Karlsruher Berichte zum Ingenieurholzbau, Universität Karlsruhe 2006

[39] Müller, A.; Wiegand, T.: Herstellung und Eigenschaften von geklebten Vollholzprodukten. In: Informationsdienst holz, holzbau handbuch, Reihe 4, Teil 2, Folge 2, Wuppertal 2014

[40] Rug, W.; Lißner, A.: Untersuchungen zur Festigkeit und Tragfähigkeit von Holz unter dem Einfluss chemisch-aggressiver Medien. In: Bautechnik 88 (2011) H. 3, S. 177–188

[41] Winter, S.; Hamm, P.; Richter, A.: Schwingungs- und Dämpfungsverhalten von Holz- und Holz-Beton-Verbunddecken, Schlussbericht zum AIF-Forschungsvorhaben Nr. 15283, Lehrstuhl für Holzbau und Baukonstruktion, TU München 2010

[42] Steck, G.: Euro-Holzbau, Teil 1 Grundlagen, Werner Verlag, Düsseldorf 1997

[43] Hamm, P.: Schwingungen bei Holzdecken – Konstruktionsregeln für die Praxis. In: 2. Internationales Forum Holzbau, Beaune 2012, Tagungsband

[44] Blaß, H.-J.; Beitjka, J.; Uibel, T.: Tragfähigkeit von Verbindungen mit selbstbohrenden Holzschrauben mit Vollgewinde. In: Karlsruher Berichte zur Ingenieurholzbau, Band 4, Karlsruhe 2006

[45] Rug, W.: EC5 und Bauen im Bestand. In: 21. Brandenburgische Bauingenieurtagung BBIT 2014, Bauen im Bestand, Schriftreihe Statik und Dynamik 1 (2014), BTU, Cottbus 2014

[46] Eberhart, O.: Ermüdungsnachweise im Ingenieurholzbau, holzbau statik aktuell 02, Informationsdienst holz, Wuppertal 2015

[47] Brüninghoff, H.; Cyron, G., Ehlbeck, J.: Beuth-Kommentare, Holzbauwerke. Eine ausführliche Erläuterung zu DIN 1052 Teil 1 bis Teil 3 mit Änderung A1, Ausgabe Oktober 1996, 2. Auflage 1997, Berlin 1997

[48] Möhler, K.; Siebert, W.: Queranschlüsse bei Brettschichtträgern oder Vollholzbalken. In: bauen mit holz (1981) H. 2, S. 84–89

[49] Heimeshoff, B.: Berechnung von Rahmenecken mit Keilzinkenverbindungen. In: Holzbau-Statik – Aktuell, Folge 1., Arbeitsgemeinschaft Holz e. V. (Hg.), Düsseldorf 1976

[50] Ehlbeck, J.; Hemmer, K.: Über die Tragfähigkeit gekrümmter Brettschichtholzträger. In: Holz als Roh- und Werkstoff (1985), S. 375–379

[51] Colling, F.: Aussteifung von Gebäuden in Holztafelbauart, 1. Auflage, Ingenieurbüro Holzbau, Karlsruhe 2011

[52] Bejtka, I.: Stahltrapezelemente zur Aussteifung hölzerner Dachkonstruktionen. In: Informationsdienst Holz, holzbaustatik aktuell 01, Wuppertal 2014

[53] Studiengemeinschaft Holzleimbau e. V. (Hg.): Holzschutz bei Ingenieurholzbauten. In: Informationsdienst Holz, holzbau handbuch, Reihe 5, Teil 2, Folge 1, Wuppertal 2015

[54] DHWR, Deutscher Holzwirtschaftsrat e. V. (Hg.): Leitfaden zur Anwendbarkeit von Bauprodukten bei der Bemessung nach DIN EN 1995-1-1 (Eurocode 5), Navigationshilfe EC5. In: Informationsdienst Holz, holzbau handbuch, Reihe 2, Teil 1, Folge 1, Berlin 2015

[55] Colling, F.: Holzbau, Grundlagen und Bemessung nach EC5, Springer Vieweg, Wiesbaden 2014

Liste der normativen Verweise in DIN EN 1995-1-1:2010-12

Norm		Bauaufsichtlich eingeführte Norm	Produkt-norm	Prüf-norm	Holz-schutz/ Korro-sions-schutz
DIN EN 1990:2002	Grundlagen der Tragwerksplanung	X			
DIN EN 1991	Einwirkungen auf Tragwerke	X			
DIN EN 1991-1-1	Eurocode 1: Einwirkungen auf Tragwerke — Teil 1-1: Allgemeine Einwirkungen auf Tragwerke; Wichten, Eigengewicht und Nutzlasten im Hochbau	X			
DIN EN 1991-1-3	Eurocode 1: Einwirkungen auf Tragwerke — Teil 1-3: Allgemeine Einwirkungen, Schneelasten	X			
DIN EN 1991-1-4	Eurocode 1: Einwirkungen auf Tragwerke — Teil 1-4: Allgemeine Einwirkungen, Windlasten	X			
DIN EN 1991-1-5	Eurocode 1: Einwirkungen auf Tragwerke — Teil 1-5: Allgemeine Einwirkungen, Temperatur-einwirkungen	X			
DIN EN 1991-1-6	Eurocode 1: Einwirkungen auf Tragwerke — Teil 1-6: Allgemeine Einwirkungen, Einwirkungen während der Bauausführung	X			
DIN EN 1991-1-7	Eurocode 1: Einwirkungen auf Tragwerke — Teil 1-7: Allgemeine Einwirkungen, Außerge-wöhnliche Einwirkungen	X			
DIN EN 1995-1	Allgemeine Regeln	X			
DIN EN 1995-1-1	Allgemeines — Allgemeine Regeln und Regeln für den Hochbau	X			
DIN EN 1995-1-1/ NA:2013	Nationaler Anhang – National festgelegte Parameter – Eurocode 5: Bemessung und Konstruktion von Holzbauten – Teil 1-1: Allgemeines – Allgemeine Regeln und Regeln für den Hochbau	X			
DIN 1052-10	Herstellung und Ausführung von Holzbauwerken — Teil 10: Ergänzende Bestimmungen	X			
DIN EN 1995-1-2	Allgemeine Regeln — Tragwerksbemessung für den Brandfall	X			
DIN EN 1995-2	Brücken; nimmt Bezug auf die Allgemeinen Regeln in EN 1995-1-1. Die Abschnitte in EN 1995-2 ergänzen die Abschnitte in EN 1995-1-1.	X			
DIN EN 1992-1-1	Eurocode 2 — Bemessung und Konstruktion von Stahlbeton- und Spannbetontragwerken — Teil 1-1: Allgemeine Bemessungsregeln und Regeln für den Hochbau	X			

Norm		Bauaufsichtlich eingeführte Norm	Produktnorm	Prüfnorm	Holzschutz/ Korrosionsschutz
DIN EN 1992-1-1/NA	Nationaler Anhang — National festgelegte Parameter — Eurocode 2 — Bemessung und Konstruktion von Stahlbeton- und Spannbetontragwerken — Teil 1-1: Allgemeine Bemessungsregeln und Regeln für den Hochbau	X			
DIN EN 1993	Eurocode 3 — Bemessung und Konstruktion von Stahlbauten	X			
DIN EN 1998	Auslegung von Bauwerken gegen Erdbeben, wenn die Bauten in Erdbebengebieten liegen	X			
DIN EN ISO 2081	Metallic coatings — Electroplated coatings of zinc on iron or steel				X
DIN EN ISO 2631-2: 1989-02	Evaluation of human exposure to whole-body vibration — Part 2: Continuous and shock-induced vibrations in buildings (1 bis 80 Hz)			X	
DIN EN 300	Platten aus langen, flachen, ausgerichteten Spänen (OSB) — Definitionen, Klassifizierungen und Anforderungen		X		
DIN EN 301	Klebstoffe für tragende Holzbauteile — Phenoplaste und Aminoplaste — Klassifizierung und Leistungsanforderungen		X		
DIN EN 312	Spanplatten — Anforderungen		X		
DIN EN 335-1	Dauerhaftigkeit von Holz und Holzprodukten — Definition der Gebrauchsklassen — Teil 1: Allgemeines				X
DIN EN 335-2	Dauerhaftigkeit von Holz und Holzprodukten — Definition der Gebrauchsklassen — Teil 2: Anwendung bei Vollholz				X
DIN EN 335-3	Dauerhaftigkeit von Holz und Holzprodukten — Definition der Gefährdungsklassen für einen biologischen Befall — Teil 3: Anwendung bei Holzwerkstoffen				X
DIN EN 350-2	Dauerhaftigkeit von Holz und Holzprodukten — Natürliche Dauerhaftigkeit von Vollholz — Teil 2: Leitfaden für die natürliche Dauerhaftigkeit und Tränkbarkeit von ausgewählten Holzarten von besonderer Bedeutung in Europa				X
DIN EN 351-1	Dauerhaftigkeit von Holz und Holzprodukten — Mit Holzschutzmitteln behandeltes Vollholz — Teil 1: Klassifizierung der Schutzmitteleindringung und -aufnahme				X
DIN EN 383	Holzbauwerke — Prüfverfahren — Bestimmung der Lochleibungsfestigkeit und Bettungswerte für stiftförmige Verbindungsmittel			X	

Norm		Bauaufsichtlich eingeführte Norm	Produktnorm	Prüfnorm	Holzschutz/ Korrosionsschutz
DIN EN 385	Keilzinkenverbindung im Bauholz — Leistungsanforderungen und Mindestanforderungen an die Herstellung		X		
DIN EN 387	Brettschichtholz — Universal-Keilzinkenverbindung — Leistungsanforderungen und Mindestanforderungen an die Herstellung		X		
DIN EN 409	Holzbauwerke — Prüfverfahren — Bestimmung des Fließmoments von stiftförmigen Verbindungsmitteln; Nägel			X	
DIN EN 460	Dauerhaftigkeit von Holz und Holzprodukten — Natürliche Dauerhaftigkeit von Vollholz — Leitfaden für die Anforderungen an die Dauerhaftigkeit von Holz für die Anwendung in den Gefährdungsklassen				X
DIN EN 594	Holzbauwerke — Prüfverfahren — Wandscheiben-Tragfähigkeit und -Steifigkeit von Wänden in Holztafelbauart			X	
DIN EN 622-2	Faserplatten — Anforderungen — Teil 2: Anforderungen an harte Platten		X		
DIN EN 622-3	Faserplatten — Anforderungen — Teil 3: Anforderungen an mittelharte Platten		X		
DIN EN 622-4	Faserplatten — Anforderungen — Teil 4: Anforderungen an poröse Platten		X		
DIN EN 622-5	Faserplatten — Anforderungen — Teil 5: Anforderungen an Platten nach dem Trockenverfahren (MDF)		X		
DIN EN 636	Sperrholz — Anforderungen		X		
DIN EN 912	Holzverbindungsmittel — Spezifikationen für Dübel besonderer Bauart für Holz		X		
DIN EN 1075	Holzbauwerke — Prüfverfahren — Verbindungen mit Nagelplatten		X		
DIN EN 1380	Holzbauwerke — Prüfverfahren — Tragende Nagelverbindungen			X	
DIN EN 1381	Holzbauwerke — Prüfverfahren — Tragende Klammerverbindungen			X	
DIN EN 1382	Holzbauwerke — Prüfverfahren — Ausziehtragfähigkeit von Holzverbindungsmitteln			X	
DIN EN 1383	Holzbauwerke — Prüfverfahren — Prüfung von Holzverbindungsmitteln auf Kopfdurchziehen			X	
~~DIN EN 10147~~	~~Specification for continuously hot-dip zinc coated structural steel sheet and strip — Technical delivery conditions~~				~~X~~

Norm		Bauaufsichtlich eingeführte Norm	Produktnorm	Prüfnorm	Holzschutz/ Korrosionsschutz
DIN EN 13271	Holzverbindungsmittel — Charakteristische Tragfähigkeiten und Verschiebungsmoduln für Verbindungen mit Dübeln besonderer Bauart			X	
DIN EN 13986	Holzwerkstoffe zur Verwendung im Bauwesen — Eigenschaften, Bewertung der Konformität und Kennzeichnung		X		
DIN EN 14080	Holzbauwerke — Brettschichtholz — Anforderungen		X		
DIN EN 14081-1	Holzbauwerke — Nach Festigkeit sortiertes Bauholz für tragende Zwecke mit rechteckigem Querschnitt — Teil 1: Allgemeine Anforderungen		X		
DIN EN 14250	Holzbauwerke — Produktanforderungen an vorgefertigte Fachwerkträger mit Nagelplatten		X		
DIN EN 14279	Furnierschichtholz (LVL) — Definitionen, Klassifizierung und Spezifikationen		X		
DIN EN 14358	Holzbauwerke — Berechnung der 5 %-Quantile für charakteristische Werte und Annahmekriterien für Proben			X	
DIN EN 14374	Holzbauwerke — Furnierschichtholz für tragende Zwecke — Anforderungen		X		
DIN EN 14545	Holzbauwerke — Verbindungselemente — Anforderungen		X		
DIN EN 14592	Holzbauwerke — Stiftförmige Verbindungsmittel — Anforderungen		X		
DIN EN 26891	Holzbauwerke — Verbindungen mit mechanischen Verbindungsmitteln — Allgemeine Grundsätze für die Ermittlung der Tragfähigkeit und des Verformungsverhaltens			X	
DIN EN 28970	Holzbauwerke — Prüfung von Verbindungen mit mechanischen Verbindungsmitteln — Anforderungen an die Rohdichte des Holzes			X	

Inserentenverzeichnis

Die inserierenden Firmen und die Aussagen in Inseraten stehen nicht notwendigerweise in einem Zusammenhang mit den in diesem Buch abgedruckten Normen. Aus dem Nebeneinander von Inseraten und redaktionellem Teil kann weder auf die Normgerechtheit der beworbenen Produkte oder Verfahren geschlossen werden, noch stehen die Inserenten notwendigerweise in einem besonderen Zusammenhang mit den wiedergegebenen Normen. Die Inserenten dieses Buches müssen auch nicht Mitarbeiter eines Normenausschusses oder Mitglied von DIN sein. Inhalt und Gestaltung der Inserate liegen außerhalb der Verantwortung von DIN.